普通高等教育"十一五"国家级规划教材

北京高等教育精品教材

BEIJING GAODENG JIAOYU JINGPIN JIAOCAI

U0369338

21世纪大学本科计算机专业系列教材

多媒体技术原理及应用

（第2版）

马华东　编著

清华大学出版社

北京

内容简介

本书从计算机技术对多媒体系统的支撑的角度，全面系统地介绍了多媒体系统的基本概念、基本原理、软硬件构成和典型的应用。本书可作为高等院校计算机专业以及电子信息类专业的高年级本科生、研究生教材，也可供从事多媒体相关领域的高中级工程技术人员参考。

图书在版编目(CIP)数据

多媒体技术原理及应用/马华东编著．—2版．—北京：清华大学出版社，2008.7(2024.9重印)
(21世纪大学本科计算机专业系列教材)
ISBN 978-7-302-17675-6

Ⅰ．多…　Ⅱ．马…　Ⅲ．多媒体技术—高等学校—教材　Ⅳ．TP37

中国版本图书馆CIP数据核字(2008)第074049号

责任编辑：张瑞庆
责任校对：梁　毅
责任印制：丛怀宇

出版发行：清华大学出版社
网　　址：https://www.tup.com.cn，https://www.wqxuetang.com
地　　址：北京清华大学学研大厦A座　　**邮　　编**：100084
社 总 机：010-83470000　　**邮　　购**：010-62786544
投稿与读者服务：010-62776969，c-service@tup.tsinghua.edu.cn
质 量 反 馈：010-62772015，zhiliang@tup.tsinghua.edu.cn
印 装 者：三河市人民印务有限公司
经　　销：全国新华书店
开　　本：185mm×230mm　　**印　张**：22.5　　**字　　数**：462千字
版　　次：2008年7月第2版　　**印　　次**：2024年9月第16次印刷
定　　价：39.00元

产品编号：021254-03

序 言

PREFACE

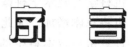

21 世纪是知识经济的时代,是人才竞争的时代。随着 21 世纪的到来,人类已步入信息社会,信息产业正成为全球经济的主导产业。计算机科学与技术在信息产业中占据了最重要的地位,这就对培养 21 世纪高素质创新型计算机专业人才提出了迫切的要求。

为了培养高素质创新型人才,必须建立高水平的教学计划和课程体系。在 20 多年跟踪分析 ACM 和 IEEE 计算机课程体系的基础上,紧跟计算机科学与技术的发展潮流,及时制定并修正教学计划和课程体系是尤其重要的。计算机科学与技术的发展对高水平人才的要求,需要我们从总体上优化课程结构,精炼教学内容,拓宽专业基础,加强教学实践,特别注重综合素质的培养,形成“基础课程精深,专业课程宽新”的格局。

为了适应计算机科学与技术学科发展和计算机教学计划的需要,要采取多种措施鼓励长期从事计算机教学和科技前沿研究的专家教授积极参与计算机专业教材的编著和更新,在教材中及时反映学科前沿的研究成果与发展趋势,以高水平的科研促进教材建设。同时适当引进国外先进的原版教材。

为了提高教学质量,需要不断改革教学方法与手段,倡导因材施教,强调知识的总结、梳理、推演和挖掘,通过加快教案的不断更新,使学生掌握教材中未及时反映的学科发展新动向,进一步拓宽视野。教学与科研相结合是培养学生实践能力的有效途径。高水平的科研可以为教学提供最先进的高新技术平台和创造性的工作环境,使学生得以接触最先进的计算机理论、技术和环境。高水平的科研还可以为高水平人才的素质教育提供良好的物质基础。学生在课题研究中不但能了解科学研究的艰辛和科研工作者的奉献精神,而且能熏陶和培养良好的科研作风,锻炼和培养攻关能力和协作精神。

进入 21 世纪,我国高等教育进入了前所未有的大发展时期,时代的进步与发展对高等教育质量提出了更高、更新的要求。2001 年 8 月,教育部颁发了《关于加强高等学校本科教学工作,提高教学质量的若干意见》。文件指出,本科教育是高等教育的主体和基础,抓好本科教学是提高整个高等教育质量的重点和关键。随着高等教育的普及和高等学校的扩招,在校大学本科计算机专业学生的人数将大量上升,对适合 21 世纪大学本科计算机科学与技术学科课程体系要求的，并且适合中国学生学习的计算机专业教材的需求量也将急剧增加。为此，中国计算机学会和清华大学出版社共同规划了面向全国高等院校计算机专业本科生的**“21世纪大学本科计算机专业系列教材”**。本系列教材借鉴美国ACM和IEEE最新制定的*Computing Curricula 2005*(简称CC2005)课程体系，反映当代计算机科学与技术学科水平和计算机科学技术的新发展、新技术，并且结合中国计算机教育改革成果和中国国情。

中国计算机学会教育专业委员会和全国高等学校计算机教育研究会，在清华大学出版社的大力支持下，跟踪分析CC2001，并结合中国计算机科学与技术学科的发展现状和计算机教育的改革成果，研究出了《中国计算机科学与技术学科教程2002》(China Computing Curricula 2002，简称CCC2002)，该项研究成果对中国高等学校计算机科学与技术学科教育的改革和发展具有重要的参考价值和积极的推动作用。

“21世纪大学本科计算机专业系列教材”正是借鉴美国ACM和IEEE CC2005课程体系，依据CCC2002基本要求组织编写的计算机专业教材。相信通过这套教材的编写和出版，能够在内容和形式上显著地提高我国计算机专业教材的整体水平，继而提高我国大学本科计算机专业的教学质量，培养出符合时代发展要求的具有较强国际竞争力的高素质创新型计算机人才。

陈火旺

中国工程院院士

国防科学技术大学教授

21世纪大学本科计算机专业系列教材编委会名誉主任

前　言

FOREWORD

21 世纪人类已经进入了信息社会。基于计算机、通信和电子等学科发展起来的多媒体技术作为一种新的学科领域，对信息社会产生了重大影响。由于多媒体技术具有很强的实用价值，其应用已渗透到社会生活和工作的各个方面。因此，大多数高等院校陆续开设了多媒体技术方面的课程，社会上各类继续教育机构也纷纷开展了多媒体技术的培训，这些都促进了多媒体技术的应用和普及。为了满足新世纪多媒体技术教学的需求，加强多媒体技术课程的教材建设十分必要。中国计算机学会组织编写的“21 世纪大学本科计算机专业系列教材”，有力地推动了多媒体技术等课程的教材建设工作，而《多媒体技术原理及应用》也荣幸地入选为“21 世纪大学本科计算机专业系列教材”之一。

自 2002 年 8 月《多媒体技术原理及应用》出版后，承蒙广大读者的厚爱，已 10 余次印刷，发行 8 万余册。2006 年，本书又入选教育部普通高等教育“十一五”国家级规划教材。鉴于 ACM 和 IEEE CC2005 和教育部新的计算机科学与技术专业规范的推出，以及多媒体技术日新月异地发展，本书也应及时地反映多媒体技术的最新进展，以便给使用本书的读者以更好的帮助。同时，作者也应对原书做相应的修订来满足教育部普通高等教育“十一五”国家级规划教材和新规范、新技术的有关要求。因此，作者对原书进行了修订。为了保证本书篇幅适中，对原书内容稍显过时部分进行了压缩，对部分章节进行了全面改写。本书的内容包括：多媒体技术的基本概念和基本原理、多媒体系统的构成、多媒体系统软件和开发工具、多媒体内容管理的理论和方法、多媒体通信与网络以及典型的应用系统等。在写作中仍试图保持下述特色：以计算机技术对多媒体系统的支撑为编写角度，全面系统地介绍多媒体技术的原理及应用；既重视理论、方法和标准的介绍，又兼顾实际系统的分析、具体技术的讨论和解决实际问题的举例；既注重描述成熟的理论和技术，又介绍了多媒体技术相关领域的最新发展。根据目前多媒体技术的发展状况，本书在原书基础上重点增加了多媒体新标准(特别是我国自主产权标准)、基于 Internet 的流媒体技术、多媒体系统和应用软件开发新技术、多媒体内容管理的相关概念和实现方法等内容。

全书共分 12 章。在教学安排时，本科生可将第 8 章、第 11 章列为选学部分；研究生可根据学时安排学习本书全部或部分章节。同时,本书也配备了相关的教学课件和材料,以便教师授课选用。

在本书编写过程中得到了“21世纪大学本科计算机专业系列教材”编委会的指导。国防科技大学计算机学院王志英教授、北京大学计算机系李晓明教授、北京航空航天大学计算机学院钱德沛教授,AVS标准工作组黄铁军教授也给予了本书多方面的指导并提出了许多宝贵的建议。北京邮电大学计算机学院领导和同事热情支持了本书的撰写工作。清华大学出版社大力支持了本书的出版工作。同时,国家自然科学基金会、科技部、教育部、北京市等部门近几年连续对本人在多媒体领域的研究课题给予了大力资助,使本人对该领域的技术发展有了及时的了解。在本书即将付梓出版之际,对他们辛勤的工作和无私的支持表示衷心的感谢。

随着信息社会的进步,多媒体技术新的思想、方法和系统会不断推陈出新。作者也衷心希望得到各位读者的支持,共同探讨多媒体技术的发展动向和相关课程的教学体会,以便在本书的下一次修订中能够得到及时的体现。限于作者的能力和水平,本书难免存在许多不足之处,欢迎读者批评指正。

作　者

北京邮电大学计算机学院

mhd@bupt.edu.cn

2008年4月

目　录

CONTENTS

第 1 章 概论

科学技术的飞速发展使信息社会产生日新月异的变化，人类许多古老的梦想正逐渐变为现实。多媒体技术正是现代科技的最新成就之一，它的问世引起了全社会的关注。当你浏览最近的报刊、杂志，当你打开电视、收音机，当你翻阅最新的图书，就会发现有大量的篇幅在介绍多媒体；在办公室，在学校，在企业，在购物中心，你会发现人们在津津乐道地讨论多媒体这个话题。与此同时，各种多媒体产品在市场上纷纷登台亮相，成了销售的热点，多媒体产品正引领着社会的时尚。今天的多媒体技术正悄然改变着人类的学习、工作、生活和娱乐方式，是信息社会的核心技术。多媒体技术究竟是一种什么样的技术？它的原理是什么？如何应用多媒体技术？这正是本书所要讨论的内容。

本章首先简要介绍多媒体技术的基本概念、发展历程、研究内容及应用前景。

1.1 多媒体技术的概念

1.1.1 媒体

在多媒体技术中，媒体(medium)是一个重要的概念。那么，什么是媒体呢？媒体是信息表示和传输的载体。“媒体”一词本身来自于拉丁文“medius”一字，为中介、中间的意思。韦伯字典中“medium”一词为可位于中间或中介的某种东西。因此可以说，人与人之间所赖以沟通及交流观念、思想或意见的中介物便可称之为媒体。HyperCard 的创始人 Nelson说：“我们居身在媒体世界中就像鱼生活在水中一样”。现代科技的发展大大方便了人与人的交流与沟通，也给媒体赋予许多崭新的内涵。国际电报电话咨询委员会(CCITT，目前已被 ITU 取代)曾对媒体做如下分类。

(1) 感觉媒体(perception medium)

感觉媒体指能直接作用于人的感官、使人能直接产生感觉的一类媒体。如人类的各种语言、音乐，自然界的各种声音、图形、图像，计算机系统中的文字、数据和文件等都属于感觉媒体。

(2) 表示媒体(representation medium)

表示媒体是为了加工、处理和传输感觉媒体而人为研究、构造出来的一种媒体。其目的是更有效地将感觉媒体从一地向另外一地传送,便于加工和处理。表示媒体有各种编码方式,如语言编码、文本编码、图像编码等。

(3) 表现媒体(presentation medium)

表现媒体是指感觉媒体和用于通信的电信号之间转换用的一类媒体。它又分为两种:一种是输入表现媒体,如键盘、摄像机、光笔、话筒等;另一种是输出表现媒体,如显示器、喇叭、打印机等。

(4) 存储媒体(storage medium)

存储媒体用于存放表示媒体(感觉媒体数字化后代码),以便计算机随时处理、加工和调用信息编码。这类媒体有硬盘、软盘、磁带及CD-ROM等。

(5) 传输媒体(transmission medium)

传输媒体是用来将媒体从一处传送到另一处的物理载体。传输媒体是通信的信息载体,它有双绞线、同轴电缆、光纤等。

在多媒体技术中,我们所说的媒体一般指的是感觉媒体。计算机系统与各种媒体之间的关系如图1.1所示。

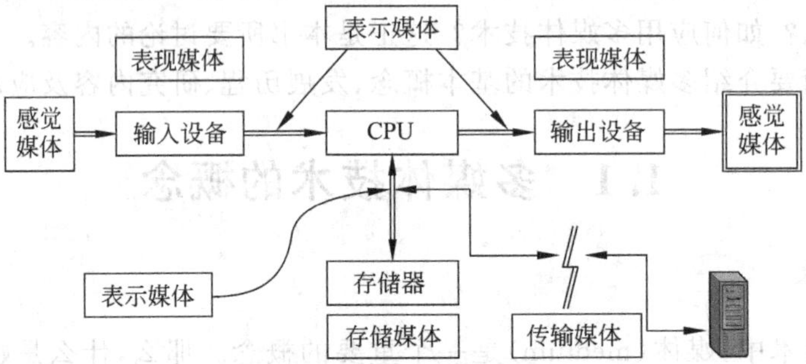

图1.1 计算机系统与各种媒体之间的关系

1.1.2 多媒体技术及其特点

多媒体技术从不同的角度有不同的定义。如有人定义"多媒体计算机是一组硬件和软件设备;结合了各种视觉和听觉媒体,能够产生令人印象深刻的视听效果。在视觉媒体上,包括图形、动画、图像和文字等媒体,在听觉媒体上,则包括语音、立体声响和音乐等媒体。用户可以从多媒体计算机同时接触到各种各样的媒体来源"。还有人定义多媒体是"传统的计算媒体——文字、图形、图像以及逻辑分析方法等与视频、音频以及为了知识创建和表达的交互式应用的结合体”。比较确切的定义是 Lippincott 和 Robinson 在 1990 年 2 月《Byte》杂志两篇文章中的定义，概括起来就是：

所谓多媒体技术就是计算机交互式综合处理多种媒体信息——文本、图形、图像和声音，使多种信息建立逻辑连接，集成为一个系统并具有交互性。简言之，多媒体技术就是计算机综合处理声、文、图信息的技术，具有集成性、实时性和交互性。

根据多媒体技术的定义，可以看到它有三个显著的特点，即集成性、实时性和交互性，这也是它区别于传统计算机系统的特征。所谓集成性，一方面是媒体信息即声音、文字、图像、视频等的集成；另一方面是显示或表现媒体设备的集成，即多媒体系统一般不仅包括了计算机本身而且还包括了像电视、音响、录像机、激光唱机等设备。所谓实时性是指在多媒体系统中声音及活动的视频图像是强实时的(hard realtime)，多媒体系统提供了对这些时基媒体实时处理的能力。所谓交互性是多媒体计算机与其他像电视机、激光唱机等家用声像电器有所差别的关键特征，普通家用声像电器无交互性，即用户只能被动收看，而不能介入到媒体的加工和处理之中。

多媒体技术是一门综合的高新技术，它是微电子技术、计算机技术、通信技术等相关学科综合发展的产物。20 世纪 90 年代以来，微电子技术的发展使一大批像高清晰度电视(HDTV)、高保真音响(HiFi)、高性能录像机、光盘播放机等产品纷纷推出；而数字化通信技术将传统的通信技术与计算机技术紧密地结合，形成了高速通信网络，使信息传输与交换能力有惊人的提高；新一代计算机系统集成电路密度大幅度增加，运算速度显著提高，功能越来越强，特别是个人机的发展更加迅猛，产品更新换代周期越来越短，使个人机的功能和工作站相比已无明显的差距，其强大图形处理功能及图像加工能力为计算机进行多媒体加工提供了基础。

从应用角度来看，人们对多媒体系统的认识一是来自电视，二是来自计算机，正如《Business Week》在 1989 年 10 月 9 日曾刊出一句："It's a PC, It's a TV, It's a Multimedia"。人们从电视里看到了生动活泼的画面，然而却无法改变或控制它，只是一种单向的沟通或交流方式。而计算机作为一种强大的工具可以由用户操作控制来解决很多问题，但这种工具还显得有点呆板单调，画面里充满着单调的文字、命令和生硬的图像。那么使电视用户有一定的控制权限和使计算机画面更加赏心悦目便成了我们改进的目标，这正是电视和计算机结合的原因所在。基于上述要求，多媒体开发研究大体上可分为两种途径：一方面由于数字化技术在计算机研制中的巨大成功，使声像、通信由传统的模拟方式向数字化方向发展，声像技术和计算机技术相结合，声像产品引入微型机控制处理，使声像产品数字化、计算机化、智能化，其代表性产品概念是电视计算机(teleputer)；另一方面，随着微型计算机的发展，计算机处理由单纯的正文方式到引入图形、声音、静止图像、动画及视频图像综合处理，向计算机电视(compuvision)的产品概念发展。它们共同的目标是一致的，即将计算机软硬件技术、数字化声像技术和高速通信网技术集成为一个整体,把多种媒体信息的获取、加工、处理、传输、存储、表现于一体。这种集成不仅仅是一个量的变化,更重要的是一种质的飞跃,目前已对人们的学习、工作、生活和娱乐产生巨大的影响。

1.1.3 多媒体技术的研究意义

多媒体技术不仅是时代的产物,也是人类历史发展的必然。人类社会文明的重要标志是人类具有丰富的信息交流手段。从人类交流信息的发展来看,最初人类的交流是声音和语言(包括形体语言),后来出现了文字和图形,使人类能以简洁方便的形式交换和表达信息。在现代文明社会,以照相机、摄像机等为代表的电子产品的出现,使图像(静止图像和视频图像)成为人们喜闻乐见的交流信息的手段。俗话说"百闻不如一见",人类获取的信息80%是通过视觉获取的。如果能同时运用听觉、视觉、触觉,则获取信息的效果最佳,所以说多媒体技术体现了人类的要求。

从计算机发展的角度来看,自1946年2月15日ENIAC问世标志人类发明数字式电子计算机以来,用户和计算机的交互技术一直是推动计算机技术发展的一个重要因素。因为计算机内部是以0、1组成的二进制代码进行运算,早期用户使用计算机,需要由专门的操作人员将程序转换成二进制纸带由计算机读入,在这个过程中用户甚至看不到计算机。随着计算机技术的改进,用户可以利用键盘将由正文构成的高级语言源程序或命令输入给计算机,由计算机执行,实现了用户和计算机的直接交互。随后又引入窗口技术和鼠标等输入设备,使人机交互更加灵活,并且大大减少了用户烦琐的操作。而多媒体技术的引入使人机交互技术更加丰富多彩,因为图像的引入使人们能很直观地理解人类的思维过程,如利用图形和CAD/CAM技术表达产品的设计与制造过程,不但提高了工效,而且便于各个工序的理解与加工。声音和语言是人类交流中最普遍使用的方式,通过A/D转换将声音数字化输入到计算机中处理,再通过D/A转换模拟输出,配合人机交互操作,效果很好。而视频图像直观、生动,是人类生活中最有效的交流方式。这些媒体如果单独存在都有很大局限性,多媒体技术将文字、声音、图形、图像集成为一体,获取、存储、加工、处理、传输一体化,使人机交互达到了最佳的效果。

同时,多媒体技术的引入提高了各种信息系统的工作效率,如多媒体技术与高速通信网技术的结合所组成的分布式多媒体系统,能够支持多媒体支持的协同工作(CSCW)、视频会议、远程会诊、远程购物等应用,这类应用随着Internet的普及成为信息社会流行的工作和生活方式。除此之外,多媒体技术不仅带来了生动活泼、有色有声的交互界面,而且支持人们交互处理媒体信息,这种交互从简单的检索、提取信息发展到用户介入到信息之中,这将是虚拟环境的高级境界。

1.2　多媒体技术的发展历程

多媒体计算机是一个不断发展、不断完善的系统，在不同历史时期，它具有特定的含义。随着科技的进步，多媒体计算机又被赋予许多新的要求和内容。本节简要介绍多媒体技术的发展历程。

1.2.1　启蒙发展阶段

多媒体技术最早起源于20世纪80年代中期。1984年美国Apple公司在研制Macintosh计算机时，为了增加图形处理功能，改善人机交互界面，创造性地使用了位映射(bitmap)、窗口(window)、图符(icon)等技术，这一系列改进所带来的图形用户界面(GUI)深受用户的欢迎，同时鼠标(mouse)作为交互设备的引入，配合GUI使用，大大地方便了用户的操作。

1985年，Microsoft公司推出了Windows，它是一个多任务的图形操作环境。Windows使用鼠标驱动的图形菜单，是一个用户界面友好的多层窗口操作系统。Microsoft Windows是DOS的延伸，目前已经先后有以下几个主要版本：

① Windows 1.X和Windows 2.X；

② Windows 286和Windows 386；

③ Windows 3.X；

④ Windows NT；

⑤ Windows 95；

⑥ Windows 98；

⑦ Windows 2000；

⑧ Windows XP；

⑨ Windows Vista。

1985年，美国Commodore公司首先推出世界上第一台多媒体计算机Amiga系统。Amiga机采用Motorola M68000微处理器作为CPU，并配置Commodore公司研制的三个专用芯片——图形处理芯片Agnus 8370、音响处理芯片Paula 8364和视频处理芯片Denise 8362。Amiga机具有自己专用的操作系统，它能够处理多任务，并具有下拉菜单、多窗口、图符等功能。

1986年，荷兰Philips公司和日本Sony公司联合出CD-I(compact disc interactive，交互式紧凑光盘系统)，同时公布了该系统所采用的CD-ROM光盘的数据格式，这项技术对大容量存储设备光盘的发展产生了巨大的影响，并经过国际标准化组织(ISO)的认可成为国际标准。大容量光盘的出现为存储表示声音、文字、图形、视频等高质量的数字化媒体提供了有效的手段。

关于交互式视频技术的研究也引起了人们的重视。自1983年开始,位于美国新泽西州普林斯顿的美国无线电公司RCA研究中心(David Sanaoff Research Center)就着手研制交互式数字视频系统,它是以计算机技术为基础,用标准光盘来存储和检索静态图像、活动图像、声音等数据。后来,RCA把推出的交互式数字视频系统DVI(digital video interactive)卖给了GE公司。1987年,Intel公司又从GE把这项技术买到手,经过改进,于1989年年初把DVI技术开发成为一种可普及商品。随后又和IBM公司合作,在Comdex/Fall'89展示会上推出Action Media 750多媒体开发平台,该平台硬件系统由音频板、视频板和多功能板三块专用插板组成,其软件是基于DOS系统的音频/视频支撑系统AVSS (audio video support system)。1991年,Intel公司和IBM公司合作又推出了改进型的Action MediaⅡ,在该系统中硬件部分采用更高程度的集成,集中在采集板和用户板两个专用插件上,软件采用基于Windows的音频视频内核AVK(audio video kernel),Action MediaⅡ在扩展性、可移植性、视频处理能力等方面均大大改善。

1.2.2 标准化阶段

自20世纪90年代以来,多媒体技术逐渐成熟,多媒体技术从以研究开发为重心转移到以应用为重心。

由于多媒体技术是一种综合性技术,它的产品实用化涉及计算机、电子、通信、影视等多个行业技术协作,其产品的应用目标,既涉及研究人员也面向普通消费者,涉及各个用户层次,因此标准化问题是多媒体技术实用化的关键。在标准化阶段,研究部门和开发部门首先各自提出自己的方案,然后经过分析、测试、比较、综合,总结出最优、最便于应用推广的标准,指导多媒体产品的研制。

1990年10月,在微软公司召开多媒体开发工作者会议上提出MPC1.0标准,其中CPU最低要求由原来的80286在1991年重新确定为16MHz的80386 SX。1993年由IBM和Intel等数十家软硬件公司组成的多媒体个人计算机市场协会(The Multimedia PC Marketing Council,MPMC)发布了基于CPU为80486 SX的多媒体个人计算机的性能标准MPC2.0。1995年6月,MPMC又宣布了新的多媒体个人计算机技术规范MPC3.0,MPC3.0 CPU最低要求为75MHz Pentium。事实上,随着应用要求的提高,多媒体技术的不断改进,多媒体功能已成为新型个人计算机的基本功能。这样,MPC的新标准也无继续发布的必要性。

多媒体系统的关键技术是关于多媒体数据的压缩编码和解码算法,目前多媒体计算机系统采用的是ISO和ITU联合制定的数字化图像压缩国际标准。具体来说,有以下3个主要标准。

(1) JPEG标准。它是联合图像专家组JPEG(Joint Photographic Experts Group)建

立的适用彩色和单色、多灰度连续色调、静态图像压缩国际标准。该标准于1991年通过，成为ISO/IEC 10918标准，全称为“多灰度静态图像的数字压缩编码”标准。另外，基于Internet网络的多媒体应用，2000的12月公布了新的JPEG 2000标准(ISO 15444)。

(2) MPEG系列标准。为了制定有关运动图像压缩标准，ISO建立一个运动图像专家组MPEG(Moving Picture Experts Group)，它从1990年开始工作。MPEG提交的MPEG-1标准用于数字运动图像，其伴音速率为1.5Mbps的压缩编码，作为ISO/IEC 11172号标准，于1992年通过。MPEG-1平均压缩比为50∶1。MPEG系列的其他标准还有MPEG-2、MPEG-4、MPEG-7和正在制定的MPEG-21。

(3) H.26X标准。ITU推荐的H.261标准即$P\times 64$kbps方案，其标题是“64kbps视声服务用视像编码方式”，它是由ITU SG ⅩⅤ视频编码专家组负责制定的。该方案确定于1988年，是一个面向可视电话和电视会议的视频压缩算法的国际标准，其中P是可变参数。$P=1$或2时只支持QCIF(quarter common intermediate format)分辨率(176×144)格式每秒帧数较低的可视电话；当$P\geqslant 6$时则支持CIF(common intermediate format)分辨率(352×288)格式每秒帧数较高的活动图像的电视会议。另外，该系列的H.262，H.263和H.264等标准是面向不同速率应用场景的可视通信标准。

我国也积极开展了具有自主产权的数字音视频产业的共性基础标准的研究。国家信息产业部于2002年6月批准成立数字音频视频编码技术标准工作组(简称AVS工作组)，面向我国的信息产业需求，制定数字音视频的压缩、解压缩、处理和表示等共性技术标准AVS，服务于数字音视频产业应用。

对多媒体系统处理数字化音频，除MPEG标准中包含音频压缩的标准外，ITU也制定了一系列压缩标准，主要有以下标准。

(1) 16kbps ITU标准化方案G.728，准备用在64kbps的ISDN线路的可视电话上，带宽分配为语音16kbps，图像48kbps。

(2) 32kbps ITU标准化方案G.721。该标准的目的是最终取代现有PCM电路传送方式，最初是面向卫星通信、长距离通信以及信道价格很高线路的语音传输。目前，其应用领域还包括电视会议的语音编码、为提高线路利用率的多媒体多路复用装置、数字录音电话及高质量的语音合成器等。

(3) 64kbps ITU标准化方案G.722。该标准是面向7kHz带宽以语音和音乐为对象的标准化音响编码方案，应用领域是面向高质量语音通信会议的。它具有三种工作模式，即64kbps，56kbps和48kbps。从工作方式上讲，可以利用64kbps全部传送7kHz语音信号，也可以利用56kbps(48kbps)传送语音，用另外8kbps(16kbps)传送辅助信号。

另外，ISO对多媒体技术的核心设备——光盘存储系统的规格和数据格式发布了统一的标准，特别是流行的CD、DVD和以它们为基础的各种音频视频光盘的各种性能都有统一规定，这些内容将在第4章详细讨论。

从目前的情况来说,除对已有的标准进一步完善外,主要工作是降低实现成本,提高多媒体计算机软硬件的质量,促进多媒体技术的普及。

1.3 多媒体技术的研究内容

本节简要介绍多媒体技术所包含的主要内容,这些内容也是本书各个章节所讨论的主题。

1. 多媒体数据编码、压缩算法与标准

在多媒体系统中要表示、传输和处理声文图信息,特别是数字化图像和视频要占用大量的存储空间,因此高效的压缩和解压缩算法是多媒体系统运行的关键。本书将介绍多媒体数据表示与编码、几种主要的数字图像编码标准和数字音频编码标准,并将对数据压缩的新技术做一展望。

2. 多媒体数据存储技术

高效快速的存储设备是多媒体系统的基本部件之一,光盘系统是目前较好的多媒体数据存储设备,它又分为只读光盘、一次写多次读光盘,可擦写光盘。本书将对这些光盘的工作原理和数据格式进行介绍,重点介绍流行的 CD 和 DVD 技术与标准,还简要介绍磁盘阵列技术和网络存储技术。

3. 多媒体计算机系统硬件与软件平台

多媒体系统基础是计算机系统,它一般有较大的内存和外存(硬盘),并配有光驱、多媒体功能卡、信息获取与显示设备等,本书将对常用的多媒体功能卡和输入输出设备进行介绍。另外,还将对典型的专用多媒体系统硬件结构进行介绍。多媒体计算机软件平台以操作系统为基础,一般有两种形式:一是专门设计的操作系统以支持多媒体功能;二是在原有操作系统基础上扩充一个支持音频/视频处理多媒体模块和各种服务工具。本书将以典型的多媒体软件平台为例进行介绍。

4. 多媒体软件开发环境

为了便于用户编程开发多媒体应用系统,一般在多媒体操作系统之上提供了丰富的多媒体开发工具,如 Microsoft MDK 就给用户提出了对图形、视频、声音等文件进行转换和编辑的工具。另外,为了方便多媒体节目的开发,多媒体计算机系统还提供了一些直观、可视化的交互式编著工具(authoring tool),如动画制作软件 Macromind Director,3DStudio,多媒体节目编著工具 Tool Book,Authorware 等。本书将介绍一些典型的多媒体开发工具和编著工具。

5. 多媒体内容管理

和传统的数据管理相比,多媒体数据库包含着多种数据类型,数据关系更为复杂,需要一种更为有效的管理系统来对多媒体数据库进行管理。本书将对多媒体数据库管理系统(MDBMS)、面向对象的多媒体数据库系统和基于内容的多媒体检索技术及其标准进行介绍。随着数字内容服务产业快速发展,数字内容安全和版权管理技术也十分重要,本书也将对此方面进行初步的介绍。

6. 超文本与 Web 技术

超文本是一种有效的多媒体信息管理技术,它本质上是采用一种非线性的网状结构组织块状信息。本书将对超文本概念、特点、标记语言及系统进行介绍,还将讨论目前最流行的运行于 Internet 的 HTML 语言和 XML 语言,Web 多媒体软件开发技术,以及 Web 系统的关键实现技术。

7. 多媒体系统数据模型

多媒体系统数据模型是指导多媒体软件系统(软件平台、多媒体开发工具、编著工具、多媒体数据库等)开发的理论基础,对于多媒体系统数据模型形式化(或规范化)研究是进一步研制新型系统的基础。虽然这方面的成果较少,并且已有的成果还不够系统化,本书仍力图介绍一些已有的研究成果,以期能够起到抛砖引玉的作用。

8. 多媒体通信与分布式多媒体系统

进入 21 世纪,计算机系统及应用是以网络为中心,多媒体技术和网络技术、通信技术相结合出现了许多令人鼓舞的应用领域,如可视电话、电视会议、IPTV 视频点播、视频监控以及以分布式多媒体系统为基础的计算机支持协同工作系统(远程会诊、报纸共编等),这些应用很大程度地影响了人类生活工作方式。本书将简要介绍多媒体通信网络和典型的多媒体应用系统。

9. 基于 Internet 的多媒体技术

Internet 是目前最为流行的计算机网络,它可提供大量的多媒体服务。但传统的 Internet 采用尽力而为的信息传输方式,不能保证多媒体的服务质量。本书将就基于 Internet 的多媒体系统实现技术做简要介绍,侧重于 IP 流媒体技术、移动多媒体技术,以及基于 Internet 多媒体服务等。

1.4　多媒体技术的应用及发展前景

1.4.1　多媒体技术的应用

多媒体技术是一种实用性很强的技术,它一出现就引起许多相关行业的关注,由于其社会影响和经济影响都十分巨大,相关的研究部门和产业部门都非常重视产品化工作,因此多媒体技术的发展和应用日新月异,产品更新换代的周期很短。多媒体技术及其应用几乎覆盖了计算机应用的绝大多数领域,而且还开拓了涉及人类生活、娱乐、学习等方面的新领域。多媒体技术的显著特点是改善了人机交互界面,集声、文、图、像处理一体化,更接近人们自然的信息交流方式。

多媒体技术的典型应用包括以下几个方面。

(1) 教育和培训。利用多媒体技术开展培训、教学工作,寓教于乐,内容直观、生动、活泼,给培训对象的印象深刻,培训教学效果好。

(2) 咨询和演示。在销售、导游或宣传等活动中,使用多媒体技术编制的软件(或节目),能够图文并茂地展示产品、游览景点和其他宣传内容,使用者可与多媒体系统交互,获取感兴趣对象的多媒体信息。

例如,房地产公司在推销某一处楼房时,可将该楼房的外貌、内部结构、室内装修、周围环境、配套设施、交通安全用文字、图形、图像表现出来,并加入对应的解说,制作成多媒体节目,用户通过观看这个节目就可以对所售楼房有了直观了解,避免了销售人员解说的麻烦而效果又不好的情况。

(3) 娱乐和游戏。影视作品和游戏产品制作是计算机应用的一个重要领域。多媒体技术的出现给影视作品和游戏产品制作带来了革命性变化,由简单的卡通片到声文图并茂的实体模拟,画面、声音更加逼真,趣味性、娱乐性增加。随着CD-ROM的流行,价廉物美的游戏产品备受人们的欢迎,对启迪儿童的智慧,丰富成年人的娱乐活动大有益处。

(4) 管理信息系统。目前管理信息系统在商业、企业、银行等部门已得到广泛的应用。多媒体技术应用到管理信息系统中可得到多种形象生动、活泼、直观的多媒体信息,克服了传统管理信息系统中数字加表格那种枯燥的工作方式,使用人员通过友好直观的界面与之交互获取多媒体信息,工作也变得生动有趣。多媒体信息管理系统改善了工作环境,提高了工作质量,有很好的应用前景。

(5) 可视通信系统。随着多媒体通信和视频图像传输数字化技术的发展,计算机技术和通信网络技术的结合,可视电话、视频会议系统等可视通信系统成为一个最受关注的应用领域,与电话会议系统相比,视频会议系统能够传输实时图像,使与会者具有身临其境的感觉,提高了交流的质量。

(6) 计算机支持协同工作(CSCW)。多媒体通信技术和分布式计算机技术相结合所组成的分布式多媒体计算机系统,能够支持人们长期梦想的远程协同工作。例如,远程会诊系统可把身处两地(如北京和上海)的专家召集在一起同时异地会诊复杂病例;远程报纸共编系统可将身处多地的编辑组织起来共同编辑同一份报纸。CSCW的应用领域将十分广泛。

(7) 数字视频服务系统。诸如影片点播系统、IPTV系统、多媒体监控系统、视频购物系统等数字视频服务系统拥有大量的用户,也是多媒体技术的一个应用热点。

1.4.2 多媒体技术的发展前景

随着计算机技术的不断发展,低成本高速度处理芯片的应用,高效率的多媒体数据压缩/解压缩产品的问世，高质量多媒体数据输入、输出产品的推出，多媒体计算技术必将推进到一个新的阶段。目前，多媒体技术的发展已进入高潮，多媒体产品正走进千家万户。

从近阶段来看，多媒体技术研究和应用主要体现出以下特点。

(1) 家庭教育和个人娱乐是目前国际多媒体市场的主流。其代表性的产品有：视频光盘播放系统，如各种 DVD 播放机；游戏机，集声、文、图、像处理于一体，功能强大；交互式电视系统，IPTV 正逐步流行；利用 VOD 系统用户可以按自己的要求选择电视节目或使用交互式电视系统从预先安排的几种情节发展中选择某一种情节让故事进行下去。

(2) 内容演示和管理信息系统是多媒体技术应用的重要方面。目前，多媒体应用以内容演示和管理信息系统为主要形式，这种状况可能会持续一段时期。

(3) 多媒体通信和分布式多媒体系统是多媒体技术的重要发展方向。传统的多媒体技术应用包含基于光盘的单机系统和基于网络的多媒体应用系统两个方面，随着高速网络成本的下降，多媒体通信关键技术的突破，在以 Internet 为代表的通信网上提供的多种多媒体业务会给信息社会带来深远影响。同时将多台异地互联的多媒体计算机协同工作，更好实现信息共享，提高工作效率，这种 CSCW 环境代表了分布式多媒体应用的发展趋势。

从长远观点来看，进一步提高多媒体系统的智能性是不变的主题。发展智能多媒体技术包括很多方面，如文字的识别和输入；汉语语音识别和输入；自然语言的理解和机器翻译；知识工程和人工智能等。已有的解决这些问题的成果已很好地应用到多媒体系统开发中，并且任何一点新的突破都可能对多媒体技术发展产生很大的影响。

本章小结

本章简要介绍多媒体技术的基本概念，包括媒体及多媒体技术的定义，讨论了多媒体技术的三个重要特点即交互性、实时性和集成性；回顾了多媒体技术的发展历程，侧重介绍多媒体技术发展过程中的重要事件，简要介绍了多媒体系统的几个重要标准；简述了多媒体技术所研究的内容，本书以计算机技术对多媒体系统的支撑为主线，全面系统地介绍了多媒体系统原理及应用；最后介绍了多媒体技术的典型应用和发展前景。

思考练习题

1. 什么是多媒体技术？简述其主要特点。

2. 如何理解多媒体技术是人机交互方法的一次革命？

3. 除了本章介绍的多媒体技术标准外，你还了解哪些多媒体技术标准？制定标准对多媒体技术有何意义？

4. 试从一两个应用实例出发，谈谈多媒体技术的应用对人类社会的影响。

第 2 章 多媒体数据编码基础

信息表示是信息共享的基础。早期的计算机系统采用模拟方式表示声音和图像信息，这种方式使用连续量的信号来表示媒体信息，虽然能够利用模拟设备把多媒体信息汇集在一个信息系统中，但存在着明显缺点：易出故障，常产生噪声和信号丢失，且拷贝过程中噪声和误差逐步积累；模拟信号不适合数字计算机加工处理。

在多媒体系统中，主要采用数字化方式处理、传输、存储多媒体信息，它们主要包括数字、文本、图形、图像、视频等媒体类型，这些媒体以大量数据存在，所以多媒体数据的高效表示和压缩技术就成为多媒体系统的关键技术。本章主要讨论多媒体数据编码基本原理和常用的多媒体数据压缩技术。

2.1 数字音频编码

2.1.1 音频的基本特性

自然界中的声音是由于物体的振动产生的，通过空气传递振动，这种机械振动传递到人的耳膜而被人感知。音频信号可分为语音、音乐和音响三类。听觉信息是人类感知自然的重要手段，因此也是多媒体系统处理的一种重要媒体形式。多媒体的音频应用体现在按钮的反馈声、背景音乐、解说词、视频画面配音、特殊效果制作等。

声音是由振动的声波所组成，在任一时刻 t，声波可以分解为一系列正弦波的线性叠加：

$$f(t)=\sum_{n=0}^{\infty}A_n\sin(n\omega t+\varphi_n)$$

其中，ω 称为基频或基音，它决定声音的高低；$n\omega$ 称为 ω 的 n 次谐波分量或称为泛音，与声音的音色有关。A_n 是振幅(amplitude)，指波的幅度高低，表示声音的强弱；φ_n 是 n 次谐波的初相位。

声源完成一次振动，空气中的气压形成一次疏密变化所经历的时间称为一个周期(period)，记作 T，单位为秒。一秒钟内声源振动的次数或空气中气压疏密变化的次数，称为声音的频率(frequency)，记为 f，它是周期的倒数 $f=1/T$，即单位为“赫”(Hertz，Hz)表示，每秒振动 100 次即为 100Hz。

事实上，声波按频率可分为 4 类(见表 2.1)，其中多媒体系统仅处理人类的听力所接受的频率范围的声音，我们称之为音频，这个频率范围的音波称为声音信号。除了人类说话的声音和音乐，其他的音频信号称为噪声。

表 2.1　声音的频率分类

声音分类	频率范围	声音分类	频率范围
亚声波	0～20Hz	超声波	20kHz～1GHz
人类的听力所接受的频率	20Hz～20kHz	超高声波	1GHz～10THz

2.1.2　音频的数字化

在真实世界中，声音是模拟的，时间和幅度都是连续变化。而计算机处理的数字音频信号只能是在特定的时间点取有限个幅值，是时间上断续的数据序列。因此，当把模拟声音变成数字音频时，需要每隔一个时间间隔在模拟声音波形上取一个幅度值，这称为采样，这个时间间隔称为采样周期。而用数字来表示音频幅度时，只能把无穷多个电压幅度用有限个数字来表示，这即是量化。而把声音数据写成计算机二进制数据格式，称为编码。

波形音频(waveform audio)是以数字方式表示音波，它是计算机处理的音频基本方式。计算机是用声卡(包含模/数和数/模转换)来录制与执行播出声音的。计算机对声音的表示主要是通过采样产生一系列声音数据，如图 2.1 所示。一秒内采样的次数称为采样率(sampling rate)，其单位也为 Hz。根据 Nyquist 采样定理，采样频率不应低于声音

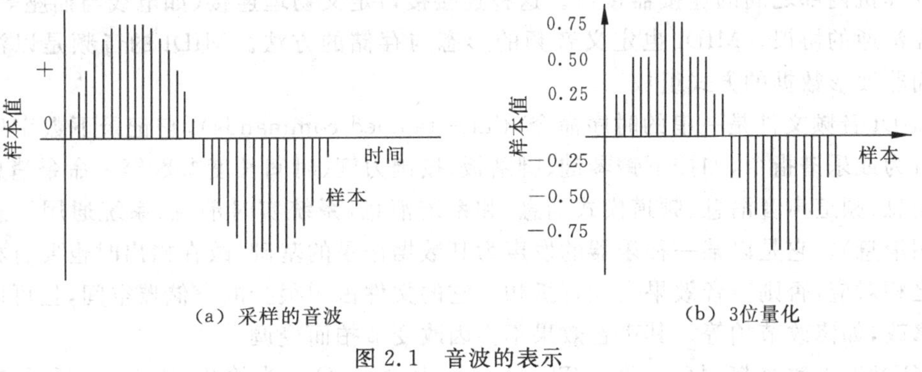

图 2.1　音波的表示

信号最高频率的2倍,这样就能把数字信号保真地恢复。CD音频的44100Hz采样率意味着每秒要采样44100次,可以保真地记录频率高达22kHz的声音。

采样的离散音频数据要量化成计算机能够表示的数据范围,量化的等级取决于计算机能用多少位来表示一个音频数据,一般采用8位或16位量化。量化的位数愈高,音频效果愈佳。反映音频数字化质量的另一个因素是通道(或声道)个数。录制声音时,如果每次采样一个音波数据,称为单声道;每次采样两个音波数据,称为双声道(立体声)。立体声更能表现人们听觉的真实感受。

量化的过程是,先将整个幅度划分成为有限个小幅度(量化阶距)的集合,把落入某个阶距内的样值归为一类,赋予相同的量化值。量化可以归纳为两大类:一类是均匀量化,即采用相等的量化间隔对采样进行量化;另一类是非均匀量化,即对变化大的信号采用较大的量化间隔,变化小的信号采用小的量化间隔,在满足精度要求情况下使用较少的位数。采用的量化方法不同,量化后的数据量也不同,所以说量化是一种数据压缩的方法。

量化后数字音频的存储量可以通过如下公式计算:

音频数据存储量(字节)=采样频率(Hz)×量化位数(位)×声道数×音频长度(秒)/8

【例2.1】 激光数字唱盘CD-DA的标准采样频率为44.1kHz,量化位数为16位,立体声,这即CD音质。1分钟CD-DA音乐需要的存储量为:

$$44100 \times 16 \times 2 \times 60/8 = 10584000 \text{ 字节}$$

波形音频在计算机中存储的常见格式有WAV文件、VOC文件、AIF文件和MP3文件等。

2.1.3 MIDI音频

MIDI音频是计算机通常处理的另一种音频种类。MIDI是Musical Instrument Digital Interface的缩写,是1983年正式制定的数字音乐的国际标准。目的是让音乐及合成音可以经由一串消息在不同的设备上交流传输。MIDI提供了计算机外部的电子乐器与计算机内部之间的连接器接口。这种连接接口定义物理连接(如电线与插座等)与电子乐器沟通的协议。MIDI也定义音频的形态与存储的方法。MIDI的音频是以消息的方式而非波形数据的方式组成。

MIDI音频文件是一串的时序命令(time-stamped commands),它记录下数字乐器的弹奏行为或乐谱指令,如按下钢琴键、脚踏板,按键力度、时间长度参数等。命令消息分为频道消息(频道声音消息、频道模式消息)和系统消息(系统实时消息、系统通用消息与系统专用消息)。它是以某一种乐器的发声为其数据记录的基础,故在播出时也要有相同乐器与之相对应,否则声音效果会大打折扣。它的文件占用很少的存储器空间,且可以做细致的修改,如修改节拍等。其声音效果不会因改变节拍而变调。

MIDI有3种连接器(In、Out、Thru)。In为输入,Out为输出,而Thru是用来扩充

MIDI与其他设备连接用的。MIDI连接如电子琴一类的乐器，演奏者在键盘上弹奏，有一个对应的键盘同时被输入，这个对应的键盘即为遥控键盘(remote keyboard)，如图2.2所示。

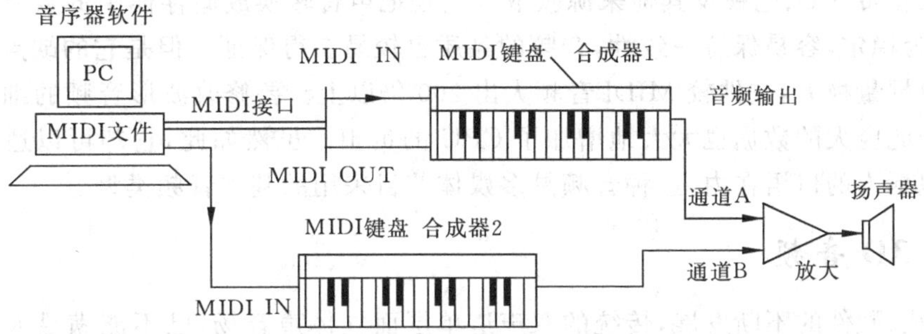

图2.2 MIDI的In与Out连接器

计算机除了接受电子琴之类的电子乐器外，也可接受其他类型的乐器，如电吉他、萨克斯管等，它们是通过声音模块来加入。而计算机中可记录、编辑、播放MIDI的程序即为音序器(sequencer)。音序器可以将音乐以一种序列来储存。所谓序列就是一连串的音符加上系统事件的命令。MIDI的配置当中有一个MIDI适配器(MIDI mapper)，它在控制板当中，用来改变频道、路径与按键。当电子琴的键盘与一般的MIDI规格不一致时，可以经由适配器来修正使两者一致。

如图2.3所示，MIDI乐器通过MIDI接口与计算机相连，这样音序器来采集乐器发出的一系列指令，并记录在MIDI文件中。在计算机上音序器可以对MIDI文件进行编辑和修改。最后将MIDI指令送往音乐合成器，由合成器对MIDI指令符号进行解释并产生音波。

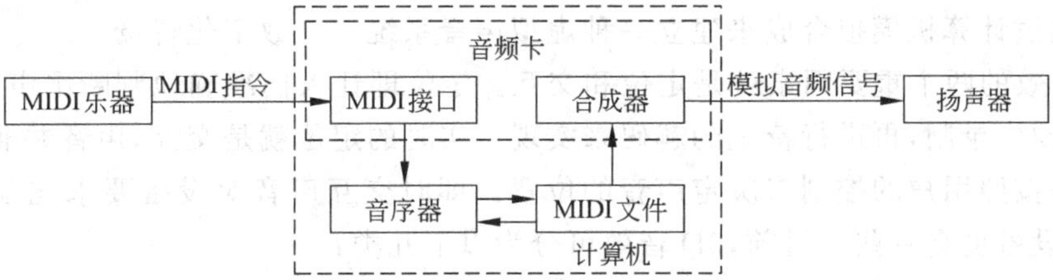

图2.3 MIDI音乐的产生过程

MIDI标准可提供16个通道，每种通道对应一种逻辑的合成器。两个MIDI设备在建立连接后首先要使用相同的MIDI通道。对计算机合成音乐，每个逻辑通道可指定一种乐器，音乐键盘可设置16个通道中的任何一个，MIDI声源可被设置在指定的MIDI通道上接收。

和波形音频相比,MIDI音频数据量很小。例如,一个8位22.05kHz波形音频文件持续2秒的数据量就达到40KB,而MIDI文件播放1分钟不超过4KB。

MIDI有一项严重的缺点,那就是它不适合编制口语旁白的音频。波形音频可以从麦克风、录音带、CD、电视及其他来源获取。它是把声音转换成储存体中的数字信息。波形音频较为稳定,容易保持一致性,音频的品质也较易获得保证。但是它的缺点是记录非常详尽,数据量极大,文件较MIDI音频大出200倍以上。要修改波形音频的细节非常困难,况且如此庞大的数据也大大地增加了CPU的负担。虽然如此,它却可以适合任何一种音响,包括人的口语在内,这种音频是多媒体节目采用的基本音频类型。

2.1.4 3D音频

随着软、硬件的不断发展,传统的双声道单层面立体声音场,已不能满足人们对声音的立体感受和空间感受,因而出现了3D音频技术。三维环绕立体声能产生更加逼真的音频效果,使用户在使用计算机时能感觉声音来自不同的方向。

人耳的基本声音定位原理是两侧声音强度差别(interaural intensity difference,IID)和两侧声音时间延迟差别(interaural time difference,ITD)。IID指距离声源较近的那一边耳朵,所收到的声音强度比另一侧高,感到声音要大一些。ITD指由于方位的不同,使声音到两耳的时间有差别,人们会感觉声音位于到达时间早些的那一边。

耳廓(外耳)的作用是滤波器,根据声音的不同角度,加强/减弱音波能量,过滤后传给大脑,让人们更准确地定位声源。因耳廓的大小有限,能收到音频范围也有限,即20Hz~20kHz(波长为16m~1.6cm)的音波。很多时候,人们听到的声音不是直接进入耳朵,而是经过几次反射才进入大脑。在音波行进的过程中,音波能量会减弱,再加上反射造成的消音和延迟作用,声音已经有了变化,这种反射混合起来的效果称为交互混响。

模拟3D音效需要还原IID、ITD、耳廓、反射等定位效果,并分析不同角度声音发生的变化,通过计算机模拟合成来建立一种虚拟声音系统——数字化音场。

3D音效的两个重要因素就是定位和交互。定位即让人们准确地判断出声音的来源,可以通过预先录制,再进行特定的解码来实现。实时的定位就是交互,声音并非预先录制好的,而是按照用户的控制来决定声音的位置。即时交互声音对设备要求比预先录制音轨的放音设备更高一些。目前,3D音效可分为以下几类:

(1) 扩展式立体声(extended stereo)。它使用声音延迟技术对传统的立体声进行额外处理,扩宽了音场的位置,使声音延展到音箱以外的空间,让人们感觉的3D世界更为广阔。

(2) 环绕立体声(surround sound)。它采用音频压缩技术(如杜比AC-3)把多通道音源编码成一段程序,再以一组多扬声器系统来进行解码,实现多区域环绕效果。这也是一种被动播放音轨技术,最适合于电影播放。另外,环绕立体声的主要工作是编解码,可以通过特殊的算法，做到两个音箱模拟5个音箱的环绕效果。

(3) 交互式3D音效(interactive 3D audio)。交互式音效尽量地复制了人耳在真实世界中听到的声音，并使用一定的算法来播放出来，让人们感到整个三维空间的所有地方都可能产生声音，并随听者的移动而做出相应的改变。它是最接近实际生活的3D音效。

3D音效的控制是通过软件来实现的，这些软件称为应用程序接口(API)。支持3D音频API种类较多，目前，常见的有以下几种。

(1) DirectSound 3D。简称DS3D，它是Microsoft公司DirectX中的一个组件，得到了众多声卡厂商的支持。DS3D的作用在于帮助开发者定义声音在三维空间中的定位和声响，然后把它交给DS3D兼容的声卡，让它们用各种算法去实现。

(2) Aureal 3D。是由Aureal Semiconductor公司开发的新型3D音效定位技术，使用它的程序(如游戏)可以根据用户的选择而决定音效的变化，而且可以只用一对普通的音箱或耳机来实现，产生围绕听者的3D精确定位音效。

(3) EAX。3D场景的形状、尺寸和物质对反射音效起决定作用，Creative利用这些特性制成环境音效扩展EAX，即它是一个反射音效引擎。本质上是一种依赖于Microsoft的DirectSound 3D的开放API，任何人都可以使用这一接口来开发或者在自己的软硬件产品中加入对EAX的支持。

(4) Sensaura。它支持DS3D，并在它们的DS3D驱动程序中包含了一个声音管理程序(Voice Manager)。开发者可以用来选择最重要的音源使用3D模式，而其余的使用立体声模式。Sensaura也支持EAX，采用HRTF(head related transfer function，头部关联传输功能)，开发了MacroFX技术来提供更精确的音量模式，并采用了ZoomFX音效缩放技术。

(5) Qsound。Qsound和Sensaura，只提供音效技术，它推出的Q3D技术同样可以用两个喇叭或耳机产生3D音效。使用Q3D技术的声卡支持DS3D、EAX和A3D。其最大的特点是在音乐中加入HRTF，增强其3D效果。Q3D不仅用于游戏，事实上，Qsound用Q3D技术产生了一种杜比认证的虚拟多通道技术——Qsurround，这项技术在家电产品中得到广泛的应用。

(6) 杜比AC-3。1987年美国高级电视咨询委员会(ACATS)开始对HDTV制式进行研究，要求声音必须是多通道的环绕声。虽然有了杜比AC-1、AC-2数字音频编码技术，但仍然满足不了要求。为了提高HDTV声音的质量，提出了双通道的码率提供多通道的编码性能的设想，杜比AC-3就是面向此目标开发的。它可以把5个独立的全频带和一个超低音通道的信号实行统一编码，成为单一的复合数据流。通道间的隔离度比模拟矩阵编码大为改善，两个环绕通道相互独立从而实现了立体化、超低音通道的音量和独立控制。

(7) DTSs它即数字化影院系统(digital theatre system)。从技术上讲，DTS与包括

杜比数字技术在内的其他声音处理系统完全不同。杜比数字技术是将音效数据存储在电影胶片的齿孔之间,因为空间的限制而必须采用大量的压缩的模式,这样就不得不牺牲部分音质。DTS用了一种简单的方法,即把音效数据存储到另外的CD-ROM中,使其与影像数据同步。这样不但空间得到增加,而且数据流量也可以相对变大,更可以将存储音效数据的CD更换,来播放不同的语言版本。

2.2 数字图像编码

2.2.1 色彩的基本概念

从人的视觉系统来看,色彩可用色调、饱和度和亮度三要素来描述。人眼看到的任一彩色光都是这3个特性的综合效果。色调与光波的波长直接相关,亮度和饱和度与光波的幅度有关。色调是指某种颜色的性质和特点,是由物体表面反射的光线中什么波长占优势决定的。可见光谱上各种不同颜色的不同波长范围如表2.2所示。

表2.2 颜色的波长范围

红	橙	黄	绿	青	蓝	紫
760～610nm	610～590nm	590～570nm	570～500nm	500～460nm	460～440nm	440～400nm

多媒体系统主要采用数字化方式对声音、文字、图形、图像、视频等媒体进行处理。数字化处理面临的主要问题是巨大的数据量,尤其对动态图形和视频图像。例如,在彩色电视信号表示时,设代表光强、色彩和色饱和度的YIQ彩色空间中各分量的带宽分别为4.2MHz、1.5MHz和0.5MHz。根据采样定理,仅当采样频率≥2倍的原始信号频率时,才能保证采样后信号可被保真地恢复为原始信号。再设各分量均被数字化为8个比特,从而1秒钟电视信号的数据量为:

$$(4.2+1.5+0.5)\times 2\times 8 = 99.2\text{M(bit)}$$

亦即,彩色电视信号的数据量约为100Mbps,因而容量为650MB的CD-ROM仅能存约1分钟的原始电视数据。若为高清晰度电视(HDTV),其数据量约为1.2Gbps,因此一张CD-ROM还存不下6秒钟的HDTV图像。

2.2.2 彩色空间及其变换

所谓彩色空间即彩色的表示模型。在数字图像中每个像素的颜色可以用8位、9位、16位、24位或32位来表示。下面介绍常用的几种彩色空间。

1. RGB彩色空间

R,G,B分别代表红(red)、绿(green)、蓝(blue)三色。这是彩色最基本的表示模型,也是计算机系统中所使用的彩色模型。常用的有 RGB 5∶5∶5 方式和 RGB 8∶8∶8 方式。在 RGB 5∶5∶5 方式中,用两个字节表示一个像素,具体位分配见图 2.4。在 RGB 8∶8∶8 方式中,R,G,B 分量各占一个字节(8 位)。

T(1 位)	R(5 位)	G(5 位)	B(5 位)

图 2.4 RGB 5∶5∶5 方式

2. HSI 彩色空间

在这种模型中,用 H(hue,色调)、S(saturation,饱和度)、I(intensity,光强度)这 3 个分量来表示一种颜色,这种表示更适合人的视觉特性。

3. YUV 彩色空间

在该模型中,Y 为亮度信号,U,V 是色差信号(B-Y,R-Y)。我国和德国电视系统采用的制式是 PAL-D,其彩色空间即为 YUV。这种模型的优点之一是亮度信号和色差信号是分离的,容易使彩色电视系统与只对亮度敏感的黑白电视机亮度信号兼容。

国际无线电咨询委员会(CCIR)根据实验认为,采用双倍亮度采样 4∶2∶2 方案效果较好,提出了 CCIR601 标准:

$$\begin{bmatrix} Y \\ U \\ V \end{bmatrix} = \begin{bmatrix} 0.299 & 0.587 & 0.114 \\ -0.169 & -0.332 & 0.5 \\ 0.5 & 0.419 & -0.081 \end{bmatrix} \begin{bmatrix} R \\ G \\ B \end{bmatrix}$$

4. YIQ 彩色空间

它是在广播电视系统中另一种常用的亮度与色差分离的模型,美国的电视系统采用 NTSC 制式,其彩色空间即为 YIQ。这里,Y 是亮度,I 和 Q 共同描述图像的色调和饱和度。

YIQ 和 RGB 两种彩色空间的关系为:

$$\begin{bmatrix} Y \\ I \\ Q \end{bmatrix} = \begin{bmatrix} 0.299 & 0.587 & 0.114 \\ 0.211 & -0.523 & 0.312 \\ 0.596 & -0.275 & -0.322 \end{bmatrix} \begin{bmatrix} R \\ G \\ B \end{bmatrix}$$

2.2.3 数字图像文件格式

1. TIF

TIF 格式由美国 Aldus Developer's Desk 和 Microsoft Windows Marketing Group 制定。TIF 文件分为 4 个部分:

① 文件头(8 字节)。含字节顺序(2 字节,表示整数和长整数结构的机器存储格式,II-Intel格式,MM-Motorola 格式)、标记号(2 字节,版本信息)以及指向第一个参数指针表的编码(4 字节,从文件开始偏移)。

② 参数指针表。由每个长为12字节的参数块构成,描述压缩种类、长宽、彩色数、扫描密度等参数。较长参数(如调色板)只给出指针,参数放在参数数据表中。其结构定义如下:

```
typedef struct {
        int tag-type;
        int number-size;
        long length;
        long offset;
        }TIF-FIELD;
```

③ 参数数据表。

④ 图像数据。按参数表中描述的形式按行排列。

2. PCX

PCX由Z Soft公司最初制定,它包括文件头(128字节)和数据部分(采用行程长度编码)。文件头结构定义为:

```
typedef struct{
        char manufacture;        /* always 0xa0 */
        char version;
        char encoding;           /* always 1 */
        char bits-per-pixel;     /* color bits */
        int Xmin,Ymin;           /* image origin */
        int Xmax,Ymax;           /* image dimension */
        int hres;                /* resolution values */
        int vres;
        char palette[48];        /* color palette */
        char reserved;
        char color-planes;       /* color planes */
        int bytes-per-line;      /* line buffer size */
        int palette-type;        /* grey or color palette */
        char filler[58];
        } PCXHEAD;
```

其中Version若为5,文件内有一个256色调色板,数据768字节,在文件最后。文件体部分对所有像素数据采用行程长度编码,由包含Keybyte和Databyte的包组成。分两种情况:

① 若Keybyte最高位为11,则低6位为重复次数(Index),即后一个字节重复使用Index次。但最多重复63次,若再长,则重建一个包。如图2.5(a)所示。

② 若 Keybyte 最高位不是 11，那么该 Databyte 按原样写入图像文件（Keybyte 中 Index 无用）。对一个字符的表示用长度为 1 的包，见图 2.5(b)。

另外，像 GIF，TGA，BMP，DVI 等均为常用的图像文件格式，读者可查阅有关资料了解它们的结构，此处不再赘述。

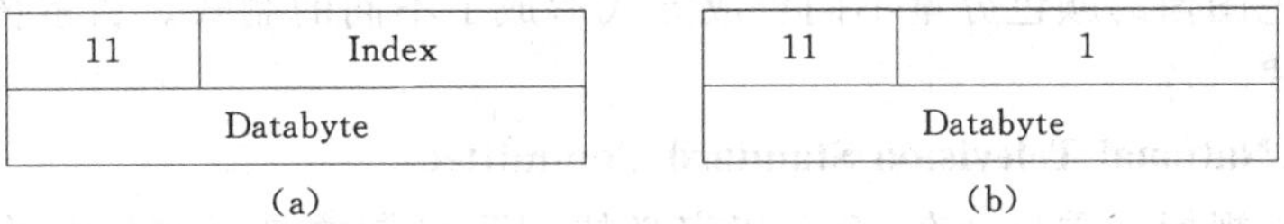

图 2.5 PCX 数据包结构

2.3 数字视频编码

数字视频是连续的数字图像序列。与传统的模拟视频相比，它提供了很高的存储质量和交互性，具有强大的编辑能力和抑制信道噪声的能力，易于实现视频数据加密等优点。数字视频并不等同于静态图像序列，视频中的相邻各帧图像之间存在着相关性，数字视频编码要充分利用这些相关性设计出高效的编码方法。

2.3.1 数字视频的结构

数字视频可以用图 2.6 来描述。数字视频是由多幅连续的图像序列构成的，其中 x 轴和 y 轴表示水平及垂直方向的空间维，而 t 轴表示时间维。若一幅图像沿时间轴保持一个时间段 Δt，利用人眼的视觉滞留效应，可形成连续运动的感觉。人眼在亮度信号消失后亮度感仍能持续 1/20～1/10 秒的时间。如果每帧图像交替速度足够快（一般为 25～30 帧/秒），人眼就感觉不到图像的不连续。

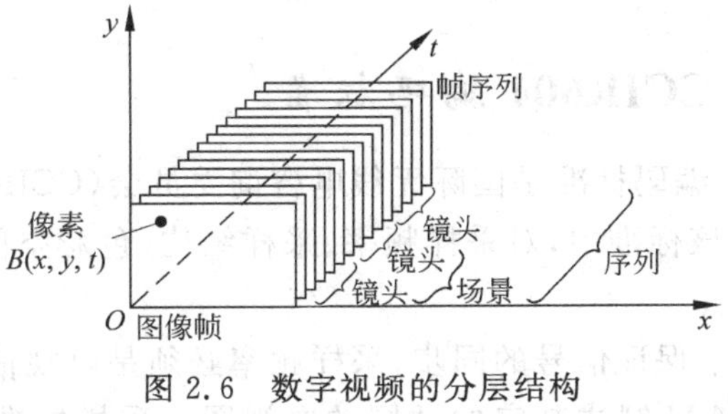

图 2.6 数字视频的分层结构

为了便于处理，数字视频应以一定的结构存储，通常用帧、镜头、场景和幕等描述进行分层表示。帧是一幅静态的图像，是构成视频的最小单位；镜头是由一系列帧组成的一段视频，它描绘同一场景，表示的是一个摄像机动作、一个事件或连续的动作；场景包含有多个镜头,针对同一批对象,但拍摄的角度不同、表达的含义不同;幕是由一系列相关的场景组成的一段视频,包含一个完整的事件或故事情节。

2.3.2 视频制式

视频中彩色图像的颜色分量不同合成方式形成了不同的制式。目前国际上主要有3种彩色电视制式。

1. NTSC (National Television Standard Committee)

美国国家电视标准委员会在1953年定义的NTSC制式是目前最久的和最广泛使用的电视制式,它称为正交平衡调幅制。NTSC是以525条横的扫描线来组成一个屏幕帧,每秒30帧(实际29.97帧/秒,即33.37毫秒/帧);电视画面的长宽比(电视为4∶3,电影为3∶2,高清晰电视为16∶9),其图像的改变则采用偶数线与奇数线相互交错更新的方式,造成视觉的动态图像;颜色模型是YIQ。一幅图像525行分两场扫描,每场开始保留20行扫描线作为控制信息,除了两场的场回扫外,实际传输图像用了480行。

2. PAL (Phase Alternating Line)

中国、德国、英国等国家采用PAL制式,它是德国针对NTSC制式存在相位敏感造成彩色失真的缺点,在1962年制定的彩色电视广播标准,称逐行倒相正交平衡调幅制。它每帧有625条扫描线,每秒25帧(即40毫秒/帧),也是以奇偶数扫描线交错方式造成动态图像;颜色模型为YUV。每一场的扫描行数为625/2=312.5行,其中25行作为场回扫,不传送图像,传送图像的行数每场只有187.5行,每帧只有575行有图像显示。

3. SECAM (Sequential Color And Memory)

SECAM制式是法国、俄罗斯、中东等国家采用的电视制式,称为顺序传送彩色与存储制。这种制式和PAL制式类似,其差别是SECAM中的色度信号是频率调制(FM),它的红色差和蓝色差2个色度信号按行的顺序传输。视频同样采用625条线和25帧,长宽比4∶3。

2.3.3 数字视频CCIR601编码标准

数字视频CCIR601编码标准是国际无线电咨询委员会(CCIR)制定的广播级质量的数字电视编码标准。在该标准中,对采样频率、采样结构、色彩空间转换等都给出了严格的规定。

(1) 采样频率。为了保证信号的同步,采样频率必须是电视信号行频的倍数。CCIR为NTSC、PAL和SECAM制式制定的共同的电视图像采样标准为f_S=13.5MHz。此采样频率正好是PAL、SECAM制式行频的864倍,NTSC制式行频的858倍,可以保证采样时采样时钟与行同步信号同步。对于4∶2∶2的采样格式,亮度信号用f_S频率采样,两个色差信号分别用$f_S/2$频率采样。即色度分量的最小采样率是3.375MHz。

(2) 分辨率。根据采样频率,PAL、SECAM 制式每扫描行采样 864 个样本点,NTSC 制式是 858 个样本点。由于电视信号中,每一行都包括一定的同步信号和回扫信号,故有效的图像信号样本点要小一些。CCIR601 标准规定对所有制式,每一行的有效样本点数为 720 点。由于不同的制式其每帧的有效行数不同,CCIR 定义 720×484 为高清晰度电视的基本标准。实际计算机显示数字视频时,NTSC 制式分辨率为 640×480,PAL 和 SECAM 制式为 768×576。

2.4 常用的数据压缩技术

2.4.1 数据压缩的基本原理

根据前面分析,多媒体信息的数据量巨大。对 4kHz 模拟带宽的音频信号,设量化精度为 8b,则 1 秒钟信号量为 64kb。对 22kHz 模拟带宽的音频信号,设量化精度为 16 比特,采用双声道,则 1 秒钟信号量为 1408kb。彩色电视信号的数据量约为 100Mbps,高清晰度电视(HDTV)数据量约为 1.2Gbps。

要使数字化技术实用化,关键是去掉信号数据的冗余性,即数据压缩问题,这一方面是存储数据的迫切要求,另一方面也对传输、存取媒体数据至关重要。

一般来说,多媒体数据中存在以下种类的数据冗余。

(1) 空间冗余。这是图像数据中经常存在的一种冗余。在同一幅图像中,规则物体和规则背景(所谓规则是指表面颜色分布是有序的而不是完全杂乱无章的)的表面物理特性具有相关性,这些相关性的光成像结构在数字化图像中就表现为数据冗余。

(2) 时间冗余。这是序列图像(电视图像、动画)和语音数据中所经常包含的冗余。图像序列中的两幅相邻的图像,后一幅图像与前一幅图像之间有较大的相关性,这反映为时间冗余。同理,在语言中,由于人在说话时发音的音频是一连续的渐变过程,而不是一个完全的在时间上独立的过程,因而存在时间冗余。

(3) 信息熵冗余。信息熵是指一组数据所携带的信息量。它一般定义为:

$$H = -\sum_{i=0}^{N-1} P_i \log_2 P_i$$

其中,N 为数据类数或码元个数,P_i 为码元 y_i 发生的概率。由定义,为使单位数据量 d 接近于或等于 H,应设:

$$d = \sum_{i=0}^{N-1} P_i \cdot b(y_i)$$

其中,$b(y_i)$是分配给码元 y_i 的比特数,理论上应取 $b(y_i) = -\log_2 P_i$。实际上在应用中很难估计出$\{P_0, P_1, \cdots, P_{N-1}\}$,因此一般取 $b(y_0) = b(y_1) = \cdots = b(y_{N-1})$。例如,英文字母编码码元长为 7 比特,即 $b(y_0) = b(y_1) = \cdots = b(y_{N-1}) = 7$,这样所得的 d 必然大于 H,

由此带来的冗余称为信息熵冗余或编码冗余。

(4) 结构冗余。有些图像从大域上看存在着非常强的纹理结构,例如布纹图像和草席图像,它们在结构上存在冗余。

(5) 知识冗余。有许多图像的理解与某些基础知识有相当大的相关性。例如,人脸的图像有固定的结构。比如,嘴的上方有鼻子,鼻子的上方有眼睛,鼻子位于正脸图像的中线上等。这类规律性的结构可由先验知识和背景知识得到,此类冗余称为知识冗余。

(6) 视觉冗余。人类视觉系统对于图像场的任何变化,并不是都能感知的。例如,对于图像的编码和解码处理时,由于压缩或量化截断引入了噪声而使图像发生了一些变化,如果这些变化不能为视觉所感知,则仍认为图像足够好。事实上人类视觉系统一般的分辨能力约为 2^6 灰度等级,而一般图像量化采用 2^8 灰度等级,这类冗余称为视觉冗余。

(7) 其他冗余。例如,由图像的空间非定常特性所带来的冗余。

2.4.2 数据压缩方法分类

自 1948 年 Oliver 提出脉冲编码调制(PCM)编码理论以后,人们已经研究了各种各样的多媒体数据压缩方法。若对数据压缩方法分类,从不同角度会有不同的分类结果。根据解码后数据与原始数据是否完全一致进行分类,数据压缩方法一般被划分为以下两类。

(1) 可逆编码(无失真编码)。此种方法的解码图像与原始图像严格相同,压缩比大约在 2∶1～5∶1 之间。如 Huffman 编码、算术编码、行程长度编码等。

(2) 不可逆编码(有失真编码)。此种方法的还原图像与原始图像存在一定的误差,但视觉效果一般可以接受,压缩比可以从几倍到上百倍。常用的有变换编码和预测编码。

根据压缩的原理进行划分,可以有以下几类。

(1) 预测编码。它是利用空间中相邻数据的相关性,利用过去和现在出现过的点的数据情况来预测未来点的数据。通常采用的方法是差分脉冲编码调制(DPCM)和自适应差分脉冲编码调制(ADPCM)。

(2) 变换编码。该方法将图像光强矩阵(时域信号)变换到频域空间上进行处理。在时域空间上具有强相关的信号,反映在频域上是某些特定的区域内能量常常被集中在一起,人们只需将主要注意力放在相对小的区域上,从而实现压缩。一般采用正交变换,如离散余弦变换(DCT)、离散傅里叶变换(DFT)、Walsh-Hadamard 变换(WHT)和小波变换(WT)等,来实现压缩算法。

(3) 量化与向量量化编码。对模拟信号进行数字化时,要经历一个量化的过程。为了使整体量化失真最小,就必须依照统计的概率分布设计最优的量化器。最优量化器一般是非线性的,已知最优量化器是 Max 量化器。对像元点进行量化时,除了每次仅量化一个点的做法外,也可以考虑一次量化多个点的做法,这种方法称为向量量化。例如,每次量化相邻的两个点，将两个点用一个量化码字表示。向量量化的数据压缩能力实际上与预测方法相近。

(4) 信息熵编码。这是根据信息熵原理，让出现概率大的符号用短的码字表达，反之用长的码字表示。最常见的方法有 Huffman 编码、Shannon 编码以及算术编码。

(5) 子带(subband)编码。将图像数据变换到频域后，按频域分带，然后用不同的量化器进行量化，从而达到最优的组合。或者分步渐近编码，在初始时，对某一频带的信号进行解码，然后逐渐扩展到所有频带。随着解码数据的增加，解码图像也逐渐变得清晰。

(6) 模型编码。编码时首先将图像中的边界、轮廓、纹理等结构特征找出来，然后保存这些参数信息。解码时根据结构和参数信息进行合成，恢复原图像。具体方法有轮廓编码、域分割编码、分析合成编码、识别合成编码、基于知识的编码和分形编码等。

2.4.3 预测编码

预测编码有线性预测和非线性预测两类。这里主要讨论线性预测 DPCM 的基本原理。

DPCM 的基本原理是基于图像中相邻像素之间具有较强的相关性。每个像素可通过以前已知的几个像素来作预测。因此在预测编码中，编码和传输的并不是像素采样值本身，而是这个采样值的预测值与其实际值之间的差值。DPCM 系统原理框图见图 2.7。

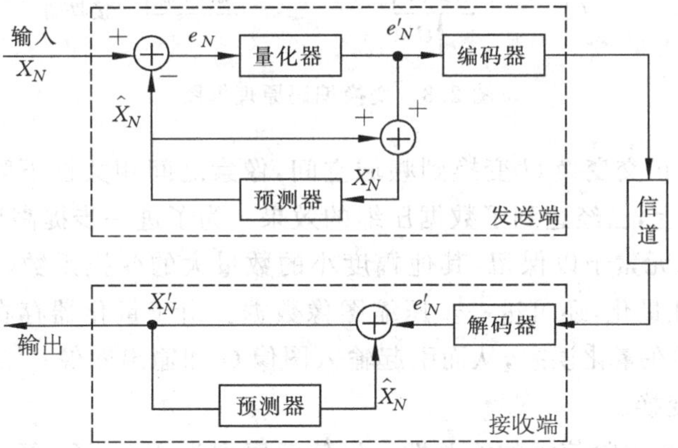

图 2.7 DPCM 系统原理框图

这里，X_N 为 t_N 时刻的亮度采样值；

$\hat{X}_N$ 为根据 t_N 时刻以前已知的像素亮度采样值 $X_1, X_2, \cdots, X_{N-1}$ 对 X_N 所作的预测值；

$e_N = X_N - \hat{X}_N$ 为差值信号；

e'_N为量化器输出信号；

X'_N为接收端输出，$X'_N=\hat{X}_N+e'_N$。

因为

$$X_N - X'_N = X_N - (\hat{X}_N + e'_N)$$
$$=(X_N-\hat{X}_N)-e'_N$$
$$=e_N - e'_N$$

所以，DPCM 系统中的误差来源是发送端的量化器，而与接收端无关，若去掉量化器，使 $e_N=e'_N$，则 $X_N=X'_N$，即实现信息保持编码。事实上，这种量化误差是不可避免的。

2.4.4 变换编码

预测编码主要是在时域上进行，变换编码则利用频域中能量较集中的特点，在频域(变换域)上进行。变换编码的原理框图见图 2.8。

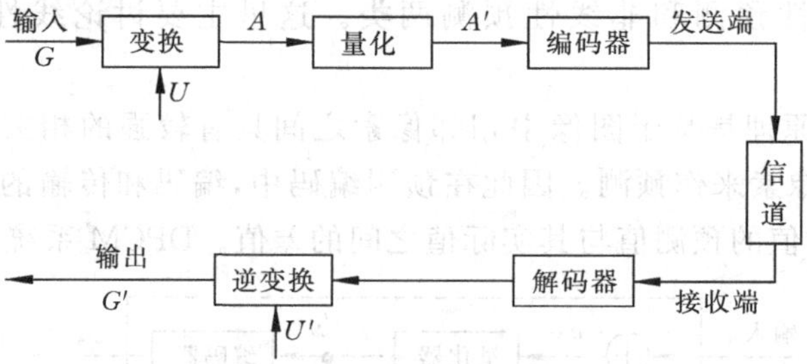

图 2.8 变换编码原理框图

输入图像 G 经正交变换 U 变换到频域空间，像素之间相关性下降，能量集中在变换域中少数变换系数上，已经达到了数据压缩的效果。为了进一步提高压缩效果，可对变换系数 A 中幅度大的元素予以保留，其他幅度小的数量大的变换系数，全部当作零而不予编码，再辅以非线性量化，还可进一步压缩图像数据。由于量化器存在，量化后变换系数 A'和 A 之间必然存在量化误差，从而引起输入图像 G 和输出图像 G'之间必然存在误差。图中 U'是 U 的逆变换。

数据压缩主要是去除信源的相关性。设信源序列为 $X=\{X_0,X_1,\cdots,X_{N-1}\}$，表征相关性的统计特性就是协方差矩阵：

$$\Phi_X = \begin{bmatrix} \sigma_{0,0}^2 & \sigma_{0,1}^2 & \cdots & \sigma_{0,N-1}^2 \\ \sigma_{1,0}^2 & \sigma_{1,1}^2 & \cdots & \sigma_{1,N-1}^2 \\ \vdots & \vdots & & \vdots \\ \sigma_{N-1,0}^2 & \sigma_{N-1,1}^2 & \cdots & \sigma_{N-1,N-1}^2 \end{bmatrix}$$

其中，$\sigma_{i,j}=E\{(X_i-EX_i)(X_j-EX_j)\}$。

当协方差矩阵 Φ_X 除对角线上的元素外其余各元素均为 0 时，就等效于相关性为 0。为了有效压缩，希望变换后的协方差矩阵为对角矩阵，并希望主对角线元素随 i,j 的增加尽快衰减。

上述目标的关键在于：在已知 X 的条件下，根据它的协方差矩阵去寻找一种正交变换 T，使变换后的协方差矩阵满足或接近为一对角阵。Karhunen-Loeve 变换即是这样的一种变换，又称为最佳变换，它能使变换后的协方差矩阵为对角阵，并且有最小均方误差。但它的计算比较复杂，必须对不同的信源序列，先求出其协方差矩阵，然后再分别计算它的特征根和对应的特征向量，因此妨碍了它的实用。所以，在实际应用中采用了一些准最佳变换，如 DCT，DFT 和 WHT 等，使用这些变换后的协方差矩阵一般都接近为一个对角阵。

变换编码的另一特点是把图像分割成合适尺寸的块，再对每块进行变换编码。

简单地说，变换编码是将信号数据投影到一个函数空间的基上，然后对变换系数进行编码。在图像编码压缩领域，考虑到图像所固有的某些特性，人类眼睛所具有的特殊的视觉机理，以及对压缩比和处理的实时性等要求，所选用的变换必须满足：

① 能够接受图像信号的非平稳性；

② 至少应该是双正交的；

③ 应同时在空间域和频率域具有良好的局部化特性；

④ 具有快速算法。

要求图像编码中所用的变换至少应该是双正交的，是为了减少变换域各分量之间的冗余，有效地提高压缩比。要求变换具有快速算法，是为了满足实时要求。下面介绍几种常用的变换。

1. 离散傅里叶变换(DFT)

给定 N 个信号样本 $\{f(x)\,|\,x=0,1,\cdots,N-1\}$ 组成一维信号序列，离散傅里叶变换 DFT 可表示为：

$$F(u)=\frac{1}{N}\sum_{x=0}^{N-1}f(x)\mathrm{e}^{-\mathrm{j}2\pi ux/N},\quad u=0,1,2,\cdots,N-1$$

DFT 的逆变换表示为：

$$f(x)=\frac{1}{N}\sum_{u=0}^{N-1}F(u)\mathrm{e}^{\mathrm{j}2\pi ux/N},\quad x=0,1,2,\cdots,N-1$$

DFT 变换可扩展到二维，应用到图像处理过程中。给定一个二维信号样本序列 $\{f(x,y)\,|\,x,y=0,1,\cdots,N-1\}$，二维 DFT 表示为：

$$F(u,v)=\frac{1}{N^2}\sum_{x=0}^{N-1}\sum_{y=0}^{N-1}f(x,y)\mathrm{e}^{-\mathrm{j}2\pi(ux+vy)/N},\quad u,v=0,1,2,\cdots,N-1$$

二维 DFT 逆变换可表示为：

$$f(x,y)=\frac{1}{N^2}\sum_{u=0}^{N-1}\sum_{v=0}^{N-1}F(u,v)\mathrm{e}^{-\mathrm{j}2\pi(ux+vy)/N},\quad x,y=0,1,2,\cdots,N-1$$

已经发展了一套快速傅里叶变换(FFT)算法,促进了它在语音、图像等信号处理中的应用。

2. 离散余弦变换(DCT)

设有 N 个信号样本$\{f(x)\mid x=0,1,\cdots,N-1\}$组成的信号序列,其离散余弦变换DCT表示为:

$$F(u)=\sqrt{\frac{2}{N}}C(u)\sum_{x=0}^{N-1}f(x)\cos\frac{(2x+1)\pi u}{2N},\quad u=0,1,2,\cdots,N-1$$

DCT逆变换表示为:

$$f(x)=\sqrt{\frac{2}{N}}\sum_{u=0}^{N-1}C(u)F(u)\cos\frac{(2x+1)\pi u}{2N},\quad x=0,1,2,\cdots,N-1$$

式中:

$$C(u)=\begin{cases}\frac{1}{\sqrt{2}} & u=0\\ 1 & u>0\end{cases}$$

将DCT变换推广到二维可用于图像处理。设有二维信号样本$\{f(x,y)\mid x,y=0,1,\cdots,N-1\}$序列,其二维DCT变换表示为:

$$F(u,v)=\frac{2}{N}C(u)C(v)\sum_{x=0}^{N-1}\sum_{y=0}^{N-1}f(x,y)\cos\left[\frac{(2x+1)\pi u}{2N}\right]\cos\left[\frac{(2y+1)\pi v}{2N}\right]$$

$$u,v=0,1,2,\cdots,N-1$$

二维DCT逆变换表示为:

$$f(x,y)=\frac{2}{N}\sum_{x=0}^{N-1}\sum_{y=0}^{N-1}C(u)C(v)F(u,v)\cos\frac{(2x+1)\pi u}{2N}\cos\frac{(2y+1)\pi v}{2N}$$

$$x,y=0,1,2,\cdots,N-1$$

式中:

$$C(u),C(v)=\begin{cases}\frac{1}{\sqrt{2}} & u,v=0\\ 1 & u,v>0\end{cases}$$

3. 小波变换

信号的小波(wavelet)分解编码是一种变换编码技术。小波变换就是满足变换编码要求的变换。概括地说,小波是由一个满足条件 $\int_R\varphi(x)\mathrm{d}x=0$ 的函数 φ 通过平移缩放而产生的一个函数 $\varphi_{a,b}$:

$$\varphi_{a,b}(x)=|\,a\,|^{-1/2}\varphi((x-b)/a),\quad a,b\in R,a\neq 0$$

小波是一个仅仅在有限区域非零而在其他区域为零的函数。通过一个被称为母小波的单一小波进行变换和扩张形成若干小波，一个函数就是通过这些小波的求和来表示。

在小波分析中使用的最简单的小波是哈尔小波(Haar wavelet)，定义为：

$$\varphi_{0,0}(x)=\begin{cases}1 & 0\leqslant x<\frac{1}{2}\\ -1 & \frac{1}{2}\leqslant x<1\\ 0 & \text{其他}\end{cases}$$

从这个母波可以得到系列函数：

$$\varphi_{j,k}=\varphi_{0,0}(2^j x-k)=\begin{cases}1 & k2^{-j}\leqslant x<\left(k+\frac{1}{2}\right)2^{-j}\\ -1 & \left(k+\frac{1}{2}\right)2^{-j}\leqslant x<(k+1)2^{-j}\\ 0 & \text{其他}\end{cases}$$

如图 2.9 所示，随着 j 的增大，小波被压缩得越厉害，实际是小波频率随着 j 的增大而增大，k 的作用是在空间或时间上平移小波。

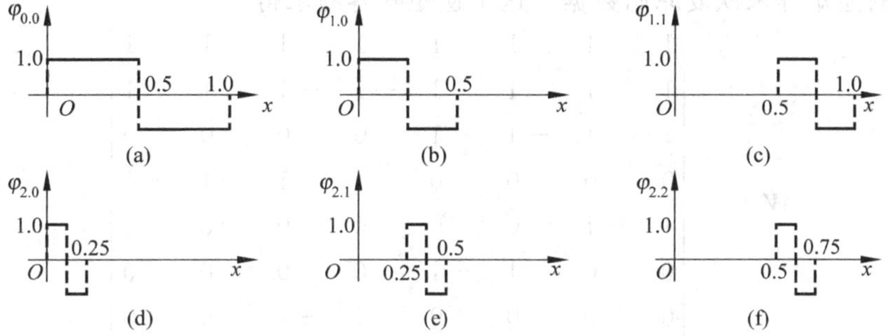

图 2.9 哈尔小波

下面通过图像中一行 8 个像素的灰度值，来解释用小波变换如何实现图像的压缩，设一组灰度值为：

48 56 64 32 16 24 48 48

下面使用一个称为平均和差分的过程，分三步转换上述图像数据：

第一步：用源数据组中相继数字对的平均值形成头 4 个数据，相继数字对的差分则作为剩下的 4 个数据。结果为：

52 48 20 48 −4 16 −4 0

第二步：只采用上述结果中前 4 个数据再次成对地计算平均值和差分，其余保持不变。结果为：

$$50\quad 34\quad 2\quad -14\quad -4\quad 16\quad -4\quad 0$$

第三步：对上一步结果的前2个数据计算平均值和差分，其余不变。结果为：

$$42\quad 8\quad 2\quad -14\quad -4\quad 16\quad -4\quad 0$$

注意上述过程是可逆的，可以适合任何长度数据组。

将上述过程用线性变换表示，取变换矩阵

$$\boldsymbol{W}=\frac{1}{8}\begin{bmatrix} 1 & 1 & 2 & 0 & 4 & 0 & 0 & 0 \\ 1 & 1 & 2 & 0 & -4 & 0 & 0 & 0 \\ 1 & 1 & -2 & 0 & 0 & 4 & 0 & 0 \\ 1 & 1 & -2 & 0 & 0 & -4 & 0 & 0 \\ 1 & -1 & 0 & 2 & 0 & 0 & 4 & 0 \\ 1 & -1 & 0 & 2 & 0 & 0 & -4 & 0 \\ 1 & -1 & 0 & -2 & 0 & 0 & 0 & 4 \\ 1 & -1 & 0 & -2 & 0 & 0 & 0 & -4 \end{bmatrix}$$

则有：

$$(48\quad 56\quad 64\quad 32\quad 16\quad 24\quad 48\quad 48)\boldsymbol{W}=(42\quad 8\quad 2\quad -14\quad -4\quad 16\quad -4\quad 0)$$

可以用$\boldsymbol{W}$的逆矩阵来恢复原始数据。这个逆矩阵容易求得：

$$\boldsymbol{W}^{-1}=\begin{bmatrix} 1 & 1 & 1 & 1 & 1 & 1 & 1 & 1 \\ 1 & 1 & 1 & 1 & -1 & -1 & -1 & -1 \\ 1 & 1 & -1 & -1 & 0 & 0 & 0 & 0 \\ 0 & 0 & 0 & 0 & 1 & 1 & -1 & -1 \\ 1 & -1 & 0 & 0 & 0 & 0 & 0 & 0 \\ 0 & 0 & 1 & -1 & 0 & 0 & 0 & 0 \\ 0 & 0 & 0 & 0 & 1 & -1 & 0 & 0 \\ 0 & 0 & 0 & 0 & 0 & 0 & 1 & -1 \end{bmatrix}$$

使用$\boldsymbol{W}^{-1}$，可以从变换后的数据还原出源数据：

$$(42\quad 8\quad 2\quad -14\quad -4\quad 16\quad -4\quad 0)\boldsymbol{W}^{-1}=(48\quad 56\quad 64\quad 32\quad 16\quad 24\quad 48\quad 48)$$

上面的表示实际上表明了一种用哈尔小波的和来表示数据变换的方法。即通过把母波压缩成不同尺寸并把它转换到不同方式来形成小波族，得到一全尺寸小波，2个1/2长小波，4个1/4长小波，利用这些小波可以确定$\boldsymbol{W}^{-1}$的行。如图2.10所示。

其中引入一个新的函数称为哈尔缩放函数

$$\phi(x)=\begin{cases}1 & 0\leqslant x\leqslant 1 \\ 0 & \text{其他}\end{cases}$$

现在可以把初始数据组表示成：

$$42\phi(x)+8\varphi_{0,0}+2\varphi_{1,0}-14\varphi_{1,1}-4\varphi_{2,0}+16\varphi_{2,1}-4\varphi_{2,2}+0\varphi_{2,3}$$

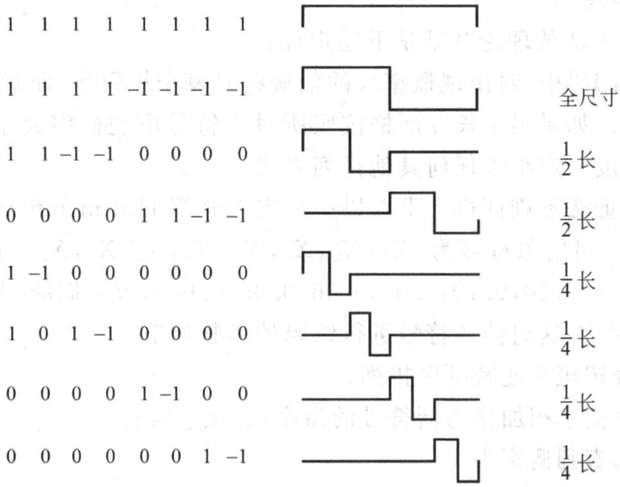

图 2.10　哈尔小波族

这可以把数据组解释成平均值和 7 个小波成分，每个都有各自的系数。

一维哈尔小波变换是对长度为 $N=2n$ 的行向量中的像素值进行操作，二维哈尔变换是对 $N\times N$ 矩阵中像素值进行操作。而对二维的变换也是先对每一行像素矩阵进行平均和差分处理，然后在此基础上进行相同操作。

同傅里叶变换相比，小波变换在频率精度上差一些，在时间的分析能力上好一些，而且对时间和频率可以同时分解，这是傅里叶变换无法做到的。

DCT 变换比较适合于信号带宽很窄图像的压缩，这类图像经 DCT 变换后，系统矩阵非 0 值分布在非常有限的局部区域中，能取得比较好压缩效果。当信号带宽很宽时，DCT 变换系数矩阵非 0 值分布在相当大区域，难以取得好的压缩效果。小波变换弥补了 DCT 变换的不足。小波变换是一种频率上伸缩自由的变换，当信号带宽较窄时，它可以通过缩小的方法对窄带信号的刻画较为精细。当信号带宽较宽时，它可以通过放大的方式使描述能够满足精度的需要。因而小波变换是一种不受带宽约束的图像压缩方法。另外，兼有时/频分析优越性的小波分解算法，在克服 DCT 变换时产生的方块效应方面具有良好的性能。

2.4.5　信息熵编码

信息熵编码又称为统计编码，它是根据信源符号出现概率的分布特性而进行的压缩编码。其目的在于在信源符号和码字之间建立明确的一一对应关系，以便在恢复时能准确地再现原信号，同时要使平均码长或码率尽量小。本节主要介绍 Huffman 编码和算术编码。

1. Huffman 编码

Huffman 编码方法的理论基础是下述定理:

定理 在变长编码中,对出现概率大的信源符号赋予短码字,而对于出现概率小的信源符号赋予长码字。如果码字长度严格按照所对应符号出现概率大小的逆序排列,则编码结果平均码字长度一定小于任何其他排列方式。

上述定理用反证法不难证得。下面以一个实例介绍 Huffman 编码方法。

【例 2.2】 设一组信源符号为$\{X_1, X_2, X_3, X_4, X_5, X_6, X_7, X_8\}$,这些符号出现的概率分别为{0.40,0.18,0.10,0.10,0.07,0.06,0.05,0.04},求它们的 Huffman 编码。

如图 2.11 所示,对这组信源符号进行编码的步骤如下:

① 将信源符号按概率递减顺序排列;

② 把两个最小概率相加作为新符号的概率,并按①重排;

③ 重复①、②,直到概率为 1;

④ 在每次合并信源时,将合并的信源分别赋“0”和“1”(本例中概率大的赋“0”,概率小的赋“1”);

⑤ 寻找从每一信源符号到概率为 1 处的路径,记录路径上的“1”和“0”;

⑥ 写出每一符号的“1”、“0”序列(从树根到信源符号结点)。

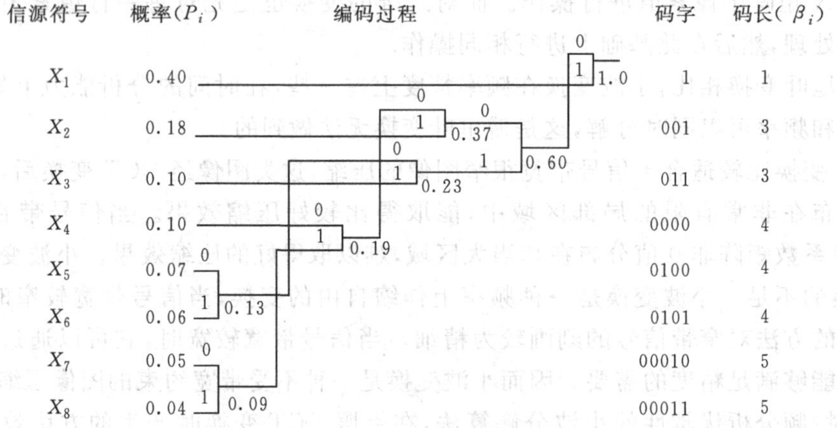

图 2.11 Huffman 编码

上述编码的平均码字长度:

$$R = \sum_{i=1}^{8} P_i \beta_i$$

$$= 0.40 \times 1 + 0.18 \times 3 + 0.10 \times 3 + 0.10 \times 4 + 0.07 \times 4 + 0.06 \times 4 + 0.05 \times 5 + 0.04 \times 5 = 2.61$$

2. 算术编码

20世纪60年代初，Elias提出了算术编码(arithmetic coding)概念。1976年，Rissanen和Pasco首次介绍了它的实用技术。其基本原理是将编码的信息表示成实数0和1之间的一个间隔(interval)，信息越长，编码表示它的间隔就越小，表示这一间隔所需的二进制位就越多。

【例2.3】 设英文元音字母采用固定模式符号概率分配如下：

字符：	a	e	i	o	u
概率：	0.2	0.3	0.1	0.2	0.2
范围：	[0,0.2)	[0.2,0.5)	[0.5,0.6)	[0.6,0.8)	[0.8,1.0)

设编码的数据串为eai。令 *high* 为编码间隔的高端，*low* 为编码间隔的低端，*range* 为编码间隔的长度，*rangelow* 为编码字符分配的间隔低端，*rangehigh* 为编码字符分配的间隔高端。

初始 $high=1$，$low=0$，$range=high-low$，一个字符编码后新的 *low* 和 *high* 按下式计算：

$$low = low + range \times rangelow$$

$$high = low + range \times rangehigh$$

(1) 在第一个字符e被编码时，e的 $rangelow=0.2$，$rangehigh=0.5$，因此：

$$low=0+1\times 0.2=0.2$$

$$high=0+1\times 0.5=0.5$$

$$range=high-low=0.5-0.2=0.3$$

此时分配给e的范围为[0.2,0.5)。

(2) 第二个字符a编码时使用新生成范围[0.2,0.5)，a的 $rangelow=0$，$rangehigh=0.2$，因此：

$$low=0.2+0.3\times 0=0.2$$

$$high=0.2+0.3\times 0.2=0.26$$

$$range=0.06$$

范围变成[0.2,0.26)。

(3) 对下一个字符i编号，i的 $rangelow=0.5$，$rangehigh=0.6$，则

$$low=0.2+0.06\times 0.5=0.23$$

$$high=0.2+0.06\times 0.6=0.236$$

即用[0.23,0.236)表示数据串eai，如果解码器知道最后范围是[0.23,0.236)这一范围，它马上可解得一个字符为e，然后依次得到唯一解a，i，即最终得到eai。算术编码过程的另一种表示见图2.12。

算术编码的特点：①不必预先定义概率模型，自适应模式具有独特的优点；②信源

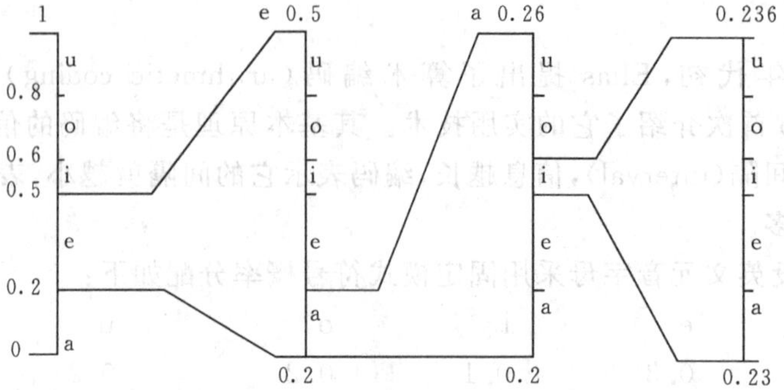

图 2.12 算术编码过程表示

符号概率接近时,建议使用算术编码,这种情况下其效率高于 Huffman 编码。

算术编码绕过了用一个特定的代码替代一个输入符号的想法,用一个浮点输出数值代替一个流的输入符号,较长的复杂的消息输出的数值中就需要更多的位数。另外,算术编码实现方法复杂一些,但 JPEG 成员对多幅图像的测试结果表明,算术编码比 Huffman 编码提高了 5%左右的效率,因此在 JPEG 扩展系统中用算术编码取代 Huffman 编码。

2.5 多媒体数据转换

人类为了便于交流信息,常常需要对不同类型的媒体信息进行转换,如声音转换成文字,文本转换为音乐等。对多媒体系统来说,能否处理多种媒体形式的转换是人们关心的主要问题之一。有些媒体之间的转换是非常困难的事情,需要研究人类本身对各种媒体的理解原理和解释过程。有些媒体之间的转换相对容易,几乎不用做什么工作。表 2.3 是部分媒体之间的转换关系。

表 2.3 部分媒体的转换关系

转 换	位图图像	图形	语音	音乐	文本	视频	数值
位图图像	—	* 映射	?	?	* 映射	* 冻结	?
图形	* * * 轮廓或理解	—	* 波形	* 乐谱	* * 矢量化	?	* 可视化
语音	?	?	—	* 波形	* * 语音合成	?	* 合成
音乐	?	?	* * * 识别	—	* 音乐合成	?	?
文本	* * * 文字识别	* * 识别	* * 语音识别	* 转换	—	?	* 符号化

续表

转　换	位图图像	图形	语音	音乐	文本	视频	数值
视频	** 序列化	** 序列化	?	?	?	—	?
数值	?	** 计算	*** 识别	?	* 转换	?	—

注：*易　**较困难　***很困难

从表2.3中可以看出，许多媒体转换有多种层次，也有一些媒体转换在目前尚不知如何进行。例如，语音转换为图像，是在哪一个层次上进行？是仅转换为波形呢，还是把语音内容描述为一幅画面？因此，表中这一类都用“?”表示。大多数的媒体转换都是“合成”或者“识别”，这是媒体转换中最重要的两个过程。目前较成熟的有语音合成、语音识别、文字识别等，但要真正实用也还有待于进一步完善。

本章小结

本章首先介绍了媒体数据的表示方法，重点是数字音频的编码、数字图像编码和视频数据编码，然后介绍了多媒体技术中常用的数据压缩方法，最后是多媒体数据类型的转换问题。本章介绍的是多媒体系统中媒体数据编码的基本概念和最重要的数据压缩算法，它们是形成多媒体编码标准、研制多媒体系统和开发多媒体应用的基础。

思考练习题

1. 解释MIDI标准的音频编码思想及其制定意义。
2. 说明数字视频的分层结构及其对视频编码的影响。
3. 试编写一个程序能将PCX格式图像文件转换为下列一种或多种格式的图像文件：TIF，TGA，BMP，GIF或你熟悉的图像格式。
4. 对信源 $\boldsymbol{X}=\begin{pmatrix} x_1 & x_2 & x_3 & x_4 & x_5 & x_6 \\ 0.25 & 0.25 & 0.20 & 0.15 & 0.10 & 0.05 \end{pmatrix}$，进行Huffman编码。
5. 已知信源 $\boldsymbol{X}=\begin{pmatrix} x_1 & x_2 \\ 1/4 & 3/4 \end{pmatrix}$，若 $x_1=1$，$x_2=0$，试对1011进行算术编码。
6. 解释小波变换编码的基本思想。
7. 以语音识别与合成为例，谈谈媒体转换的意义。

第 3 章 多媒体数据编码标准

在多媒体系统中，多媒体数据编码标准是系统设计、开发和应用的基础。本章主要介绍数字图像和数字音频压缩标准。

3.1 静态图像压缩标准 JPEG

3.1.1 JPEG 标准的主要内容

ISO/IEC 10918 号标准"多灰度连续色调静态图像压缩编码"即 JPEG 标准选定 ADCT 作为静态图像压缩的标准化算法。

本标准有两大分类：第一类方式以 DCT 为基础；第二类方式以二维空间 DPCM 为基础。虽然 DCT 和 FFT 变换类似，是一种包含有量化过程的不能完全复原的非可逆编码，但它可以用较少的变换系数来表示，逆变换还原之后恢复的图像数据与变换前的数据更接近，故作为本标准的基础。另一方面，空间方式虽然压缩率低，但却是一种可完全复原的可逆编码，为了实现此特性，故追加到标准中。

在 DCT 方式中，又分为基本系统和扩展系统两类。基本系统是实现 DCT 编码与解码所需的最小功能集，是必须保证的功能，大多数的应用系统只要用此标准，就能基本上满足要求。扩展系统是为了满足更为广阔领域的应用要求而设置的。另一方面，空间方式对于基本系统和扩展系统来说，被称为独立功能。它们的详细功能如下。

(1) 基本系统。输入图像精度 8 位/像素/色，顺序模式，Huffman 编码(编码表 DC/AC 分别有两个)。

(2) 扩展系统。输入图像精度 12 位/像素/色，累进模式，Huffman 编码(编码表 DC/AC 分别有 4 个)，算术编码。

(3) 独立功能。输入图像精度 2～16 位/像素/色，序列模式，Huffman 编码(编码表 4 个)，算术编码。

3.1.2 JPEG静态图像压缩算法

JPEG定义两种相互独立的基本压缩算法,一种是基于DCT的有失真的压缩算法,另一种是基于空间线性预测技术(DPCM)的无失真压缩算法。

1. 基于DPCM的无失真编码

为了满足无失真压缩的需要,JPEG选择一个简单的预测编码,处理过程见图3.1。

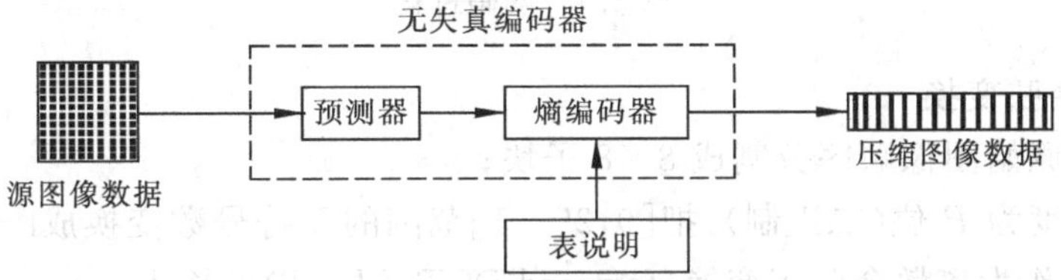

图3.1 无失真编码器简化框图

这种编码的优点是硬件容易实现,重建图像质量好。缺点是压缩比太低,大约为2∶1。其中预测器工作原理是对X的预测值$\overline{X}$,将$X-\overline{X}$进行无失真熵编码。对$\overline{X}$的求法见图3.2所给出的预测方式。

	c	b	
	a	X	

(a) X邻域

选择值	预测	选择值	预测
0	非预测	4	a+b−c
1	a	5	a+(b−c)/2
2	b	6	b+(a−c)/2
3	c	7	(a+b)/2

(b) 预测方式

图3.2 预测器

熵编码器采用Huffman编码或算术编码。

2. 基于DCT的有失真压缩编码

基于DCT压缩编码算法包括两种不同的系统,即基本系统和增强系统。增强系统是基本系统的扩充。基于DCT编码器和解码器的工作原理框图分别见图3.3和图3.4。它们表示图像中一个单分量信号(Y,U,V)的压缩和解码过程。

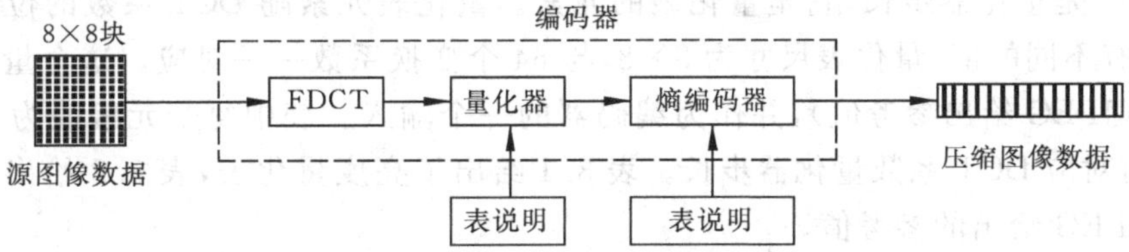

图3.3 基于DCT编码过程

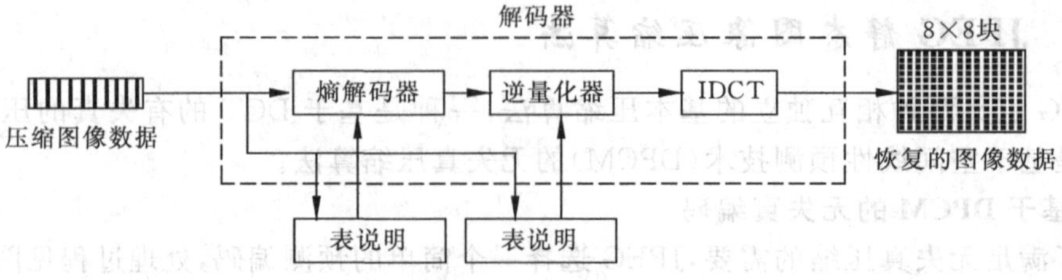

图 3.4 解码过程

(1) 离散余弦变换

① 首先把原始图像顺序分割成 8×8 子块;

② 采样精度为 P 位(二进制),把$[0,2^P-1]$范围的无符号数变换成$[-2^{P-1},2^{P-1}]$范围的有符号数,作为离散余弦正变换(forward DCT,FDCT)的输入;

③ 在输出端经离散余弦逆变换(inverse DCT,IDCT)后又得到一系列 8×8 子块,需将数值范围$[-2^{P-1},2^{P-1}]$变换回$[0,2^P-1]$来重构图像。

这里用的 8×8 FDCT 的数学定义为:

$$F(u,v)=\frac{1}{4}C(u)C(v)\left[\sum_{x=0}^{7}\sum_{y=0}^{7}f(x,y)\cos\left(\frac{(2x+1)u\pi}{16}\right)\cos\left(\frac{(2y+1)v\pi}{16}\right)\right]$$

8×8 IDCT 的数学定义为:

$$f(x,y)=\frac{1}{4}\left[\sum_{u=0}^{7}\sum_{v=0}^{7}C(u)C(v)F(u,v)\cos\left(\frac{(2x+1)u\pi}{16}\right)\cos\left(\frac{(2y+1)v\pi}{16}\right)\right]$$

其中:$\begin{cases}C(u),C(v)=\dfrac{1}{\sqrt{2}} & \text{当 } u,v=0\\ C(u),C(v)=1 & \text{其他}\end{cases}$

下面的编码针对 FDCT 输出的 64 个基信号的幅值(称为 DCT 系数)来进行。

(2) 量化处理

这一步关键是找最小量化失真(误差)的量化器。为了达到压缩数据的目的,对 DCT 系数 $F(u,v)$需作量化处理,量化是一个"多到一"映射,这是信息损失的原因。JPEG 采用线性均匀量化器,定义为对 64 个 DCT 系数除以量化步长,然后四舍五入取整:

$$F^Q(u,v)=Integer\ Round[F(u,v)/Q(u,v)]$$

$Q(u,v)$是量化器步长,它是量化表的元素。量化表元素随 DCT 系数的位置和彩色分量不同有不同的值,量化表尺寸为 8×8,与 64 个变换系数一一对应。这个量化表应由用户规定(JPEG 给出参考值),并作为编码器的一个输入。表中每个元素值为1~255 的任意整数,对应 DCT 系数量化器步长。表 3.1 给出了亮度量化表,表 3.2 给出了色度量化表,是 JPEG 给出的参考值。

表 3.1 亮度量化表

16	11	10	16	24	40	51	61
12	12	14	19	26	58	60	55
14	13	16	24	40	57	69	56
14	17	22	29	51	87	80	62
18	22	37	56	68	109	103	77
24	35	55	64	81	104	113	92
49	64	78	87	103	121	120	101
72	92	95	98	112	100	103	99

表 3.2 色度量化表

17	18	24	47	99	99	99	99
18	21	26	66	99	99	99	99
24	26	56	99	99	99	99	99
47	66	99	99	99	99	99	99
99	99	99	99	99	99	99	99
99	99	99	99	99	99	99	99
99	99	99	99	99	99	99	99
99	99	99	99	99	99	99	99

量化的作用是在一定主观保真度图像质量的前提下，丢掉那些对视觉影响不大的信息，通过量化可调节数据压缩比。

(3) DC 系数的编码和 AC 系数的行程编码

64 个变换系数经量化后，坐标 $u=v=0$ 的 $F(0,0)$ 称 DC 系数，是直流分量，即 64 个空域图像采样值的平均值。相邻 8×8 块之间 DC 系数有强相关性。JPEG 对量化后的 DC 系数采用 DPCM 编码，即对 $\mathrm{DIFF}=\mathrm{DC}_i-\mathrm{DC}_{i-1}$ 编码。如图 3.5 所示。

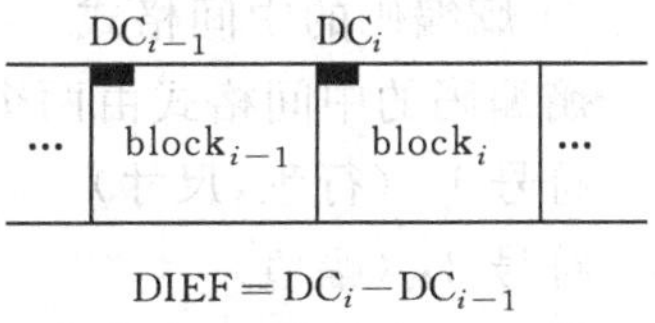

图 3.5 DC 系数差分编码

其余 63 个交流系数(AC)采用行程编码。从左上方 AC_{01} 开始沿对角线方向做 Z 字形扫描直到 AC_{77} 扫描结束(见图 3.6)，这样可增加行程中连续 0 的个数。AC 系数编码的码字用两个字节表示，如图 3.7 所示。

【例 3.1】 假设 AC 系数扫描结果中包含“…，3，0，0，0，0，0，12，0，0，…”数据，则对它的行程编码的结果为“…，(5，4)，(12)，…”，其中(5，4)占用 1 个字节存放，(12)占用 4

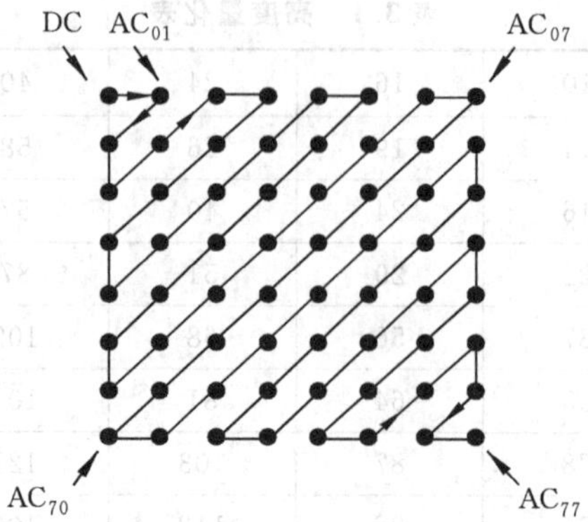

图 3.6　Z字形扫描

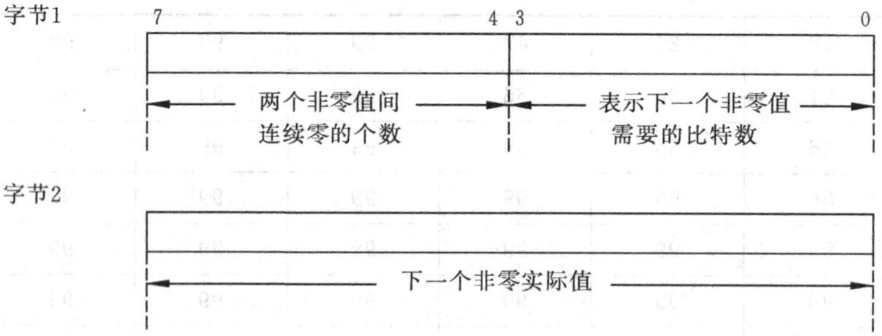

图 3.7　AC系数行程编码码字

位存放。

(4) 熵编码

为了进一步压缩数据，需对DC码和AC行程编码的码字再做基于统计特性的熵编码。JPEG建议的熵编码是Huffman编码和自适应二进制算术编码。熵编码可分成两步进行，先把DC码和行程码转换为中间符号序列，然后给这些符号赋予变长码字。

① 熵编码的中间格式

熵编码的中间格式由两个符号组成：

符号1：(行程，尺寸)

符号2：(幅值)

符号1中的第一个信息参数——"行程"表示前后两个非零AC系数之间连续0的个数，第二个信息参数——"尺寸"是后一个非零的AC系数幅值编码所需比特数。行程取值范围为1～15，超过15时用扩展符号1(15,0)来扩充，63个AC系数最多增加3个扩展符号1。编码结束时用(0,0)表示。"尺寸"取值范围为0～10。

符号2中"幅值"用以表示非零AC系数的幅值，范围为$[-2^{10},2^{10}-1]$(最长10比特)，结构形式如表 3.3 所示。

表 3.3 符号 2 结构

尺 寸	幅 值	尺 寸	幅 值
1	−1，1	6	−63…−32，32…63
2	−3…−2，2…3	7	−127…−64，64…127
3	−7…−4，4…7	8	−255…−128，128…255
4	−15…−8，8…15	9	−511…−256，256…511
5	−31…−16，16…31	10	−1023…−512，512…1023

对于直流分量 DC 也有类似于 AC 系数的编码格式：

符号 1：(尺寸)

符号 2：(幅值)

这里，“尺寸”表示 DC 差值的幅值编码所需的比特数，而“幅值”表示 DC 差值的幅值，范围为$[-2^{11}, 2^{11}-1]$。可在表 3.3 中多加一级，幅值尺寸以 1～11 比特表示。

② 可变长度熵编码

将 63 个 AC 系数表示为符号 1 和符号 2 序列，其中行程长度超过 15 时，有多个符号 1；块结束(EOB)时仅有一个符号 1(0,0)。可变长度熵编码就是对上述序列进行变长编码。

对 DC 系数和 AC 系数中的符号 1 采用 Huffman 表中的变长码编码(VLC)，这里 Huffman 变长码表必须作为 JPEG 编码器输入。符号 2 用码字长度在表 2.4 中给出的变长整数 VLI 码编码。VLI 是变长码，但不是 Huffman 码。VLI 的长度存放在 VLC 中，JPEG 提供 VLI 码字表供用户使用。

基于 DCT 的基本系统的编码器，只能存储两套不同的 Huffman 码表(每套 Huffman 码表中有一个 DC 表和一个 AC 表)。表 3.4 和表 3.5 分别给出直流系数 DC 的亮度分量典型的 Huffman 表和 DC 的色度分量典型的 Huffman 表。

典型的直流分量 Huffman 表说明如下。一般以 16 字节说明亮度 DC 系数表的码字长度：

X'00 01 05 01 01 01 01 01 01 00 00 00 00 00 00 00'

长度表中第 i 个元素值，表示长度为 i 的 Huffman 码个数。紧跟 16 字节之后是说明亮度表分类的一组值：

X'00 01 02 03 04 05 06 07 08 09 0A 0B'

同样方法，以 16 字节说明色度 DC 系数表的码字长度表：

X'00 03 01 01 01 01 01 01 01 01 01 00 00 00 00 00'

表 3.4 亮度 DC 系数表

分类	码长	码字	分类	码长	码字
0	2	00	6	4	1110
1	3	010	7	5	11110
2	3	011	8	6	111110
3	3	100	9	7	1111110
4	3	101	10	8	11111110
5	3	110	11	9	111111110

表 3.5 色度 DC 系数表

分类	码长	码字	分类	码长	码字
0	2	00	6	6	111110
1	2	01	7	7	1111110
2	2	10	8	8	11111110
3	3	110	9	9	111111110
4	4	1110	10	10	1111111110
5	5	11110	11	11	11111111110

紧跟 16 字节之后是说明色度表分类的一组值：

X'00 01 02 03 04 05 06 07 08 09 0A 0B'

同时，JPEG 也给出了交流系数 AC 的亮度分量典型的 Huffman 表和 AC 系数色度分量典型的 Huffman 表。这里不再详细说明，可查阅有关参考文献。

(5) 压缩比和图像质量

基于 DCT 的 JPEG 压缩算法，对中等复杂程度压缩效果的评价见表 3.6。

表 3.6 JPEG 压缩效果评价

压缩效果(比特/像素)	质　量	压缩效果(比特/像素)	质　量
0.25～0.50	中～好	0.75～1.5	极好
0.50～0.75	好～很好	1.2～2.0	与原始图像分不出来

3. 基于 DCT 的累进操作方式编码

基于 DCT 的顺序操作方式的编码过程是一次扫描完成的，基于 DCT 的累进操作方式编码方法基本与顺序方式一致，不同的是，累进方式中每个图像分量的编码要经过多次扫描才完成。第一次扫描只进行一次粗糙图像的扫描压缩，以相对于总的传输时间快得多的时间传输粗糙图像，并重建一帧质量较低的可识别图像，在随后的扫描中再对图像做较细的压缩，这时只传递增加的信息，可重建一幅质量提高一些的图像。这样不断累进，直到满意的图像为止。

为了实现累进操作方式，需在量化器的输出与熵编码的输入之间，增加一个足以存储量化后 DCT 系数的缓冲区，对缓冲区中存储的 DCT 系数多次扫描，分批编码。

有以下两种累进方式。

(1) 频谱选择法。一次扫描中，只对 64 个 DCT 变换系数中某些频带的系数进行编码、传送，在随后的扫描中，对其他频带编码、传送，直到全部系数传送完毕为止。如选择分组为(0,1,2)，(3,4,5)，…，(61,62,63)。

(2) 按位逼近法。沿着 DCT 量化系数有效位（表示系数精度的位数）方向分段累进编码。如第一次扫描只取最高有效位的 n 位编码、传送，然后对其余位进行编码、传送。如扫描分段依次为 7654 位，3 位，…，0 位。

4. 基于 DCT 的分层操作方式

分层方式是将一幅原始图像的空间分辨率，分成多个分辨率进行“锥形”的编码方法，水平（垂直）方向分辨率的下降以 2 的倍数因子改变，如图 3.8 所示。过程如下：

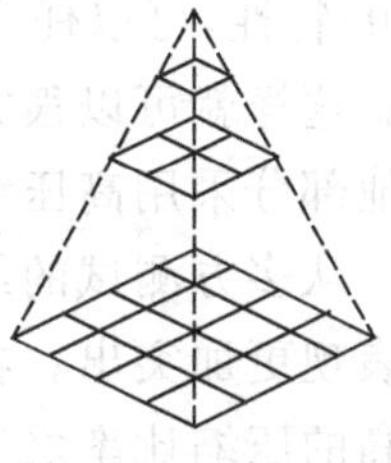

图 3.8 分层操作方式

① 把原始图像空间分辨率降低。

② 对已降低分辨率的图像采用基于 DCT 的顺序方式、累进方式或无失真预测编码中的任何一种编码方法进行编码。

③ 对低分辨率的图像解码，重建图像，使用插值滤波器，对它插值，恢复图像的水平和垂直分辨率。

④ 把分辨率已升高的图像作为原始图像的预测值，对它们的差值采用基于 DCT 的顺序方式、累进方式或用无失真方式进行编码。

⑤ 重复③、④直到图像达到完整的分辨率编码。

在必须使用低分辨率的设备来存取或观察高分辨率图像的应用中，这种方式非常有效。

3.1.3 JPEG 2000 简介

多媒体应用的快速发展，尤其是基于 Internet 的多媒体应用，给图像编码提出了新的要求。为此，2000 年 12 月公布的新的 JPEG 2000 标准（ISO 15444），其目标是在高压缩率的情况下，如何保证图像传输的质量。

JPEG 采用以 DCT 变换为主的分块编码方式，DCT 变换考查整个时域过程的频域特征或整个频域过程的时域特征。JPEG 2000 作为 JPEG 升级版，采用以小波变换为主的多分辨率编码方式。小波变换对时域或频域的考查都采用局部的方式，小波在信号分析中对高频成分采用由粗到细渐进的时空域上的采样间隔，所以能够像自动调焦一样看清远近不同的景物，并放大任意细节，是构造图像多分辨率的有效方法。

JPEG 2000统一了面向静态图像和二值图像的编码方式，是既支持低比率压缩又支持高比率压缩的通用编码方式。该算法主要特点如下。

(1) 高压缩率(低比特速率)。与JPEG相比，可修复约30%的速率失真特性。也就是说，在新的算法下，JPEG和JPEG 2000在压缩率相同的情况下，JPEG 2000的信噪比将提高30%左右。

(2) 无损压缩。预测编码作为对图像进行无损编码的成熟方法被集成在JPEG 2000中，使它能实现无损压缩。

(3) 渐进传输。JPEG 2000可实现以空间清晰度和信噪比为首的各种各样的可调节性，从而实现渐进传输，即具有"渐现"特性，这是JPEG 2000的一个极其重要的特征。它先传输图像的轮廓，然后逐步传输数据，不断提高图像质量，让图像由朦胧到清晰显示，而不必像现在的JPEG一样，由上到下慢慢显示。

(4) 感兴趣区域压缩。JPEG 2000支持所谓的"感兴趣区域"(region of interest, ROI)特性，可以任意指定图像上感兴趣区域的压缩质量，还可以选择指定的部分先解压缩。这样就可以很方便地对图像感兴趣的部分采用低压缩比以得到较好的压缩效果，对其他部分采用高压缩比以节省存储空间。

从多方测试的结果来看，JPEG 2000的压缩效果更优秀，特别在要求高压缩比的场合下表现更加突出。在中度与低度的压缩比率下，传统的JPEG表现得非常出色。但是在较高的压缩比率之下，传统的JPEG压缩方式就不太令人满意。用JPEG压缩的图像，在压缩比较高的情况下，有明显的马赛克现象(比如出现较大色斑或颜色信息丢失)，但是用JPEG 2000压缩的图像效果就能得到保证。即使在很高的压缩比下，图像的内容也很容易辨别。另外，JPEG 2000有两个方面重要特征得到广泛关注。

(1) 纠错能力很强。在文件传输过程中，JPEG 2000有恢复丢失的数据包的能力。

(2) 可以指定最后文件尺寸大小。在用户定义文件尺寸的情况下，JPEG 2000保证再现较高图像质量的能力。

这适合目前带宽受到限制的Web系统和无线网络上传输图像，应用前景很广。

3.2 运动图像压缩标准MPEG

3.2.1 MPEG标准简介

MPEG标准是面向运动图像压缩的一个系列标准。最初MPEG专家组的工作项目是3个，即在1.5Mbps,10Mbps,40Mbps传输速率下对图像编码，分别命名为MPEG-1，MPEG-2，MPEG-3。1992年，MPEG-2适用范围扩大到HDTV，能支持MPEG-3的所有功能，因而MPEG-3被取消。同时为了满足不同的应用要求，MPEG又将陆续增加其他一些标准，如 MPEG-4、MPEG-7 和 MPEG-21。本节先介绍 MPEG-1、MPEG-2 和 MPEG-4 的主要内容，然后在其他章节介绍 MPEG-7 和 MPEG-21 的主要思想。

MPEG-1 标准名称为"用于大约高达 1.5Mbps 速率的数字存储媒体的运动图像及其伴音编码"(coding of moving pictures and associated audio for digital storage media at up to about 1.5Mbps)，作为 ISO/IEC 11172 号建议于 1992 年通过。该标准分为 4 个部分：①MPEG-1 系统(11172-1)，定义音频、视频及有关数据的同步；②MPEG-1 视频(11172-2)，定义视频数据的编码和重建图像所需的解码过程，其处理的是 SIF(standard interchange format)格式，即 NTSC 制式为 352 像素×240 行/帧×30 帧/秒，PAL 制式为 352 像素×288 行/帧×25 帧/秒；③MPEG-1 音频(11172-3)，定义音频数据的编码和解码；④一致性测试(11172-4)。另外，MPEG-1 标准还提供了软件模拟的技术报告(11172-5)。

MPEG-2 标准名称为"运动图像及其伴音信息的通用编码"(generic coding of moving pictures and associated audio)，作为 ISO/IEC 13818 号建议于 1994 年发布。该标准分为 10 个部分：①MPEG-2 系统(13818-1)，规定音频、视频及有关数据的同步；②MPEG-2 视频(13818-2)，规定视频数据的编码和解码，支持多种格式；③MPEG-2 音频(13818-3)，规定音频数据的编码和解码；④MPEG-2 一致性测试(13818-4)；⑤MPEG-2 软件模拟(13818-5)；⑥MPEG-2 数字存储媒体命令和控制(DSM-CC)扩展协议(13818-6)，用于管理 MPEG-1 和 MPEG-2 的数据流，使数据流既可在单机上运行，又可在异构网络环境下运行；⑦MPEG-2 高级声音编码(AAC，13818-7)，是多声道声音编码算法标准，这个标准除后向兼容 MPEG-1 音频标准外，还有非后向兼容的声音标准；⑧MPEG-2 系统解码器实时接口扩展标准(13818-9)，它用来适应来自网络的传输数据流；⑨MPEG-2 DSM-CC 一致性扩展测试(13818-10)；⑩MPEG-2 高级声音编码标准修正版。MPEG-2 Part8(13818-8)原计划用于采样精度为 10B 的视频图像编码，但由于工业界兴趣不大而暂停开发。

MPEG-4 标准名称为"甚低速率视听编码"(very-low bitrate audio-visual coding)，1998 年作为 ISO/IEC 14496 号标准草案发布的 MPEG-4 文件有 5 个部分：①MPEG-4 系统(14496-1)；②MPEG-4 视频(14496-2)；③MPEG-4 音频(14496-3)；④MPEG-4 一致性测试(14496-4)；⑤MPEG-4 参考软件(14496-5)；⑥MPEGF-4 传输多媒体集成框架(DMIF)。

3.2.2 MPEG-1 系统

MPEG-1 标准没有规定编码器和解码器的体系结构或实现方法，但对它们提出了功能和性能上的要求。一个典型的 MPEG-1 编解码器原型如图 3.9 所示。

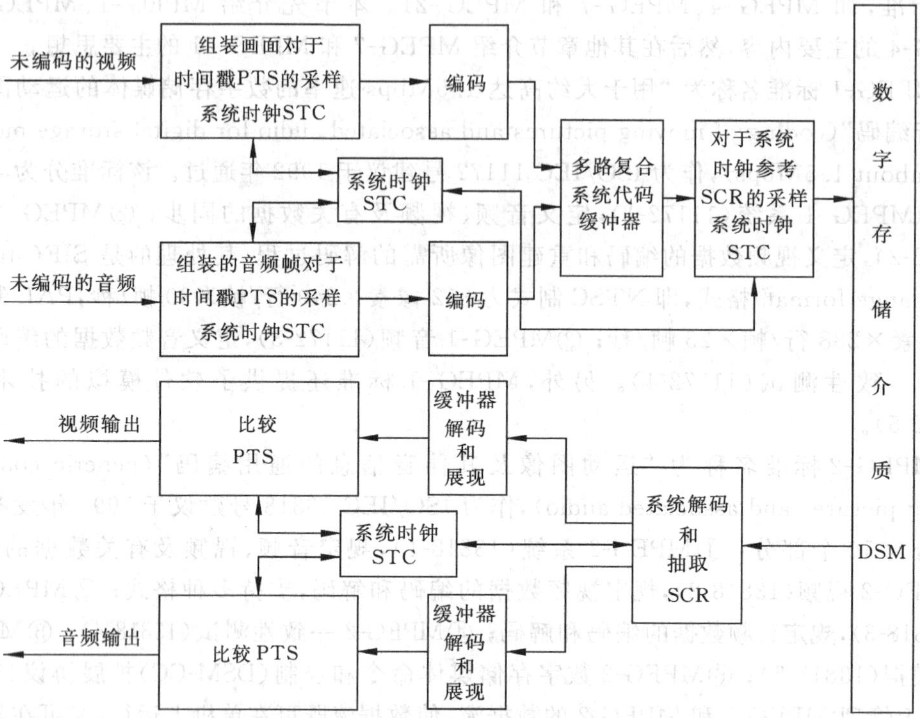

图 3.9　MPEG-1 编解码器原型

对上述原型说明如下。

(1) 多路复合而成的码流假设以介质特定格式存储在数字存储介质(DSM)或网络上,标准不规定介质特定格式。

(2) 系统解码器从输入多路复合流中抽取定时信息,并对输入流进行分流处理,输出两个基本流分别给视频和音频解码器。

(3) 视频和音频解码器分别解码输出视频和声音信号。

(4) 系统、视频、音频和介质 4 个解码器之间用定时信息进行同步是设计内容之一。

(5) 多路复合流构造为两层：系统层和压缩层。系统解码输入的是系统层,而视频、音频解码器输入的是压缩层。

(6) 系统解码器执行两类操作：一类是作用在整个多路复合流上的操作,称为复合流操作;另一类是作用在单个基本流上的操作,称为特定流操作。

(7) 系统层分为两个子层：一个子层称为包(pack),是复合流操作对象;另一个子层称为分组(packet),它用于特定流操作。

下面将详细讨论 MPEG-1 视频压缩算法。MPEG-1 音频压缩算法是第一个高保真音频数据压缩国际标准,它同时可完全独立地应用。MPEG-1 音频标准有以下特点。

(1) 音频信号采样率可以是32kHz，44.1kHz或48kHz。

(2) 压缩后的比特流可以按以下4种模式之一支持单声道或双声道：

- 提供给单音频通道的单声道模式；
- 提供给两个独立的单音频通道的双-单声道模式；
- 提供给立体声通道的立体声模式；
- 联合立体声模式，利用立体声通道之间的关联或通道之间相位差的无关性，或者对两者同时利用。

(3) 压缩后的比特流具有预定义的比特率之一。MPEG-1音频标准也支持用户使用预定义的比特率之外的比特率。

(4) MPEG-1音频标准提供3个独立的压缩层次，用户可在复杂性和压缩质量之间权衡选择。

- 层1最简单，使用自适应掩蔽模式的通用子带综合编码和复合技术(MUSICAM)算法，编码速率384kbps，主要用于数字盒式磁带(digital compact cassette，DCC)；
- 层2的复杂度中等，使用MUSICAM算法，编码速率192kbps左右，主要应用于数字广播的音频编码、CD-ROM上的音频信号以及CD-I和VCD；
- 层3最复杂，使用高质量音乐信号自适应感知熵编码算法(APSEC)，编码速率64kbps，尤其适用于ISDN上的音频传输；

(5) 编码后的比特流支持循环冗余校验(cyclic redundancy check，CRC)。

(6) MPEG-1音频标准还支持在比特流中载带附加信息。

3.2.3 MPEG-1视频数据流的结构

MPEG-1数据流的结构如图3.10所示。

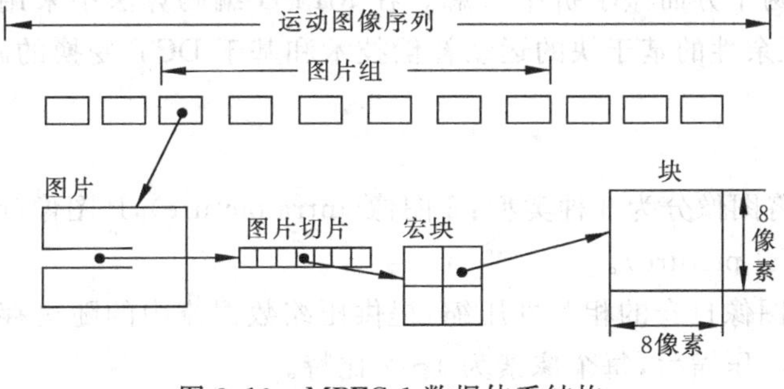

图3.10 MPEG-1数据体系结构

(1) 运动序列

运动序列包括一个表头，一组或多组图像和序列结束标志码。

(2) 图像组

图像组由一系列图像组成,可以从运动序列中随机存取。

(3) 图像

图像信号分 3 个部分:一个亮度信号 Y 和两个色度信号 U,V。亮度信号 Y 由偶数个行和偶数个列组成,色度信号 U,V 分别取 Y 信号在水平和垂直方向的 1/2。如图 3.11 所示,黑点代表色度 U,V 的位置,亮度 Y 位置用白圈表示。

(4) 块

一个块由一个 8×8 的亮度信息或色度信息组成。

(5) 宏块

一个宏块由一个 16×16 的亮度信息和两个 8×8 色度信息构成,如图 3.12 所示。

(6) 图像切片

由一个或多个连续的宏块构成。

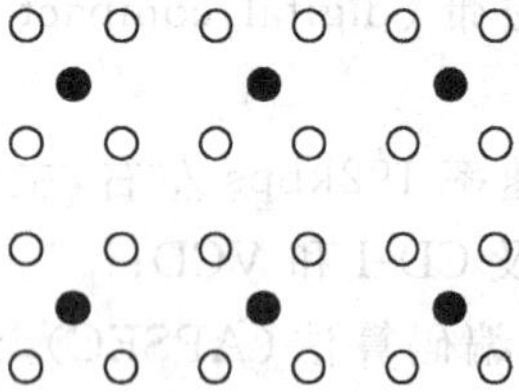

图 3.11 亮度和色度的位置关系

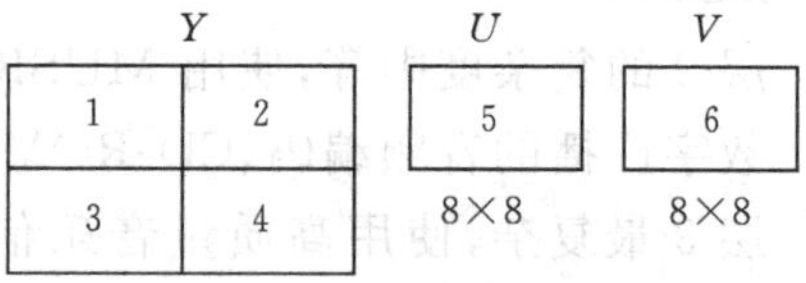

图 3.12 宏块的组成

3.2.4 MPEG-1 视频编码技术

MPEG 数据压缩过程中存在的主要问题是,一方面仅仅使用帧内编码方法无法达到很高的压缩比,另一方面用单一的静止帧内编码方法能最好地满足随机存取的要求。在具体实现中,对这两个方面做了折中考虑。在 MPEG 编码算法中采用两种基本技术,即为了减少时间上冗余性的基于块的运动补偿技术和基于 DCT 变换的减少空间上冗余性的 ADCT 技术。

1. 图像类型

在 MPEG 中将图像分为 3 种类型:I 图像(intra picture),P 图像(predicted picture),B 图像(bidirectional picture)。

I 图像是利用图像自身的相关性压缩,提供压缩数据流中的随机存取的点,采用基于 ADCT 的编码技术,压缩后,每个像素为 1～2 比特。

P 图像是用最近的前一个 I 图像(或 P 图像)预测编码得到(前向预测),也可以作为下一次预测的参照图像。

B 图像在预测时,既可使用前一个图像作参照,也可使用下一个图像作参照或同时使用前后两个图像作为参照图像(双向预测)。

上述几种类型的图像及其预测方法如图 3.13 所示。共采用 4 种技术:①帧内编码;②前向预测;③后向预测;④双向预测。

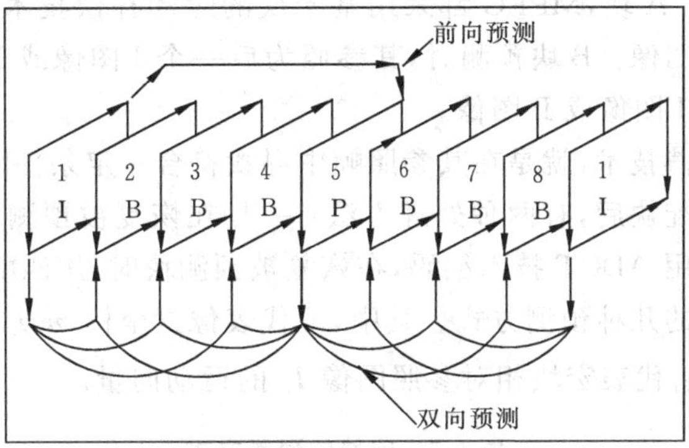

图 3.13　帧间预测

2. 运动序列流的组成

MPEG 算法允许编码选择 I 图像的频率和位置,这一选择是基于随机存取和场景位置切换的需要。一般 1 秒钟使用 2 次 I 图像。典型的 P 图像和 B 图像安排次序如图 3.14 所示。

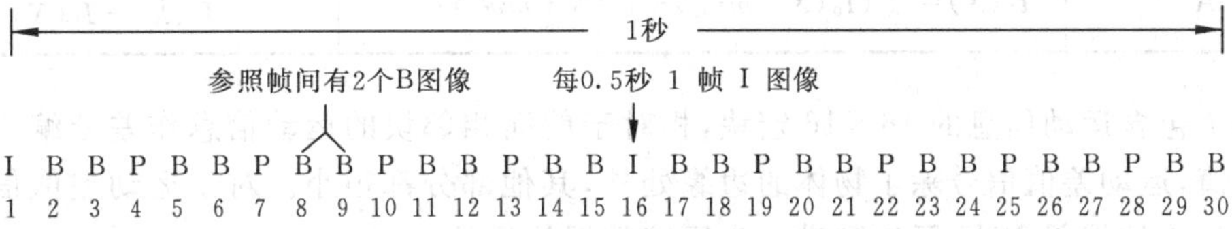

图 3.14　典型的图像类型的显示次序

MPEG 编码器需对上述图像重新排序,以便解码器高效工作,因为参照图像必须先于 B 图像恢复之前恢复。上述 1~7 帧图像重排后图像组的次序为:

I	P	B	B	P	B	B
1	4	2	3	7	5	6

3. 运动补偿技术

运动补偿技术主要用于消除 P 图像和 B 图像在时间上的冗余性,提高压缩效率。在 MPEG 方案中,运动补偿技术在宏块一级工作。

对于 B 图像而言,每 16×16 宏块有 4 种类型:①帧内宏块(intra macroblock),简称 I 块;②前向预测宏块(forward predicted macroblock),简称 F 块;③后向预测宏块(backward predicted macroblock),简称 B 块;④平均宏块(average macroblock),简称

A块。

对于P图像,其宏块只有I块和F块两种。

无论B图像还是P图像,I块处理技术都与I图像中所采用的技术一致,即ADCT技术。对于F块、B块和A块,MPEG都采用基于块的运动补偿技术。F块预测时其参照为前一个I图像或P图像。B块预测时,其参照为后一个I图像或P图像。对于A块预测其参照为前后两个I图像或P图像。

基于块的运动补偿技术,就是在其参照帧中寻找符合一定条件限制、当前被预测块的最佳匹配块。找到匹配块后,有两种处理方法:一是在恢复被预测块时,用匹配块代替;二是对预测的误差采用ADCT技术编码,在恢复被预测块时,用匹配块加上预测误差。

表3.7给出宏块的几种预测方式。其中,$\overline{X}$代表像素坐标,$\overline{mv_{01}}$代表宏块相对参照图像I_0的运动向量,$\overline{mv_{21}}$代表宏块相对参照图像I_2的运动向量。

表3.7　宏块的预测方式

宏块类型	预　测　器	预测误差
I	$\hat{I}_1(\overline{X})=128$	$I_1(\overline{X})-\hat{I}_1(\overline{X})$
F	$\hat{I}_1(\overline{X})=\hat{I}_0(\overline{X}+\overline{mv_{01}})$	$I_1(\overline{X})-\hat{I}_1(\overline{X})$
B	$\hat{I}_1(\overline{X})=\hat{I}_2(\overline{X}+\overline{mv_{21}})$	$I_1(\overline{X})-\hat{I}_1(\overline{X})$
A	$\hat{I}_1(\overline{X})=\frac{1}{2}(\hat{I}_0(\overline{X}+\overline{mv_{01}})+\hat{I}_2(\overline{X}+\overline{mv_{21}}))$	$I_1(\overline{X})-\hat{I}_1(\overline{X})$

每个包含运动信息的16×16宏块,相对于前面相邻块的运动信息作差分编码,得到运动差值,运动差值信号除了物体的边缘处外,其他部分都很小。对于运动差值信息,再使用变长码的编码方法,可达到进一步压缩数据的目的。

MPEG标准只说明了怎样表示运动信息,如根据运动补偿类型,前向预测、后向预测、双向预测等,每个16×16宏块可包含有一个或两个运动矢量。MPEG并没有说明运动矢量如何计算,但它采用基于块的表示方法,使用块匹配技术是可行的。搜索当前图像宏块与参照图像之间的最小误差可获得运动向量。

4. MPEG-1视频系统

MPEG-1视频提供了统一的编码格式描述存储在各种数字存储媒体上经过压缩的视频信息。它所定义的主要受限参数包括:画面横向尺寸≤768像素,画面纵向尺寸≤576像素,画面区域≤396宏块;像素速率≤396×25宏块/秒;画面速率≤30Hz;比特速率≤1856000bps。该标准不规定编码过程,但确定比特流的语法和语义。编码器可以自由选择,以权衡费用、速度与画面质量和编码效率之间的关系。图3.15显示了编码器主要功能模块。

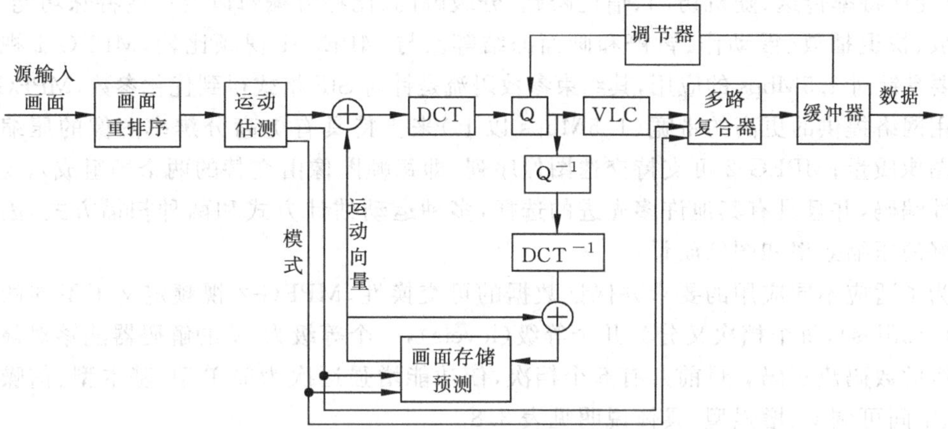

图 3.15　简化的视频编码框图

(其中：DCT 为离散余弦变换；DCT^{-1}为离散余弦逆变换；Q 为量化；Q^{-1}为逆量化；VLC 为可变长编码)

解码过程因无运动补偿计算等处理，故解码要比编码简单得多。标准定义了解码过程，但可使用不同的解码体系结构。图 3.16 是基本的视频解码器框图。

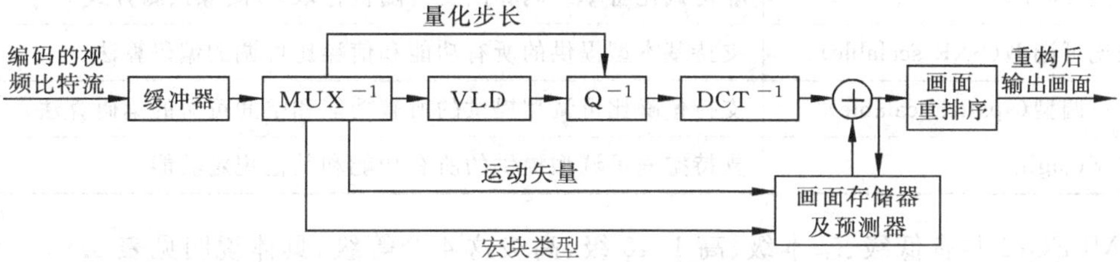

图 3.16　基本的视频解码器框图

(其中：DCT^{-1}为离散余弦逆变换；Q^{-1}为逆量化；MUX^{-1}为多路分离；VLD 为可变长解码)

3.2.5 MPEG-2 标准

1. MPEG-2 标准主要内容

MPEG-2 标准也包括系统、音频和视频等部分内容。MPEG-2 标准的系统功能是将一个或多个音频、视频或其他的基本数据流合成单个或多个数据流，以适应存储和传输。符合该标准的数据编码流，可以在一个很宽的恢复和接收条件下进行同步编码。MPEG-2 系统具有 5 项基本功能：①解码时多压缩流的同步；②将多个压缩流交织成单个数据流；③解码时缓冲器初始化；④缓冲区管理；⑤时间识别。

MPEG-2 视频体系要求保证与 MPEG-1 视频体系向下兼容，并同时满足存储媒体、视频会议、数字电视、高清晰度电视等应用领域的需要，MPEG-2 标准支持固定比特率传送、可变比特率传送、随机访问、信道跨越、分级解码、比特流编辑以及一些特殊功能,如快进播放、快退播放、慢动作、暂停和画面冻结等。与 MPEG-1 视频比较,MPEG-1 视频部分主要是针对 1.5Mbps 的应用,其约束参数码流是针对 SIF 格式得到优化参数,MPEG-2 视频利用网络提供的更高的带宽(1.5Mbps 以上)来支持具有更高分辨率图像的压缩和更高的图像质量;MPEG-2 可支持交迭图像序列(即每帧图像由交替的两个场组成),支持可调节性编码,并且具有其他许多先进的选择,多种运动估计方式和两种扫描方式,因而取得更好的压缩效率和图像质量。

为了适应不同应用的要求并保证数据的可交换性,MPEG-2 视频定义了不同的功能档次(profiles),每个档次又分为几个等级(levels),一个等级为 N 的解码器能够对最高为该等级的数码流解码。目前共有 5 个档次,依功能增强逐次为简单型、基本型、信噪比可调型、空间可调型、增强型,具体说明见表 3.8。

表 3.8 MPEG-2 的功能档次

档　次	说　明
简单型(simple)	除不支持基本型提供的 B 图像预测功能外,基本型提供的其他功能均支持
基本型(main)	非可调比特率编码算法支持随机存取,B 图像预测方式
信噪比可调型(SNR scalable)	支持基本型提供的所有功能和信噪比可调的编码算法
空间可调型(spatial scalable)	支持信噪比可调型提供的所有功能和空间可调的编码算法
增强型(high)	支持空间可调型提供的所有功能和其他规定功能

MPEG-2 共有低级、基本级、高 1440 级、高级这 4 个等级,具体说明见表 3.9。

表 3.9 MPEG-2 的等级规格

等　级	说　明
低级(low)	352×288×30,它面向 VCR 并与 MPEG-1 兼容
基本级(main)	720×460×30 或 720×576×25,它面向视频广播信号
高 1440 级(high-1440)	1440×1080×30 或 1440×1152×25,它面向 HDTV
高级(high)	1920×1080×30 或 1920×1152×25,它面向 HDTV

档次和等级定义了解码器的能力和复杂度。实际上 MPEG-2 视频只是定义了码流的格式(相应定义了解码器)。至于编码器 MPEG-2 未作定义,唯一的要求就是所产生的码流要符合 MPEG-2 规定的格式,因而设计编码器有较大自由度。

为了保证与 MPEG-1 向下兼容及广播、通信、计算机、家用视听设备的需求,MPEG-2 定义了 11 种规范,如表 3.10 所示。其中,MP@ML 已被许多解码芯片采用。SNP@ML 将在数字 CATV 和数字盒式录像机中采用。美国 HDTV 已采用 MP@HL,欧洲 HDTV

打算采用 SSP@H1440。

表 3.10 MPEG-2 的规范

等级	档次				
	简单型	基本型	信噪比可调型	空间可调型	增强型
低级		MP@LL	SNP@LL		
基本级	SP@ML	MP@ML	SNP@ML		HP@ML
高 1440 级		MP@H1440L		SSP@H1440L	HP@H1440L
高级		MP@HL			HP@HL

MPEG-2 音频与 MPEG-1 音频兼容，它们都使用相同种类的编解码器，层 1、层 2 和层 3 的结构也相同。MPEG-2 音频标准对 MPEG-1 音频标准的扩充如下：增加了 16kHz、22.05kHz 和 24kHz 采样频率；扩展了编码器的输出速率范围，由 32～384kbps 扩展到 8～640kbps；增加了声道数，支持 5.1 和 7.1 通道的环绕立体声。5.1 也称为"3/2—立体声加 LFE"，它的含义是播音现场的前面可有 3 个喇叭声道(左、中、右)，后面可有两个环绕声喇叭声道。LFE(low frequency effects)是低频音效的加强声道。7.1 通道环绕立体声与 5.1 类似，它另有中左、中右两个喇叭声道。

MPEG-2 还支持线性 PCM 和 Dolby AC-3(audio code number 3)编码。Dolby AC-3 支持 5 个声道(左、中、右、左环绕、右环绕)和 0.1kHz 以下的低音音效声道，声音样本精度为 20 位，每个声音的采样率可以是 32kHz、44.1kHz 或 48kHz，最大声音速率为 448kbps。线性 PCM 可支持 8 个声道，声音样本精度为 16/20/24 位，每个声音的采样率可以是 48kHz 或 96kHz，最大声音速率为 6.144Mbps。

MPEG-2 还定义了与 MPEG-1 音频格式不兼容的 MPEG-2 AAC(advanced audio coding)，它是一种非常灵活的声音感知编码标准，支持的采样频率可从 8kHz 到 96kHz，可支持 48 个主声道、16 个配音声道(多语言声道)和 16 个数据流。它的压缩率高，而且质量更好。

2. MPEG-2 编码方法

MPEG-2 的编码方法和 MPEG-1 的编码方法的区别主要是在隔行扫描制式下，DCT 变换是在场内还是在帧内进行由用户自行选择，亦可自适应选择。一般情况下，对细节多、运动部分少的图像在帧内进行 DCT，而细节少、运动分量多的图像在场内进行 DCT。其亮度宏块结构采用图 3.17 所示的方法构成。

MPEG-2 采用可调型和非可调型两种编码结构，且采用两层等级编码方式。当然还可以使用一个基本层加上多个增强型的多层编码结构，这由用户按质量和压缩比要求选择使用。图 3.18 是空间可调型 MPEG-2 编码器原理框图。

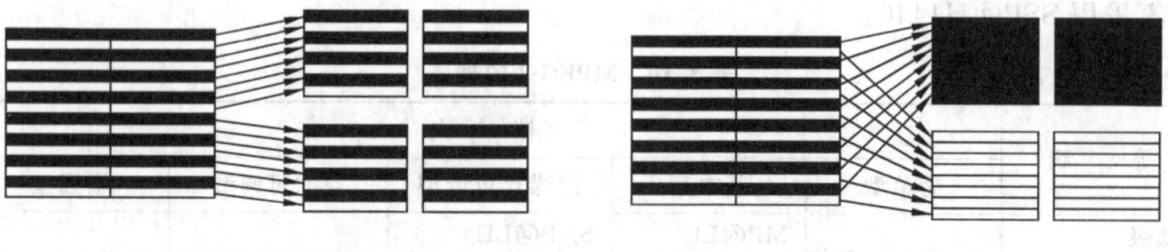

图 3.17　MPEG-2 亮度宏块结构

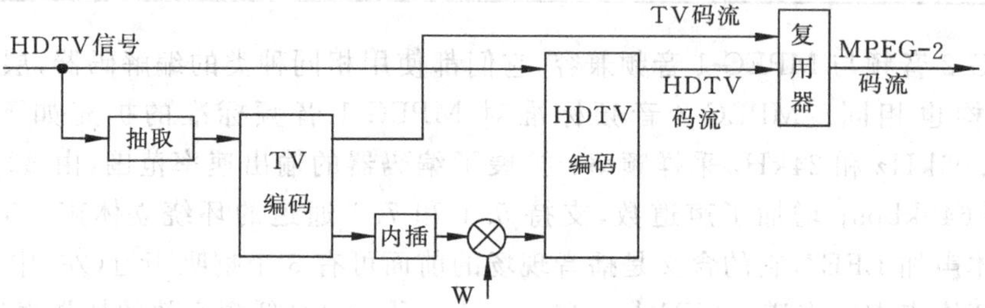

图 3.18　空间可调型 MPEG-2 编码器原理框图

MPEG 算法编码过程和解码过程是一种非镜像对称算法,也就是说运动图像的压缩编码过程与还原解码过程是不对称算法,解码过程要比编码过程相对简单。实际上,MPEG-1 和 MPEG-2 只规定了解码的方案,重点将解码算法标准化。因而用硬件实现 MPEG 算法时,人们首先实现 MPEG 的解码器,如 C-Cube 公司 CL450 解码器系列。一些典型的 MPEG 功能卡将在第 4 章介绍。随着 MPC 性能的提高,软件解压功能也逐渐得到支持。

MPEG-2 也和 MPEG-1 一样获得巨大的成功,因为工业界、有线和卫星网络以及广播电视部门都一致同意采用这个标准,数字广播电视、DVD、收费电视(Pay TV)、VOD、交互式电视及其他视频服务方式也采用了 MPEG-2。由于其需求量越来越大,集成电路技术的飞速发展,MPEG-2 芯片成本降低,它会得到更大范围的普及和应用。

3.2.6　MPEG-4 标准

1. MPEG-4 标准的主要内容

MPEG-4 即"甚低速率视听编码"标准第 1 版于 1998 年 11 月公布,1999 年 12 月公布了第 2 版。它是针对低速率(<64kbps)下的视频、音频编码和交互播放开发的算法和工具,其显著特点是基于内容的编码,更加注重多媒体系统的交互性、互操作性和灵活性。

MPEG-4 采用了基于对象表示的概念,引入了视听对象(audio/visual objects,AVO),使得更多的交互操作成为可能:AVO 可以是一个孤立的人物,也可以是这个人物的语音或一段背景音乐等。它具有高效编码、高效存储与传播及可交互操作的特性。

MPEG-4 对 AVO 的操作主要有：采用 AVO 来表示听觉、视觉或者视听组合内容；组合已有 AVO 来生成复合的 AVO，并生成视听场景；对 AVO 的数据灵活地多路合成与同步，以便选择合适的网络来传输这些 AVO 数据；允许接收端的用户在视听场景中对 AVO 进行交互操作等。

MPEG-4 标准由以下几个主要部分构成。

(1) 传输多媒体集成框架(delivery multimedia integration framework，DMIF)。它是 MPEG-4 制定的会话协议，用来管理多媒体数据流。该协议与文件传输协议(FTP)类似，其差别是：FTP 返回的是数据，而 DMIF 返回的是指向到何处获取数据流的指针。DMIF 主要用于解决交互网络中、广播环境下和光盘应用中多媒体应用的操作问题。通过传输多路合成比特信息来建立客户端和服务器端的连接与传输。

(2) 场景描述。场景声音视频对象间的关系的描述体现在两个层次：BIFS (binary format for scenes)描述场景中对象的空间时间安排，观察者可以有与这些对象交互的可能性，如重新在场景中安排对象，或改变三维虚拟场景的视点；在较低的层次上，对象描述子(object descriptor，OD)定义针对每个对象的基本流(elementary stream，ES)的关系，并提供诸如访问基本流需要的 URL 地址、译码器的特性、知识产权等其他信息。MPEG-4 第 2 版中引入了 XMT(extensible MPEG-4 textual)格式的概念，XMT 是利用文本语法表示 MPEG-4 场景描述的框架，它支持与其他编著工具或服务提供者交换内容，并具备与 Web3D X3D (extensible 3D)和 W3C SMIL(synchronized multimedia integration language)的互操作性。XMT 格式可在 SMIL 播放器、VRML 和 MPEG-4 播放器间互换。

(3) 音频编码。MPEG-4 不仅支持自然声音，而且支持合成声音。MPEG-4 的音频部分将音频的合成编码和自然声音的编码相结合，并支持音频的对象特征。MPEG-4 的译码器还支持 MIDI 合成音乐和文本到语音(TTS)的转换。

(4) 视频编码。与音频编码类似，MPEG-4 也支持对自然和合成的视觉对象的编码。合成的视觉对象包括二维、三维动画和人面部表情动画等。

2. MPEG-4 视频编码技术

MPEG-4 中的场景采用层次化的树形结构，基本的组成单位是各个视频对象(VO)和音频对象(AO)，其逻辑结构可分为如下层次：

① VS(video session)，是视频码流中最高层的句法结构，与完整的 MPEG-4 可视场景相对应，可以包括一个或多个 VO；

② VO(video object)，与场景中一个特定对象相对应，可以是矩形帧，也可以是任意形状，如一辆汽车；

③ VOL(video object layer)，每个 VO 可以采用多个 VOL，实现可分级编码；

④ GOV(group of video object planes),是多个视频对象面的组合,每个 GOV 独立编码,从而提供随机访问点,可用于快进、快退和搜索;

⑤ VOP(video object planes),视频对象面和某个时刻的 VO 相对应,类似 MPEG-1 和 MPEG-2,MPEG-4 中包括 3 种 VOP:帧内 VOP(I-VOP)、预测 VOP (P-VOP)和双向插值 VOP(B-VOP)。

MPEG-4 对每个视频对象进行编码形成单独的视频对象层,以便能够单独对视频对象进行解码。MPEG-4 对每个视频对象面进行编码,VOP 编码就是对该帧画面 VO 的形状、运动和纹理进行编码,使用的压缩算法是在 MPEG-1 和 MPEG-2 视频标准的基础上开发的,它也是以图像块为基础的混合 DPCM 和变换编码技术。如果输入图像序列只包含标准的矩形图像,就不需要形状编码,这种情况下 MPEG-4 视频使用的编码算法结构也就与 MPEG-1 和 MPEG-2 使用的算法结构相同。MPEG-4 编码算法也定义了帧内 VOP 编码方式和帧间 VOP 预测编码方式,也支持双向预测 VOP 编码方式。在对视频对象区的形状编码之后,颜色图像序列分割成宏块进行编码。

图 3.19 描绘了 MPEG-4 视频的编码算法,用来对矩形和任意形状的输入图像序列进行编码。这个基本编码算法结构图包含了运动向量的编码,以及以离散余弦变换为基础的纹理编码。

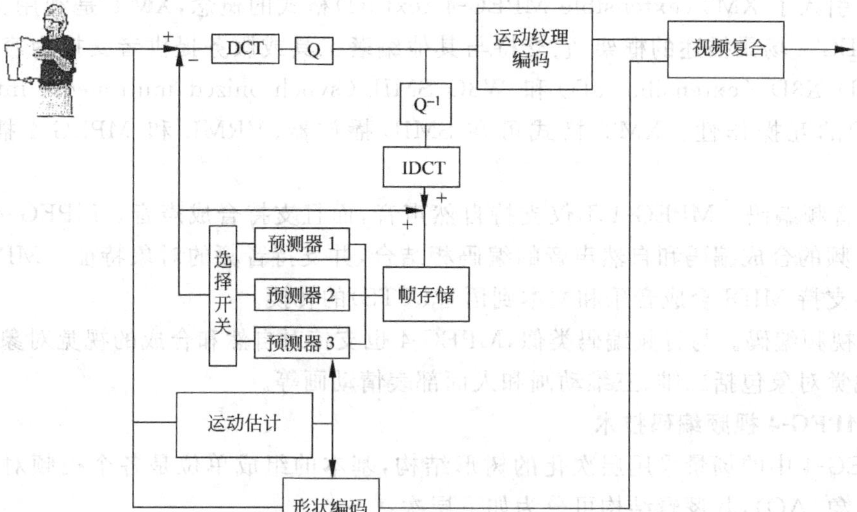

图 3.19 MPEG-4 视频编码器的算法方框图

(其中:DCT 为离散余弦变换,IDCT 为逆离散余弦变换,Q 为量化,Q^{-1} 为逆量化)

MPEG-4 采用基于内容编码方法的一个重要优点是,使用合适的和专门的基于对象的预测工具可以明显提高场景中某些视频对象的压缩效率。图 3.20 描绘了 MPEG-4 用户终端的构成，它解释了来自网络或存储设备的流如何被分解成基本流（elementary stream，ES）并传送到相应解码器的过程。解码过程从 AVO 的编码形式恢复其数据并执行必要操作来重构原先的 AVO，准备在合适的设备展现。

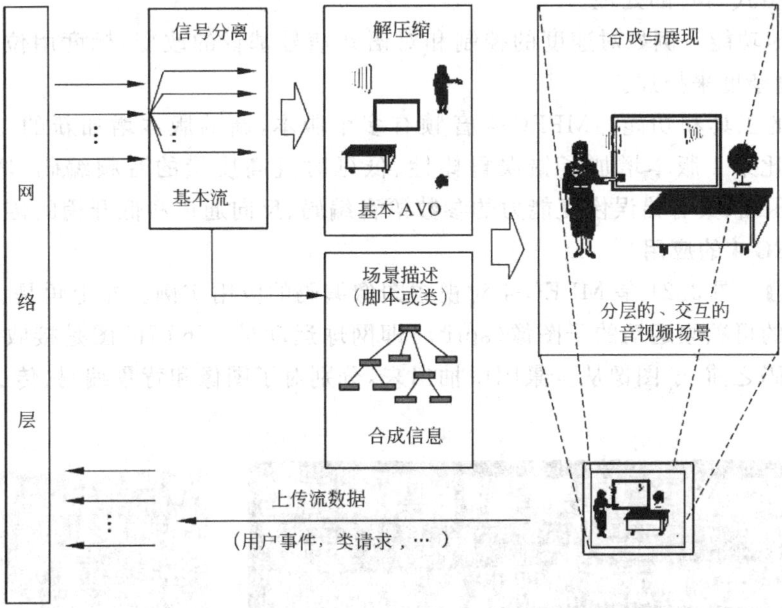

图 3.20　MPEG-4 终端的构成(接收端)

3. MPEG-4 音频编码

MPEG-4 音频编码标准(ISO/IEC 14496-3)分为自然音频编码和合成音频编码两大类。在自然音频编码方面提供 3 种编码方案：参数编码、码本激励线性预测编码、时间/频率编码。在合成音频编码方面提供两种编码方案：结构音频和文语转换。MPEG-4 音频的应用从智能语音到高质量多声道音频，从自然声音到合成声音。它支持下面成分组成的音频对象的高效表示。

(1) 语音信号。能实现位率在 2kbps～24kbps 间的语音编码，当允许不同位率编码时，像平均位率为 1.2kbps 这样更低的位率也可编码。

(2) 合成语音。可伸缩的 TTS 编码器的位率在 200bps～1.2kbps 之间。它允许一个文本或带有韵律参数的文本作为输入产生可以理解的合成语音，功能包括：用原始声音的韵律来合成声音，用音素信息进行唇同步控制；暂停、重放、快进/退等交互模式；支持文本的国际语言和方言；支持国际音素符号；支持识别说话者的年龄、性别和语速；支持传送面部动作参数的书签。

(3) 普通音频信号。通过变换编码技术支持从很低的位率到高质量的普通音频编码。

(4) 合成音频。通过一种结构化的音频解码器实现对合成音频的支持。

(5) 复杂度绑定的合成音频。它是通过一种结构化的音频解码器实现的,允许对标准化的波表格式语音的处理。

(6) 其他功能。例如对速度的控制和对语音信号基音的改变,标度用位率、带宽、错误鲁棒性、复杂度来描述。

(7) 新的工具和功能。MPEG-4 音频有多个版本,新的版本增加新的工具和功能。如第 2 版本比第 1 版本增加了错误鲁棒性、低延时且高质量的音频编码、增益伸缩性、CELP 静音压缩、具有错误恢复能力的参数语音编码、反向通道和低开销的传输机制等。

4. MPEG-4 的应用

【例 3.2】 图 3.21 是 MPEG-4 对视频图像编码的应用实例。左上角是背景,右上角是没有背景的可独立运动的子图像(sprite)即网球运动员。下面的图是接收端合成的全景图。在编码之前,子图像从全景图中抽出来,分别对子图像和背景编码、传送和解码,最后合成。

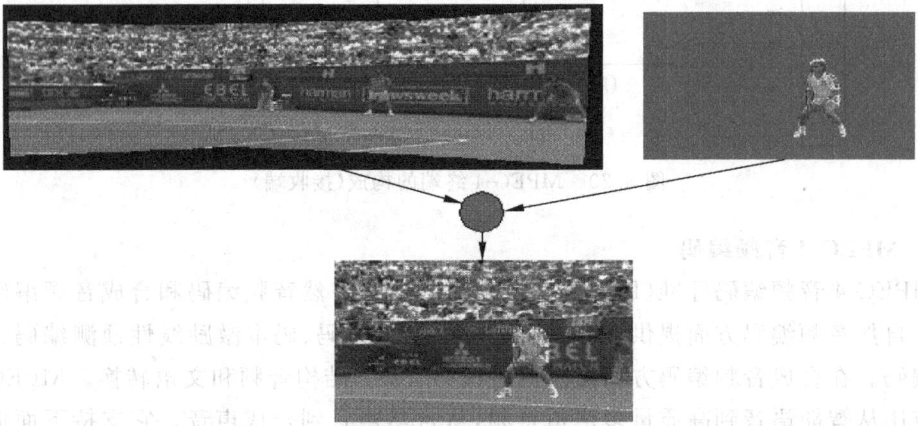

图 3.21 MPEG-4 应用实例

与 MPEG-1 和 MPEG-2 相比,MPEG-4 更适于交互视听服务,它的设计目标使其具有更广的适应性和可扩展性:MPEG-4 传输速率在 4.8～64kbps 之间,分辨率为 176×144,可以利用很窄的带宽通过帧重建技术压缩和传输数据,从而能以最少的数据获得最佳的图像质量。

MPEG-4 将应用在数字电视、交互式图形应用、实时多媒体监控、移动多媒体通信、Internet/Intranet 上的视频流传输、可视游戏、交互多媒体服务等方面。MPEG-4 能以很低的速率基本实现 DVD 的质量：用 MPEG-4 压缩算法的 ASF(advanced streaming format)可以将 120 分钟的电影压缩为 300MB 左右的视频流；采用 MPEG-4 压缩算法的 DIVX 编码技术可以将 120 分钟的电影压缩 600MB 左右，也可以将一部 DVD 影片压缩到两张 CD-ROM 上。

MPEG-4 属于一种高比率有损压缩算法，其图像质量始终无法和 DVD 的 MPEG-2 相比，毕竟 DVD 的存储容量比较大。要想保证高速运动的图像画面不失真，必须有足够的码率。目前，MPEG-4 的码率虽然可以调到与 DVD 差不多，但总体效果还有不小的差距。因此，对图像质量要求较高的专业视频领域暂时还不能采用 MPEG-4。

3.3 视听通信编码解码标准 H.26X

3.3.1 H.26X 标准简介

H.26X 系列标准是 ITU 制定的面向可视通信领域的国际标准。由综合业务数字网推动的 H.261 标准克服了传统编码方案压缩率不大、电视制式及 PCM 标准的不兼容性等缺点，采取策略是让用户自己决定视频图像的质量和传输速率，并采用统一的图像格式 CIF。H.261 标准覆盖的位率范围相当大，适合各种各样实时视频应用。如位率不同(P 不同)，运动效果和图像质量不同，位率提高，画面质量改善。在该标准发布时，大规模集成电路的技术性能有限，视频编码器的价格昂贵，ISDN 网络的规模也很小。随着信息技术的飞速进步，视频编码器性能价格比不断提高，H.261 标准逐渐得到了广泛应用。

为了适应 B-ISDN 的传输需要，ITU 与 MPEG 联合发布的 ISO/IEC 13818 号 MPEG-2 标准，也称为 ITU H.262，它与 H.261 和 MPEG-1 兼容，是一个通用的标准，能在很宽的速率范围内对不同分辨率和不同比特率的图像信号有效地进行编码。

在 H.261 基础上开发成功的 H.263 标准在 1996 年发布，它吸收了 MPEG 的若干概念和思想，设计用于作为低速率传输标准。ITU H.264 与 ISO MPEG-4 的第十部分(ISO/IEC 11496-10)是 ISO MPEG 和 ITU-T VCEG(video coding experts group)联合视频组的成果，其最初在 1997 年 ITU VCEG 提出时被称为 H.26L，在 ITU 与 ISO 合作研究后其正式名称是高级视频编码 AVC(advanced video coding)。

3.3.2 H.261 标准

$P\times 64$kbps 视频压缩编码方案包括信源编码和统计(熵)编码两部分。信源编码采用有失真编码方法，又分为帧内编码和帧间编码。

帧内编码算法，一般采用基于 DCT 8×8 块的变换编码方法。8×8 块的 DCT 系数经线性量化，经视频多路编码器进入缓冲器，通过掌握缓冲器空满度，改变量化器的步长来调节视频信息比特流,与信道传输速率匹配。帧内编码的结果送到视频多路解码器,经解码后重建图像存入缓冲区以备帧间编码使用。

帧间编码采用混合编码方法可减少时域的冗余信息。DPCM编码对当前宏块与该宏块的预测值的误差进行编码,当误差大于某阈值时,对误差进行DCT变换,量化处理,然后和运动向量信息一起送到视频多路编码器,必要时可使用循环滤波器,滤掉高频噪声,改善图像质量。熵编码利用信号统计特性来减少比特率,其原理在JPEG和MPEG中已经叙述过。

图3.22给出了H.261标准编码器的结构图。

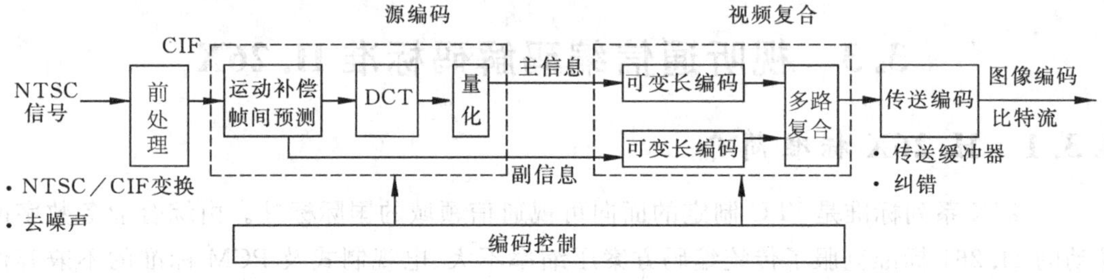

图3.22 H.261编码器

利用CIF格式,可以使各国使用的不同制式的电视信号变换为统一的中间格式,然后输入给编码器,从而使编码器本身不必意识信号是来自哪种制式的。CIF的使用示例见图3.23。

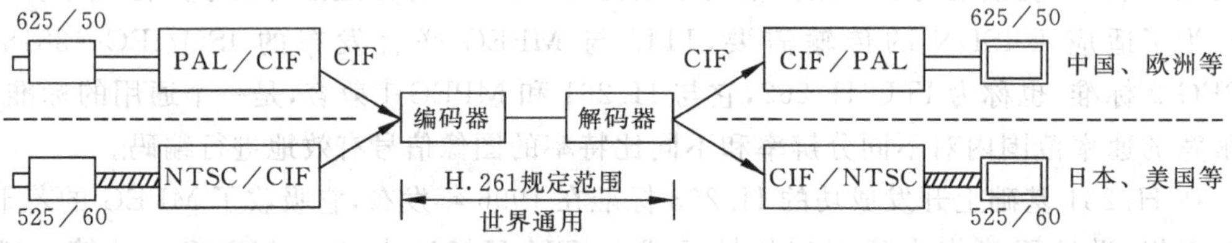

图3.23 利用CIF的优点

$P\times 64$kbps标准采用层次块的视频数据结构形式,使高压缩视频编码算法得以实现。另一方面,$P\times 64$kbps标准的视频编码的最重要的任务是要定义一个视频数据结构,保证解码器对接收到的比特流进行没有二义性的正确解码。

从图3.24中可以看出,一幅QCIF图像,以4个层次数据结构表示。

(1) 图像层。包含图像头和3个块组数据块。

(2) 块组层。每个块组包含块组头的3×11个宏块。宏块在块组中的排列见图3.25。

(3) 宏块层。每个块含有宏块头,4个8×8亮度块和2个8×8色度块。

(4) 块层。含有块的DCT系数,其后是一个定长码EOB来标志块结束,DCT系数

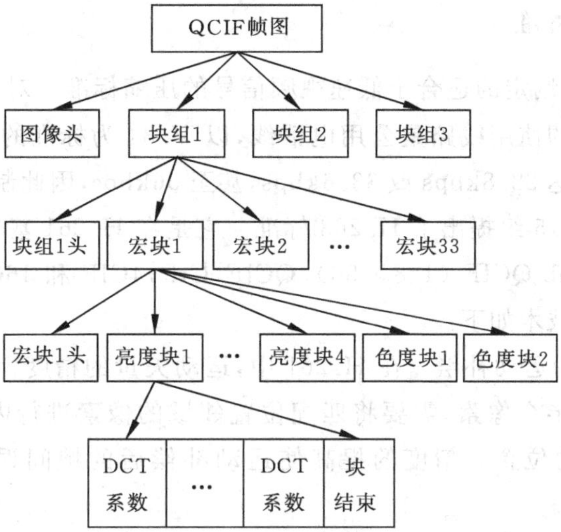

图 3.24　视频数据结构图

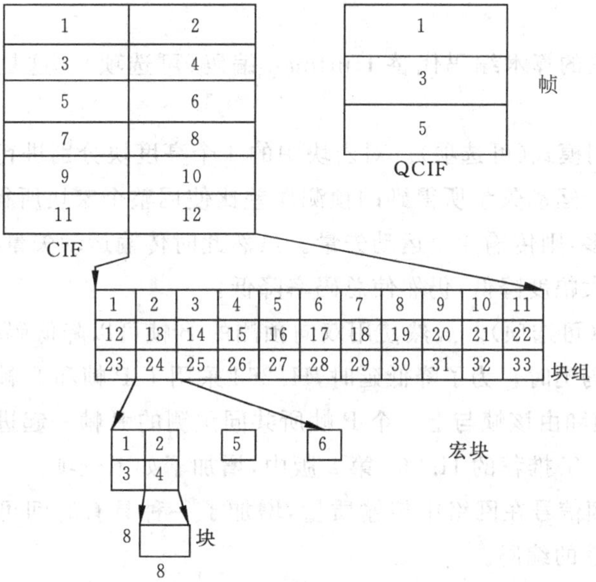

图 3.25　图像数据层次结构

利用二维 VLC 编码。

一幅 CIF 图像的块组数是 QCIF 的 4 倍。

3.3.3 H.263标准

H.263是ITU-T制定的适合于低速视频信号的压缩标准。对于大多数用户而言，相当一段时间内最方便的使用线路是公用电话线，以V.34为标准的调制解调器支持在电话线中的传输速率可达28.8kbps或33.6kbps，甚至56kbps，因此制定一个低速率标准十分有必要。ITU-T第15组提出了H.263标准。它是在H.261基础上扩展而形成的，支持的图像格式包括Sub-QCIF (128×96)，QCIF，CIF，4CIF和16CIF(1408×1152)等。其中主要采用的改进技术如下。

(1) 半像素精度的运动补偿。在H.261中，运动矢量的精度为1个像素。要使运动矢量的估值精度达到半个像素，需要将匹配位置邻域的像素进行内插，然后再进一步搜索，找到更精确匹配的位置。精度的提高使运动补偿后的帧间误差减少，从而降低了码率。

(2) 不受限的运动矢量(可选项)。当运动跨越图像边界时，由运动矢量所确定的宏块位置可能有一部分落在边界之外，此时可以用边界上的像素值表示界外的像素值，从而降低预测误差。

(3) 用基于句法的算术编码代替Huffman编码(可选项)。这是一种效率较高的自适应算术编码。

(4) 先进的预测模式(可选项)。对宏块中的4个亮度块分别进行运动估值获得4个运动矢量。如果4个运动矢量所得到的预测误差比使用整个宏块所得到的单个运动矢量时的预测误差小得多，则传输4个运动矢量。虽然此时传输运动矢量的比特数增加一些，但由于预测误差的大幅度降低，仍然使总码率降低。

(5) PB帧模式(可选项)。虽然使用双向预测的B帧可以降低码率，但是却要引入附加的编码延时和解码延时。为了降低延时，H.263采用了P帧和B帧作为一个单元来处理的方式，即将P帧和由该帧与上一个P帧所共同预测的B帧一起进行编码。

在1997年ITU-T推荐的H.263第2版中，增加了如下选项。

(1) 为改善视频信号在网络中传输质量，增加了一种具有时间可调性和两种信噪比可调性或空间可调性的编码。

(2) 改进的PB帧模式增强了频繁使用PB帧时的鲁棒性。

(3) 为了适应更广泛的应用，除标准的格式外，允许使用用户自定义的图像格式。

(4) 提供9种新的编码模式，使编码效率更高。例如，对DCT系数进行空间域预测的先进的帧内编码、降低块效应的自适应滤波、改善分组网上的传输性能的措施等。

(5) 支持在码流中增添新的辅助信息。

3.3.4 H.264 标准

1. H.264 标准概述

H.264/MPEG-4 AVC 是由 ITU-T 和 ISO/IEC 联合开发组共同开发的最新国际视频编码标准，其主要目标是：与其他现有的视频编码标准相比，在相同的带宽下提供更加优秀的图像质量。

前述的 MPEG-2/H.262 标准应用十分广泛，几乎用于所有的数字电视系统，适合标清和高清的电视，适合各种媒体传输，包括卫星、有线、地面等视频传输。然而，随着高清电视的引入以及越来越多的服务需要更高的编码效率，而类似 xDSL、UMTS（通用移动系统）等技术只能提供较小的传输速率，因此迫切需要具有高压缩比技术的出现。视频编码经历了 ITU-T H.261，H.262(MPEG-2)，H.263(及其增强版 H.263+，H.263++)的发展历程，提供的服务从 ISDN 和 T1/E1 到 PSTN、移动无线网和 Internet 网。整个发展过程一直致力于提高在多种不同网络环境中传输视频的编码效率，以及灵活的格式和错误鲁棒性。在现有及将来的网络环境中，正在不断开发新的应用，因此新的标准也应该能处理多样化的应用和网络之间的问题。

2003 年 3 月正式获得批准的 H.264 和以前的标准一样，也是 DPCM 加变换编码的混合编码模式。但它采用"回归基本"的简洁设计，不用众多的选项；加强了对各种信道的适应能力，采用网络友好的结构和语法，有利于对误码和丢包的处理；应用目标范围较宽，以满足不同速率、不同分辨率以及不同传输/存储场合的需求。

在技术上，它集中了以往标准的优点，并吸收了标准制定中积累的经验。与 H.263 或 MPEG-4 相比，H.264 在使用与上述编码方法类似的最佳编码器时，在大多数码率下最多可节省 50%的码率，在所有码率下都能持续提供较高的视频质量。H.264 能工作在低延时模式以适应实时通信的应用，如视频会议；同时又能很好地工作在没有延时限制的应用，如视频存储和以服务器为基础的视频流式应用。H.264 提供包传输网中处理包丢失所需的工具，以及在易误码的无线网中处理比特误码的工具。

为了解决多样化应用和网络之间的问题，H.264/AVC 提供了很多灵活性和客户化特性，它在系统层面上提出两个概念性的编码层：视频编码层（video coding layer，VCL）和网络抽象层（network abstraction layer，NAL），如图 3.26 所示。视频编码层主要致力于有效表示视频内容，网络抽象层则格式化 VCL 视频表示、提供头信息，对信息进行信息的封装和更好的优先级控制，使

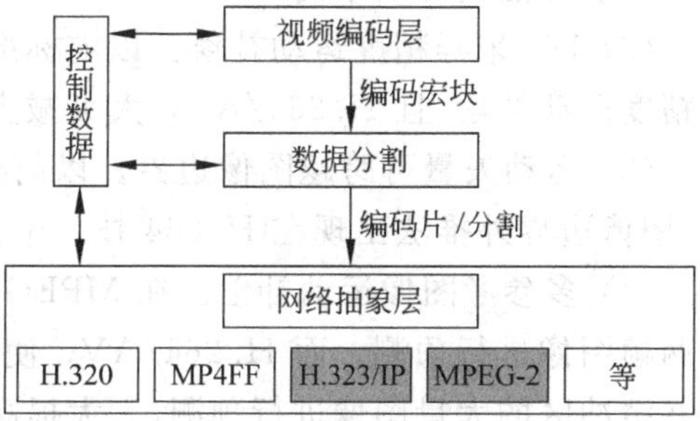

图 3.26　H.264/AVC 视频编码结构

其适于在多种类型网络进行传输以及媒体存储。

2. H.264标准视频编码技术

VCL的设计遵循基于块的混合视频编码框架,见图3.27,包括变换、量化、熵编码、帧内预测、帧间预测、环路滤波等模块。基本的编码算法是空间和时间预测的混合编码,即利用时间相关性的帧间预测和利用空间相关性的变换编码。VCL中并没有使用独特的元素来提高压缩效率,多个地方的改进加起来实现了效率的显著增益。

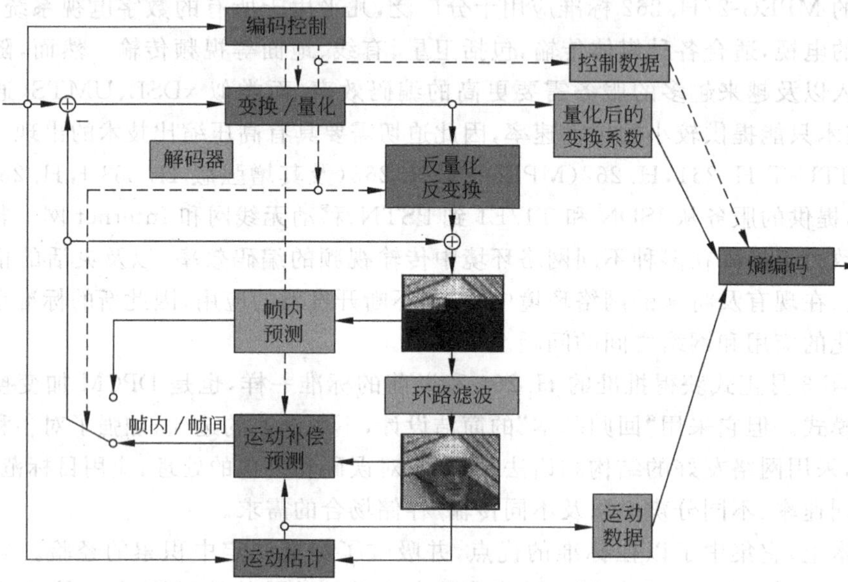

图3.27　典型视频编码框架

相对于以前的编解码标准,H.264/AVC在图像内容预测方面提高编码效率、改善图像质量的主要特点如下。

(1) 可变块大小运动补偿。选择运动补偿大小和形状比以前的标准更灵活,最小的亮度运动补偿块可以小到4×4。

(2) 1/4采样精度运动补偿。以前标准最多为1/2精度的运动补偿,首次采用1/4采样精度运动补偿,且H.264/AVC大大减少了内插处理的复杂度。

(3) 运动矢量可跨越图像边界。以前标准中运动矢量都限制在已编码参考图像的内部,图像边界外推法出现在H.264技术中。

(4) 多参考图像运动补偿。在MPEG-2及以前的标准中,P帧仅参考一帧,B帧仅参考两帧图像进行预测。而H.264/AVC使用高级图像编码技术,可以参考已经编码且保留在缓冲区的大量图像进行预测,大大提高了编码效率。

(5) 取消图像参考顺序和显示顺序的相关性。在以往的标准中,参考图像顺序依赖于显示顺序，H.264/AVC很大程度上取消了这种相关性。解码器可以非常灵活地选择参考顺序和显示顺序，只受限于用于保证解码能力的内存总量而已。取消这个相关性可以减少由于双向预测而产生的延迟。

(6) 取消参考图像与图像表示方法的限制。在以往的标准中B帧不能作为参考图像，H.264/AVC在很多情况可以利用B帧图像作为参考。

(7) 加权预测。H.264/AVC采用新技术，允许运动补偿信号被加权，以及按编码器指定的量进行偏移。在淡入淡出场景中该技术可极大地提高编码效率，也可用于其他多种用途。

(8) 帧内编码的直接空间预测。这是一种把图像中已编码部分的边界进行外推的新技术，应用于图像的帧内编码区域。该技术改善了预测信号的质量，同时允许基于相邻的非帧内编码区域进行预测。

(9) 循环去块效应滤波器。基于块的视频编码在图像中存在块效应，主要来源于预测和残余编码。自适应去块效应滤波技术能有效消除块效应，改善视频的主观和客观质量。

除了改善预测方法外，H.264/AVC在其他方面改善编码效率的特性如下。

(1) 小块变换。以前标准中变换块都是8×8，而H.264/AVC主要使用4×4块变换，使编码器能够以一种局部自适应的方式来表示信号，更适合预测编码。

(2) 分级块变换。H.264/AVC通常使用小块变换，但有些信号包含足够的相关性，要求以大块表示。它的实现方式为使用分级变换，对于低频色度信号，扩大有效块尺寸可到8×8；对于帧内编码，可以选择特殊编码类型，低频亮度信号可用16×16块。

(3) 短字长变换。以前标准的变换都要求32位运算，H.264/AVC只使用16位运算。

(4) 完全匹配反变换。以前标准的变换和反变换之间存在一定容限的误差，因此每个解码器输出的视频信号都不相同，会产生小的漂移最终影响到图像的质量，而H.264/AVC实现了完全匹配。

(5) 基于上下文的熵编码。H.264/AVC使用两种基于上下文熵编码方法，CAVLC(上下文自适应可变长编码)和CABAC(上下文自适应二进制算术编码)。

H.264/AVC具有强大的纠错功能和各种网络环境操作灵活性，主要特性如下。

(1) 参数集结构。H.264/AVC参数集结构设计强大、有效的传输头部信息。在以前标准中，如果少数几位关键信息丢失，解码器可能产生严重的解码错误。H.264/AVC采用很灵活特殊的方式，分开处理关键信息，能在各种环境下可靠地传送视频数据。

(2) NAL单元语法结构。以往标准采用强制性的特定比特流接口，而H.264/AVC中的每一个语法结构都放置在NAL单元中。NAL单元的语法结构允许自由的客户化，几乎适合所有的网络接口。

(3) 灵活的宏块排序(FMO)。H.264/AVC可以将图像分成片组,又称为图像区,每个片可以独立解码。宏块排序通过管理图像区之间的关系,具有很强的抗数据丢失能力。

(4) 灵活的片大小。在MPEG-2中,规定了严格的片结构,头部数据量大,会降低预测效率,编码效率低。在H.264/AVC中,采用了非常灵活的片结构。

(5) 任意片排序(ASO)。因为每个片几乎可以独立解码,所以片可以按任意顺序发送和接收,在实时应用中,可以改善端到端的延时特性,特别适合于接收顺序和发送顺序不能对应的网络中,如使用Internet网络协议的应用。

(6) 冗余图像。为提高抗数据丢失的能力,H.264/AVC的设计包含一种新的允许解码器发送图像区的冗余表示,当图像区的基本表示丢失时仍然可以正确解码。

(7) 数据分割。视频流中编码信息的重要性不同,有些信息,比如运动矢量、预测信息等,比其他信息更加重要。H.264/AVC可以根据每个片语法元素的范畴,将片语法分割成3个部分分开传送。

(8) 新的图像帧类型。H.264/AVC为了顺应视频流的带宽自适应性和抗误码性的要求,定义了两种新的帧类型:SP帧和SI帧。SP帧编码的基本原理与P帧类似,基于帧间预测的运动补偿预测编码,差异在于SP帧能够参照不同参考帧重构出相同的图像帧。充分利用这一特性,SP帧可以取代I帧广泛应用于流间切换、拼接、随机访问、快进快退以及错误恢复等。与SP帧相对应,SI帧则是基于帧内预测的编码技术,其重构图像的方法与SP帧完全相同。

3. H.264标准中网络抽象层

网络抽象层负责针对不同网络应用进行数据封装,完成帧格式、逻辑信道、控制信令、同步信息及序列终止位的定义等工作。设计NAL的主要目的是提供网络友好的特性,使得VCL层中内容能够简单而有效地应用于各种的系统中。NAL可以将H.264/AVC VCL数据很方便地映射到以下传输层:

- 任何使用RTP/IP协议的实时有线、无线Internet服务(会话服务、流服务);
- 文件格式,如用于存储和MMS的ISO MPEG-4;
- 基于H.32X的有线、无线会话服务;
- 用于广播服务的MPEG-2系统。

如何定制完全适用于这些应用的视频内容超出了H.264/AVC标准的范围,但是NAL的设计可以很容易地实现这些映射。NAL的几个关键概念解释如下。

(1) NAL单元。用来格式化视频数据。每个NAL单元都是一个有效的、由多个字节组成的数据包,经过编码的视频数据以一定顺序进入NAL单元。NAL单元作为一个完整的数据包,第一个字节是包头信息,标明有该包中所负载数据的类型信息,剩下的字节中包含该类型的有效负载数据。NAL单元分为VCL单元和非VCL单元,VCL单元中包含视频图像采样信息,非VCL单元包含与图像数据相关的附加信息,如参数设置信息和提高性能的附加信息、定时信息等。

(2) 参数集。包含比较稳定、变化不大的信息，为很多 VCL NAL 单元提供解码相关信息，包括序列参数集和图像参数集。序列和图像参数集机制，减少了重复参数的发送。每个 VCL NAL 单元中都包含一个标识，指向有关的图像参数集；每个图像参数集中也包含一个标识，指向相关的序列参数集。通过这种方式，只用少量的数据(标识符)就可以引用大量的信息(参数集)，大大减少了每个 VCL NAL 单元重复传送的信息。

(3) 接入单元。一组指定格式的 NAL 单元称为接入单元，每个接入单元对应一帧解码图像。具体地说，每个接入单元中包含了一组 VCL NAL 单元共同组成的一帧基本编码图像。一个接入单元由一个基本编码图像、零个或多个对应的冗余编码图像以及零个或多个非 VCL NAL 单元组成。接入单元前面可能有一个前缀，称为分界接入单元，可以用于定位接入单元的起始位置；一些附加增强信息，如图像定时信息，也可以放在基本编码图像之前；基本编码图像后附加的 VCL NAL 单元，包含这帧图像的冗余表示，称为冗余编码图像，当基本编码图像数据丢失或损坏时，可借助冗余编码图像解码。最后，如果这个编码图像是一个编码视频序列的最后一帧图像，可以用“序列结束”NAL 单元来标识序列的结束；如果编码图像是整个 NAL 单元流中的最后一帧，可以用“流结束”NAL 单元来标识码流的结束。

(4) 编码视频序列。一个编码视频序列由一系列连续的接入单元组成，使用同一个序列参数集。每个视频序列可以被独立解码。编码序列以一个即时刷新单元(IDR)为起始。IDR 是一个 I 帧图像，表示后面的图像不用参考 IDR 帧之前的图像。一个 NAL 单元流可包含一个或一个以上的编码视频序列。

4. H.264 标准的特点

H.264 与以前国际标准相比，保留了以往压缩标准的长处又具有新的特点。

(1) 低码流。与 MPEG-2 和 MPEG-4 ASP 等压缩技术相比，在同等图像质量下，采用 H.264 技术压缩后的数据量只有 MPEG-2 的 1/8，MPEG-4 的 1/3。显然，H.264 压缩技术的采用将大大节省用户的下载时间和数据流量费用。

(2) 高质量的图像。H.264 能提供连续、流畅的高质量图像(DVD 质量)。

(3) 容错能力强。H.264 提供了解决在不稳定网络环境下容易发生的丢包等错误的必要工具。

(4) 网络适应性强。H.264 提供了网络抽象层，使得 H.264 编码的数据能容易地在不同网络(如互联网、CDMA、GPRS、WCDMA、CDMA2000 等网络)上传输。

2002 年 10 月至 12 月，MPEG 组织了专家组对 MPEG-4 AVC (ITU-T H.264) 与 MPEG-4 视频(ISO/IEC 14496-2)和 MPEG-2 视频(ISO/IEC 13818-2)标准进行了测试。测试在 FUB/ISCTI (意大利)、NIST (美国)和 TUM (德国)进行，测试结果表明 AVC 的编码性能有显著提高。总体上讲，AVC 与 MPEG-2 对比，在 85 个比对项中有 66 项

MPEG-2 的码率要达到 1.5 倍才能与 AVC 达到同样质量,其中 51 项对 MPEG-2 码率要达到 AVC 的 2 倍才能达到 AVC 的质量。换句话说,在 60%的情况下,AVC 的编码效率能够达到 MPEG-2 的 2 倍。

H.264 标准适用于以下应用领域:基于有线、卫星、有线调制解调器、DSL 等的广播;交互或者线性存储于光设备或磁设备的存储,如 DVD;通过 ISDN、以太网、局域网、DSL、无线移动网等进行会话服务、视频点播或多媒体流服务、多媒体消息服务等。

3.4 AVS 标准

数字音视频编解码技术标准工作组(简称 AVS 工作组,http://www.avs.org.cn/)由中国国家信息产业部于 2002 年 6 月批准成立。工作组的任务是:面向我国的信息产业需求,联合国内企业和科研机构,制定数字音视频的压缩、解压缩、处理和表示等共性技术标准,为数字音视频设备与系统提供高效经济的编解码技术,服务于高分辨率数字广播、高密度激光数字存储媒体、无线宽带多媒体通信、互联网宽带流媒体等重大信息产业应用。

3.4.1 标准工作简况与进展

经过十多年的演变,音视频编码技术本身和产业应用背景都发生了明显变化。目前音视频产业可以选择的信源编码标准有 4 个:MPEG-2,MPEG-4,MPEG-4 AVC(H.264)和 AVS。从制定者来划分,前 3 个标准是由 MPEG 专家组完成的,第 4 个是我国自主制定的。从发展阶段来划分,MPEG-2 是第一代信源标准,其余 3 个为第二代标准。从编码效率来比较,MPEG-4 是 MPEG-2 的 1.4 倍,AVS 和 AVC 相当,都是 MPEG-2 的 2 倍以上。

AVS 是我国具有自主知识产权的第二代信源编码标准,是数字音视频产业的共性基础标准。AVS 标准具有先进性、自主性、开放性。基于我国创新技术和部分公开技术,技术方案简洁,芯片实现复杂度低,达到了第二代标准的最高水平;AVS 通过简洁的一站式许可政策,解决了 AVC 专利许可问题死结,制定过程开放、国际化,是开放式制定的国家、国际标准,易于推广;AVC 仅是一个视频编码标准,而 AVS 是一套包含系统、视频、音频、媒体版权管理在内的完整标准体系,为数字音视频产业提供更全面的解决方案。

AVS 标准是《信息技术——先进音视频编码》系列标准的简称,它包括 9 个部分:系统(第一部分)、视频(第二部分)、音频(第三部分)、数字版权管理(第六部分)等主要技术标准和一致性测试(第四部分)、参考软件(第五部分)、移动视频(第七部分)、系统知识产权 IP(第八部分)、文件格式(第九部分)等支撑标准。2006 年 2 月 22 日,国家标准化管理委员会颁布通知:《信息技术——先进音视频编码》第二部分视频(GB/T 20090.2)于

2006年3月1日起开始实施。标准其他部分将继续开展工作,陆续进入标准报批和审核程序。

AVS标准的应用范围包括数字电视、激光视盘、网络流媒体、无线流媒体、数字音频广播、视频监控等领域。AVS对于我国数字电视运营、正在发展的光盘和光盘机技术与标准意义重大,AVS的产业化步伐在标准制定过程中已经开始,目前正处在大规模产业化的启动期。

AVS产业化包括以下主要产品形态。

(1) 芯片:高清晰度/标准清晰度AVS解码芯片和编码芯片,国内需求量在未来十多年的时间内年均将达到4000多万片。

(2) 软件:AVS节目制作与管理系统,Linux/Window平台上基于AVS标准的流媒体播出、点播、回放软件。

(3) 整机:AVS机顶盒、AVS硬盘播出服务器、AVS编码器、AVS高清晰度激光视盘机、AVS高清晰度数字电视机顶盒和接收机、AVS手机、AVS便携式数码产品等。

3.4.2 AVS标准音频技术

AVS系统层设计是基于MPEG-2系统(AVS over MPEG-2 systems),AVS视频将作为MPEG-2系统流的一个"基本流",利用MPEG-2的系统层进行存储和传输。AVS视频的压缩数据将作为PES负载。在系统格式方面,将根据AVS视音频数据的特点,对MPEG-2系统流语法进行改进和扩充。另外,AVS还需改进传输流和程序流的系统解码器模型,端到端延迟恒定的系统时序模型,视音频的同步解码和显示,复用和解复用。

AVS音频编码对系统的具体要求如下:

- 音频的声道数量:单声道,双声道,5.1声道,7.1声道;
- 采样率:44.1kHz,48kHz,96kHz;
- 音频解码器要求系统的缓存区大小:4096字节。

AVS标准音频技术框架如图3.28所示。

3.4.3 AVS标准视频技术

AVS视频与MPEG标准都采用混合编码框架,包括变换、量化、熵编码、帧内预测、帧间预测、环路滤波等技术模块,这是当前主流的技术路线。AVS的主要创新在于提出了一批具体的优化技术,在较低的复杂度下实现了与国际标准相当的技术性能,但并未使用国际标准背后的大量复杂的专利。AVS视频当中具有特征性的核心技术包括:8×8整数变换、量化、帧内预测、1/4精度像素插值、特殊的帧间预测运动补偿、二维熵编码、去块效应环路滤波等。

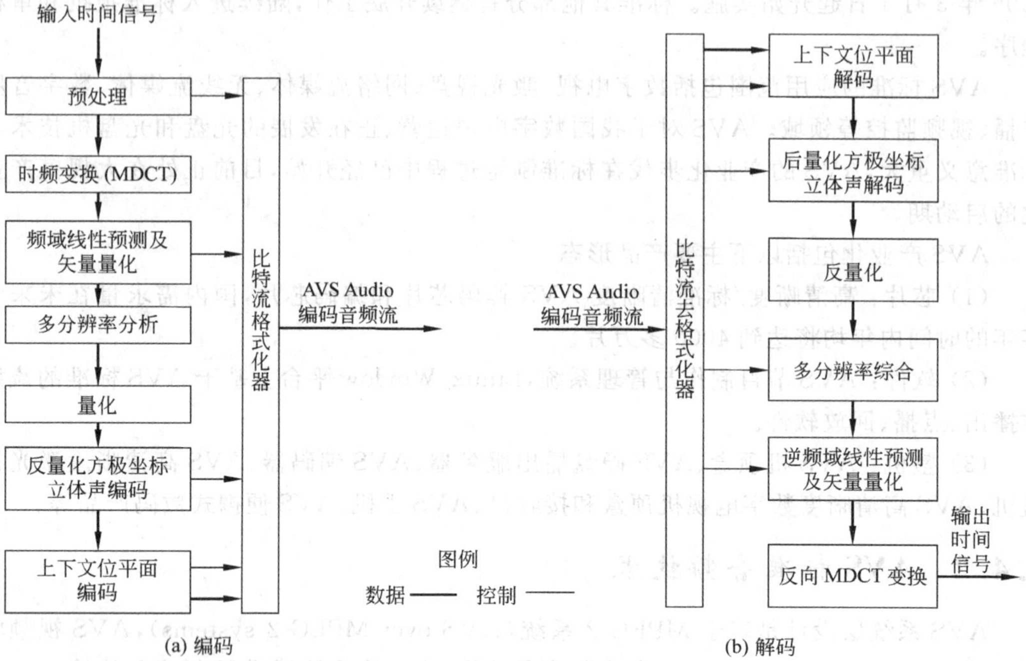

图 3.28　AVS标准音频技术框架

AVS视频编码器框图如图3.29所示。AVS视频标准定义了I帧、P帧和B帧3种不同类型的图像,I帧中的宏块只进行帧内预测,P帧和B帧的宏块则需要进行帧内预测或帧间预测,图中S_0是预测模式选择开关。预测残差进行8×8整数变换和量化,然后对量化系数进行Z形扫描(隔行编码块使用另一种扫描方式),得到一维排列的量化系数,最后对量化系数进行熵编码。AVS视频标准的变换和量化只需加减法和移位操作,用16位精度即可完成。

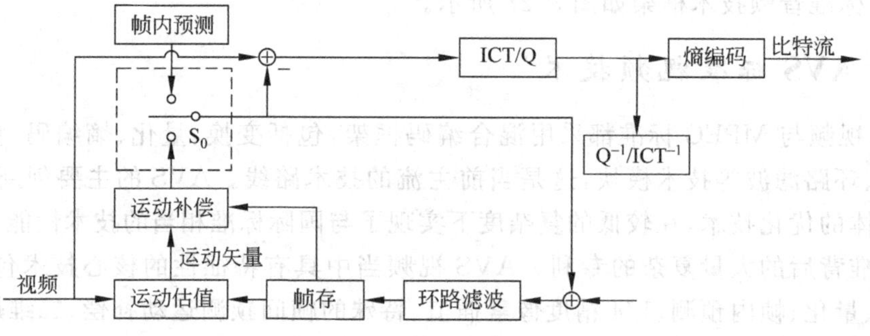

图 3.29　AVS视频编码框架

AVS 视频标准使用环路滤波器对重建图像滤波，一方面可以消除方块效应，改善重建图像的主观质量；另一方面能够提高编码效率。滤波强度可以自适应调整。

AVS 标准支持多种视频业务，考虑到不同业务之间的互操作性，AVS 标准定义了档次和级别。档次是 AVS 定义的语法、语义及算法的子集；级别是在某一档次下对语法元素和语法元素参数值的限定集合。为了满足高清晰度/标准清晰度数字电视广播、数字存储媒体等业务的需要，AVS 视频标准定义了基准档次和 4 个级别(4.0、4.2、6.0 和 6.2)，支持的最大图像分辨率从 720×576 到 1920×1080，最大比特率从 10Mbps 到 30Mbps。

AVS 与 MPEG-2、MPEG-4 AVC/H.264 技术和性能对比，见表 3.11。

表 3.11　AVS 与 MPEG-2、MPEG-4 AVC/H.264 技术和性能对比

编码标准	MPEG-2 视频	MPEG-4 AVC/H.264 视频	AVS 视频	AVS 与 AVC/H.264 性能比较(采用信噪比 dB 估算，括号内为码率差异)
帧内预测	只在频域内进行 DC 系数差分预测	基于 4×4 块，9 种亮度预测模式，4 种色度预测模式	基于 8×8 块，5 种亮度预测模式，4 种色度预测模式	基本相当
多参考帧预测	只有 1 帧	最多 16 帧	最多 2 帧	都采用两帧时相当，帧数增加性能提高不明显
变块大小运动补偿	16×16 16×8(场编码)	16×16、16×8、8×16、8×8、8×4、4×8、4×4	16×16、16×8、8×16、8×8	降低约 0.1dB (2%～4%)
B 帧宏块直接编码模式	无	独立的空域或时域预测模式，若后向参考帧中用于导出运动矢量的块为帧内编码时只是视其运动矢量为 0，依然用于预测	时域空域相结合，当时域内后向参考帧中用于导出运动矢量的块为帧内编码时，使用空域相邻块的运动矢量进行预测	提高 0.2～0.3dB (5%)
B 帧宏块双向预测模式	编码前后两个运动矢量	编码前后两个运动矢量	称为对称预测模式，只编码一个前向运动矢量，后向运动矢量由前向导出	基本相当
1/4 像素运动补偿	仅在半像素位置进行双线性插值	1/2 像素位置采用 6 拍滤波，1/4 像素位置线性插值	1/2 像素位置采用 4 拍滤波，1/4 像素位置采用 4 拍滤波、线性插值	基本相当

续表

编码标准	MPEG-2 视频	MPEG-4 AVC/H.264 视频	AVS 视频	AVS 与 AVC/H.264 性能比较(采用信噪比 dB 估算,括号内为码率差异)
变换与量化	8×8 浮点 DCT 变换,除法量化	4×4 整数变换,编解码端都需要归一化,量化与变换归一化相结合,通过乘法、移位实现	8×8 整数变换,编码端进行变换归一化,量化与变换归一化相结合,通过乘法、移位实现	提高约 0.1dB(2%)
熵编码	单一 VLC 表,适应性差	CAVLC:与周围块相关性高,实现较复杂 CABAC:计算较复杂	上下文自适应 2D-VLC,编码块系数过程中进行多码表切换	降低约 0.5dB(10%~15%)
环路滤波	无	基于 4×4 块边缘进行,滤波强度分类繁多,计算复杂	基于 8×8 块边缘进行,简单的滤波强度分类,滤波较少的像素,计算复杂度低	—
容错编码	简单的条带划分	数据分割、复杂的 FMO/ASO 等宏块、条带组织机制、强制块内刷新编码、约束性帧内预测等	简单的条带划分机制足以满足广播应用中的错误隐藏、恢复需求	—

鉴于 AVC 的编码效率能够达到 MPEG-2 的 2 倍,我国有关测试机构在测试 AVS 时,通常把 AVS 视频的码率也设在 MPEG-2 典型码率的 1/2 或更低,也就是测试 AVS 编码效率是 MPEG-2 的 2 倍或更高的情况下的 AVS 视频的编码质量是否能够广播要求。

2004 年 11 月至 12 月,依据数字音视频编解码技术标准工作组的委托,国家广播电视产品质量监督检验中心对 AVS 视频编/解码方案组织了图像质量主观评价试验。测试表明,AVS 视频码率不到 MPEG-2 典型码率 1/2(标清)和 1/3(高清)的情况下,质量损失很小,可以达到广播要求。

2005 年 4 月至 9 月,国家广电总局广播电视规划院受 AVS 工作组委托,对经过 AVS 参考软件编解码后的标准清晰度和高清晰度视频进行主观评价,评价其对源图像的质量损伤程度。

测试结果汇总,如表 3.12 所示。

表 3.12　AVS 主观测试结果

测试码率 \ 视频类型	标准清晰度(625/50i)		高清晰度(1125/50i)	
AVS 测试码率(Mbps)	3	1.5	10	6
测试结果	优秀	良好	优秀	良好到优秀

考虑到目前使用 MPEG-2 标准实施高清电视广播时,一般使用 20Mbps 的码率,使用 MPEG-2 标准实施标清电视广播时,一般使用 5～6Mbps 的码率,对照测试结果可以得知,AVS 码率为现行 MPEG-2 标准的 1/2 时,无论是标准清晰度还是高清晰度,编码质量都达到优秀。码率不到其 1/3 时,也达到良好到优秀。因此,相比于 MPEG-2 视频编码效率高 2～3 倍的前提下,AVS 视频质量已完全达到了大范围应用所需的"良好"要求。对比 MPEG 标准组织对 MPEG-4 AVC/H.264 的测试报告,AVS 在编码效率上与其处于同等技术水平。

对视频编码标准进行客观评价的常用方法是峰值信噪比 PSNR。AVS 与 MPEG-2 标准以及 AVS 与 MPEG-4 AVC/H.264 标准基本型的客观编码性能比较,结果为相同码率条件下峰值信噪比 PSNR 的增益。AVS 相对于 MPEG-2 标准编码效率平均提高 2.56dB,相比于 H.264 标准编码效率略低,平均有 0.11dB 的损失。在逐行编码方面,AVS 视频标准的性能与 H.264 基本一致;在隔行编码方面,由于 AVS 视频标准目前只支持图像级帧/场自适应编码,平均有 0.5dB 的性能差距。

如表 3.13 所示,AVS 与 H.264 计算复杂度比较,其主要结果是:

- 最小 8×8 块的变块大小运动补偿,节省 30%～40%运算量,性能降低 2%～4%,约为 0.1dB;
- 低复杂度 1/4 像素精度运动补偿,由 6 拍减为 4 拍,降低 1/3 存储器的访问量;
- B 帧采用了一种新型的对称预测模式,由前向运动向量可直接预测后向运动向量;
- B 帧采用了时域/空域直接预测模式相结合的直接预测模式,对直接模式的运动矢量导出过程中进行舍入控制,信噪比提高 0.2～0.3dB,或性能提高 5%左右;
- 8×8 整数变换/量化,比 4×4 变换的去相关性能力更强,实际编码效率提高 2%(约 0.1dB)左右;
- 基于上下文的适应性熵编码 2DVLC,编码效率比 CABAC 低 10%～15%左右,约为 0.5dB,但 CABAC 在硬件实现时特别复杂;

表 3.13　AVS 与 H.264 计算复杂性对比

技术模块	AVS 视频	MPEG-4 AVC/H.264 视频	复杂性分析
帧内预测	基于 8×8 块，5 种亮度预测模式，4 种色度预测模式	基于 4×4 块，9 种亮度预测模式，4 种色度预测模式	降低约 50%
多参考帧预测	最多 2 帧	最多 16 帧，复杂的缓冲区管理机制	存储节省 50% 以上
变块大小运动补偿	16×16、16×8、8×16、8×8 块运动搜索	16×16、16×8、8×16、8×8、8×4、4×8、4×4 块运动搜索	节省 30%～40%
B 帧宏块对称模式	只搜索前向运动适量即可	双向搜索	最大降低 50%
1/4 像素运动补偿	1/2 像素位置采用 4 拍滤波，1/4 像素位置采用 4 拍滤波、线性插值	1/2 像素位置采用 6 拍滤波 1/4 像素位置线性插值	降低 1/3 存储器的访问量
变换与量化	解码端归一化在编码端完成，降低解码复杂性	编解码端都需进行归一化	解码器低于
熵编码	上下文自适应 2D-VLC，Exp-Golomb 码降低计算及存储复杂性	CAVLC：与周围块相关性高，实现较复杂 CABAC：硬件实现特别复杂	相比 CABAC 降低 30% 以上
环路滤波	基于 8×8 块边缘进行，简单的滤波强度分类，滤波较少的像素	基于 4×4 块边缘进行，滤波强度分类繁多，滤波边缘多	降低 50%
Interlace 编码	PAFF 帧级帧场自适应	MBAFF 宏块级帧场自适应	降低 30%
容错编码	简单的片划分机制足以满足广播应用中的错误隐藏、恢复需求	数据分割、复杂的 FMO/ASO 等宏块、片组织机制、强制块内刷新编码、约束性帧内预测等 实现特别复杂	大大低于

- 低复杂度环路滤波，滤波边数降为 1/4，强度也低，降低了计算量；
- 图像级帧场自适应选择，由 MBAFF 降为 PAFF，节省 30%计算量，性能降低 0.2～0.3dB，或性能降低 5%左右；
- 低复杂度帧内预测，基于 8×8 块进行，只用了 5 种模式，相对于 9 种模式，复杂度几乎降低一半；
- 缓冲区管理，H.264 有一套特别复杂的缓冲区管理机制，使用 5 个参考帧来提高编码效率，对此 AVS 限定至多两个参考帧，在缓冲区管理上十分简单、有效。

对 AVS 与 H.264 的计算实现复杂性进行扼要对比，编码性能基本相当，实现复杂度明显降低。大致估算出 AVS 编码复杂度相当于 H.264 的 30%，AVS 解码复杂度相当于

H.264 的 70%。

AVS 视频标准主要面向高清晰度和高质量数字电视广播、网络电视、数字存储媒体和其他相关应用，具有以下特点：①性能高，编码效率是 MPEG-2 的 2 倍以上，与 H.264 的编码效率处于同一水平；②复杂度低，算法复杂度比 H.264 明显低，软硬件实现成本都低于 H.264；③我国掌握主要知识产权，专利授权模式简单，费用低。

3.5 声音压缩技术

3.5.1 声音编码

声音包括语音和音乐，是多媒体系统中两类重要的数据。特别对语音来说，由于电话的普及，应用范围很广。一般来讲，声音数据表征是一个一维时变系统，特别对于语音数据，已经找到了较合理的声道模型，因此声音数据的压缩要比图像数据的压缩容易。

1. 基于参数分析与合成的编码方法原理

统计表明，语音过程是一个近似的短时平稳随机过程，所谓短时，是指在 10～30ms 的范围。由于语音信号的这一性质，使得人们有可能将语音信号划分为一帧一帧地进行处理，每一帧内的信号近似地满足同一模型——这是本方法假设的基本前提。在实用中，一般一帧的宽度为 20ms。

语音的基本参数包括基音周期、共振峰、语音谱、声强等，这些参数是由以下模型导出的。语音生成机构的模型由 3 个部分组成。

(1) 声源。声源有元音、摩擦音、爆破音 3 类。元音是由音带的自激振动所产生的；摩擦音是靠声道变窄时气流所产生的湍流噪声产生的；爆破音是由闭合的声道急速打开时形成脉冲波所产生的湍流噪声产生的。

(2) 共鸣机构，也称声道。它由鼻腔、口腔与舌头组成。

(3) 放射机构。由嘴唇和鼻孔组成，其功能是发出声音并传播出去。

与此语音生成机构模型相对应的声源由基音周期参数描述，声道由共振峰参数描述，放射机构则由语音谱和声强描述。

这样，如果能够得到每一帧的语音基本参数，就不再需要保留该帧的波形编码。而只要记录和传输这些参数，就可以实现数据的压缩。

语音生成机构的数字模型由图 3.30 所示。该模型用准周期的脉冲源模拟声带的振动，用随机噪声模拟摩擦声源，用可变参数的数字滤波器来模拟声道谐振特性与放射特性。如果图中所有的控制信号均由真实的语音信号分析所得，则该系统的输出就完全接近于原始信号的序列，从而可以恢复出语音。

有了模型，剩下的就是如何估计语音参数问题，限于篇幅，这里只介绍参数分析合成

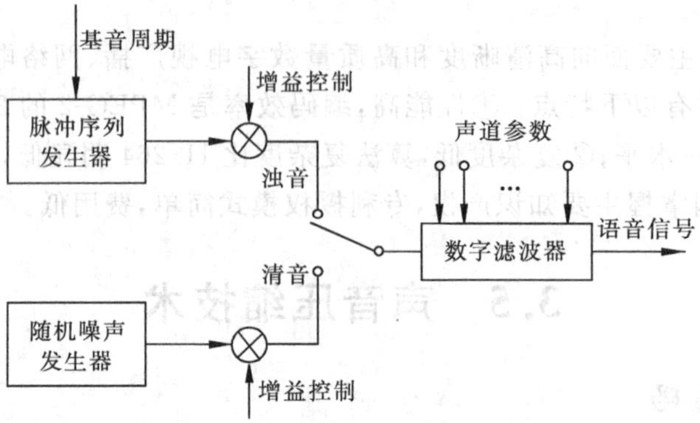

图 3.30　语音生成机构的数字模型

中核心编码算法——LPC 编码。有关参数均可基于 LPC 参数而被导出。

设 $s(n)$表示时刻 n 的语音信号,并设语音信号序列是短时平稳的离散随机过程,有:

$$s(n)=\sum_{i=1}^{P}a_i s(n-i)+w(n)$$

其中,a_i 为 AR(自回归)模型的参数,$s(n)$为白噪声序列。

现在,设法用线性预测对 n 时刻的样值进行估计,有:

$$\hat{s}(n)=\sum_{i=1}^{P}\hat{a}_i(n-i)$$

由估计产生的误差 $e(n)$为:

$$e(n)=s(n)-\hat{s}(n)=s(n)-\sum_{i=1}^{P}\hat{a}_i s(n-i)$$

对上式作 Z 变换:

$$E(Z)=S(Z)-\sum_{i=1}^{P}\hat{a}_i Z^{-i}S(Z)$$

于是该滤波器的传递函数为:

$$H(Z)=\frac{S(Z)}{E(Z)}=\left[1-\sum_{i=1}^{P}\hat{a}_i Z^{-i}\right]^{-1}$$

即该波滤器为一个全极点型数字滤波器。该滤波器的参数$\{a_i,i=1,\cdots,P\}$由估计参数集合$\{a_i,i=1,\cdots,P\}$决定。$\{a_i,i=1,\cdots,P\}$的估计可以利用最小二乘法原理以及和 KL 变换相似的方法处理,最终得到

$$\sum_{i=1}^{P}a_i\varphi_n(k,i)=\varphi_n(k,0),\quad k=1,2,\cdots,P$$

其中,

$$\varphi_n(k,k)=\sum_{m=0}^{N-1}s_n^2(m-k),\quad 1\leqslant k\leqslant P$$

$$\varphi_n(k,i)=\sum_{m=0}^{N-1}s_n(m-i)s_n(m-k),\quad 1\leqslant k\leqslant P,0\leqslant i\leqslant P$$

$\varphi_n(k,i)$是信号 s 的协方差函数，s_n 的记法与 s 的关系为：

$$s_n(m)=s(n+m),\quad m=0,1,\cdots,N-1$$

以上的参数估计方法即为语音编码的 LPC 方法。

2. 基于波形预测的编码原理

DPCM，ADPCM 等波形预测技术是音乐和实时语音数据压缩技术的主要方法。虽然该方法与基于语音识别的方法和基于参数分析合成的方法相比有压缩能力差的缺点，但算法简单，容易实现，并且能够较好地保持原有声音，确实是其他方法无法相比的，因而在语音数据压缩的标准化推荐方案中最先被考虑。而参数编码的压缩率很大，但计算量大，保真度不高，适合语音信号的编码。混合编码介于波形编码和参数编码之间，集中了两者的优点。

3.5.2 ITU 语音标准化方案

1. 16kbps ITU 语音标准化方案 G.728

ITU 将 16kbps 语音标准化的使用领域统一在包括可视电话、数字移动通信、无绳电话、卫星通信、DCME(digital circuit multiplication equipment)、ISDN 等范围内。在审议标准化方案的要求条件时，问题是如何平衡语音质量与编码处理延迟时间的条件。因为采用长的分析窗和复杂的算法可望得到较高的质量，但同时处理延迟要长。经过讨论，一致同意对于以上所提到的应用范围，约束条件是语音质量在 32kbps ADPCM 的同等或以上，且编码延迟时间在 5ms 以下。

1992 年制定的基于短延时码本激励线性预测编码(low delay code excited linear prediction，LD-CELP)的 G.728 标准，这是一种基于 AbS(analysis by synthesis)原理并考虑了听觉特性的编码方法，它具有以下特征。

(1) 以块为单位的后向自适应高次线性预测。

(2) 后向自适应型增益量化。

(3) 以向量为单位的激励信号量化。

语音输入为每帧 5 个采样值，每帧附加上激励信号的波形与增益表达的信息 10 比特，编码的延迟在 2ms 以内。32kbps 的 ADPCM 方法是对每个采样值进行预测，并使用自适应的量化器，而本方法则是对所有的采样值以向量为单位处理，并将线性预测和增益自适应的最新理论与成果应用其上。

图 3.31 和图 3.32 分别给出了 LD-CELP 分析器和合成器的构成。分析器相当于编

码器,合成器相当于解码器。编码器中实际含有解码器的部分。在编码时,将事先准备好的激励向量的所有组合合成语音,然后将其结果与被编码的输入信号相比较,选出听觉加权后的最小距离的码元作为信息传送。另一方面,合成器一方是将传送编码所指定的激励向量和3比特的增益码以及过去自身合成过的语音波形一起合成为语音。也就是说,激励向量乘上自适应的增益,然后利用后向预测所求得的线性预测合成滤波器合成语音。

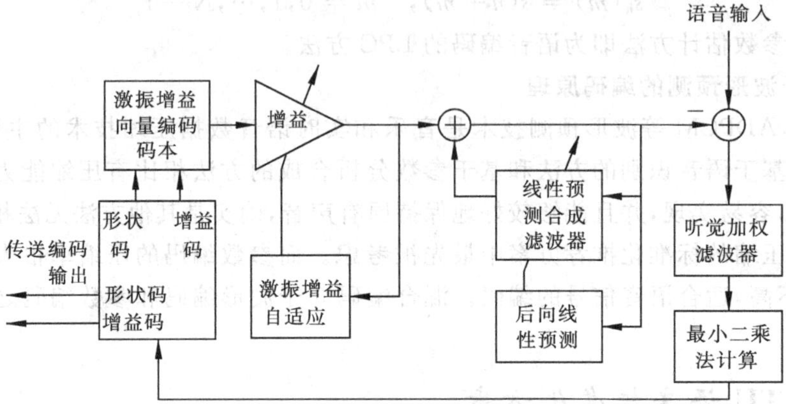

图3.31　LD-CELP分析器构成

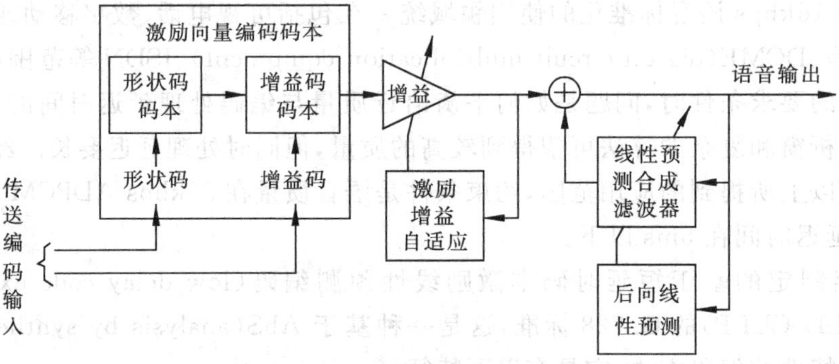

图3.32　LD-CELP合成器构成

本标准化方案准备用在64kbps的ISDN线路的可视电话上,带宽分配为语音16kbps,图像48kbps。语音的多重化传送装置和个人计算机用的编码也是有希望的应用领域。

2. 32kbps ITU标准化方案G.721

1984年10月公布的使用ADPCM的标准G.721,速率为32kbps。本标准的目的是最终取代现有的PCM电路传送方式。作为对象的信号包括在电话线中流通的所有的信号,如语音、个人计算机通信的调制解码信号,按键电话的信号等。本方案针对PCM

(8kHz 采样,每个样点 8 比特)规定 ITU G.721 用 PCM 的一半速率(8kHz 采样,每样点 4 比特编码)完成。G.721 方案采用的算法是编码符号延迟为 0、且对传送通道的误码率要求不高的 ADPCM 方式,图 3.33 给出该编码器的工作原理。

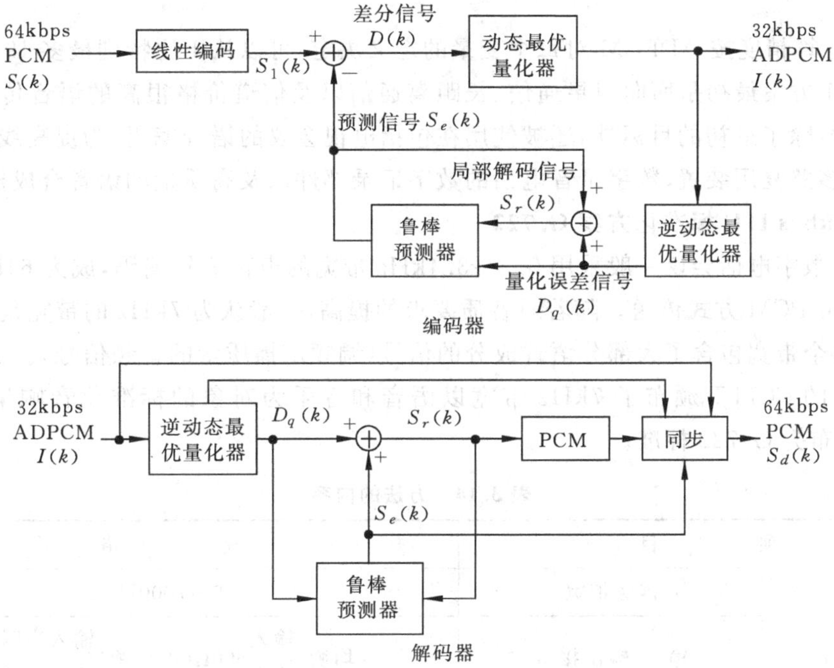

图 3.33 G.721 ADPCM 块图

在编码器中,线性编码后的输入信号 $S_1(k)$和预测器的输出 $S_e(k)$之间的差分信号 $D(k)$经过量化后生成 ADPCM 信号 $I(k)$,送给解码器。在解码器中,收到的 ADPCM 编码 $I(k)$经过量化产生量化差分信号 $D_q(k)$,它与预测器的输出 $S_e(k)$相加后生成再生输入信号 $S_r(k)$。由于编码器与解码器所使用的预测值是相同的,因而在编码器一侧也进行解码运算,与解码器一样可以得到相同的预测器输入信号。

ADPCM 方式在算法上的特征如下。

(1) 为了提高预测精度(特别对于性质相差很大的语音信号和调制解调器对的信号),采用了动态对数量化器。

(2) ADPCM 本身采用了按每个采样点进行自适应控制的鲁棒自适应预测器。

(3) 追加了 PCM 和 ADPCM 间不论进行多少次转换都不会引起特性降低的同步功能。

另外,G.721 的硬件方案的特征是:定义了避免引起编码器与解码器间不匹配的编码算法所要求的必需功能,以及运算形式、运算精度等。运算形式与运算精度的特征为:

乘法器硬件被设计为最小程度。具体如下。

(1) 量化操作与量化器的自适应控制在对数域中实施。

(2) 预测器中的乘法器的输入数据形式为浮点小数,运算的结果用 2 的补的定点小数表示。

(3) 运算精度按 ADPCM 对每个变量的定义决定,可以从 1 比特到最多 19 比特。

G.721 方案最初是面向卫星通信、长距离通信以及信道价格很高的语音传输。目前的应用领域除了最初的目标外,还被使用在包括电视会议的语音编码、为提高线路利用率的多媒体多路复用装置、数字录音电话的数字记录部件以及高质量的语音合成器等。

3. 64kbps ITU 标准化方案 G.722

目前,数字电话会议一般采用 0.3～3.4kHz 带宽的声音信号编码,成为 64kbps 的数字信号后由 PCM 方式传送。随着对音质要求的提高,一般认为 7kHz 的带宽是较为理想的,因为这个带宽包含了大部分语音成分的信号(调频广播质量的音频信号)。从 1983 年开始,当时的 CCITT 颁布了 7kHz 带宽以语音和音乐为对象的标准化音响编码方案,1988 年公布为 G.722 标准。

表 3.14 方法的内容

<table>
<tr><th colspan="3">项目</th><th colspan="4">规格</th></tr>
<tr><td rowspan="5">音频</td><td colspan="2">传送带宽</td><td colspan="4">50～7000Hz</td></tr>
<tr><td colspan="2">输入、输出接口</td><td colspan="4">(均衡)输入/输出 600Ω(不均衡)输入高阻抗/输出低阻抗</td></tr>
<tr><td colspan="2">过负荷点</td><td colspan="4">+9dB</td></tr>
<tr><td colspan="2">采样频率</td><td colspan="4">16kHz</td></tr>
<tr><td colspan="2">A/D,D/A 精度</td><td colspan="4">14 比特</td></tr>
<tr><td rowspan="4">编码解码器
SB-ADPCM</td><td colspan="2">QMF</td><td colspan="4">线性相位非巡回型,24 型</td></tr>
<tr><td rowspan="2">量化级别</td><td>低频</td><td colspan="4">模式 1:60　模式 2:30　模式 3:15</td></tr>
<tr><td>高频</td><td colspan="4">4</td></tr>
<tr><td colspan="2">预测器</td><td colspan="4">高、低频皆为二维极预测器和六维零预测器</td></tr>
<tr><td colspan="3" rowspan="3">多重复用接口</td><td>模式</td><td>1</td><td>2</td><td>3</td></tr>
<tr><td>音频编码速率</td><td>64kbps</td><td>56kbps</td><td>48kbps</td></tr>
<tr><td>辅助编码速率</td><td>0kbps</td><td>8kbps</td><td>16kbps</td></tr>
</table>

该方案是使用在64kbps位速率以内工作的SB-ADPCM(sub-band adaptive differential PCM)方法的7kHz音频编码,它将50Hz~7kHz之间的频带从4kHz处一分为二,分割为高频区和低频区,各频带利用ADPCM算法分别进行编码。为了与速率相对应,算法分为3种基本工作模式,即64kbps,56kbps和48kbps模式。56kbps和48kbps两种工作模式可以分别在总体64kbps的位速率中设置一个8kbps或14kbps的数据通道。7kHz音频编码方式的主要内容如表3.14所示。

7kHz音频编码方法结构由下述的编码器与解码器构成。

(1) 编码器的构成

① 将输入信号以16kHz的采样速率采样后,每个样点量化为14比特,然后到进行发送的功能模块;

② 编码速率为64kbps的SB-ADPCM的编码器。

(2) 解码器的构成

① 与编码器操作完全相反的(逆)SB-ADPCM解码处理,解码器的速率依工作模式的选择可以在64kbps,56kbps和48kbps之间变化;

② 生成在16kHz采样速度下与14比特的线性量化精度的数字信号相对应的模拟信号的接收功能模块。

由于本方案具有64kbps,56kbps和48kbps 3种工作模式,因此从工作方式上说,可以利用64kbps通道全部传送7kHz的语音信号,也可以利用56kbps传送语音,另外的8kbps传送辅助信号,或者是48kbps语音和16kbps辅助信号。

本标准的主要应用对象是电视会议系统,这是多媒体通信的一个子领域。要解决的主要问题是高质量的语音传送。语音通信会议一般涉及3个或3个以上的不同地点,因此64kbps音频编码标准必须支持多地点间的会议系统。

本章小结

本章讨论的多媒体数据压缩技术与标准是多媒体系统的重要基础。首先介绍了多媒体数据的表示方法,重点是表示图像数据的彩色空间和文件格式。然后介绍了多媒体技术中常用的数据压缩方法。本章的重点是多媒体系统中几个重要的图像和声音的压缩标准,其中用于静态图像压缩的JPEG标准、用于运动图像压缩的MPEG系列标准以及用于视声服务的H.26X系列标准和我国制定的AVS标准是多媒体系统中最重要的图像压缩标准,得到广泛的应用,本章以较大的篇幅介绍了它们的主要内容、基本算法过程以及系统实现问题。最后简要介绍了多媒体系统的几个重要的声音压缩标准。

思考练习题

1. JPEG标准的基本系统中压缩过程有哪几步？简述其工作原理。
2. JPEG 2000与JPEG相比有什么特点？其压缩原理是什么？
3. MPEG标准为减少视频图像的时间冗余采用了哪些方法？
4. MPEG-2标准采用档次和级别划分对其应用有何意义？
5. MPEG-4标准中对视频数据进行大比率压缩采用哪些主要手段？
6. 比较MPEG系列标准和H.26X系列标准的共同点和不同点。
7. 简述H.264标准的主要特点。
8. 简述AVS标准的主要特点。
9. 简述声音压缩常用的标准及其压缩算法原理。

第 4 章 多媒体计算机系统组成

在多媒体计算机系统中，需要对声音、文字、视频图像、静态图像、图形等多种媒体进行数字化处理。数字化方式处理多媒体信息的一般过程是：首先把音频和视频等媒体信号数字化，以数据的形式存入计算机存储器中，然后计算机对这些数据进行有效的处理，最后以用户要求的形式表现出来。数字化处理的优点是能充分利用计算机的功能进行信息处理，但随之带来的一个显著问题是数字化的音频、视频数据量很大，需要大容量的存储器。另一方面，音频、视频信号的输入和输出都需要实时效果，这就要求计算机提供高速处理能力，来满足多媒体处理的实时性要求，一般需要专用芯片或功能卡来支持这种需求。同时，多媒体计算机系统信息获取和表现也需要有专门的外设来提供支持。本章就多媒体存储设备、多媒体输入输出设备、多媒体功能卡及典型的多媒体系统等内容做全面介绍。

4.1 多媒体存储技术

4.1.1 多媒体信息存储的特点

人类对信息存储的要求随着社会的进步而发展。传统的信息存储一般是以静态形式固定存放，如古时候将字刻在竹板上。纸的发明是中国对人类世界的最伟大的贡献之一，它方便了信息的记录和传播。而中国人另一项伟大发明——活字印刷术直到 20 世纪 90 年代还影响着人类文明社会。计算机的出现将人类带入了一个崭新的信息时代，信息存储技术也进入了新的发展阶段，出现了多种数字化信息存储设备。

对于多媒体信息来说，其主要的特点如下。

(1) 多媒体信息存在和表现有多种形式。常见的有：正文；向量图形(图元组成的图形)；位图图像；数字化声音和高保真音响；数字化视频。

(2) 多媒体信息量大。由于多种形式的信息同时存在，计算机需要处理的信息量很大,尤其对动态的声音视频图像更为明显。这些信息即使经过压缩,所需的存储空间仍然十分可观,传统使用的计算机存储设备,如软磁盘、磁带等,无法满足这种大信息量的要求。

20 世纪 70 年代研制出来的光盘是满足上述要求较为理想的存储设备,其中只读式紧凑光盘(compact disc-read only memory,CD-ROM)及其改进的 DVD 光盘是广泛使用的多媒体信息载体。

4.1.2 光盘存储原理

1. 光存储技术

存储器是计算机的重要组成部分,一般分为内存储器和外存储器。内存储器由只读存储器、随机存储器和高速缓冲存储器(cache)组成。外存储器分为数字式磁记录设备(如磁盘、磁带)和模拟式磁记录设备(如录音带、录像带)。随着信息处理技术的发展,传统的模拟式记录的声音、视频信息,也可通过数字化方式来存储,这种进步主要来源于光存储技术。

光存储技术的产品化形式是由光盘驱动器和光盘片组成的光盘驱动系统。驱动器读写头是用半导体激光器和光路系统组成的光头,记录介质采用磁光材料。光存储技术是通过光学的方法读写数据的一种存储技术,其工作原理是改变一个存储单元的性质,使其性质的变化反映出被存储的数据,识别这种性质的变化,就可以读出存储数据。光存储单元的性质,如反射率、反射光极化方向等均可以改变,它们对应于存储二进制数据“0”(不变)、“1”(改变),光电检测器能够通过检测出光强和光极性的变化来识别信息。高能量激光束可以聚焦成约 1μm 的光斑,因此光存储技术比其他存储技术具有更高的容量。

作为一种广泛应用的信息存储设备,光盘系统有如下特点。

(1) 与硬盘相比,具有可拆卸性,容量相当,驱动器较贵但盘片便宜,读写速度慢。

(2) 与磁带相比,具有容量大、随机存取性强的优点。

(3) 激光头与介质无接触,不受环境影响而退磁,信息保存时间长,可达 30 年以上。

与光盘系统有关的技术指标包括:容量、平均存取时间、数据率、接口标准及格式规范等。

(1) 存储容量:指它所能读写的光盘盘片的容量。光盘容量又分为格式化容量和用户容量,采用不同的格式和不同驱动器,光盘格式化后容量不同。一般用户容量比格式化容量要少,因为光盘还需要存放有关控制、校验等信息。

(2) 平均存取时间:是在光盘上找到需要读写的信息的位置所需要的时间。即指从计算机向光盘驱动器发出命令,到光盘驱动器可以接受读写命令为止的时间。一般取光头沿半径移动全程 1/3 长度所需要的时间为平均寻道时间,盘片旋转一周的一半时间为平均等待时间,两者加上读写光头的稳定时间就是平均存取时间。

(3) 数据率：有多种定义方式。一种是指从光盘驱动器读取数据的速率，可以定义为单位时间内从光盘的光道上读取数据的比特数，这与光盘转速、存储密度有关。另一种定义是指控制器与主机间的传输率，它与接口规范、控制器内的缓冲器大小有关。

接口标准及格式规范在后面将专门介绍。

2. 光盘的分类

按光盘的读写功能来分，一般分为3类。

(1) CD-ROM只读光盘

CD-ROM是最常用的光盘系统，直径约12cm，因为它容量大，约650MB，价格便宜，市场上颇受用户的欢迎。其工作特点是，采用激光调制方式记录信息，将信息以凹坑(pits)和凸区(lands)的形式记录在螺旋形光道上。光盘是由母盘压模制成的，一旦复制成形，永久不变，用户只能读出信息。

(2) WORM一次写多次读光盘

WORM(write once read many)光盘在使用前首先要进行格式化，形成格式化信息区和逻辑目录区，利用激光照射介质，使介质变异，利用激光不同的变化，使其产生一连串排列的“点”，从而完成写的过程。WORM光盘引入DOS文件分配表的概念，在光盘的根目录下面是用户定义的逻辑目录，逻辑目录对应文件管理区，其他各个文件目录项可以相应地浮动对应光盘的一切数据区，使得逻辑目录的转换同磁盘上目录转换一样方便，因此，提高了光盘的利用率，并且在逻辑目录建立的同时，用户可以根据需要，对其中重要数据进行加密。WORM光盘的特点是只能写一次但可读多次，所以记录信息时要慎重，一旦写入就不能再更改。

(3) Rewritable可重写光盘

可重写光盘或称可擦写光盘是最理想的光盘类型，也是最有应用前途的光盘类型。它像硬盘一样可读写，利用浮动磁光头在磁光盘上进行磁场调制，可进行高速重写磁光记录。目前可重写光盘由于价格较贵，普及受到限制，随着技术不断进步，成本的降低，相信其前景会很好。

3. 光盘工作原理

(1) 只读光盘读原理

只读光盘上的信息是沿着盘面螺旋形状的信息轨道以凹坑和凸区的形式记录的，如图4.1(a)所示。它既可以记录模拟信息(如Laser Vision系统)，也可以记录数字信号(如CD-DA)。图4.1(b)表示记录模拟信号的原理。模拟信号先进行频率调制(FM)，声音信号加在经过频率调制的视频信号上，所得到的综合信号经过双向限幅，再转换成光盘上长度不等的凹坑和凸区，边缘之间的长度反映了视频信号频率的高低和声音信号的频率和幅度。图4.1(c)表示记录数字信号的原理。光道上凹坑或凸区的长度是0.28μm的整数倍。凹凸交界的正负跳变沿均代表数字“1”，两个边缘之间代表数字“0”，“0”的个数是由边缘之间的长度决定的。通过光学探测仪器产生光电检测信号，从而读出“0”、“1”数据。数字信号记录的优点是抗干扰能力强，由于盘片损坏或变脏而造成的读出错误也容易得到纠正。

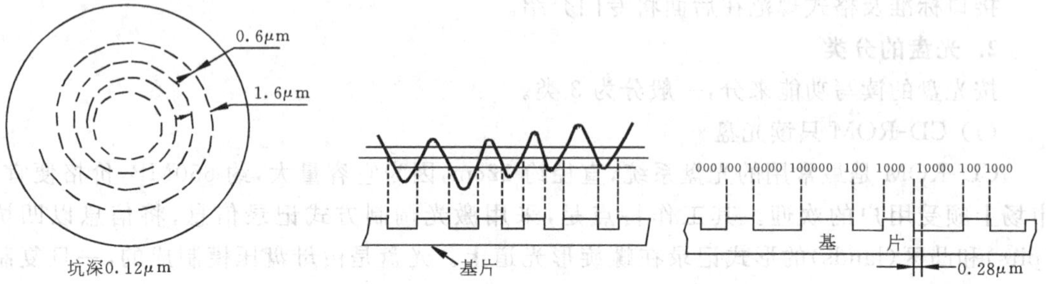

(a) 在螺旋形光道上以凹坑和凸区表示的信息　(b) 在光盘上记录模拟信息　(c) 在光盘上记录数字信息

图 4.1　只读光盘工作原理

为了提高读出数据的可靠性，减少误读率，存储数据采用 EFM(eight to fourteen modulation)编码，即将 1 字节的 8 位编码为 14 位的光轨道位，并在每 14 位之间插入 3 位“合并位”(merging bits)以确保“1”码间至少有 2 个“0”码，但最多有 10 个“0”码。

(2) 可重写光盘的擦写原理

根据前面所述，光盘写入信息的过程是改变光盘介质的某种性质，以变化和不变两种状态分别表示“1”和“0”，从而实现信息的存储。要实现光盘信息的重写，必须恢复光盘介质原来的性质，擦去原来信息，然后重新记录新的信息。

按照这种改变性质来实现信息存储的原理来分，光盘记录方式可分为两大类，即磁光式和相变式。

① 磁光式擦写原理

当前国际上较流行的是磁光式，该盘普遍采用玻璃盘基上再加 4 层膜结构组成，它是以稀土-过渡金属非晶体垂直磁化膜作为记录介质光学膜和保护膜的多层夹心结构。

有两种磁光写操作方法，即居里点记录(稀土-铁合金膜介质)和补偿点记录(稀土-钴合金膜介质)。过程是用激光照射光盘垂直膜面磁化方向上的磁化物质，并对其垂直磁化。利用磁性物质居里点热磁效应，在某一方向饱和式磁化，用激光向需要存储信息“1”的单元区域加热，使其温度超过居里点，失去磁性。在盘的另一面的电磁线圈上施加一个外磁场，使被照单元反向磁化，这样该单元区域磁化方向与其他未照射单元方向相反，从而生产一个信息存储状态“1”，而其他未经照射单元相当于存储信息“0”。信息擦去过程与写过程刚好相反，即恢复原来的磁化方向。读出原理是，利用物理学中电磁感应效应，检测出磁盘存储单元磁化方向不同，从而实现信息的读取。

② 相变式擦写原理

这种方式是利用记录介质的两个稳态之间的互逆相结构的变化来实现信息的记录和擦除。两种稳态是反射率高的晶态和反射率低的非晶态(玻璃态)。写过程是把记录介质的信息点从晶态转变为非晶态。擦过程是写过程的逆过程,即把激光束照射的信息点从非晶态恢复到晶态。

4.1.3 光盘标准

下面简要介绍最流行的光盘的记录格式、规范及制作过程。

1. 光盘发展历史

光存储技术最早可追溯到20世纪70年代初期。1972年9月5日,Philips公司向国际新闻界展示了长时间播放电视节目的光盘系统,在光盘上记录的是模拟电视信号(Laser Vision)。1978年,SONY生产的影碟机正式投放市场,光盘的直径为30cm,一片双面盘的播放时间可达2小时。1979年,Philips公司发布了激光唱机(compact disc player,CD Player)。为了便于光盘的生产、使用和推广,几个主要光盘制造公司和国际标准化组织制定了一些有关的规范和标准,主要的规范和标准有下述几个。

(1) CD-DA。1981年制定红皮书(Red Book),即CD-DA(digital audio)激光数字音频光盘的规范。这个标准是CD的最基本标准。

(2) CD-ROM。1985年制定黄皮书(Yellow Book),经修订,1988年正式作为国际标准ISO 9660,1991年又推出了ISO 9660Ⅱ。

(3) CD-V(video)。从红皮书发展而来,存储模拟的视频信息和数字化声音,在影碟机上使用,视频信息可以输出到电视机。

(4) 可录CD。可录CD(recordable compact disc)盘的橙皮书(Orange Book)标准。可录CD分为CD-MO和CD-WO两类。CD-MO称为磁光盘,可重写;CD-WO又称CD-R,这种盘一旦用户写入数据就不能抹掉。

(5) CD-I。1987年制定绿皮书(Green Book)规范,用于交互式多媒体CD-I系统中存储数字化的文字、图形、声音、图像等。1992年推出第二代CD-I,可播放交互式视频图像。

(6) CD-ROM XA(extended architecture)。1988年,Philips,SONY及Microsoft制定CD-ROM扩展结构,1991年又制定CD-ROM XAⅡ规范,对应于ISO 9660Ⅱ。

(7) Photo-CD。相片光盘,1991年Philips和Kodak对外发布Photo-CD,1992年制定规范。用于存放数字化的静态照片。

(8) Video CD。1993年制定的白皮书(White Book)规范,采用MPEG-1压缩算法压缩动态图像。它使Video CD节目能够在CD-I,CD-ROM XA和Video CD播放机上播放。

2. CD-ROM的性能指标

下面介绍CD-ROM及其驱动器一般性能。

(1) 容量：约为650MB。

(2) 数据传送速率：最初推出为150KB/s,称为单速,后又推出倍速(300KB/s),4速(600KB/s),8速(1200KB/s),50倍速(7500 KB/s)等光驱。

(3) 存储缓冲器：早期为64KB,目前常用的为512KB。

(4) 存取时间：200～400ms。

(5) 误码率：$1/10^{12}$～$1/10^{16}$,采用复杂的纠错编码技术降低了误码率。

(6) 体积：光盘驱动器的大小一般为41mm(H)×146mm(W)×206mm(D)。

(7) 接口：采用SCSI接口、IDE接口和AT总线接口,采用USB接口也越来越多。

(8) MTBF(mean time between failures)：平均无故障时间约为25000小时左右。

(9) 兼容性：支持Photo-CD和CD-ROM XA。

3. 光盘的规范及格式

下面介绍几种主要的光盘规范及其数据存储格式。

(1) CD-DA规范及格式

CD-DA即激光唱盘,光盘的物理规格为直径12cm,内径1.5cm,厚度0.12cm,重量14g。这种光盘常采用常线速(const linear velocity,CLV)伺服方式,逆时针旋转。其螺旋线光道上等长分段,每段称为一个扇区。每个扇区都存放一定量的数据块,并以一个特定的地址标记,其单位为"分"、"秒"、"扇区",即1分＝60秒,1秒＝75扇区。光道总长度为74分,即可存放74分钟高音质非压缩的音频信号。

CD-DA每个扇区的音频数据分为许多称为帧的单元,每帧共有33个字节。一帧中每个通道有6个音频数据,有左右2个通道,每个通道的样本值是16位的数据,共24个字节。一帧中有8个校验字节和1个"控制与显示(C & D)"字节。错误的检测和校正采用的是CIRC(cross interleave Reed-Solomon code)码。一个扇区的结构图如图4.2所示。

上述33个字节经EFM调制,并在每14位之间插入3位"合并位",加上24位同步位和3位"合并位",一共有588个通道位。这样,98个帧构成一个扇区,每个扇区有：

6(音频数据/通道)×2(通道)×2(字节/音频数据)×98＝2352字节。

(2) CD-ROM规范及格式

CD-ROM黄皮书标准很大程度地继承了红皮书的内容,但CD-ROM有自己的数据格式。从物理结构来说,CD-ROM同样是把光轨道分为等长的扇区,使用分、秒、扇区的数据编址方法,采用常线速伺服方式。它与CD-DA的不同主要是每个扇区中数据格式的不同。

CD-ROM光盘有两种格式：Mode1和Mode2。它们的格式如图4.3所示。

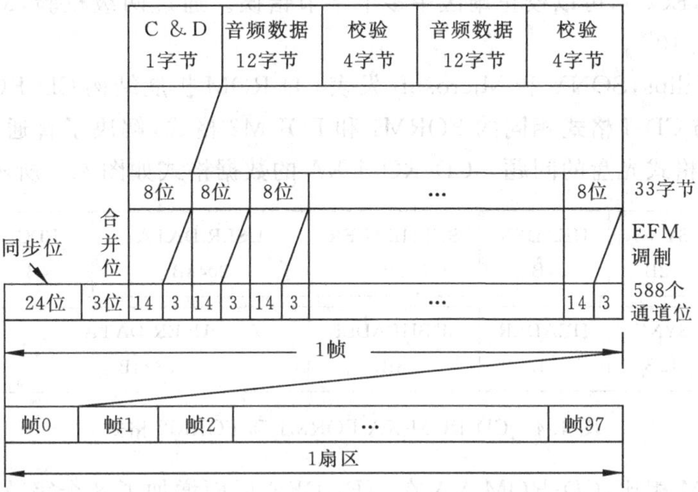

图 4.2 CD-DA 帧及扇区格式

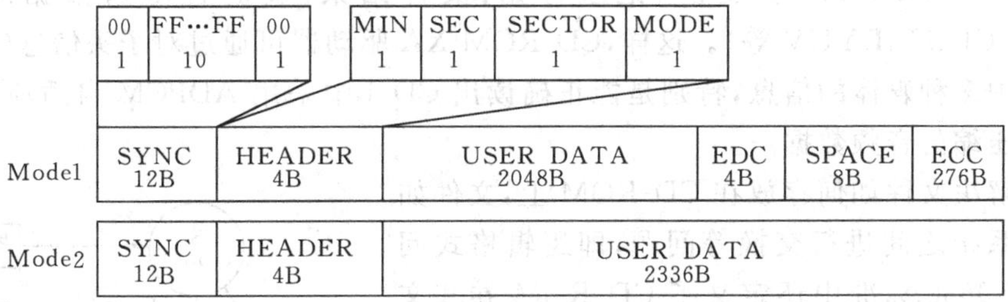

图 4.3 CD-ROM Mode1 和 Mode2 格式

这两种方式的扇区首部都是 12 字节的同步码(SYNC),其前后为"00H"而中间 10 个字节存放"FFH"数据。紧接着的 4 个字节为地址字段,或称扇区头(HEADER),它采用分、秒、扇区号的制式确定地址标号,地址字段中设置了 MODE 字节,指明该扇区是哪种格式。

Mode1 和 Mode2 的不同之处是:①用户数据量不同,Mode1 为 2048 个字节,Mode2 为 2336 个字节。②存储数据的类型不同,Mode1 用于存放对错误极为敏感的数据,如计算机程序等;而 Mode2 用于存放对错误不太敏感的数据,如声音、图像、图形等。③Mode2 的数据经过CIRC 检验后的误码率为 $1/10^9$,对声音、图像一类的数据可以不必作进一步校验;而要满足计算机数据误码率小于 $1/10^{12}$ 的要求,则应对 Mode1 的数据作进一步校验。

在 Mode1 中,用了 4 个字节作为错误检测码(error detection code,EDC),采用的循环冗余校验码 CRC,只能检测是否有错。Mode1 中用 276 个字节作为错误校正码(error correction code,ECC),可以校正扇区中多个字节错误。通过两级校验,Model 中数据误码率可以降到 $1/10^{12}$。

1988 年,Philips,SONY 和 Microsoft 发表 CD-ROM 扩展结构 CD-ROM XA,它所定义的格式包括与 CD-I 格式相同的 FORM1 和 FORM2 格式,解决了普通 CD-ROM 驱动器不能读 CD-I 格式光盘的问题。CD-ROM XA 的数据格式如图 4.4 所示。

FORM1	SYNC 12B	HEADER 4B	SUBHEADER 8B	USER DATA 2048B	EDC 4B	ECC 276B

FORM2	SYNC 12B	HEADER 4B	SUBHEADER 8B	USER DATA 2324B	EDC 4B

图 4.4　CD-ROM XA FORM1 和 FORM2 格式

与 CD-ROM 相比,CD-ROM XA 在 HEADER 后面增加了 8 个字节 SUBHEADER 信息来进一步说明扇区中的用户数据,其中存放有数据类型(音频、视频、数据等)格式形式(FORM1,FORM2),触发位(记录开始、文件结束、实时性等),数据编码信息(ADPCM,CLUT,DYUV 等)。这样,CD-ROM XA 驱动器可通过对子头信息的识别,读出数据区中多种媒体的信息,特别是能正确读出 CD-I 中采用 ADPCM 自适应差分脉冲编码调制压缩的音频数据。

为了解决文件如何存放在 CD-ROM 上,文件如何在不同系统之间进行交换等问题,即逻辑格式问题,在 ISO 9660 标准中还定义了 CD-ROM 卷和文件结构。卷和文件结构由逻辑块(512×2^n 字节)和逻辑扇区(2048×2^n 字节)、记录、文件、卷、卷集等多级结构定义。由于CD-ROM驱动器的平均寻道时间较长,为了能高速检索 CD-ROM 光盘上的文件,ISO 为 CD-ROM 光盘的文件目录结构规定了路径表,如图 4.5 所示。

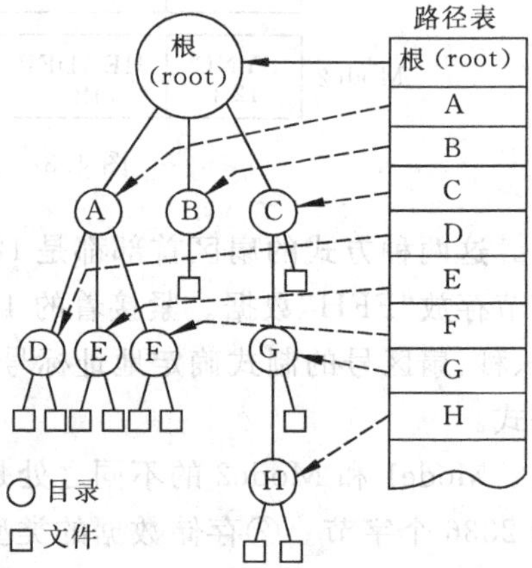

图 4.5　CD-ROM 目录结构和路径表

(3) CD-I 光盘的数据格式

CD-I 光盘的数据格式是从 CD-DA 和 CD-ROM 光盘格式演变而来的,其扇区格式与 CD-ROM XA 相同,有导入区(lead-in area)、节目区(program area)和导出区(lead-out area)3 个区。如图 4.6 所示,光盘上的信息均采用 EFM 记录方式进行记录。由于光盘原始误码率较高,所以都采用能纠突发错误的 CIRC 码。

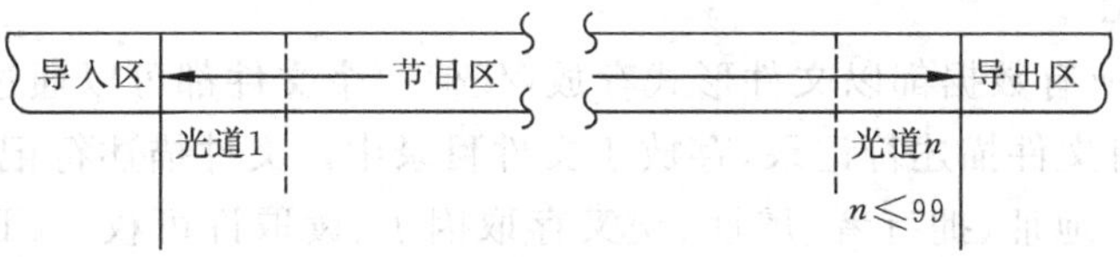

图 4.6　CD 盘结构

CD-I 光盘的导入区是由若干个空扇区组成的，这样做的目的是使识别节目区变得容易。CD-I 光盘的节目区如图 4.7 和图 4.8 所示。图 4.7 表示只有 CD-I 光道的CD-I 盘结构，而图 4.8 表示 CD-I 光盘可以含有 CD-DA 光道的 CD-I 盘结构，这是为了和早期出现的 CD-DA 光盘格式兼容而这样设置。CD-I 光盘和 CD-DA 光盘一样，可以有多到 99 条光道，编号为 1～99。对于包含有 CD-DA 光道的 CD-I 光盘，其第一条光道必须是 CD-I 光道，而且任何一条 CD-I 光盘上的 CD-DA 光道必须在 CD-I 光道之后。一片 CD-I 光盘上的 CD-DA 光道可以有一条或多条 CD-DA 光道，但最多不超过 98 条。而一条光道的长度可以是 300 个扇区(相当于 4 秒)和 325000 个扇区(相当于最长的超级 HiFi 播放时间 72 分钟)之间的数。

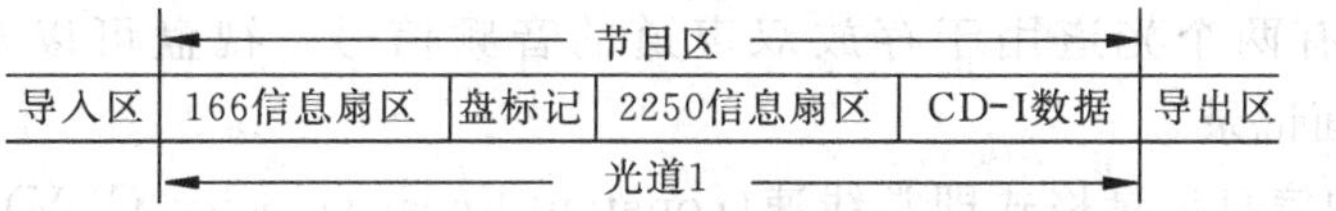

图 4.7　仅有 CD-I 光道的 CD-I 盘结构

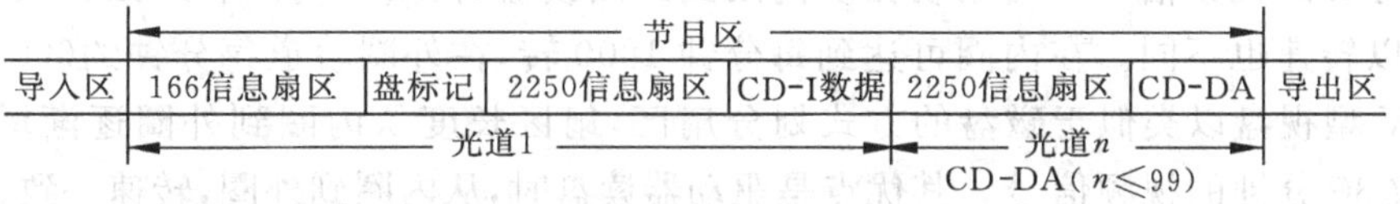

图 4.8　有 CD-I 和 CD-DA 光道的 CD-I 盘结构

CD-I 光盘的导出区或者是空扇区(最后一条光道是 CD-I 光道时)或者是无声的帧(最后一条光道是 CD-DA 光道)。

节目区的开头，也即光道 1 的开始部分有 166 个信息扇区(message sector)，它仅含有 CD-DA 信息。2250 个信息扇区(相当于播放时间 30s)记录有敬告用户的一段话。当 CD-I 光盘在早期的 CD-DA 播放机上开始播放时能听到这段话，而在 CD-I 系统中则跳过这一段。当 CD-I 光盘放到 CD-I 系统播放时，系统首先读的扇区是光盘标号(Disc Label)扇区。这个扇区包含 CD-I 盘上所有文件的描述符、内容、大小、创作者等，必须加载到系统中软件模块的位置以及存取这些文件的路径表。光盘标号由 3 个记录构成：文件结构卷描述符(file structure volume descriptor)、引导记录(boot record)和终结记录

(terminator record)。

CD-I 盘上的所有数据都以文件形式存放,任何一个文件都可以通过盘上的路径表取出。每个文件都有文件描述符记录,存放于文件目录中。文件描述符记录包含有文件名、文件号、文件大小、地址、拥有者、属性、交叉存取因子、读取许可权。CD-I 的数据以两种专门的数据格式 FORM1 和 FORM2 记录。

(4) 激光视盘

激光视盘也是一种只读光盘,家用激光视盘播放机又称为影碟机,是独立的视频播放设备,与音响设备和电视机(监视器)相连就可以播放视盘。计算机可以通过外设接口与视盘播放机相连,视盘在多媒体的应用形式主要是“交互式视盘”,由计算机来控制视盘的播放、视频帧的寻址和显示。

CD-video 视盘与前述的几种光盘原理结构一样,通过光盘光道上的凹坑和凸区的形式存放以模拟量方式记录的视频信号,即视盘存储图像是以电视帧为基础,每帧由两个交叉扫描场信号组成,每场的开头有一段垂直消隐时间,可以用来存储命令代码,便于计算机控制。

视盘有大小两种型号。大视盘比普通的 CD-ROM 较大,直径约 12 英寸。除了存放视频信号外,还有两个光道用于存放双声道的音频信号。视盘可以双面记录信息,而 CD-ROM 是单面记录。

视盘有两种信息记录格式即常线速(constant linear velocity,CLV)和常角速(costant angular velocity,CAV)。CLV 型视盘扇区长度为常数,以紧凑形式存放信息,每盘可以存放 60 分钟的视频信号。当驱动器从内圈到外圈读盘时,由于内圈和外圈存放的信息量不同,所以转速也不同。在内圈可达到每分钟 1800 转,在外圈轨道每分钟约600 转。

CAV 型视盘以类似于磁盘的方式划分扇区,扇区长度从内圈到外圈逐渐增加,每盘仅可存放 30 分钟的视频信号。其优点是驱动器读盘时,从内圈到外圈,转速一致,对 NTSC 制式,CAV 视盘转速为每分钟 1800 转,对 PAL 制式,CAV 视盘转速为每分钟 1500 转。这种信息存放格式有利于单帧访问、搜索、帧序列的随机访问等,适合于多媒体平台。

在视盘上剩余空隙插入一些命令代码,这样,计算机就便于控制视盘的播放。这种存有控制命令代码的视盘称为交互式视盘。视盘的交互式控制方式有如下 4 种:

① 程序或分支命令存储在视盘的帧垂直消隐区;

② 程序或分支命令存储在视盘的音频信道 2 上;

③ 视盘上不存储程序代码,只存放音频和视频数据,程序放在 PC 机中;

④ 程序或命令、模拟视频信号、音频信号或数字数据都存在单一的盘上,这种光盘称为 LD-ROM,它结合了标准视盘和 CD-ROM 格式。

Video CD 标准是基于 MPEG-1 的视频光盘标准,描述一个使用 CD 格式和 MPEG-1 标准的数字电视播放系统。Video CD 定义了 MPEG 光道的结构,由 MPEG-Video 扇区和 MPEG-Audio 扇区组成。光道上的 Video(视频图像)和 Audio(声音)是按 MPEG 标准 ISO/IEC 11172 的规定进行编码。MPEG-Video 扇区和 MPEG-Audio 扇区交错地存放在光道上,如图 4.9 所示。

…	V	V	V	V	A	V	V	V	V	V	A	V	V	V	V	V	A	V	V	…

(a) Video CD 光道结构

信息包开始码	SCR(系统参考时钟)	MUX 速率	信息包数据
4B	5B	3B	2312B

(b) MPEG-Video 扇区的一般结构

信息包开始码	SCR(系统参考时钟)	MUX 速率	信息包数据	00
4B	5B	3B	2292B	20B

(c) MPEG-Audio 扇区的一般结构

图 4.9 Video CD 格式

4. CD-ROM 光盘制作过程

CD-ROM 光盘制作一般分为下述 3 个阶段(见图 4.10)。

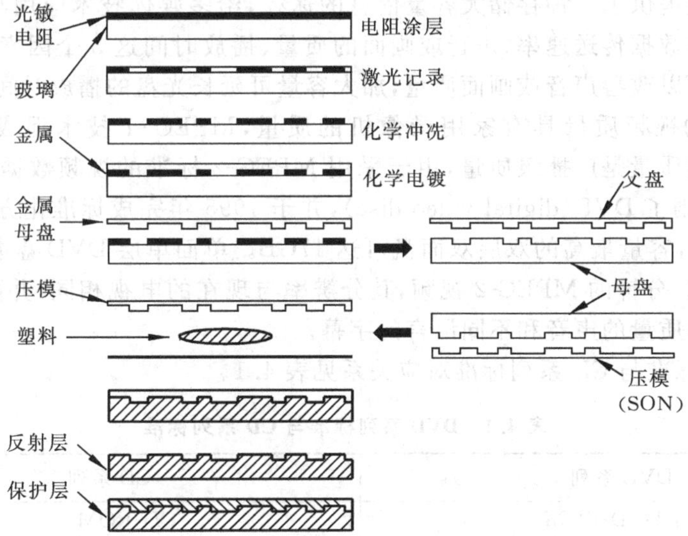

图 4.10 CD-ROM 光盘的制作过程

(1) 数据准备

一个多媒体软件开发成功后,首先要整理这个软件所有的信息数据,包括程序、数字数据、文本、图形、图像等,并进行必要的模拟信号到数字信息的转换,这些数据经过多媒体编著工具进行编辑和处理,然后存入存储器中。

(2) 主盘制作

把准备好的数据按预先规定好的光盘格式转换成光盘存储用的数据,对程序类数据必须再计算和插入错误检验码。最后通过编码器进行 EFM 调制,产生串行数据流送到激光刻录机,这就完成了预制作过程。

主盘制作就是把串行数据转换到玻璃主盘上,这个玻璃主盘是用来复制光盘的压模盘。玻璃主盘上涂有光刻胶,用经过编码的音频、视频数据信号调制的激光信号,经过调制的激光束使玻璃主盘上的感光胶曝光,然后用化学方法使曝光部分脱落(称为显影),从而得到一个阳模称为光致抗蚀主盘;其后,在主盘上镀银或镍生成金属原版盘,称为父盘,通过父盘再制作母盘,然后由母盘制作出子盘即压模。

(3) 复制光盘

光盘的盘基是用聚碳酸酯塑料做的,批量复制设备使用塑料注射成型机。聚碳酸酯加热后注入盘模里,压模就把它上面的数据压制到正在冷却的塑料盘上,然后在盘上溅射一层铝,用于读出数据时反射激光束,最后涂一层保护漆和印制标牌。

4.1.4 DVD 光盘

光盘的出现提供了一种存储大容量信息的途径,给多媒体技术应用与推广以强有力的支持。光盘的数据传送速率、声音或画面的质量、播放时间这 3 个因素密切相关,提高数据传送速率可以改善声音或画面质量,加大容量可延长光盘的播放时间。

MPEG-1 的视频质量具有家用录像机的质量,MPEG-1 技术促成了 VCD 产业。MPEG-2 的视频质量是广播级质量,由于采用 MPEG-2 标准的视频数据量很大,为解决其存储问题,研制了 DVD(digital video disc),并于 1995 年完成标准化方案。DVD 盘片尺寸与 CD 相同,容量最高的双层双面盘可达 17GB。单面单层 DVD 盘能够存储 4.7GB 的数据,存储 133 分钟的 MPEG-2 视频,其分辨率与现在的电视相同,并配备 Dolby AC-3/MPEG-2 音频质量的声音和不同语言的字幕。

DVD 系列标准与 CD 系列标准对应关系见表 4.1。

表 4.1 DVD 系列标准与 CD 系列标准

DVD 系列	CD 系列
Book A：DVD-ROM	CD-ROM
Book B：DVD-Video	Video CD
Book C：DVD-Audio	CD-Audio
Book D：DVD-Recordable	CD-R
Book E：DVD-RAM	CD-MO

DVD-Video 的规格如表 4.2 所示。

表 4.2　DVD-Video 的规格

数据传输率	可变速率，平均速率为 4.69Mbps，最大速率为 10.7Mbps
图像压缩标准	MPEG-2 标准
声音标准	NTSC：Dolby AC-3 或 LPCM，可选用 MPEG-2Audio PAL/SECAM：MPEG MUSICAM 5.1 或 LPCM，可选用 Dolby AC-3
通道数	多达 8 个声音通道和 32 个字幕通道

从外观和尺寸上来看，DVD 盘与 CD-ROM 盘并没什么差别，直径均为 120mm，厚度为1.2mm；新的 DVD 播放机能够播放已有的 CD 激光唱片和 VCD。不同的是 DVD 光道之间的间距由原来的1.6μm缩小到 0.74μm，而记录信息的最小凹坑凸区长度由原来的 0.83μm 缩小到 0.4μm，这是 DVD 盘存储容量提高到 4.7GB 的主要原因。DVD 信号的调制方式和错误校正方法也做了相应的修正以适合高密度的需要，它采用效率较高的 8 位到 16 位+（EFM PLUS）调制方式，DVD 校验系统采用更可靠的 RS-PC（Reed Solomon product code）。同时，DVD 播放机也采用波长更短（由 780nm 减小至 635/650nm）的激光源来提高聚焦激光束的精度。

4.1.5　磁盘阵列技术

独立磁盘冗余阵列（redundant arrays of independent disks，RAID）是一种大数据量的数据存储方法，应用于多种媒体服务器中。主要应用场景是，存在一个磁盘的热点内容过多并发访问必然受到磁盘传输带宽的限制，解决方法是在多个磁盘上保持多个备份。更有效的办法是将文件分散到多个磁盘中，这就是使用 RAID 技术的主要原因。RAID 是一种在多个硬盘上的不同地方（冗余地）存储相同数据的技术。通过放置数据于多个磁盘，I/O 操作可以平衡地交迭，从而改善性能。

RAID 技术的核心思想是磁盘分带，把每个驱动器的存储空间分割成许多带区，带区的大小可以小到一个扇区（512B），也可以到几兆字节。然后把多个驱动器的带区循环交织地组合成一个逻辑存储器单元。磁盘存储系统最主要的问题是吞吐速度和可靠性，RAID 技术是兼顾二者的有效手段。RAID 对于主计算机来讲就像一个单一的逻辑磁盘驱动器。它将多个磁盘组成一组阵列，由阵列控制器进行控制，将数据分布在多个驱动器上，通过冗余技术保证容错性，通过读写操作并行性提高吞吐速度。

目前已有多种 RAID 技术方案，基本都提供一定的容错能力，分别提供不同的速度、安全性和性价比。比较实用的 RAID 结构是 RAID-0、RAID-1、RAID-3 和 RAID-5 等。

RAID-0：这个技术使用条带化但是没有数据冗余，提供最佳性能但没有容错。

RAID-1：也被称为磁盘镜像。它至少包含两个驱动器，用来复制数据但没有条带化。因为可以同时读,使读性能得到改善。写性能和单个磁盘一样。它提供了多用户系统下最好的性能和最好的容错。

RAID-3:使用条带化并且使用一个磁盘存储奇偶校验信息。嵌入的纠错码信息被用来检测错误。数据恢复是通过异或计算记录在其他驱动器上的信息而实现。因为一个I/O操作同时在所有驱动器间寻址,RAID-3不能交织I/O。所以,RAID-3最好用于单用户系统的长记录应用。

RAID-5:这种方式包含了一个循环奇偶阵列,所有的读写操作都可以交迭进行。其存储奇偶校验信息但没有冗余数据。RAID-5至少需要3个磁盘(一般是5个)来建立阵列。它最好是用于对性能要求并不是很严格或者写操作很少的多用户系统。

一个RAID磁盘阵列子系统通常由一个RAID控制器和两个或两个以上的磁盘驱动器组成,如图4.11所示。在磁盘阵列中,磁盘的个数根据存储的容量来设定,一般一个阵列中磁盘的个数在3～12个。下面以RAID-5为例说明。

RAID-5称为分布式奇偶校验块独立数据盘,其结构如图4.12所示。在这种结构中,每个完整的数据块写到数据盘中,写入时生成同等级数据块的奇偶校验,并分散写到数据盘上,读出时进行检查。

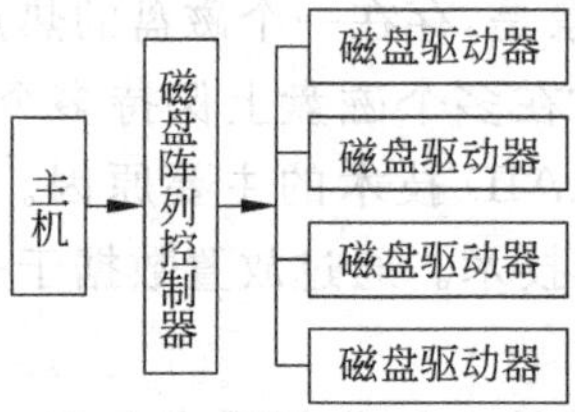

图4.11　RAID与主机连接示意图

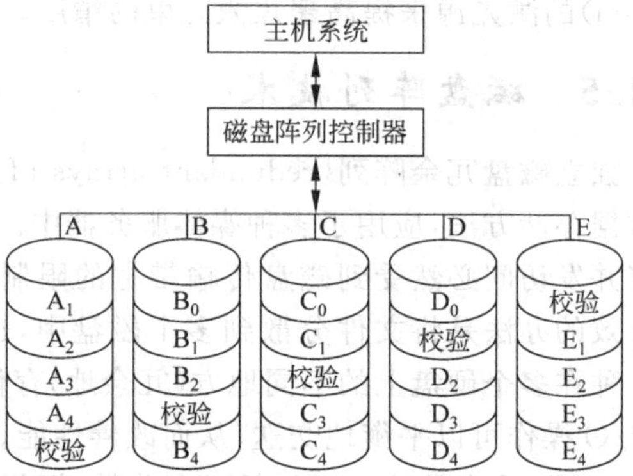

图4.12　RAID-5

RAID-5不使用专用奇偶校验驱动器,而是将奇偶校验数据分散在数据流中,并分布在多个驱动器上。其优点是允许对驱动器并行操作,每个数据块被存储在不同存储器上,可以执行并发的读和写,并且只访问当前读写的驱动器,提供高效快速的性能。RAID-5保证数据的可靠性,如果一个磁盘有故障,阵列会根据奇偶校验数据对数据进行恢复,不影响工作。

在运行机制上,RAID-5使同一带区内的几个数据块共享一个校验块,它把校验块分散到所有数据盘中。RIAD-5采用一种特殊的算法,可以计算出任何一个带区校验块的存放位置。校验块被分散保存在不同的磁盘中,这样就可以确保任何对校验块进行的读写操作都会在所有的 RAID 磁盘中进行均衡。

4.1.6 网络存储

1. 直连式存储(direct attached storage)

与计算机系统直接相连的存储器有两大类：内部存储器和外部存储器。通常，数据传输速率较高的存储介质，容量有限；而容量较大的存储介质，数据传输速率又低。计算机系统采用的层次化存储将内存(RAM)、在线设备(硬盘)、近线设备(光盘等)、离线设备(大容量磁带等)等具有不同特点的物理存储介质以层次化组织在一起，满足对容量和数据传输速率的要求。

直连式存储(DAS)是指将存储设备通过 SCSI 接口或光纤信道直接连接到一台计算机上。主要适用于地理上分散、互联困难，存储系统必须直接连接到应用服务器上等场景。使用 DAS，存储设备与主机的操作系统紧密相连，其典型的管理结构是基于 SCSI 的并行总线式结构。所有的存储操作都要通过 CPU 的块 I/O 操作来完成，如图 4.13 所示。存储共享是受限的，原因是存储是直接依附在服务器上的。另一方面，系统也因此背上了沉重的负担。因为 CPU 必须同时完成磁盘存取和应用运行的双重任务，所以不利于 CPU 的指令周期的优化。

2. 网络连接存储(network attached storage)

局域网技术在多个文件服务器之间实现了互联，为实现文件共享而建立一个统一的框架。随着计算机的激增，大量的不兼容性导致数据的获取日趋复杂。NAS 是一个在网络上共享存储的概念，它将存储设备通过标准的网络拓扑结构，连接到一群计算机上。如图 4.14 所示。

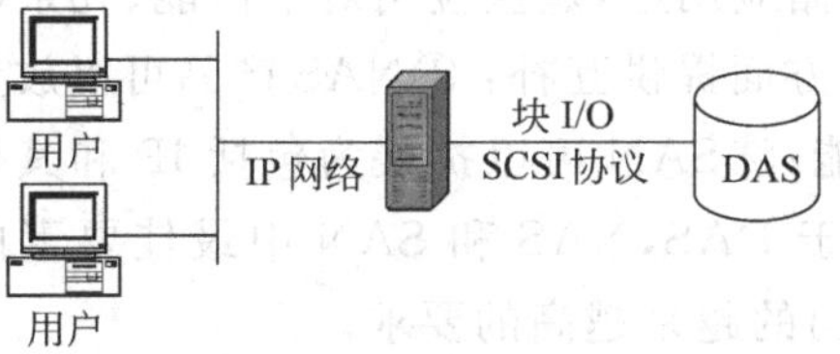

图 4.13 网络 DAS

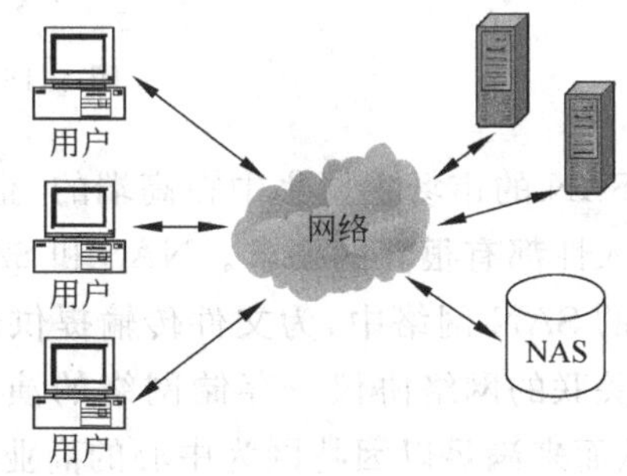

图 4.14 NAS 设备

NAS 产品包括存储器件和集成在一起的简易服务器，可用于实现涉及文件存取与管理的所有功能。集成在 NAS 设备中的简易服务器可以将有关存储的功能与服务器执行的其他功能分隔开，这种方式从改善了数据的可用性。

NAS产品的优点为：它是真正的即插即用的产品，NAS设备的物理位置同样是灵活的。同常规的文件服务器模型相比，NAS能够提高文件服务的速度，降低网络主机的负担，简化安装，降低购买和维护成本，以及在不间断网络运行的情况下增加或设置存储。

由于NAS的解决方案具有简单、易用、支持多平台等特性，并且具有很好的开放性和扩充特性，对于用户保护数据资源和充分利用投资、获得较高的性能价格比是非常有效的。NAS的缺点是：没能解决备份中带宽消耗，因为NAS本质上是使用文件I/O进行数据传输；另外，它将存储事务由并行SCSI连接转移到了网络上。

3. 存储区域网络(storage area networks)

存储区域网络是用在服务器和存储资源之间的、专用的、高性能的网络体系。它为了实现大量原始数据的传输而进行了专门的优化。因此，可以把SAN看成是对SCSI协议在长距离应用上的扩展。

SAN使用的典型协议组是SCSI和光纤信道。光纤信道特别适合这项应用，原因在于一方面它类似于SCSI可以传输大块数据；另一方面它与SCSI不同，能够实现远距离传输。采用高速的光纤信道作为存储媒体，光纤信道和SCSI的应用协议作为存储访问协议，将存储子系统网络化，实现了真正高速共享存储的目标。如图4.15所示。

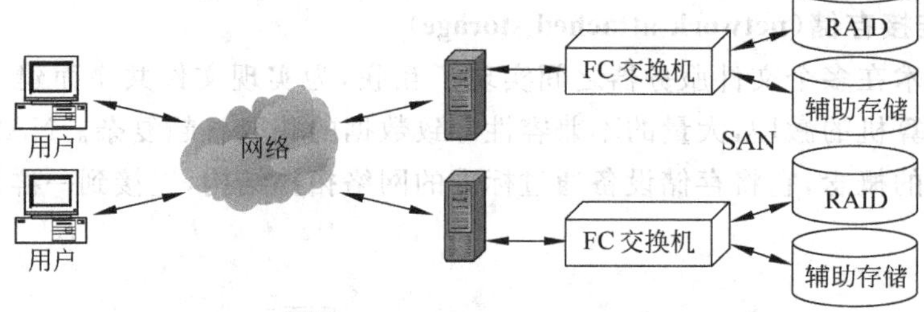

图4.15 SAN的结构示意图

SAN的市场主要集中在高端的、企业级的存储应用上，这些应用对于性能、冗余度和可接入性都有很高的要求。NAS和SAN在以下方面提供互补：①NAS产品可以放置在特定的SAN网络中，为文件传输提供优化的性能；②SAN可以扩展为包括IP和其他非存储关联的网络协议。存储网络的演化就是基于DAS，NAS和SAN中最佳要素的融合，从而来满足以因特网为中心的商业对存储提出的越来越高的要求。

存储区域网络发展的主要推动力来自于它所产生的应用。这些应用在性能、存储管理和可扩展性都具有一定的优势。下面是典型应用。

(1) 数据共享。由于存储设备的中心化，大量的文件服务器可以低成本地存取和共享信息，而同时也不会使系统性能有明显的下降。

(2) 存储共享。两个或多个服务器可以共享一个存储单元，这个存储单元在物理上可以被分成多个部分，而每个部分又连接在特定的服务器上。

(3) 数据备份。通常的数据备份都依赖于共同的局域网或广域网设备。通过使用SAN，这些操作可以独立于原来的网络，从而能提高操作的性能。

(4) 灾难恢复。当灾难发生时，传统使用的是磁带实现数据恢复。通过使用SAN，可以采用多种手段实现数据的自动备份。这种备份是热备份形式，也就是说，一旦数据出错，立即可以获得该数据的镜像内容。

SAN是以数据为中心的；而NAS是以网络为中心的。概括地说，SAN具有高带宽块状数据传输的优势；而NAS则更加适合文件系统级别上的数据访问。用户可以部署SAN运行关键应用，如数据库、备份等，以进行数据的集中存取与管理；而NAS支持若干客户端之间或者服务器与客户端之间的文件共享，所以用户可使用NAS作为日常办公中需要经常交换小文件的地方，如文件服务器、存储网页等。越来越多的设计是使用SAN的存储系统作为所有数据的集中管理和备份，而需要文件级共享则使用NAS前端(即只有CPU及OS)，后端还会集中到SAN的磁盘阵列中存取数据，提供高性能、大容量的存储设备。

4.2 多媒体功能卡

在多媒体系统中，有一些支持多媒体信息采集与处理的专门功能卡或芯片，例如，对视频信号捕捉、压缩、转换、播放的视频卡，音频卡，三维图形加速卡，光盘接口卡等。通过这些功能卡将计算机与各种外部设备相连，构成一个制作和播出多媒体系统的工作环境。本节简要介绍一些具有代表性的多媒体功能卡。

4.2.1 声卡

声卡或音频卡(audio card)是处理音频信号的计算机插件，它是普通计算机向MPC升级的一种重要部件。MPC所用声卡由专用DSP芯片管理声音的输入输出和MIDI操作。利用声卡，音频媒体主要有数字化音频、合成音乐和CD音频。其中数字音频数据是8位或16位的PCM数据或压缩格式ADPCM数据，合成音乐是MIDI格式的数据。目前大多数计算机的声音处理部件都集成在主板上。

在声卡开发方面，新加坡Creative公司所生产的声霸卡(sound blaster，SB)在市场上最有影响。自1989年起，Creative公司在美国Comdex展览会上首次推出所研制的适用于PC机声卡Sound Blaster而引起轰动，之后它推出一系列深受用户欢迎的音频卡系统产品：Sound Blaster Pro，Sound Blaster 16，Sound Blaster AWE32等。

SB系列卡有如下功能特点。

(1) 立体声或单声道声音采样(ADC)和重放(DAC)。

(2) 采样速率从 4kHz～44kHz 程序可调。

(3) 功能强大的 FM 音乐合成芯片(128 种音色)。

(4) MIDI 接口和游戏杆端口。

(5) CD-ROM 驱动器及接口。

(6) 可选择多种声源(麦克风、CD 唱机、线路输入)。

(7) 内带的混声器芯片可以控制各种数字与模拟音量。

(8) 音箱输出接口有功放功能。

另外,随 SB 系列卡还带有丰富的软件,主要有以下软件。

(1) 声音编辑,录制、播放、修改声音。

(2) 文本到声音转换(TTS)。

(3) 语音识别,利用 Voice Assist 支持用语音控制计算机执行 Windows 命令。

(4) 调频电子琴,将计算机变成一台功能齐全的电子琴。

(5) 乐曲文件播放,支持 MIDI 和 CMF 两种乐曲文件。

(6) 软件开发工具,供二次开发使用。

音频卡主要由下列部件组成:MIDI 输入输出,MIDI 合成芯片,用来把 CD 音频输入与线输入相混合电路,带有脉冲编码调制电路的数模转换器,用于把模拟信号转换为数字信号以生成波形文件,用来压缩和解压缩音频文件的压缩芯片,用于合成语音输出的语音合成器,用来识别语音输入的语音识别电路,以及输出立体声的音频输出或线输出的输出电路等。其结构如图 4.16 所示。

下面简要介绍音频卡的主要功能。

(1) 数字化声音处理。音频卡用 DSP 芯片管理所有声音输入输出和 MIDI 操作。模拟声音经过前置放大器放大后,由程序可控制的放大器进一步对输入信号的幅度进行控制。抗混滤波器根据采样频率滤除可能引起混叠、噪声的频率。经过模数转换(A/D)和采样保持(S/H)电路,得到 8 位或 16 位数字化声音数据。DSP 处理器可以对声音数据进行 ADPCM 压缩,以 DMA 传送接口方式,通过 PC 总线,把数据存储在计算机磁盘上。声音输出过程与输入过程相反,从磁盘读入编码的数字声音数据,以 DMA 方式传送到 DSP 处理器,经 DSP 解码和数模转换变成模拟信号,再由重建滤波器进行低通平滑滤波,用户可以进一步控制声音输出电平,最后经功率放大器输出到扬声器。整个数字化声音的获取与处理流程见图 4.17。

(2) 混音器。混音器芯片可以对以下音频进行混合:数字化声音、调频 FM 合成音乐、CD-Audio 音频、线路输入、话筒输入、PC 扬声器等。通过两个 I/O 端口(地址和数据端口)对混音器的各种功能进行编程设置。混音器还能选择声音的单声道或立体声模式,从话筒、CD 或线路输入中选择输入源,选择低、高通滤波或关闭滤波功能。

(3) 合成器。通过内部合成器和外接到 MIDI 端口的外部合成器播放 MIDI 文件。

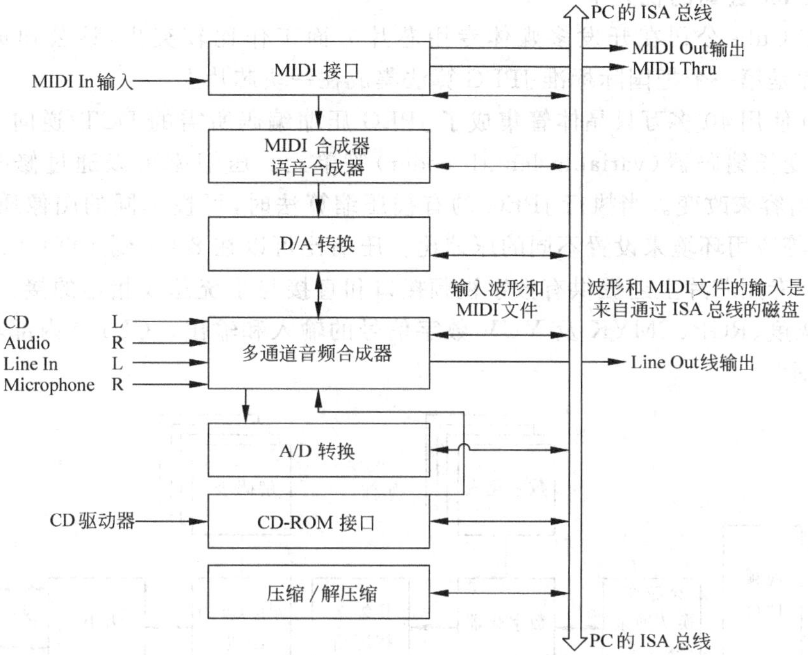

图 4.16 音频卡的结构框图

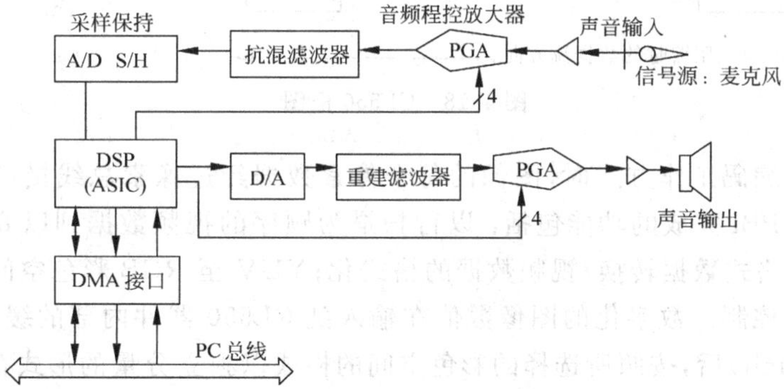

图 4.17 数字化声音的获取与处理流程

MIDI合成器的类型有频率调制FM合成和波形表合成。

4.2.2 视频卡

根据视频卡完成的主要功能，可以把视频卡分为视频采集卡、视频压缩卡、视频解压卡和视频转换卡等多种类型。下面介绍几种典型的视频卡。

1. C-Cube公司的视频卡

美国C-Cube公司在开发多媒体专用芯片方面工作比较突出,该公司成功推出的CL550芯片是第一个把国际标准JPEG算法集成在一块芯片上。

CL550使用40多万只晶体管集成了JPEG压缩编码所需的DCT/逆向DCT单元、量化器、可变长编码器(variable length coder)等单元。压缩率可以通过修改量化表和VLC表的内容来改变。当执行JPEG的有损压缩算法时,可按不同的图像质量、存储器容量、带宽等应用环境来设置不同的压缩比。压缩比可以在8∶1到100∶1之间任意选择。CL550专用芯片上还提供有数字视频接口和直接与系统总线相连的接口,视频接口支持8位灰度、RGB、CMYK及YUV数字信号的输入和输出。CL550内部功能结构如图4.18所示。

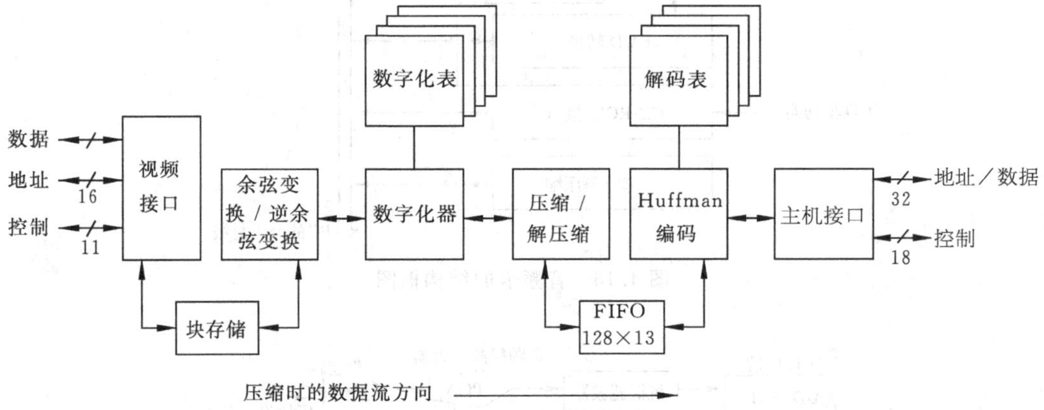

图4.18 CL550框图

在图像压缩编码工作方式时,图像的每个像素数据经过像素总线接口(PBI)输入到CL550处理器。PBI完成的功能包括:以行扫描为顺序的视频数据到以8×8像素点阵为顺序的JPEG格式数据转换;视频数据的格式化;YUV至RGB彩色空间的转换;图像有效处理区域的控制。数字化的图像数值在输入到CL550器件内部的缓冲单元块存储(block storage unit)后,按照所选择的彩色空间的格式以独立分量的形式存储。然后,各个分量单独地进入到后续的JPEG流水线处理过程中,每个分量的8×8像素点阵数据DCT首先由单元处理,之后DCT系数矩阵根据用户编程选择的量化表,由量化单元进行量化处理。在CL550器件内部的量化矩阵存储区中,可同时存储4个64字长的量化系数矩阵,分别适用于不同的彩色分量。量化后的矩阵被Z形扫描顺序扫描处理,其中的交流分量(AC)在输入到FIFO前,已经被零计数单元编码(行程编码)。FIFO存储区为零计数单元和哈夫曼编码单元之间的缓冲区。哈夫曼编码单元将在FIFO存储区中的已进行行程编码的数据取出,首先对直流系数(DC)进行DPCM计算,而后再同时对直流系数 DC 和交流系数 AC 两部分共同完成哈夫曼编码查表处理。哈夫曼编码的结果最终作为 JPEG 压缩后的数据传送到主机总线接口(HBI),成为最终的处理结果。

图像解码过程与编码过程相反,JPEG 标准格式的压缩数据输入到哈夫曼解码单元解码,又返回 FIFO 区域等待进行下一步处理。游程编码解码单元从 FIFO 区域中读出解码后的数据,生成交流系数 AC 值,并进行 Z 形扫描生成 8×8 点阵格式。而生成的 DC 值另作处理,然后进行逆量化和逆 DCT,处理的结果输入到输出缓冲区中,而后,像素总线接口取出这里的视频像素数据,按照一定的视频同步时序,输出到像素数据总线,供显示设备使用。

CL550 提供了快速的图像压缩解压缩运算。它利用其内部的 320 阶流水线处理结构,将 JPEG 算法的每一操作运算都分解安排到流水线的每一阶中。CL550-30 处理器可以工作在 29.41MHz 的时钟频率,这就使得流水线处理可以在每秒内完成 10^9 次运算,当以这样的处理速度应用于 JPEG 算法时,每秒可压缩 14.7M 的图像像素点。CL550-10 每秒也可压缩 5M 图像像素数据,CL550-35 每秒可压缩 17.5M 的图像像素数据。

C-Cube 公司基于 CL550 推出的静态图像压缩板系列产品,可运行的基本环境包括:80386(33MHz 主频)CPU,ISA 或 EISA 总线结构,VGA 显示卡(8 位、16 位或 24 位),Windows 3.10,4MB RAM,50MB 以上硬盘。另外,这些产品可支持多种图像文件格式。许多公司围绕 CL-550 设计各种图像板以满足多媒体系统的应用,如多媒体信息系统、图像处理、扫描仪、数字摄像机、电视电话、彩色传真机等。

MPEG 算法的编码和解码过程是一种非镜像对称算法,其中解码过程要比编码过程相对简单,因此用硬件实现 MPEG 算法首先推出的是 MPEG 解码器。C-Cube 公司推出 CL450(包括 CL450,CL450e,CL450i 等系列产品)及 CL680 解码器就是其中较好的产品。CL450 包括 RISC 处理器、Huffman 解码器、DRAM 控制器、视频显示控制器等单元,3 条总线是主机总线、DRAM 总线、像素总线。CL450 完全遵从 MPEG 标准,能实现 RGB 和 YUV 格式的相互转换,支持 NTSC 制式和 PAL 制式,能完成 SIF 分辨率(352×240,30Hz 或者 352×288,25Hz)的实时解码,并支持视频和音频的同步,可全部或部分显示解码后图像。CL450 功能框图如图 4.19 所示。

主机接口直接连接到 680x0 处理器上,也可很容易地连接 80x86 处理器。主机通过主机接口提供已压缩的数据,FIFO 接收编码后的数据,由 DRAM 控制器写到 4M 的局部 DRAM 的帧缓冲区中,视频显示单元从帧缓冲区中读出解码后的数据,并把它送到彩色空间转换器中(如有必要),然后输出像素数据到视频总线。

CL450 通过执行宏码(microcode),完成高层次功能。宏码由 C-Cube 和硬件提供,并且把它作为产品的一部分。在 CL450 完全操作前,宏码必须由软件装入 CL-450 中,C-Cube 公司提供的源码供用户在其目标系统中修改和编译。

应用程序可用两种方式操作 CL450,即寄存器操作方式和宏命令操作方式。

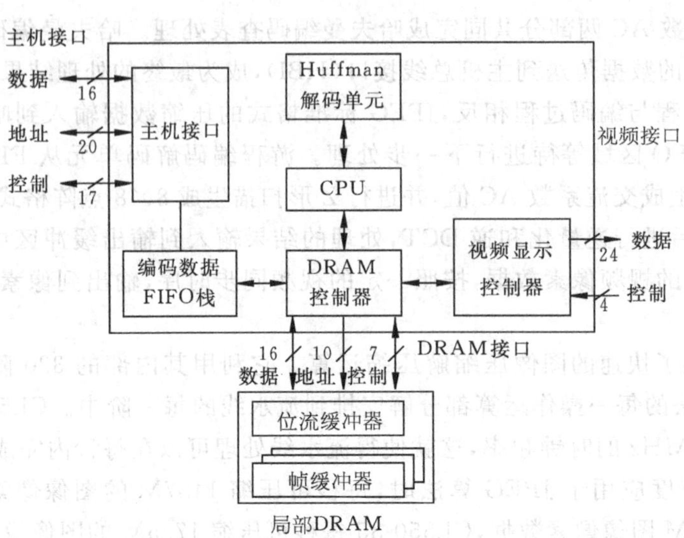

图 4.19　CL450 解码器框图

CL450 产品主要面向低成本应用,如 CD-I 系统、视频游戏、交互式多媒体系统、交互式电视等。

2. 视频采集卡

视频采集卡将视频信号连续转换为计算机存储的数字视频数据,其典型的产品如 20 世纪 90 年代流行的 Creative 公司的视霸卡(video blaster),它是具有良好性能的计算机视频处理功能卡。其工作原理为:视频信号源、摄像机、录像机或激光视盘的信号首先经过 A/D 变换,通过多制式数字解码器得到 YUV 数据,然后由视频窗口控制器对其进行剪裁,改变比例后存入帧存储器。帧存储器的内容在窗口控制器的控制下,与 VGA 同步信号或视频编码器的同步信号同步,再送到 D/A 变换器变成模拟的 RGB 信号,同时送到数字式视频编码器进行视频编码,最后输出到 VGA 监视器及电视机或录像机。视频采集卡功能框图如图 4.20 所示。

(1) A/D 变换和数字解码

首先利用 TDA8708 或 TDA8709 对彩色电视信号进行 A/D 变换。它有 3 个视频输入端,通过编程可以控制视频选择 3 个输入端的任何一个作为输入。然后送到提供自动增益控制和箝位电路的运算放大器,最后经过 A/D 变换器将彩色电视信号转换成 8 位数字信号,送给彩色多制式解码器 SAA7191。它接受 8 位 CVBS 或 8 位亮度/色差 Super VHS 输入,支持 PAL,NTSC 和 SECAM 等多种电视制式。经 SAA7191 解码后输出的信号为 Y∶U∶V=4∶1∶1 或 4∶2∶2 格式。它不仅产生数字式 YUV 信号,还产生行场同步信号以及一些控制信号。

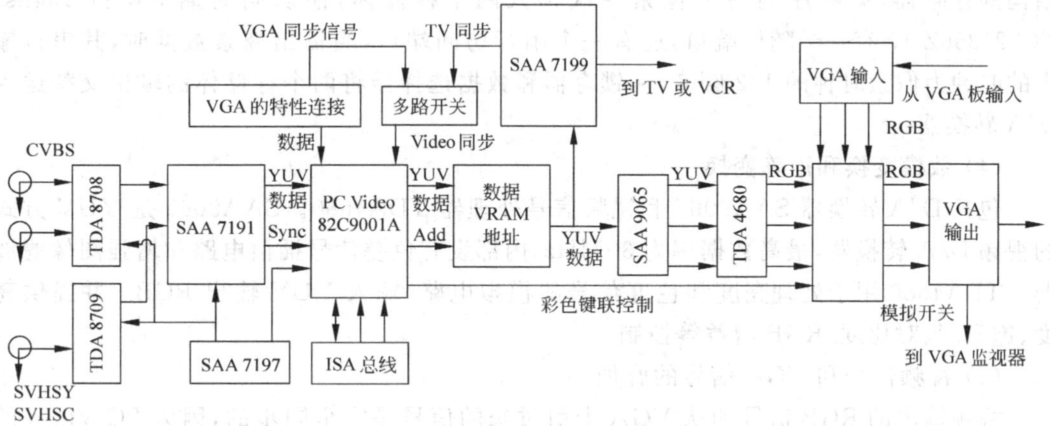

图 4.20 视频采集卡结构框图

(2) 窗口控制器

窗口控制器采用 Chips 公司的 82C9001A 芯片，它适用于 ISA 总线 PC 机的视频获取和显示。窗口控制器的逻辑框图见图 4.21，它提供的功能模块包括：PC 总线接口，包括 I/O 寄存器地址映射、帧存储地址映射和帧存储器读写功能；视频输入剪裁、变比例部分，按用户定义处理后送到 VRAM；VRAM 读写、刷新控制部分；输出窗口 VGA 同步、色键控制部分，驱动帧存储的数据同 VGA 的视频信号同步读出，并经 D/A 转换器转换成模拟的 RGB 信号，与 VGA 信号叠加输出。

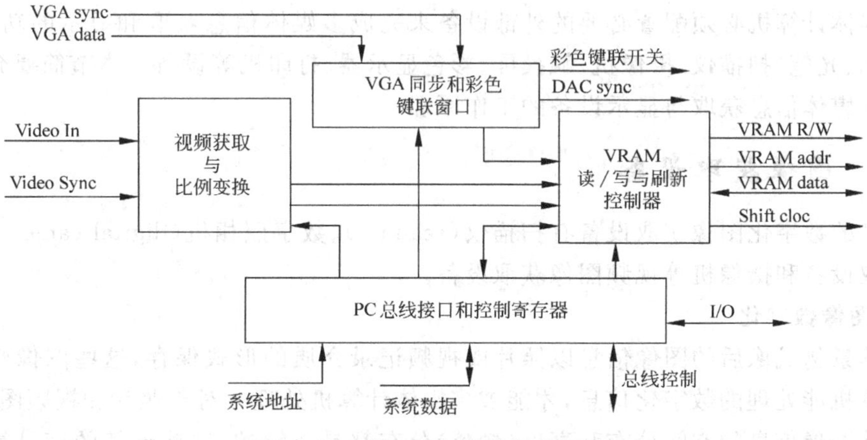

图 4.21 窗口控制器的逻辑框图

(3) 帧存储器系统

为了解决存储速度问题，帧存储器系统选用的 VRAM 为 TC524256Z-10，采用双体结构的存储器,即顺序的两个像素一次存入两个存储体,使访问周期下降到134ns。TC524256Z-10有一个随机端口,还有一个串行访问端口,当输出像素数据时,其串行输出的时钟为像素时钟的1/2频率,用锁存器和数据选择器将两个存储体的输出交替送入D/A转换器。

(4) 数模变换和矩阵变换

包括D/A转换器SAA9065和视频信号处理器TDA4680。SAA9065是YUV方式的视频D/A转换器,最高数据率为30MHz,内部设有色差信号插值电路和增强图像滤波器。TDA4680用于处理亮度和色度信号的模拟电路,输入YUV输出RGB。并提供亮度、饱和度、对比度、RGB增益等控制。

(5) 视频信号和VGA信号的叠加

视频输出的RGB信号和从VGA卡引过来的信号是完全同步的,因为PC Video的输出是靠VGA的同步信号驱动的,所以用适当的方法交替地切换两路信号,即可实现两路输出的叠加。可以通过74HCT4053信号混叠控制。

(6) 数字式多制式视频信号编码部分

选用SAA7199作为数字式多制式视频信号编码器,它以数字方式进行视频信号编码,支持PAL和NTSC两种制式,输出有CVBS和Super VHS两组信号,工作模式有4种,可采用软件控制。

4.3 多媒体信息获取与显示设备

多媒体计算机必须配置必要的外部设备来完成多媒体信息获取和显示的功能,常见的有鼠标、光笔、扫描仪、摄像机、触摸屏、彩色显示器、打印机等设备。本节简要介绍常见的几种多媒体信息获取与显示设备的工作原理。

4.3.1 图像获取设备

常见的数字化图像获取设备有扫描仪(scanner)、数字照相机(digital camera)等静态图像获取设备和摄像机等视频图像获取设备。

1. 图像数字化

自然景物成像后的图像信息以照片或视频记录介质的形式保存,这些图像必须数字化成计算机能处理的数字化信息,才能被多媒体计算机处理。对于照片和视频图像来说,不管是从图像信息的空间分布和亮度(颜色)分布都是连续的,这些连续的信息量必须离散化,离散化的过程即数字化处理过程,它应该包括空间位置的离散和亮度电平的离散化。

(1) 空间采样

一幅图像在二维方向上分成 $M \times N$ 个网格，每个网格用一个亮度值来表示该区域亮度，这样一幅图像就离散化为用 $M \times N$ 个亮度值来表示，如图 4.22 所示。这个过程称为图像的采样，其中 $M \times N$ 称为采样的分辨率，网格的亮度值即为采样值。

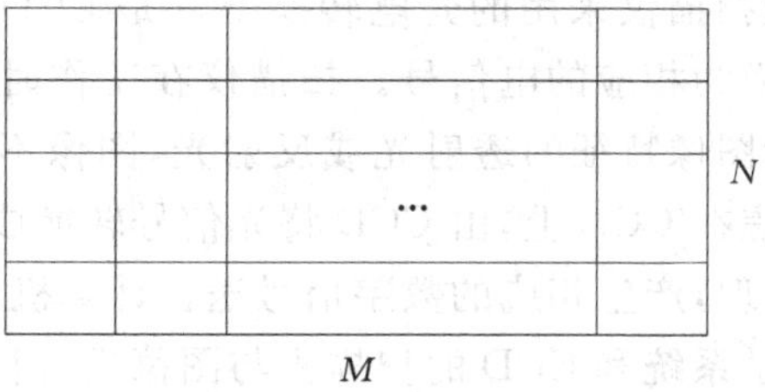

图 4.22　图像的采样

采样的方法一般有两种，即一维采样和二维采样。一维采样用扫描方式(如模拟电视信号、传真、扫描仪等)把二维图像转化为一维随时间变化的信号。一幅图像，用若干距离相等的行来表示，然后逐行扫描。把图像分成若干行的过程，实际上已经对垂直方向进行了采样。这样得到的随时间变化的一维行扫描信号经采样实现图像数字化。

二维采样是目前发展的固体摄像器件采用的通用方法，它把光电转换和采样功能结合起来。固体摄像器件由 $M \times N$ 个光敏元件构成，每个光敏元件对应一个采样点，$M \times N$ 个光敏元件构成 $M \times N$ 个采样点。用时钟脉冲类似于扫描方法的顺序，逐个地从光敏元件中取出采样的模拟信号。

(2) 量化

量化就是把连续的亮度值分为 K 个区间，每个区间上对应着一个亮度 I，即如表 4.3 所示对应关系。落于区间 i 中的任何亮度值都以亮度值 I_i 表示，共有 K 个不同亮度值。

表 4.3　区间与亮度对应关系

区间	1	2	…	K
亮度	I_1	I_2	…	I_K

按照量化区间的划分方法，量化可分为均匀量化和非均匀量化。均匀量化即通常 PCM 调制，容易实现；而非均匀量化实现比较困难，但往往得到的图像质量较好。

(3) 模数变换

实现上述量化的过程称为模数变换(A/D 变换)，这个过程一般采用 PCM 量化器来实现，PCM 量化是均匀量化。非均匀量化一方面可利用 PCM 量化的结果，根据信号特性处理为非均匀量化的数据，另一方面也可以利用专门的非均匀量化器来实现。

另外，还要考虑图像数据采样过程中产生的失真和噪声，包括叠加噪声、孔径效应(采样脉冲函数导致失真)和插入噪声等。

2. 图像扫描仪

扫描仪是20世纪80年代中期出现的光机电一体化高科技产品,它可以将各种形式的图像信息输入计算机中。其基本原理是将反映图像特征的光信号转换成计算机可以接受的电信号。目前,大多数扫描仪采用的光电转换部件是CCD(电荷耦合器件),它可以将照射在其上的光信号转换为相应的电信号。扫描仪在工作时,首先由光源将光线照在欲输入的图稿上,产生表示图像特征的透射光或反射光,图像不同,光的模式不同。光学系统采集这些光线将其聚焦在CCD上,由CCD将光信号转换成相应电信号,然后对这些电信号进行A/D转换及处理,产生相应的数字信号送往计算机。当机械传动机构在控制电路的控制下带动装有光学系统和CCD的扫描头与图稿进行相对运动时,就将图稿全部扫描一遍,一幅完整的图像就输入计算机中了。

图像扫描仪是最常用的静态图像输入设备,它往往配置大量的管理和控制扫描过程软件及文字识别、排版、图文数据库等软件,使扫描仪提供很强的图文信息获取能力。另外,扫描仪还提供设置扫描区域、分辨率、亮度、图像深度等参数,扫描后,图像还可进一步得到处理。

图像扫描仪可以分为以下3种。

(1) 平板式。这种扫描仪是较好的多媒体信息获取设备。一般分辨率是600dpi(dots per inch),高分辨率可达2400dpi。采用24位量化,适用A3或A4幅面。常见产品有Microtek系列、HP系列和ScanMaker系列等产品。

(2) 手持式。这种扫描仪适用于精度要求不高的环境,价格便宜。扫描最大宽度为105mm,一般为400dpi分辨率,这样对大幅面图稿需要多次扫描,然后拼接才能完成输入。常见的产品有Mustek系列和Primax系列等产品。

(3) 滚动式。这种扫描仪适用于A0或A1大幅面图稿输入,其分辨率在300~800dpi之间,采用滚动式走纸机构,扫描时扫描头固定,图纸在走纸机构控制下移动,完成扫描。对大型工程图的输入往往采用这种扫描仪。常见的产品有Context系列和Vidar系列等产品。

3. 摄像机

传统的视频摄像机由摄像镜头、摄像管、同步信号发生电路、偏转电路、放大电路、电源等部分组成。来自被摄物体的光通过光学系统在摄像管的靶上形成光学图像,这个光学图像经摄像管转换成电信号,以视频信号方式输出被摄图像。

彩色图像的摄取关键是要分离出三基色信号,利用滤色片、分色镜或棱镜等把光分解成三基色。各基色分别由不同的摄像管转换成电信号的方式称为三管式摄像方式,可以获得高灵敏度、高质量的画面。但这种摄像机体积大,成本高,重量大。一般采用单管式,从一个摄像管取出三基色信号。其原理是在摄像靶面上配置非常细的竖条三色条纹滤色片，用摄像管取出RGB混合的图像信号，这个输出信号是由R,G,B分时依次排列的复合信号。可以用频率分离、相位分离、能量分级解调等方法，从这种复合信号中分离出三基色。

目前，绝大多数摄像机产品使用电荷耦合器件CCD等固态摄像器件，且是数字化的，这种器件具有体积小、重量轻、省电、寿命长、可靠性高等优点，可以对亮度、细节、肤色和其他重要参数提供新的调整方法而获得更大的灵活性。数字摄像机可以通过USB直接与计算机相连。

4.3.2 显示设备

显示器是多媒体系统中将多媒体信息呈现出来的设备。根据工作原理，显示器可以分为基于阴极射线管(CRT)的显示器、液晶显示器(LCD)、等离子显示器、电致变色显示器(ECD)、场致发射显示器(FED)、发光二极管(LED)显示器、高分子或聚合体发光显示器等。评价指标包括屏幕或显示面积的大小、分辨率、显示速度等。下面介绍常见的3种显示器。

1. CRT显示器

CRT是由包含一个或多个电子枪的真空管构成的。电子枪发射的电子束水平地快速掠过真空管前面的内表面，该表面上涂满了一层受电子束激发就会发光的物质。电子束从左向右、从上向下移动，每次在水平方向上扫描一行。为了防止图像闪烁，电子束每秒刷新30次或更多。图像的清晰度取决于屏幕上像素的数量。

目前CRT显示器的主要技术参数：屏幕(对角线)一般17英寸以上，两个荧光点之间的距离即点距在0.28mm以下；XGA分辨率为1024×768，SXGA可达1280×1024，UXGA为1600×1200。

2. LCD

液晶是一种界于液体和固体之间的特殊物体，它具有液体的流态性质和固体的光学性质。当液晶受到电压的影响时，就会改变它的物理性质而发生形变，此时通过它的光的折射角度就会发生变化，而产生色彩。在彩色LCD面板中，每个像素都是由3个液晶单元格构成，其中每个单元格前面都分别有红色、绿色和蓝色的过滤器。这样，通过不同单元格的光线就可以在屏幕上显示出不同的颜色。

LCD有主动式和被动式两种。主动式LCD代表是TFT(薄膜晶体管)LCD，图像质量好；被动式液晶屏幕如DSTN(双扫描扭曲线)LCD，价格低廉，但反映速度不够快，屏幕刷新后会留下幻影，其对比度和亮度也低。

目前LCD主要技术指标：分辨率在1280×1024以上，由制造商设定不能任意调整；观察屏幕视角DSTN LCD一般只有60度，TFT LCD则有160度；TFT LCD亮度都在200～250 cd/m^2左右，对比度在200∶1～400∶1。大多数LCD的反应速度介于30～

100ms之间,也有的到16ms左右,越小代表反映速度越快。

3. 等离子显示器

等离子体显示器是在两张薄玻璃板之间充填混合气体,施加电压使之产生等离子体,然后使等离子体放电,与基板中的荧光体发生反应,从而产生彩色影像。其成像过程中利用惰性气体放电产生紫外线来激发彩色荧光粉发光,再转换成人眼可见的光。

等离子体显示产品因其独特的方形像素矩阵和气体放电显示原理,使其拥有物理性的完全平面显示效果,在显示面积的拓展性上大大优于CRT显示器,在显示色彩、刷新频率上优于LCD显示技术。

等离子体显示器不受磁力和磁场影响,具有机身纤薄、重量轻、屏幕大、色彩鲜艳、画面清晰、亮度高、失真度小、视觉感受舒适、节省空间等优点。常见的有42英寸、52英寸、60英寸等型号。

4.3.3 触摸屏

触摸屏最早出现于20世纪70年代,20世纪90年代随着多媒体的应用更加成熟,并得到推广。一方面,有些场合不可能要求使用者用键盘和鼠标来操作计算机,那么仅用手指触摸一下屏幕当然是一种简单又自然的方法。另一方面,执行相同的交互操作将由于使用触摸屏而得到加强。触摸屏的特点是直观方便,即使没有接触过计算机的人也能使用,是多媒体系统交互操作的理想设备。

触摸屏应包括3个部分:传感器、控制部件和驱动程序。

1. 触摸屏技术

触摸屏可以用在任何显示器(监视器)上,包括阴极射线管、液晶显示器、场致发光显示器,广义地说,无论是平面、球面还是柱面显示器,无论什么尺寸的显示器都可以使用。

选购触摸屏时应从触摸屏的具体用途进行考虑,不一定是分辨率越高越好。如采用模拟量技术的触摸屏分辨率很高,可达1024×1024,能胜任一些类似屏幕绘画和写字(手写识别)工作。而多数场合下,触摸技术的应用只是让人们手触来选择软件设计的"按钮",没有必要选择高分辨率。如在14英寸显示器上使用触摸屏时,显示区域的实际大小一般是25cm×18.5cm,一般分辨率为32×32的触摸屏就能把屏幕分割成1024个0.78cm×0.58cm的触点。

触摸屏按其工作原理可分为红外线触摸屏、电阻式触摸屏、电容式触摸屏、表面声波技术和底座式矢量压力测力触摸屏等。

(1) 红外线触摸屏

红外线技术触摸屏在屏幕四边放置红外发射管和红外接收管,微处理器控制驱动电路依次接通红外发射管并检查相应的红外接收管,形成横竖交叉的红外线阵列,例如,32×32的红外触摸屏即在上下和左右各有32对红外传感器,检查完这64对红外传感器大约只需要 30ms 的时间。用户在触摸屏幕时用手指挡住经过一点的横竖两条红外线，微处理器能在 15ms 的时间内立刻检测到这个点的位置，并发给计算机相应的 X 坐标和 Y 坐标。能被感知的触针可以是手指或其他任何不透明或者对光散射的透明物体。

红外触摸屏有内置式和外挂式两种。安装外挂式红外触摸屏的方法非常直观，只要用胶或双面胶将一个框架装在显示器上面即可，它与计算机的接口一般通过 RS-232C 接口或键盘端口方式连接。

(2) 电阻式触摸屏

电阻式触摸屏感应器是一块覆盖电阻性栅格的玻璃，再在上面蒙上一层涂有导电涂层并有特殊模压凸缘的聚酯薄膜。凸缘避免其表面的涂层与玻璃的涂层接触。控制器向玻璃的 4 个角加有稳定的 5V 电压，并读取导电层的电压值。当屏幕被触摸时，压力使聚酯薄膜凹陷而碰到玻璃，导电层接触。控制器向玻璃的两个邻角加 5V 电压，并把对面两个角接地，于是电阻栅格使玻璃片上形成从矩形的一边到另一边线性变化的电压阶梯，控制器从两个方向测出触摸点的电压值，从而计算出触摸的精确位置。

(3) 电容式触摸屏

这种触摸屏由一个模拟感应器和一个智能双向控制器组成。感应器是块透明的玻璃，表面有导电涂层，上面覆盖一层保护性玻璃外层。它工作时在感应器边缘的电极产生分布的电压场，用手指或其他导电体触摸导电涂层时，电容改变，电压场变化，控制器检测这些变化，从而确定触摸的位置。控制器把数字化的位置数据传到主机，以实现人机的交互。

电容式触摸屏的感应器安装在监视器内部，外部与普通监视器一样，可靠性较高。

(4) 表面声波触摸屏

表面声波(surface acoustic wave，SAW)是应变能仅集中在物体表面传播的弹性波。SAW 触摸屏在一片玻璃的每个角上装有两个发射器和两个接收器，一系列的声波反射器被嵌进玻璃中，沿着两面从顶至底穿过玻璃。发射器朝一个方向发射 5MHz 的短脉冲。当脉冲离开一角后，就会不断地被每个反射器反射回来一部分声波。当人触摸玻璃的某点时就阻碍了脉冲能量通过那点反射到接收机，于是从接收的脉冲信号中就见到一段缺口。脉冲起点至下跌点间的时间长度就确定了触摸点的坐标。因声波在玻璃中传播速度为常数，乘以时间就得到距离。控制器通过互换两对发射器和接收器，就可测出触摸在 X 及 Y 方向的坐标。

(5) 矢量压力测力触摸屏

这种触摸屏的原理是在 CRT 外面盖上一块四角装有应力计的平板玻璃。当玻璃受到压力时，应力计就会出现电压或电阻等电气特性的变化。压力越重，变化值就越大。每个角记录这些变化。控制器读取每个角的记录值，并计算触压位置。这种触摸屏分辨率较低。

2. 触摸屏的支持软件

触摸屏系统软件结构如图4.23所示。支持触摸屏的应用开发一般有以下三类软件。

(1) DOS设备驱动程序

这是一种内存驻留的设备驱动程序,用于简化触摸屏的编程。触摸屏的控制通过简单易懂的命令。有些厂家还提供更低层的应用指示设备接口(application pointing device interface,APDI),当内存和速度有所要求时,就需要用APDI直接接口。

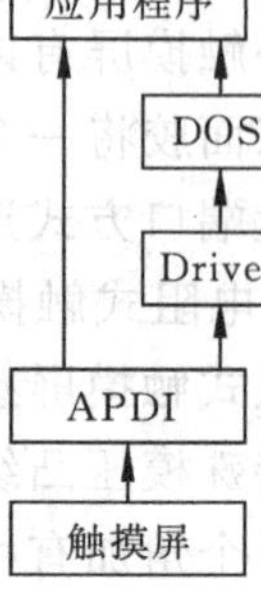

图4.23 触摸屏软件支持

触摸屏的输入模式可分为两类:

① 字符输入模式,即触摸屏触发一次,得到一个字符编码;

② 坐标位置输入模式,即触摸屏触发一次,得到一个位置坐标。

(2) 仿真程序

一般提供Mouse仿真程序和Windows驱动程序,其目的是使那些用Mouse作为交互输入设备的应用程序可以不做任何修改,而使用触摸屏作为交互输入设备,并且可与Mouse一起使用。

(3) 软件辅助开发工具

这里指第三方厂家为开发人员提供的一种应用程序,用它开发基于触摸屏的应用。

4.3.4 USB设备接口

为了适应日益增加的外设需要,采用统一外设接口意义重大。因此,从1994年开始Intel、IBM、Microsoft等公司成立USB论坛,1995年正式推出通用串行总线(universal serial bus,USB)规范。

USB支持热插拔,具有即插即用的优点,所以USB接口已经成为多媒体设备的最主要的接口方式。USB有两个规范,即USB 1.1和USB 2.0。USB 1.1高速方式的传输速率为12Mbps,低速方式的传输速率为1.5Mbps。USB 2.0规范是由USB 1.1规范演变而来的,它的传输速率达到了480Mbps,足以满足大多数外设的速率要求。USB 2.0中的"增强主机控制器接口"(EHCI)定义了一个与USB 1.1相兼容的架构。它可以用USB 2.0的驱动程序驱动USB 1.1设备。也就是说,所有支持USB 1.1的设备都可以直接在USB 2.0的接口上使用而不必担心兼容性问题,而且像USB线、插头等附件也都可以直接使用。

USB 2.0标准进一步将接口速度提高到480Mbps,更大幅度降低了MP3音乐、视频节目等多媒体文件的传输时间。现在计算机系统均带有USB接口,因此USB设备应用极其方便,作为外置式光储设备、输入输出设备的接口,应用相当灵活,而且不必再为接口增加额外的设备，减少投入。

4.4 交互式多媒体系统

4.4.1 概述

所谓多媒体系统就是具有多媒体处理功能的计算机系统。个人使用的多媒体系统主要表现在它突出的多媒体交互性支持，其基本的硬件结构可归纳为：一个功能强大、速度快的中央处理器(CPU)；大容量的存储器空间；高分辨率显示接口与设备；可处理音响的接口与设备；可处理图像的接口与设备；可存放大量数据的配置等。因此，除了主机以外，一个典型的多媒体系统主要硬件配置包括音频卡、视频卡、扫描卡、图形加速卡、光盘驱动器以及打印机接口、交互控制接口、网络接口等外部设备接口，其发展趋势是这些功能卡和接口逐步集成到芯片或主板上，成为计算机的必备功能部件。

系统软件较多基于 Microsoft 推出的 Windows 系统，它为开发多媒体应用程序的用户提供了各种低级和高级的服务功能。另外，Apple 公司的 Macintosh 及其配备的 Macromedia 系列软件，也是优秀的多媒体系统。目前，很多优秀的多媒体工具软件可以同时运行在这两种平台上。从系统层次结构角度，一个交互式个人多媒体系统应该具有如图 4.24 所示的层次结构。

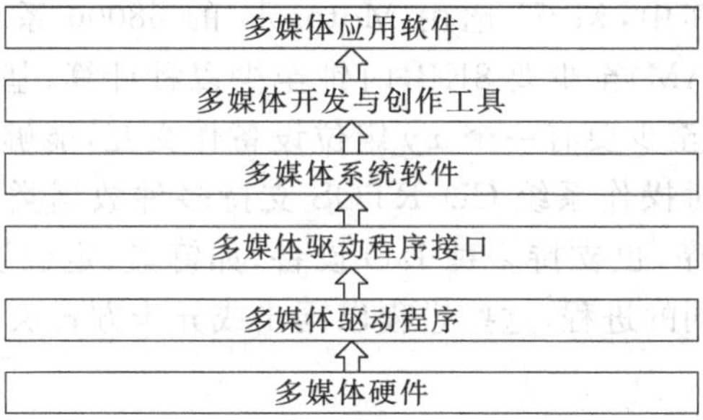

图 4.24 交互式多媒体系统的层次结构

4.4.2 CD-I 交互式多媒体系统

CD-I 系统是家用交互式多媒体系统，它是 Philips 公司和 Sony 公司于 1986 年 4 月联合推出的一种电视计算机或称 Smart TV 系统。该系统把各种多媒体信息以数字化形式存放在容量为 650MB 的只读光盘上，用户可通过 CD-I 系统读取光盘的内容来进行演播，光盘的数据使用 CD-I 格式(“绿皮书”标准)存放。CD-I 的正式商品于 1991 年面市，用户可以交互式地把家用电视机和计算机相连，通过鼠标器、操纵杆、遥控器等装置选择人们感兴趣的视听节目进行播放,是一种较好的多媒体系统产品。

1. CD-I 基本系统结构

CD-I 基本系统结构如图 4.25 所示。

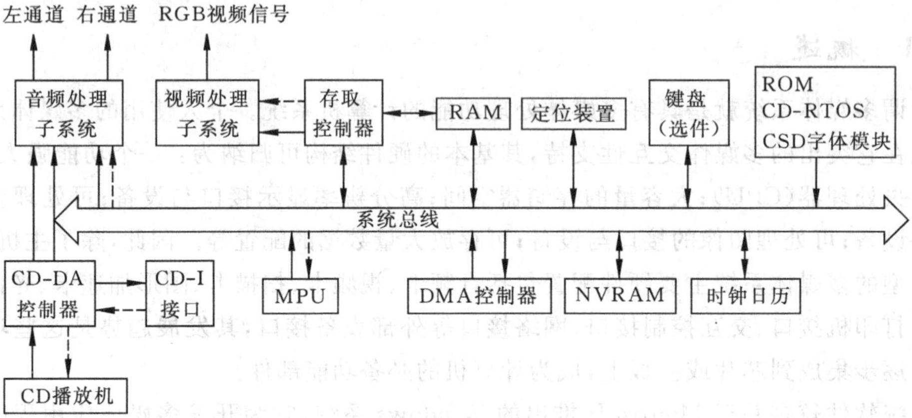

图 4.25　CD-I 基本系统结构

(注:数据→,控制信号-->,数据和控制↔)

从图中可以看出,CD-I 基本系统主要由 5 部分构成:音频处理子系统,视频处理子系统,多任务的操作系统(CD-RTOS),CD 播放机,以及微处理器、存储器、键盘、定位装置和 CSD 字体模块。其中,MPU 选用 Motorola 的 68000 系列,RAM 至少为 1MB,NVRAM(nonvolatile RAM)至少要 8KB,时钟至少以秒计算,基本系统中设备都是中断驱动的。CD-I 基本系统至少要有一个 xy 定位设备作交互,能够指定正常分辨率图像上的每个像素。多任务实时操作系统 CD-RTOS 支持多种数据类型和数据流,即音频、视频、文字、控制和应用程序,也支持多种 I/O 设备,如键盘、定位设备、显示器等。这些数据流有时要调用几个不同的进程,这些进程以同步或异步方式执行,因此 CD-RTOS 应具有多重处理能力。

2. CD-I 音频子系统

CD-I 基本系统有 4 种标准音质的运行方式和一种非实时的语音音质运行方式。4 种实时的 CD-I 音频特性如表 4.4 所示。CD-I 除继承 CD-DA 超级高保真音质运行方式外,还有 A,B,C 3 个音质等级的运行方式。A 级相当于 LV(laser vision)音质,B 级相当于 FM 调频广播的音质,C 级相当于 AM 调幅广播的音质。这 4 种音质的语音为实时的语音。

非实时语音音质是文本到语音编码转换而成的音质。CD-I 有两种接口用来辅助编码这种音频信息,它们是上层接口和下层接口。上层接口是处理器默认的字符集,下层接口是对 8 位 PCM 数据进行实时解码。这两种接口之间的转换由微处理器控制。

表 4.4　CD-I 音频方式

级　别		采样率 (kHz)	位数/样本	频率响应 (kHz)	数据率 (字节/s)	通道数	数据流百分数	播放时间 (小时)
CD-DA PCM 超级 HiFi		44.1	16	20	171100	1 立体声	100%	1
CD-I ADPCM	A (≈LV)	37.8	8	17	85100	2 立体声	50%	2
					42500	4 单通道	25%	4
	B (≈FM)	37.8	4	17	42500	4 立体声	25%	4
					21300	8 单通道	12.5%	8
	C (≈AM)	18.9	4	8.5	21300	8 立体声	12.5%	8
					10600	16 单通道	6.25%	16

声音数据的解码和控制是由 CD-I 音频处理器来完成的，它的组成见图 4.26。

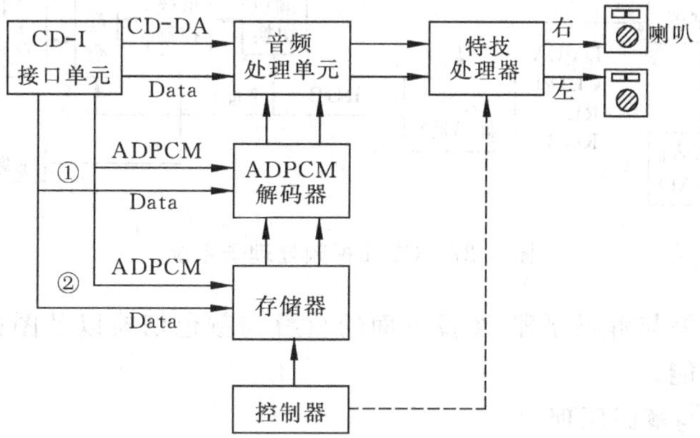

图 4.26　音频处理器子系统

(1) 解码器 ADPCM。声音数据可以从 CD-I 接口单元直接送到 ADPCM 解码器(图中①)或者间接地从声音存储器送到 ADPCM 解码器(图中②)。ADPCM 解码器对 A,B,C 级的声音数据进行译码。ADPCM 解码器输出 PCM 声音数据到音频处理单元。而来自光盘的 CD-DA 数据直接进入音频处理单元。

(2) 音频处理单元。它和解码器是该子系统的核心，其作用像是一个简单的两个通道的声音混合器，它有两个输入通道，即立体声通道或者单声道，它能把输入通道的信号混合后送到左右两个输出通道。它实质上是一个数模转换器。

(3) 特技处理器及声音输出。其功能是由控制器控制与声音处理相结合。它在 CPU 控制下就像一个音量可控的声音混合器，特殊的音响效果可以利用软件来产生，而不必先记录到盘上,这就节省了存储空间。

(4) CD-I 接口单元。它实现把来自光盘的 CD-DA 数据直接送入音频处理单元或通过存储器、ADPCM 解码器再送入音频处理单元。

(5) 音频信号存储器。它实现音频信号到解码器的传送。

(6) 控制器。它实现音频子系统的控制。

3. CD-I 视频子系统

CD-I 视频处理子系统的功能是把 CD-I 光盘上的数字化视频信号通过存储和控制进行实时解码、颜色切换、重叠控制,经过混合处理而产生 RGB 信号输出,其结构如图 4.27 所示。

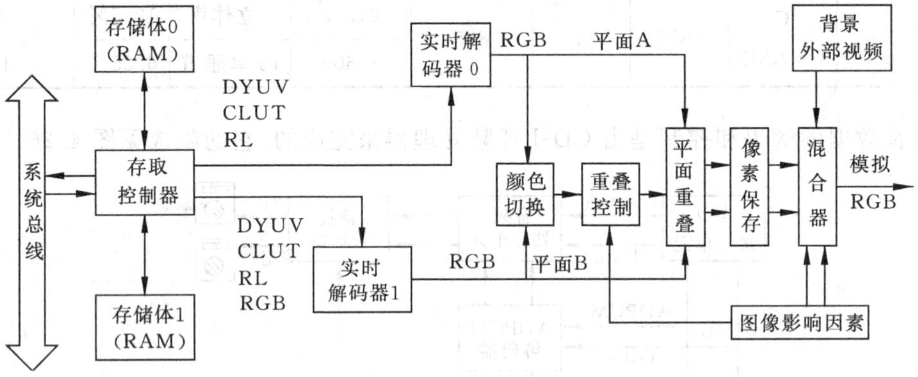

图 4.27 CD-I 视频处理子系统

下面从视频压缩与解码原理、图像平面的重叠与颜色切换以及图像混合与输出等方面来介绍系统的功能。

(1) 视频压缩与解码原理

CD-I 系统采用 4 种基本压缩和解码技术:一维的 DYUV 编码,RGB 5∶5∶5 编码,CLUT 编码,一维行程编码。

(2) 图像平面的重叠与颜色切换

用户看到的 CD-I 图像是由 4 个图像平面合成的,如图 4.28 所示。平面 1 是一个 16×16 像素的彩色游标平面,平面 2 和平面 3 是全屏幕图像平面,平面 4 是背景平面。在软件控制下,这些平面上的图可以按各种要求叠加生成一幅画面显示在荧光屏上。

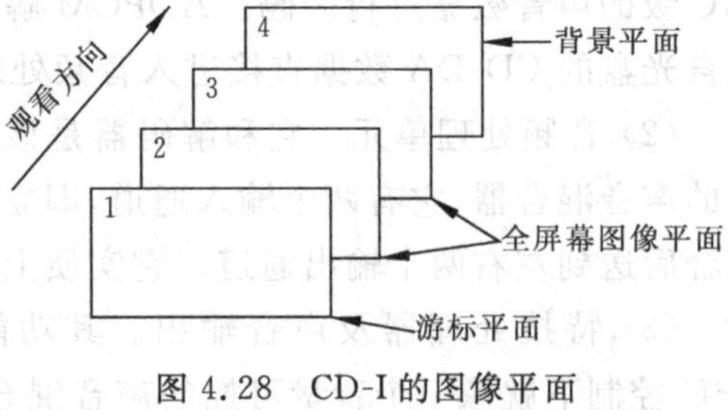

图 4.28 CD-I 的图像平面

视频子系统由两个 RAM 构成,如图 4.27 所示的存储体 0 和存储体 1。存储体 0 存储平面 A(即平面 2)的信息,存储体 1 存储平面B(即平面3)的信息。图像平面A和B进行颜色切换和平面重叠,可以A在B后,也可以B在A后,其中使用了在图像平面上产生透明区技术。平面A,B上的图像在混合器中混合,而且每个平面的亮度也可以由图像影响因素控制,这就允许做数字特技,如淡入淡出。

(3) 图像混合与输出

图像混合用于组合每个图像平面上的像素变成一幅图,平面A和B可以重叠和混合,另外,游标平面上共有16×16个像素,每个像素都可以设置为透明的或彩色的,游标平面和背景平面也在混合器中与上述的平面A和B相混合,而后生成视频图像模拟的RGB信息,供各种显示装置进行图像显示。

4. CD-I光盘实时操作系统CD-RTOS

CD-I有自己专用的实时操作系统CD-RTOS,它源于高性能的OS-9实时操作系统,是用68000汇编语言写成的。CD-RTOS是多任务实时操作系统,具有模块化结构、设备独立的I/O接口,它能够处理多级树形结构的目录,是中断驱动的系统。

CD-RTOS系统的构成如图4.29所示。

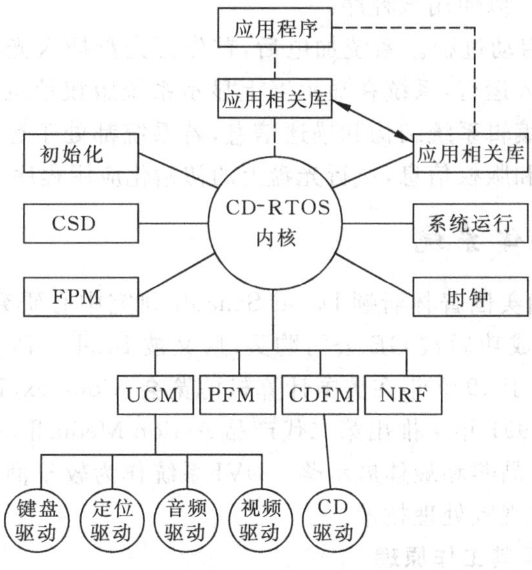

图4.29 CD-RTOS的结构框图

各部分简要说明如下:

① CD-RTOS内核。这是系统的核心,它负责处理多任务管理、进程管理、进程通信、存储管理、中断处理、系统服务请求、I/O管理等。

② 系统相关库。库中含有用户所必须的库程序,如高级存取和数据同步程序,以及数学函数、I/O和其他程序。这些程序中最重要的是同步程序。

③ 接口和管理程序。它是内核程序和设备驱动程序之间的接口,用来快速处理输入和输出,使高层软件和硬件分开。管理程序主要有:光盘文件管理模块 CDFM(compact disc file manager);用户通信管理模块 UCM(user communication manager);非易失 RAM 文件管理模块 NRF(nonvolatile RAM file manager);流式文件管理模块 PFM。

④ 设备驱动程序。设备驱动程序直接用来驱动键盘、定位设备、音频子系统、视频子系统、光盘播放机等外部设备。

⑤ 系统状态描述符 CSD(configuration status descriptor)。通过这个模块用户可找出 CD-I 系统中有哪些设备可用,以及这些设备处在什么状态。系统中的每台设备在 CSD 中都有表目,CSD 存放在 RAM 和 ROM 中,而用户的设备放在 NVRAM 中,每条表目称为设备状态描述符 DSD,它由设备类型、设备名称、活动状态和设备参数集 4 个部分构成。

⑥ 文件保护模块 FPM(file protection mechanism)。用来保护光盘上的文件不被随便存取,它允许光盘物主保护多达 32 个不同的文件。CD-RTOS 内核中的保密方法是把存取权限代码记录在光盘上,播放时从光盘译出的码和用户付钱后得到的存取权限代码进行比较,以确定是否可以使用该程序。

⑦ 初始化和系统启动过程。系统加电后,首先把光盘插入光盘驱动器,软件就自动执行启动程序,内核投入运行,系统在显示屏上显示系统版权信息。若引导文件存在,则加载该文件,接着检查编辑系统结构和描述信息,若系统都处于运行状态,则应初始化文件系统,显示厂家标志和版权信息,执行光盘上的初始化应用程序。

4.4.3 DVI 多媒体系统

DVI 技术最早是由美国普林斯顿 David Sanaoff 研究中心研究开发的交互式数字视频装置,这项技术研究成功后被 GE 公司购买,后又被 Intel 公司看中,Intel 公司买到后与 IBM 公司联合开发,于 1989 年在美国计算机博览会(Comdex/Fall'89)推出第一代产品 Action Media 750,1991 年又推出第二代产品 Action MediaⅡ,在 Comdex 博览会上一举获得了最佳多媒体产品奖和最佳展示奖。DVI 系统作为较早商品化的多媒体系统,提供了一种全数字化的音视频处理技术。

1. DVI 系统结构及其工作原理

第一代 DVI 系统(DVIⅠ)由 3 块插板组成,这 3 块插板是 DVI 视频板、DVI 音频板及 DVI 多功能板。1991 年推出的改进的第二代 DVI 系统(DVIⅡ)将上述 3 块板集成在一个板上,视频、音频的获取部分也都装在上面,仅占一个 IBM PC 标准插槽,为用户提供了方便。另外,Intel 发挥其集成电路技术方面优势,将系统外围逻辑电路集成为 3 个门阵列电路,即 82750H 主机接口门阵列,82750LV VRAM/SCSI/Capture 门阵列,82750LA 音频子系统接口门阵列。其他设备包括 1~16MB VRAM 视频处理器、音频信号处理器、D/A 转换器及模拟滤波器和 DVI 总线。DVI Ⅰ的核心部件是视频像素处理器 82750PA 和视频显示处理器 82750DA，DVI Ⅱ将这两个芯片升级为 82750PB 和 82750DB，使运算速度提高了一倍。图 4.30 是 DVI Ⅱ型系统结构图。

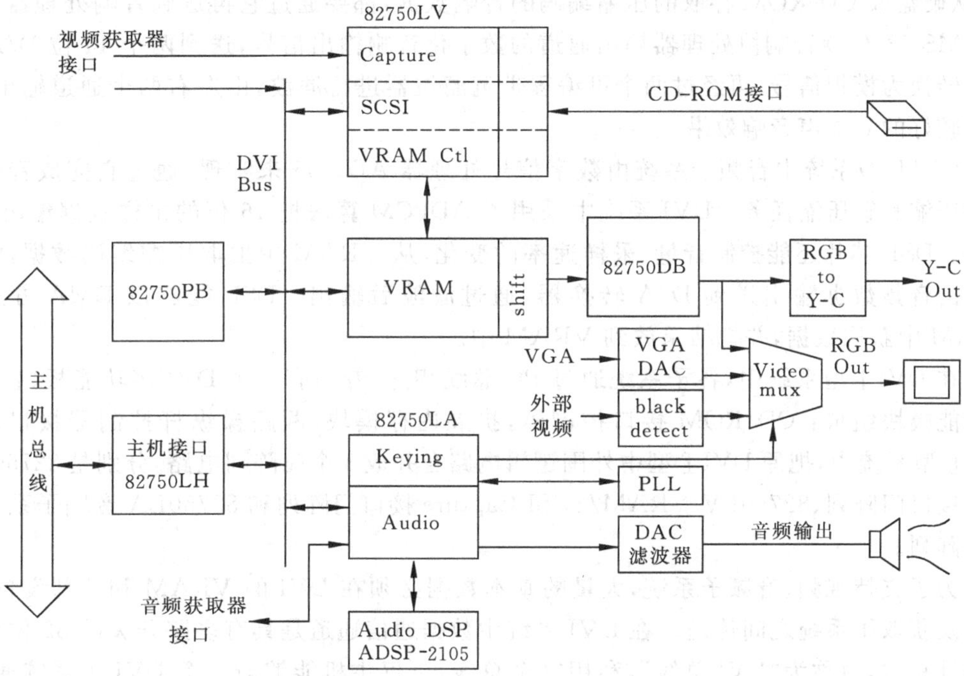

图 4.30　DVI Ⅱ型系统结构原理图

在 DVI 系统中，视频处理围绕两个核心芯片来进行，即像素处理器(VDP1)和显示处理器(VDP2)。在 DVI Ⅰ型中，82750PA 像素处理速度为 12.5MIPS，它采用微码编程，可以高速执行像素处理的多种算法。82750DA 是显示处理器，它可以与像素处理器 82750PA 并行工作。当视频像素处理器绘制和管理视频 RAM 中的位映射图时，显示处理器就把这个结果显示在视频屏幕上。82750PA 可以通过编程进行控制，可适应不同分辨率、不同像素及不同格式的各种型号的显示器。

在 DVIⅡ型中，视频子系统的两个关键芯片由 82750PB 和 82750DB 分别取代 82750PA 和 82750DA。像素处理器 82750PB 是具有较宽指令字长(48 位)的快速微码处理器，在 25MHz 主频下，运行速度达 25MIPS。由于指令字长，且不同字段分别可以实现不同的控制和操作，提高了并行操作的功能，因此 82750PB 像素处理器的操作速度达 100MIPS。高速和微操作像素处理器特别适合图像处理和各种运算。

在 DVI Ⅰ型系统中，音频处理子系统是以 TI 公司的 TMS-320C10 数字信号处理器(DSP)作为专用音响处理器。它有两个存储器，一个叫程序存储器，使用 4096×16 位高速静态 RAM 存放音响处理程序，存取周期 50ns；另一个存储器叫音响数据存储器，由 16KB 的动态 RAM 组成，通过 I/O 通道与 TMS-320C10 相连，也同样与 PC 机相连。因此，主机 CPU 和 TMS-320C10 共享该存储器。音响数据存储器可作为音响数据的缓冲区，从硬盘或 CD-ROM 存取的压缩编码的音响数据，都要通过它再送到音响处理器。经过 TMS-320C10 音响协处理器输出通道的数字化音响输出信号，送到两个 14 位 D/A 转换器转换为模拟信号，再经过两个可编程带宽滤波器进行滤波，由左右两个通道输出，可产生较好的立体声音响效果。

DVIⅡ型系统中音频子系统由数字信号处理器 AD2105 来实现，通过它完成音响信号的压缩和解压缩任务。DVI 系统中采用了 ADPCM 算法把 16 位的采样数据编码成 4 位码。DSP 芯片还能控制音量、采样速率的变化，从 VRAM 中抽取压缩编码数据，将解压缩的音频数据输出送到 D/A 转换器，通过滤波后输出。DSP 能够以 DMA 方式从 VRAM 中获取数据，并把结果放到 VRAM 中。

在 DVIⅠ型系统中，各子系统通过 PC 总线相连，专门有一个 DVI 多功能板，它由 3 个功能模块组成：CD-ROM 接口控制器，扩展内存模块，两路操纵杆控制器接口。在 DVIⅡ型系统中，把原 DVIⅠ型中外围逻辑电路合并成 3 个门阵列电路，分别是 82750LH 主机接口门阵列、82750LV VRAM/SCSI Capture 接口门阵列和 82750LA 音频子系统接口门阵列。

为了支持视频、音频子系统，大量的基本数据必须在 DVI 的 VRAM 和外部设备、主机以及获取子系统之间传送。在 DVI 系统中数据通信通道是具有多路开关的 32 位数据和地址总线，也称为"DVI 总线"，利用这个总线，不仅主机能够与每个 DVI 子系统通信，而且各子系统之间也能够用 DVI 总线互相通信。

在 DVIⅠ型系统中，CD-ROM 控制器是为 Sony CDU-100B 型 CD-ROM 驱动器而设计的，也适用于其他兼容产品。在 DVIⅡ型系统中，VRAM/SCSI/Capture 门阵包括了一个 SCSI 接口，这个接口可用于支持单个 CD-ROM 驱动器，作为压缩编码视频和音频数据源。把这个子系统加到 DVIⅡ中，不需要外部扩展卡，用较低成本就能支持 CD-ROM 驱动器。

在 DVIⅡ系统中，从用户板输出的视频信号可以直接显示在 NTSC 或 PAL 制式下 VGA，EGA 或 RGB 输入的多同步监视器上。系统中存在两个分开的帧缓冲区，一个是为 DVI 运行视频的缓冲区，一个是 VGA 或 EGA 高分辨率图形的帧缓冲区，彩色键连子系统能够把这两个缓冲区结合起来在屏幕上显示。

综上所述，以 DVIⅡ为代表的 DVI 多媒体硬件系统具有下述特点：①采用了高速专用视频处理器 i750B，具有实时处理视频功能；②DVI 总线保证了高速传输；③外围逻辑集成到 3 个门阵列，Action MediaⅡ体积缩小；④ 外围接口设计方便了用户。

2. DVI 软件开发环境

1989 年推出的第一代 DVI 系统软件基于 DOS 环境，采用了层次结构模型，具有模块化特点，其核心是 AVSS(audio video support system)。为了提高 DVI 系统平台的开发能力，适应广大用户的需要，减少多媒体硬件软件的依赖，Intel 公司和 IBM 公司开发第二代 DVI 系统中采用基于 Windows 的 DVI 系统软件，其核心为音频/视频内核 AVK (audio/video kernel)，AVK 能在不同的操作系统支撑环境下工作，而且为了实时响应，能够最少地依赖主机 CPU。下面分别介绍两代 DVI 系统软件。

(1) 音频视频子系统 AVSS

第一代的 DVI 系统软件如图 4.31 所示。最下层是 DVI 系统硬件。硬件之上和硬件直接打交道的软件是驱动程序，它在初始化时，在引导程序作用下，安装到系统 RAM 中常驻内存。驱动程序模块包括视频驱动程序、音频驱动程序以及多功能板驱动程序。驱动程序模块层之上是驱动程序接口模块层。它在驱动程序模块层和应用支持层之间，靠驱动程序提供支持，并为应用支持层提供一个虚拟接口，具有虚拟机概念。虚拟设备是软件的实体，它规定实际设备的接口特性。DVI 系统中共有 4 个驱动程序接口模块：①微码接口模块，是 82750PA 的接口模块，负责微码的加载和执行，同时也负责主机系统对 VRAM 的存取；②视频接口模块，是 82750DA 的接口模块，负责 82750DA 的初始化，同时还包含了视频信号数字化器的接口软件；③多功能接口模块，提供了 CD-ROM 和操纵杆的接口软件；④音响接口模块，是音响板和音响数字化器的接口软件。该层还有两个 IBM PC/DOS 的扩展模块：实时执行模块(Rtx)和 Microsoft CD-ROM 扩展模块(MSCDEX)。

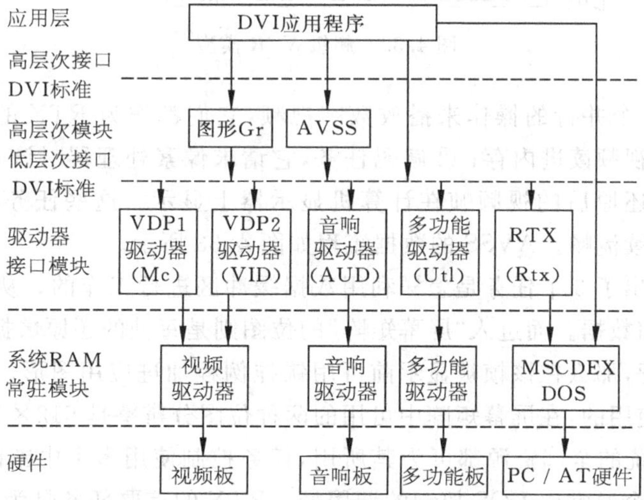

图 4.31　DVI Ⅰ型系统软件层次结构

驱动程序接口模块层之上是应用支持层,它主要包括两个高层次的软件包,即一个图形软件包Gr和一个音频视频支持软件AVSS。

最高层是应用层,它可以提供大量的应用程序,如导游、销售、培训、信息管理等。对其支持的DVI高层接口提供了多媒体编辑制作工具及创作语言,方便了应用软件的开发。

下面主要介绍AVSS的设计思想。

AVSS概念模型称为超级VCR模型,如图4.32所示。其中演播单元就是AVSS功能的具体体现,以C语言库函数的形式提供了基于DVI的视频演播控制和帧像准备功能,应用程序能够播放视频/音频,就像使用VCR播放录像带一样。演播单元提供了类似的停止(Stop)、倒带(Rew)、播放(Play)、暂停(Pause)、静态步进(Still Adv)、快进(FFAdv)等控制功能。效果处理单元实际上是图形库功能的集合。钩挂(Hook)例程是把专用图形添加到视频的特殊调用工具。钩挂例程有一套DVI图形操作,当每个视频帧图像解码后,在其显示前,可执行对该视频帧的调控。AVSS自动匹配所调用的相应例程,在AVSS上使用键盘或鼠标输入,并由RTX随时跟踪,为用户提供交互式控制应用的功能。

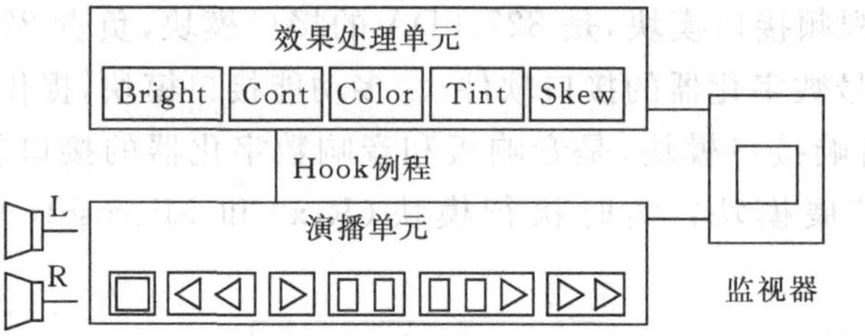

图4.32　超级VCR模型

AVSS采用3个并行的操作来播放数字视频,它们都作为RTX的任务:①输入任务,它将一帧压缩视频读进内存;②解码任务,它请求像素处理器对该帧视频进行还原;③显示任务,它将还原后的视频帧在计算机显示器上显示。这些任务必须每秒执行30次,以保证演播连续流畅。AVSS的数据流程如图4.33所示。

图4.33中给出了3个任务是怎样利用数据缓冲区进行工作的。从存储设备流入输入缓冲区的是压缩数据。而进入"屏幕矩阵"的位图则是每帧的还原数据。如果应用程序已安装了钩挂例程,那么在该帧被显示前可用钩挂例程加进应用图形。屏幕矩阵位图是以循环方式重复使用的,在屏幕矩阵中可用的两种位图分辨率是512×480和256×240。

RTX假定系统的全部资源都可为其所用,任务控制使用多个中断向量号,特别是计时器中断,截取某个通常由DOS控制的调用号。RTX的首要任务是为AVSS提供CPU资源,使运动视频播放连续畅通。具体做法是给任务分配特定的优先数,并查明在其执行

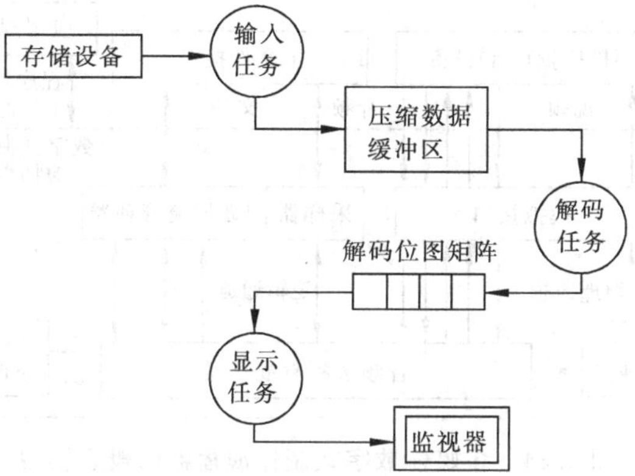

图 4.33　AVSS 的数据流程

循环期间应发出的事件等待时间。RTX 优先级的范围是 0～15，其中 0 为最高优先级，15 为最低优先级。AVSS 输入任务、解码任务、显示任务的运动优先级分别为 3，4，5。应用程序任务具有最低的优先级。事件等待条件是通过调用 RTX 库函数控制。公用事件包括键盘、鼠标和时间溢出。RTX 调度周期性地被激活，它基于主计时器中断，调度任务是“ready”表为其优先顺序导向的。尽管 RTX 调度和所有应用程序的任务都是在主机 CPU 中运行，但 AVSS 的解码和显示任务实际上由 DVI 处理器执行。

AVSS 的超级 VCR 模型的成功实现表明了把电视的真实感与计算机的交互性相结合是可行的，该模型是多媒体系统的基本模型，对以后许多多媒体系统的开发影响很大，系统具有的交互图形效果和音频信号流的动态混频都超越了 VCR 功能限制。AVSS/RTX 是基于 DOS 环境开发的，没有留出扩展接口，可移植性和可扩充性很差，RTX 的任务调度依靠主机 CPU。因此，RTX 调度技术需要改进。

(2) 基于窗口系统环境的 AVK

在 DVIⅡ系统中，多媒体系统软件的核心是 AVK，其概念模型是“数字视频制作演播器”。这种模型要求多媒体技术模拟现代电视制作演播室，由特定硬件完成各项功能，并使应用开发者具有同实际演播室一样的创作自由度。一个典型的制作演播器应包括混合器、磁带、监视系统、特技处理器以及为了记录、修改和播放视频和音频信息联在一起的其他设备。数字式制作演播器主要的组成部分是：模拟设备接口、显示管理器、采样器、效果处理器以及音频/视频混合器等，该模型如图 4.34 所示。

AVK 系统软件的设计基于上述“数字视频制作演播器”模型，并且 DVIⅡ系统增强了像素处理能力，希望支持窗口环境，因此 AVK 系统设计的目标是：①AVK 系统软件可用于多个计算机平台和多种不同的操作系统，可移植性好；②AVK 具有很好的扩展性，当系统硬件能力增加或改善时，AVK 系统仍可运行，且不限制同时播放的视频数据

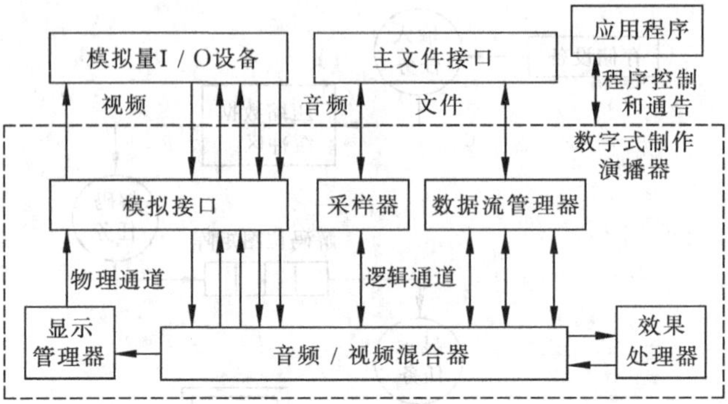

图 4.34　多媒体数字式制作演播器的概念模型

流的数目；③对主 CPU 依赖性要最少。AVK 系统软件结构如图 4.35 所示。

AVK 的最下层是 82750PB 像素处理器微码子程序的集合，称为"微码引擎"(microcode engine)，它直接和 DVI 硬件相连。其中一个功能叫做 DoMotion，它管理解压缩的任务以及缓冲区；另一个功能叫做 CopyScale，它能够实时地、按任选的比例尺将一幅视频图像复制到显示缓冲区。微码也能用来调度显示任务。为了增加视频效果，DoMotion 微码功能允许其他的微码子程序及其相应参数动态地加载和执行。

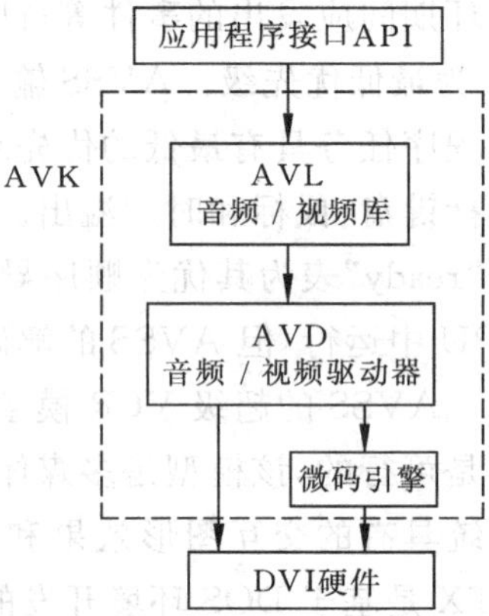

图 4.35　AVK 系统结构图

第二层为音频视频驱动器层，也称 AVD 层(audio/video driver)，该层和硬件 Actionmedia 密切相关。AVD 的接口提供下述功能：用来存取多媒体设备上局部视频存储器(VRAM)；为 82750DB 显示处理器设置不同的显示格式以及从 VRAM 中加载微码到 82750PB 的指令存储器，AVD 还可提供一个到声音子系统的接口。

第三层叫音频视频库(audio/video library，AVL)。AVL 提供数字视频制作演播的很多功能。AVL 执行的控制功能是把数据规范化为数据流，这些数据流集成为一个数据流组。一个数据流组是一个或多个数据流的集合，目的是为了完成同步控制的需要。这里的控制功能是指播放、暂停、停止、前一帧等使用数据流组的操作。AVL 执行的控制功能是为获取和显示缓冲区读写数据。AVL 还提供控制这些数据类型的属性，如调音量、调视频色调。这一层独立于系统的平台，因此很容易移植到其他的硬件环境和操作系统中。AVL 还包括一个内部使用的 C 功能集，如 VRAM 存储器的控制管理，位映射图的格式化以及产生和管理命令表。命令表是微码功能和它们参数的集合。

最上一层是特定的支撑环境层，也是应用编程接口层，它有两个主要功能：读写数据到文件系统；把AVK集成到窗口系统的支撑环境中。

在DVIⅡ型系统中，用新的82750PB像素处理器比82750PA处理速度快两倍多，利用增加的能力，AVK能够用来更灵活地调度多个缓冲区。

AVK对数据流处理有两方面的优点：一是从解压缩位映射阵列分离显示的位映射允许插入复制和改变比例尺的操作，它也允许改变窗口的视频效果，如重新定位和重新改变视频图像的尺寸；二是由于DVI硬件具有更多的功能，多个视频窗口能够同时显示在屏幕上。AVK数据流程如图4.36所示。

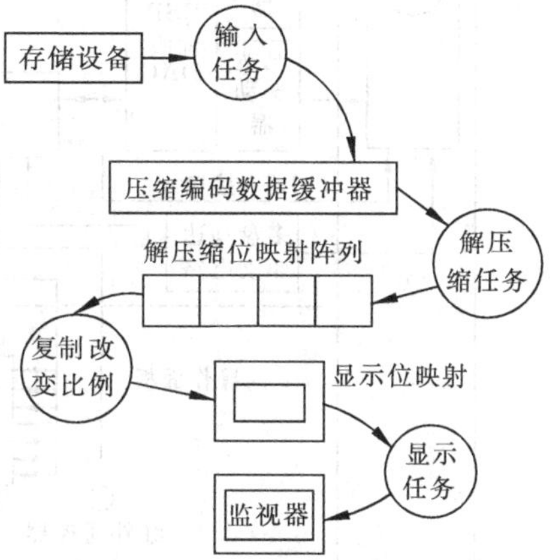

图4.36　AVK数据流程图

为了完成上述功能，当对于相同的显示位映射数据执行复制和变换比例尺操作时，为每个视频数据流定位压缩编码数据缓冲区和解压缩阵列数据。而AVSS结构使用单个位映射阵列，用于解压缩和显示。

播放和记录数字视频和音频数据需要实时处理几个相关联的任务，采用可编程的82750PB像素处理芯片的DVIⅡ系统可以很好地解决这个问题。AVK微码子程序集合执行实时的任务调度，其主要组成部分是调度器(DoMotion)、缓冲区/数据流处理任务、命令表处理任务及周期处理任务等。

4.4.4 VCD播放系统

VCD播放机是基于MPEG-1标准的交互视频播放系统，它有两种形式：一种是使用PC机构成的播放系统，是在PC机上加MPEG解压卡或解压软件升级而成；另一种是VCD播放机加上电视机构成。本节主要介绍VCD播放机。

1. VCD播放机的基本结构

VCD播放机由以下3个核心部件组成。

(1) CD驱动器或称CD加载器。

(2) MPEG解码器。

(3) 微控制器。

图4.37即为一种典型的VCD播放机结构，它围绕C-Cube公司的CL482/484解码器构成VCD播放机。

从VCD盘中读出的数据流包含视频数据和声音数据，VCD解码器首先要从中将它们分离出来，然后分两路处理。一路从压缩的视频数据中重构视频图像，再用“图形菜单

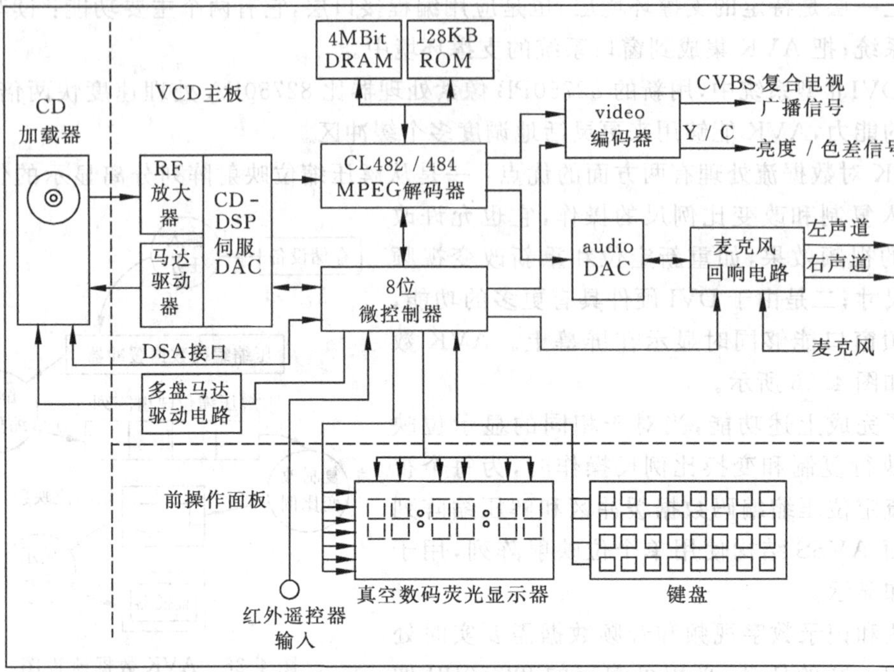

注: VFD(vacuum fluorescent display)真空荧光数码显示器
RF(radio frequency)无线电频率(信号)
CVBS(composite video broadcast signal)复合电视广播信号
DSA(data,strobe and acknowledge)数据、选通和应答(接口技术)

图 4.37 典型的 VCD 播放机结构

显示(OSD)"选择的图形去覆盖它,最后把解压缩的数据和同步信息送给模拟电视信号编码器,产生 NTSC 或 PAL 制式的电视信号显示;另一路从压缩的声音数据流中重构出声音数据,然后送给数模转换器 DAC,它的输出送给麦克风回响电路,在那里和两个麦克风的输入信号进行混合后送给立体声设备。

微控制器是一个 8 位微处理器,其主要功能是:接收并解释来自控制面板上的按钮输入命令;接收并解释来自红外遥控器的输入命令;在真空荧光数码显示器(VFD)上显示播放信息;控制 CD 加载器和数字信号处理器的运行;控制 CL482/484 的解码;处理 VCD 2.0 的交互播放。

2. VCD 播放机的基本功能

VCD 2.0 的基本特性在白皮书中有详细的说明。使用 CL482/484 构成的 VCD 2.0 播放机至少有如下功能。

(1) 支持 VCD 2.0 标准的播放控制功能。

(2) 可把 NTSC 制式电视转换成 PAL 制式电视。

(3) 播放不太清洁或者缺陷不大的 VCD 盘时不会产生断续的图像，C-Cube 称之为 ClearView 技术。

(4) 支持单盘和多盘加载器。

(5) 支持下列 CD 盘格式：VCD 2.0，VCD 1.1，CD-DA，卡拉 OK-CD 1.0，CD-I。

(6) 支持的播放特性有：1/2，1/4，1/8 和 1/16 的播放速度；快速向前播放；按时间搜索。

(7) 卡拉 OK 功能。

由于 VCD 系统迎合了家庭的娱乐需求，20 世纪 90 年代大为流行，也促进了 VCD 系统的改进与提高。代表性的系统是采用 C-Cube 公司 1997 年开发的 CL680 VCD 解码器构造的 VCD 2.0 播放机。CL680 是 audio/video/CD-ROM 解码器和 NTSC/PAL 编码器合二为一的大规模集成电路芯片，集成度更高；使用算法提供环绕立体声并加强 OSD 功能，提高了播放质量；加强了 ClearView 技术，提高了可靠性。

4.4.5 DVD 播放系统

DVD 播放系统与 VCD 播放系统相差不大，其结构如图 4.38 所示。

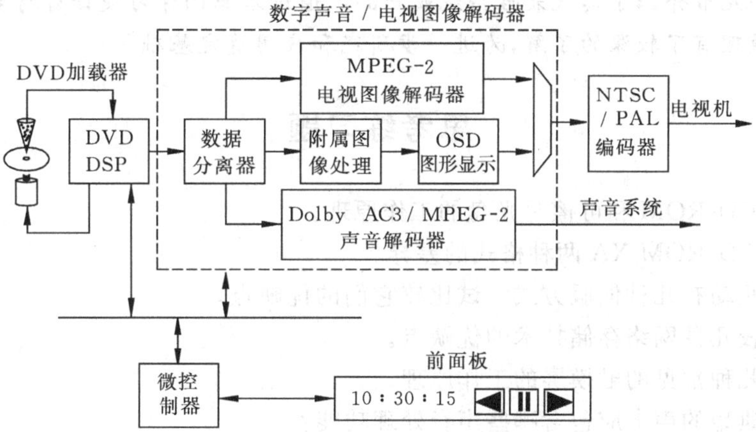

图 4.38 DVD 播放系统的结构

DVD 播放系统主要由下列部分组成。

(1) DVD 盘读出机构。它主要由马达、激光读出头和相关的驱动电路组成。马达用于驱动 DVD 盘作恒定线速度旋转；DVD 激光读出头用于读光盘上数据，使用的是红色激光，而不是 CD 播放机用的红外激光。

(2) DVD-DSP。这块集成电路用来把从光盘上读出的脉冲信号转换成解码器能够使用的数据。

(3) 数字声音/视频解码器。这是一块由 100 多万个晶体管集成的大规模集成电路,其主要功能有:分离声音和视频数据,建立两者同步关系;解码视频数据重构出广播级的视频图像,并按电视显示格式重组图像送给电视系统;解压缩声音数据重构出 CD 质量的环绕立体声,并按声音播放规格重组声音数据送给立体声系统;处理附属图形菜单显示。

(4) 微处理器。这是一块微型计算机芯片,用来控制播放机的运行;管理遥控器或者控制面板上的用户输入,把它们转换成解码器和 DVD 加载器能够识别的命令;DVD 节目存取权限的管理等。

本章小结

本章全面介绍了多媒体计算机系统的构成。首先介绍了多媒体光盘的存储技术,叙述光盘的读写原理、类型、规格、格式及制作方法,并介绍磁盘阵列与网络存储技术。多媒体功能卡是构成多媒体系统的关键部件,本章以典型的产品为例讨论了视频卡、音频卡的原理和功能。多媒体的输入输出设备是系统的重要配置,本章也简要介绍了扫描仪、显示器、触摸屏、USB 等设备和接口的工作原理。交互式多媒体系统是个人多媒体产品的主流。本章后面几节介绍了其代表性系统或产品。通过本章的学习使读者对多媒体计算机系统的组成原理有了较深的了解,为进一步研究和应用奠定基础。

思考练习题

1. 简述 CD-ROM 和可擦写光盘的工作原理。
2. 比较 CD-ROM XA 两种格式的差异。
3. 光盘驱动有几种伺服方式? 试比较它们的优缺点。
4. 试比较几种网络存储技术的优缺点。
5. 简述几种常见的触摸屏的工作原理。
6. 一个典型的声卡应包含哪些声音处理功能?
7. 以一种典型的视频卡为例,介绍视频卡的功能和工作原理。
8. 多媒体系统软件的层次结构如何划分?
9. 试指出 DVI 系统概念模型及其影响。
10. 试以一个典型的交互式多媒体系统为例,介绍其软硬件构成。

第 5 章 多媒体软件开发环境

多媒体系统给用户提供了功能强大的系统平台，支持开发多媒体应用软件，或简称为多媒体节目。本章讨论多媒体应用软件中媒体数据的获取与制作方法、开发系统与工具，主要包括音频、视频、文字的获取方法，图形和动画的制作系统，具有通俗易懂的应用编程接口或交互式设计界面的多媒体节目设计工具软件等。

5.1 多媒体数据的获取

5.1.1 多媒体应用软件的开发过程

一般来说，用户开发一个多媒体节目要经过如下几个步骤：

① 明确使用对象，了解用户需求；

② 选择开发方法；

③ 准备多媒体数据；

④ 完成系统集成。

下面分别对这些步骤作简要介绍。

多媒体节目与其他类型的软件相比，其特点是以内容情节为导向的，而其他的软件(如文本处理软件、数据库管理系统等)一般是工具性的软件。多媒体节目的内容是软件本身所提供的，用户可以尽可能地阅读、观赏、倾听、浏览节目所提供的内容，因此设计制作一个多媒体节目就像是你在编导一部电影。由于多媒体节目开发的成败关键在于使用对象的评价，因此开发多媒体节目首先要了解用户的需要，明确使用对象。从软件工程的角度来说，用户需求分析是软件开发的最初阶段。正是用户需求作为问题提出后，开发者才能经过思考以寻求解决该种需求实现的方法或工具。用户需求往往是针对多媒体技术从内容和设备配置方面提出具体要求，如用户是否有不使用鼠标和键盘而直接通过触摸屏幕来获取信息的要求；系统中是否需要语音和音乐；数据类型中有无图像、视频、动画、字幕的要求等。

了解用户的需求后,创作者就可以对节目作出总体设计。一套好的多媒体节目必须依赖优秀的空间设计人员、绘图艺术家和编剧家的创作,这就强调了多媒体开发者应具有计算机技术与文学艺术知识的综合修养。完成系统设计后,需明确节目的开发方法。一般有两种方法可供选择:一是由开发人员编码来实现一个多媒体节目;二是利用市场上已有的多媒体开发工具或平台来制作多媒体节目。前者的优点是不需较大的投资,但需编制大量的程序,需要优秀的程序设计人员,维护也不方便;后者需要一定的投资,但开发周期短,维护问题少,关键是要选择一种功能较强价格合理的工具软件。利用功能强大的工具软件开发多媒体软件是大多数用户开发多媒体节目的方法。

当开发方法确定后,就进入具体实施阶段。在实施阶段的基本工作是多媒体数据的准备。一个多媒体节目里一般包括音频、视频、动画、静态图像、文字、图形等多种媒体素材,这些素材在系统集成之前必须准备好。多媒体数据的准备是开发多媒体节目的重要步骤,它往往占用大部分的节目开发时间。严格来说,多媒体数据的准备又包括数据的获取、数据的整理、数据的编辑加工等阶段。数据的整理主要是对采集的媒体数据按照指定的方法进行登记与分类,便于后面步骤的使用。数据的编辑加工指的是根据情节的要求对媒体数据进行剪辑、修改、格式转换等处理,一般通过专门的软件工具来完成,如Windows所提供的多媒体处理工具。

多媒体节目开发的最后阶段是系统集成。制作者通过所选择的开发方法将节目情节具体化、程序化,并将准备好的多媒体素材按照需要进行编辑加工,最终集成为一个由程序和数据组成的软件产品,这个软件产品往往又记录在某种介质(如CD-ROM)中,便于销售和使用。

总的来说,多媒体数据的获取比较复杂,也比较烦琐,并且往往需要专用的设备和软件,而这些设备和软件有时比计算机系统本身的价格还要昂贵。

下面主要讨论多媒体数据的获取问题。

5.1.2 图像数据获取方法

图像数据包括静态图像和视频图像,它们的获取在多媒体节目制作中占有很重要的地位,因为图像效果往往直接影响了用户对节目的评价。

一般来说,图像数据的获取有以下方法:

① 购买数字化的图像或图片。

② 自己动手使用特定软件创作电子图像。

③ 用扫描仪将照片、图片做数字化处理。

④ 用摄像机或帧捕捉器捕捉视频画面,并进行数字化处理。

⑤ 向有关单位无偿或有偿交换拷贝,或通过网络获取公开的图像文件。

常见的静态图像编辑软件有Photoshop,Photostyler,Color It,Picture Publisher等

工具软件。它们和绘图软件有许多地方类似，但在画质上较为讲究，功能也更多。增加的功能包括颜色的选择，如15位或24位颜色深度，并增加了光源、调色等功能。

编辑视频的软件很多，常见的有 Microsoft Video for Windows，Adobe Premiere，Video Blaster 等软件。

下面以美国 Adobe 公司开发的 Photoshop 为例介绍静态图像处理软件。Photoshop 集众多的图像处理技术于一身，是目前流行的图像处理软件之一。Photoshop 功能全面而且强大，适合于处理各种静态图像。它可以对图像进行修改、合成、滤镜和扫描等各种操作，同时支持大量的图像文件格式。由于 Photoshop 强大的功能，它被广泛地应用于广告设计、装帧设计、电脑美术设计等领域。Photoshop 的界面布局如图5.1所示。

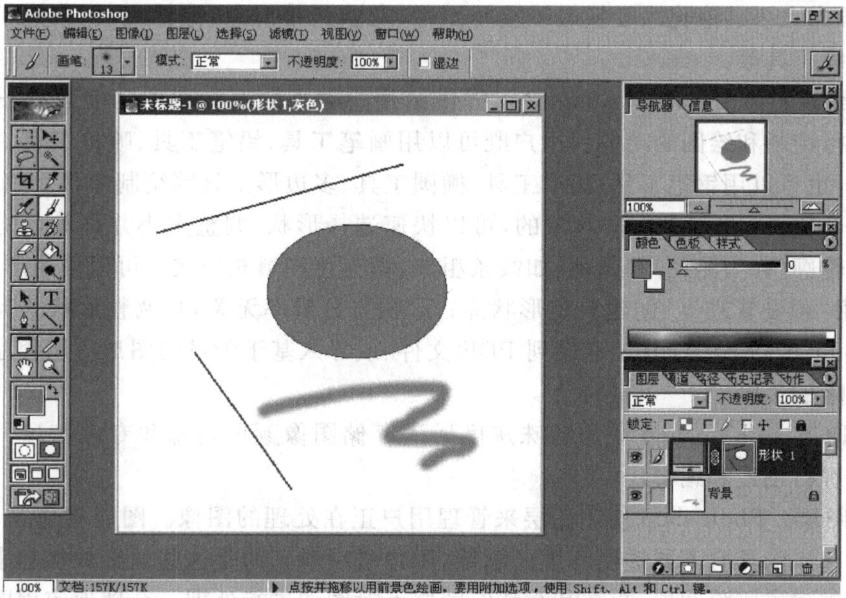

图5.1 Photoshop 的功能界面

界面的最上方是标题栏，然后是菜单栏，菜单栏中的菜单项包含了 Photoshop 的大部分功能。菜单栏下面是工具选项栏，它显示并调整 Photoshop 中各种工具的属性。再往下的区域分为3部分：①最左边的长条形窗口是工具箱，提供了大量图像处理和绘制的工具；②中间的窗口是画布，也就是用户要处理的图像所在的区域；③右边的窗口比较复杂，它们包含导航器窗口、颜色窗口、色板窗口、图层窗口、通道窗口、路径窗口等，这些窗口分别向用户提供不同的功能。最下面是状态栏，显示当前工作状态。当然，这个布局并不是固定的，用户可以根据个人爱好调整界面布局。

Photoshop 主要包含以下功能。

(1) 扫描图像。Photoshop 可以利用计算机上安装的扫描仪及其驱动程序对图像数字化处理。用户可以方便地将照片、图片等扫描到Photoshop中进行处理。

(2) 色彩调整。Photoshop提供了丰富的色彩调整功能。主要包括色阶调整、色彩平衡调整、亮度/对比度调整、色相/饱和度、颜色替换和色调均化等功能。

(3) 选择和蒙版。Photoshop提供了多种方式让用户选择要处理的图像区域的方法。矩形选择工具可以让用户选择一块矩形区域,套索工具让用户手绘选择区域,魔棒工具用于选择颜色相近的区域。蒙版可以隔离并保护图像的其余部分,当选择某个图像的部分区域时,未选中区域将"被蒙版"或受保护以免被编辑。也可以在进行复杂的图像编辑时使用蒙版,如将颜色或滤镜效果逐渐应用于图像。

(4) 图像变换和修饰。对图像的变换和修饰,Photoshop主要提供以下手段:裁剪图像、更改画布大小、"液化"、变换二维空间图像、变换三维对象、涂抹工具、聚焦工具、色调工具和海绵工具等。

(5) 绘画和绘图。Photoshop除了提供给用户处理原有图像的功能以外,也提供了一定的自行绘画和绘图的功能。用户既可以用画笔工具、铅笔工具、喷枪工具、橡皮擦等进行绘画,也可以用钢笔工具、矩形工具、椭圆工具、多边形工具等绘制形状。使用形状具有下列几个优点:形状是面向对象的,可以快速选择形状、调整大小并移动,并且可以编辑形状的轮廓(称为路径)和属性(如线条粗细、填充色和填充样式);可以使用形状建立选区,并使用"预设管理器"创建自定形状库;形状与分辨率无关,当调整形状的大小,或将其输出到PostScript打印机、存储到PDF文件、或导入基于矢量的图形应用程序时,其形状保持清晰的边缘。

(6) 通道。Photoshop采用特殊灰度通道存储图像颜色信息和专色信息,它允许用户对通道进行创建和编辑。

(7) 图层。Photoshop使用图层来管理用户正在处理的图像。图层就像是一些按一定顺序摞起来的具有不同透明程度的画纸,用户最后看到的是这些画纸叠加起来的效果。用户可以创建或删除图层,并在某个特定图层上对图像进行处理。合理地使用图层,会使工作事半功倍。

(8) 用滤镜制作特效。滤镜是Photoshop中最为吸引人的工具,它可以对某个图像区域进行处理并产生特殊的效果。Photoshop提供了大量滤镜,可以分成:风格化滤镜、画笔描边滤镜、模糊滤镜、扭曲滤镜、视频滤镜、素描滤镜、锐化滤镜、纹理滤镜、渲染滤镜等。应用这些滤镜将会产生意想不到的效果。

(9) 文字。Photoshop可以让用户在图像中输入文字,这些文字将会成为图像的一部分。用户可以对文字进行编辑、排版、旋转、扭曲等操作。

(10) 打印图像。Photoshop向用户提供了简洁的打印图像的界面。用户只需在页面设置对话框和打印选项对话框进行简单的配置即可打印。Photoshop提供的打印预览功能可以让用户方便地预先观察打印效果。

下面以Adobe公司推出的专业数字视频处理软件Premiere为例，介绍视频数据的采集与编辑。Premiere软件可以配合多种硬件进行视频采集和输出，提供各种精确的视频编辑工具，并能产生广播级质量的视频文件。它利用数字方式对数字化的视频信息进行编辑处理，可以为视频节目增添各种特技视频效果。

Premiere的基本功能包括：可以实时采集视频信号，采集精度取决于视频卡和PC机的功能，数据格式为AVI；将多种媒体数据综合处理为一个视频文件；具有多种活动图像的特技处理功能；可以配音或叠加文字和图像。

使用Premiere编辑数字视频的过程如下：

① 创建视频编辑工程(project)；

② 输入要编辑的各个视频段、音频段或图像，并浏览；

③ 对各个视频段或图像应用过渡方法；

④ 对视频片段使用图像滤波；

⑤ 设计画面运动方式；

⑥ 预览编辑后视频效果；

⑦ 满意后生成最终电影文件存盘。

其中，过渡效果是指两个视频道上的视频片段有重叠时，从其中一个片段平滑地、连续地变化到另一个片段的过程，如在Premiere 4.2版本中提供了75种过渡特技效果。过滤效果是指作用在单个视频片段上，对视频片段施加某种变换后输出的特技效果，Premiere提供了60多种过滤方式，并允许在一个片段上加若干个过滤效果，同时提供了对过滤效果的添加、设置和删除操作。

5.1.3 音频数据获取方法

音频数据包括音乐、歌曲演唱、乐器演奏、演讲旁白等，另外也可能包括碰撞、敲击、射击、观众掌声、喝彩以及雷电等各种音源。在多媒体开发环境里常常储备有常用的声音库。但一般来说，制作多媒体节目还需要制作者专门进行音频数据的采集。

音频数据采集最常用的方法是利用录制设备录制音源，然后数字化处理并存入计算机。如乐器师演奏的乐曲可以直接由麦克风录进计算机，也可先由录音机录下，再转入计算机存储。音频数据获取的另一种方法就是购买或和有关部门交换音频数据文件，如大型图书馆、电台等部门存放有珍贵的名人讲话原始录音，制作者可通过合适的途径获取。

数字音频可以从麦克风、录音带、CD、电视及其他来源获取。它是把声音转换成储存体中的数字信息。数字音频较为稳定，容易保持一致性，音频的品质也较易获得保证。但是它的缺点是记录非常详尽，数据量极大，文件较MIDI音频大出200倍以上。要修改数字音频的细节非常困难，况且如此庞大的数据也大大增加了CPU的负担。虽然如此，它却可以适合任何一种音响,包括人的口语,故大多数多媒体节目仍采用这种音频。

若要在多媒体节目中加入完整的音频,则必须有赖于编辑声音的软件及PC上加装音频卡。多媒体的音频可以在纯粹为音响处理的软件中制作,如Windows Recorder,WaveEdit和Creative WaveStudio等,也可以在某些多媒体编辑软件上制作,如Macromedia Director可以同时允许从MIDI或其他软件输入音频,它还提供已制作好了的基本音频给用户直接取用,如鸟叫声、直升机降落声、机关枪射击声等30多种声音。这些音频编辑工具软件一般都包括了下列主要功能。

(1) 菜单条:含有文件建立、存取、编辑、复制、删除等功能。

(2) 控制板:含有录音、停止、暂停、播出、回转、向前等功能。

(3) 显示板:含有显示振幅、周期、频率等的视觉图表。

(4) 剪辑板:含有改变音量、摘取一段、改变某一段的音量速度等功能。

下面以Windows Recorder(录音机)为例介绍数字声音的编辑和处理。

Recorder是Microsoft公司为Windows配备的声音获取处理软件,它可以录制、编辑、播放以及以图形方式显示Microsoft波形格式的数字音频文件。用户在Windows中启动录音机后,可以看到有4个菜单命令集,分别是"文件(File)","编辑(Edit)","效果(Effects)","帮助(Help)"。

1. "文件(F)"菜单

此菜单提供完成基本的文件操作的命令集合。其中,"新建(N)"是新建一个空的波形数字音频文件;"打开(O)"是打开一个已有的波形数字音频文件;"保存(S)"是保存对波形数字音频文件的修改;"另存为(A)"是以新文件名保存波形数字音频文件;"退出(X)"是退出Recorder。还有"还原(R)"、"属性(P)"等功能操作。

2. "编辑(E)"菜单

此菜单提供了用来编辑声音文件的各种命令。其中,"复制(C)"是复制目前所选择的部分至剪贴板上;"粘贴插入(P)"就是插入剪贴板内的音频内容;"粘贴混入(X)"是将剪贴板中的内容同编辑区内所有的内容混合起来;另有"插入文件(I)","与文件混音(M)","删除当前位置以前的内容(B)","删除当前位置以后的内容(A)"和"音频属性(U)"等功能操作。

3. "效果(S)"菜单

此菜单中包含操作命令有:"加大音量(按25%)(I)","降低音量(D)","加速(按100%)(N)","减速(E)","添加回音(A)","反转(R)"等功能。

4. "帮助(H)"菜单

此菜单中包含"帮助主题(H)"和"关于录音机(A)",它们对软件功能和产品信息进行说明。

另外，用户可以使用 Recorder 提供的音频录制播放功能进行声音文件的录制播放操作，其播放功能按钮如图 5.2 所示，包含移至首部、移至尾部、播放、停止、录音等功能操作。

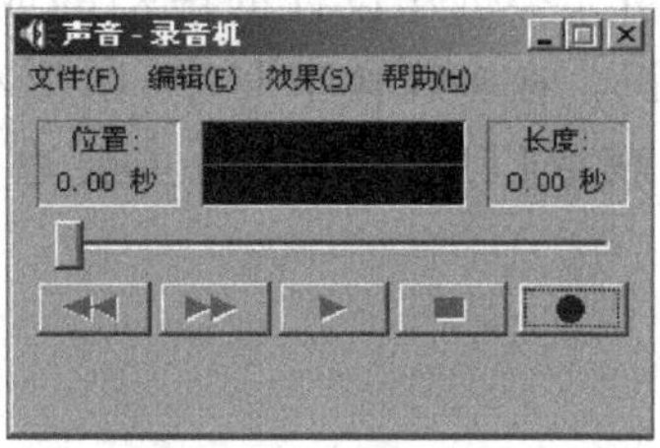

图 5.2　Windows Recorder 的功能界面

5.1.4　文本和数据文件的获取方法

文本和数据是最常用的基本媒体，它们的获取方法比较简单，但如何提高获取效率、方便用户是人们不断探索的问题，随着现代化技术的高速发展，会不断出现一些新的方法。下面介绍目前常用的主要方法。

(1) 键盘录入。这是最自然、最易掌握、普遍采用的方法。各文种信息的输入方法各异。例如，英文输入方法比较简单，英文信息可直接用键盘输入；中文输入方法较为复杂，中文信息有多种编码方法，如全拼法、五笔字型输入法、郑码输入法、智能 ABC 码输入法等。世界上有几百种语言文字，多文种信息输入一般分 3 种方法：小字符集文种的信息输入与英文相似，只需对键盘进行重定义；中字符集文种的信息输入需要定义主、辅键盘，并用组合功能键进行切换；大字符集文种(例如日文、朝鲜文、藏文等)的信息输入与中文类似。

(2) 图形识别输入。常用的识别输入方法是 OCR 扫描识别。可在写字板上书写文字信息，计算机专用软件进行图形识别，将手写文字用标准印刷体在屏幕上显示，同时用机内码存储。对于印刷书刊上的文本信息数字化，可用扫描仪在专用软件的支持下快速实现。其过程是，首先整页字符扫描，然后用专用软件进行字符分割，图形识别后，将字符图形用机内码存储，实现文本信息的数字化。通过扫描原稿输入文字数据图表的技术已经成熟，市面上有多种产品问世。目前印刷体文本的识别率可达 99%以上，手写体文本识别率一般也能达到 75%以上。

(3) 声音输入。声音输入有专用软件，需要建立语音库，输入员用麦克风读文本信息，计算机专用软件对输入的语音进行字符分割、语言识别，变成文本信息。一方面在屏幕上显示文本信息；另一方面用字符机内码进行存储，完成文本信息的数字化。

5.2 图形和动画的制作

图形和动画的视觉效果是由人类创作设计的虚幻的或仿真的画面所表现的,它表达了人类对空间和物体的主观认识。在多媒体节目中,图形和动画以简洁的视觉效果表达了丰富的信息。图形和动画的获取以用户制作为主要途径,有时也可通过购买或交换得到。

5.2.1 图形数据

计算机图形学是研究怎样用计算机表示、生成、处理和显示图形的一门学科。它着重讨论怎样将数据和几何模型变成可视的图像,这种图像可能是自然界根本不存在的,即是人工创造的画面,这在计算机所做的动画片中常常会看到;也可能是对自然界已存在的对象通过获取相关数据建立几何模型生成的图像,以便于分析处理。图形的显示形式也称为图像,但计算机图形学显示技术和一般意义的图像处理技术不同,后者侧重于将客观世界中原来存在的物体映像处理成新的数字化图像,关心的问题是如何滤掉噪声、压缩数据、提取特征、三维重建等内容。

在多媒体数据中,无法从客观世界直接摄取的可视信息,就可用图形技术来制作,这些数据主要包括文字、图形、动画。文字大多直接在文本编辑软件或制作图形的软件中通过图形数据方式处理,文字的属性包括字的格式(style)、字的定位(align)、字体(font)、字的大小(size)等,由以上4种不同的属性组合形成多种不同的显示方式,使文本编辑多样化,也使文本的内容表现丰富。图形包括二维空间及三维空间图形两种,其中二维图形仅能表现图形中各个部分简单的位置关系,而三维图形经过真实感处理,将使图形能表达出空间、位置、材质、明暗等接近自然的真实感效果。而动画是图形对象赋予运动属性后制作的连续画面效果,需要专门的软件工具制作。

图形文件的格式通过图形原语和它们的属性来描述。像直线、矩形、圆、椭圆、文本串等图形原语用来描述二维图形对象,而像多面体、球体等图形原语用来描述三维图形对象。图形本身决定了哪些原语被支持,诸如线型、线宽、颜色之类的属性影响着图形画面的输出。图形原语和它们的属性代表了图像表示的一个更高等级,即图形图像不是由像素矩阵表示。这种高级的表示需要在图形显示时被转换成低级图像的点阵。高级原语的优点是减少了存储每幅图像需要的数据,容易操纵图形图像,缺点是需要更多的步骤来将图形原语和它们的属性转换成它的图像像素。

对图形软件开发产生广泛影响的标准有PHIGS,GKS和OPEN GL等,基于这些标准开发了大量的图形支持软件和应用软件,它们广泛应用于CAD、CAM、地理信息系统、作战指挥和军事训练、计算机动画和艺术、科学计算可视化等方面。

5.2.2 计算机动画

计算机动画(computer animation)是用计算机生成一系列可供实时演播的连续画面的技术,它可把人们的视觉引向一些客观不存在或做不到的东西,并从中得到享受。计算机动画是使用计算机作为工具来产生动画的技术,计算机在动画制作过程中起着重要的不同的作用,表现在画面创建、着色、录制、特技剪辑、后期制作等各个环节。

1. 历史与发展

1831年,法国人Joseph Antoine Plateau利用视觉滞留原理发明了一种称为"诡盘"的机器,创造了运动画面的幻觉。第一部动画片是1906年由美国人J. Steward Blackton制作的,名字叫"Humorous Phases of Funny Face"。1909年,美国人Winsor McCay制作了第一部卡通,自此卡通系列片大量问世。1915年,美国人Earl Hurd引进了"Cel动画"技术,它的名字取自于它所用的Celluloid透明胶片。商业动画之父当属Walt Disney,在1928～1938年的10年间,他制作了米老鼠、唐老鸭等卡通系列片,这些作品深受动画爱好者的喜爱,对商业动画的发展有着巨大的影响。

计算机动画的研究开始于20世纪60年代初期。1963年Bell实验室制作了第一部计算机动画片,名字叫"Two Gyro Gravity Gradient Attitude Control System"。最初的工作主要集中于二维动画系统和语言的研制,应用于科教片制作,较有影响的系统有:Bell实验室的BFFLIX (1964)和EXPLOR(1970);MIT的GENESYS(1969);计算机图像公司的SCANIMATE(1971)和CAESAR(1971);宾夕法尼亚大学的ANIMATOR(1971);加拿大国家研究院的MSGEN (1971);美国NYIT的CAAS(1979)等。在计算机动画发展里程中值得一提的是著名艺术家P. Foldes利用MSGEN制作动画片"饥饿",该片在1974年戛纳电影节上获"the Prix du Jury"奖及其他几个电影节大奖。

对计算机动画的研究引起了国际许多计算机科学家的重视。从20世纪70年代开始,动画研究的重心集中在三维动画系统的研究与开发上。三维动画被赋予了许多崭新的内容,使计算机动画的发展呈现勃勃生机。较有影响的三维动画系统有:美国Utah大学的MOP(1972);Ohio州立大学的ANIMA(1975),ANIMAII(1977)和ANTTS(1979);N. M. Thalmann和D. Thalmann开发的MIRANIM(1985)等系统。

计算机动画是一门实用性很强的技术。世界上一些著名的高校、研究机构和计算机公司多方联合研制新型的商业动画系统,集强大造型功能、灵活的运动描述技术、快速高效的真实感技术、交互式的质感调试技术、具有专业水平的画面剪辑处理技术等实用的功能于一体,给计算机动画应用和普及创造了有利条件。特别是20世纪80年代中后期以后,随着一批以SGI为代表的高性能图形工作站的出现以及计算机图形学的飞速发展,推出了一批可生成具有高度真实感的实用化、商品化的三维动画系统,较有影响的商业动画软件有:法国TDI公司的Explore;美国Wavefront公司的Advanced Visualizer,

Autodesk 公司的 3DStudio;加拿大 Softimage 公司的 Creative Environment,Alias 公司的 Power Animator 等。到 20 世纪 90 年代初,计算机动画技术应用于电影特技取得显著成就,ILM 公司制作的影片"终结者Ⅱ"获奥斯卡最佳电影特技奖,1993 年美国制作的电影"侏罗纪公园"在全球引起轰动,获得创纪录的票房收入。

在动画技术的实用化过程中,SGI 公司做出了杰出的贡献。20 世纪 80 年代初,SGI 公司成功地将图形处理技术与 VLSI 技术相结合,研究出一种专利技术"超大规模集成电路芯片-几何图形发生器",接着 SGI 又建立了一套专供人们编程使用的 IRIS 图形库。随后 SGI 推出了不断发展的几何图形发生器系列,在 IRIS 图形库的基础上发展的 GL 及 OPEN GL。与此同时,SGI 公司又将 RISC 处理器不断推陈出新,这为动画系统提供了强有力的支持。

我国计算机动画的研究与应用虽然起步较晚,但近年来发展很快,一些大学和科研单位相继开展了计算机动画的研究工作,缩短了与国际上的差距,有些领域的工作在国际上产生了一定的影响。在应用方面,自 20 世纪 80 年代后期以来,从事计算机动画制作的公司如雨后春笋,纷纷出现,以电视片头、卡通片、动画广告制作为应用重点,在社会上产生了动画热。北方工业大学在 1992 年制作了国内第一部计算机动画电影"相似"。总的来讲,我国的动画研究和应用在整体上与国际上有较大的差距,研究与开发工作任重道远。

2. 计算机动画研究内容

(1) 运动控制方法

计算机动画中用于控制动画物体随时间而运动或变化的运动控制模型主要有:运动学方法、物理推导方法、随机方法、行为规则方法、自动运动控制方法等。

① 运动学方法:这是传统的动画技术,运动通过几何变化(旋转、缩放、位移、切变)来描述,在运动的生成中不使用物体的物理性质。运动学控制包括正向运动学和逆向运动学,前者正向决定物体变化后的位置,后者则是从空间某些特定点所要求的终结效果确定所用几何变换的参数。

② 动力学方法:应用物理定律推导物体的运动,运动是用物体的质量、惯量、作用在物体的内部外部力力矩以及运动环境中其他物理性质来计算的,有时还要使用反向动力学方法从物体终结状态推出物理学方程,从而确定运动过程。动力学方法的优点是:对于由物体的物理性质引起的运动,动画设计者不必详细规定其运动的细节,采用动力学作为控制技术并建立一个系统,可实现从最少的用户交互作用产生高度复杂的运动;真实地模拟自然现象;可自动地反映物体对内部和外部环境的约束。

③ 随机方法:是描述不规则的随机运动所采用的、在造型和运动过程中使用随机扰动的一种方法。主要包括分形技术、粒子系统等方法,用于模拟山形成、树生长、云飘动、火燃烧、弹药爆炸、风吹草动等不规则的运动和变化。

④ 行为规则方法：使用这种方法从传感器接收输入，由运动的对象感知，使用一组行为规则，确定每步运动要执行的动作。行为动画模型包含给运动对象指定由过程定义的行为，这些行为用来自动地生成它们的运动。用这种方法非常成功地生成了鸟群和鱼群的运动。

⑤ 自动运动控制：基于合成角色的动画系统，运动控制将使用人工智能、机器人学技术自动执行，运动将是在任务级上设计并用物理定律计算的，它可以分成以下几个层次：定位约束与运动学；动力学和逆动力学方法；考虑环境影响的自适应运动控制，包括基于环境中障碍物避免的运动轨迹设计、碰撞探测和响应、有限元方法及局部变形等；任务规划；行为动画。对应于角色行为的建模，从路径设计到角色间复杂的表情交流，属于动画设计者的设计行为。

常用的3类主要的运动控制模型依次是几何学模型、物理学模型和行为模型。几何学模型是第一个计算机化的模型。为了使运动更真实，人们引入了基于物理的模型，但存在的问题是所有的角色具有相同的行为方式。近来引入的行为模型考虑了人物的个性，是一种更好的运动控制模型。

(2) 动画描述模型与动画语言

用户和动画系统的交互方式是评价动画系统的重要因素之一，这种交互方式的抽象层次和自然语言化程度主要依赖于动画描述模型的影响。对动画描述较有影响的描述模型有面向对象方法、角色理论、记号系统、时间轴描述、基于时序算子的描述、基于知识的描述等。

基于动画描述模型开发的动画描述语言主要有以下3类。

① 记号语言：记号语言简单直观，一般提供编码、求精和动画过程，编码任务可通过一种智能的记号编辑器来完成。对于人手通过抓取和推动接触物体这类动画中，记号系统一般不适宜定义物体，这样动画里物体常常通过高级语言定义并同记号描述有序地结合在一起。在描述人体行走、舞蹈等动画中常使用这类语言。

② 通用语言：在通用程序设计语言中嵌入动画功能是一种常用的方法，语言中变量的值可用作执行动画例程的参数。如MIT开发的ASAS为一种基于LISP的语言，基于C和C++也开发了很多动画语言。

③ 图形语言：文本语言的缺点是不能可视地观察脚本的设计效果，目前大多数实用的动画系统都提供了图形式动画语言支持可视的设计方式，这种语言将动画中场景的表示、编辑、表现同时显示在屏幕上。

(3) 中间画面的生成技术

动画的中间画面的生成主要有3种途径，即关键帧方法、算法生成和基于物理的动画生成。

① 关键帧方法：它是基于动画设计者提供的一组关键帧、通过插值自动产生中间帧

的技术(见图5.3)。它分为基于图像的关键帧动画和参数化关键帧动画。

② 算法生成：其中动画物体的运动是基于算法控制和描述的，给定时刻物体的参数按照给定的物理定律改变，可以以解析形式定义或使用复杂的微分方程定义，通过求解得到某一时刻画面的物体位置参数。算法动画可体现真实性和虚幻性两重特点。

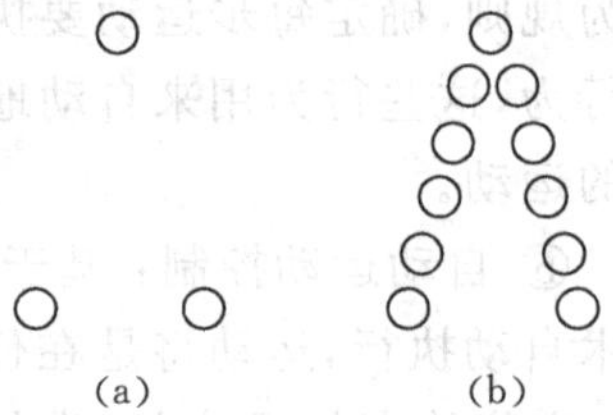

图5.3 小球运动的线性插值

③ 基于物理的生成：它是基于物体造型、应用物理定律以及基于约束的技术来推导和计算物体随时间运动或变化的一种技术。其优点在于基于物理的造型将物理特性并入模型中，并允许对模型的行为进行数值模拟，使其模型中不仅包含几何造型信息，而且包含行为造型信息，它将与其行为有关的物理特性、形状间的约束关系及其他与行为的数值模拟相关信息并入模型之中。动画运动和变化的控制方法中引进了物理推导的控制方法，使产生的运动在物理上更准确，更有吸引力，更自然。这种方法强调了动画模拟的真实性。

(4) 三维动画中的物体造型技术

在三维建模动画里，计算机不仅仅是一个辅助工具。计算机可方便而精确地表示人类难以表示的三维透视画面，在电影制作的实例中计算机的这种优势发挥得淋漓尽致。

动画中物体表示可分为以下3个层次。

① 线框：物体由一系列线框表示；

② 表面：物体由一系列面素(多边形、代数曲面、曲面片)表示；

③ 体：物体看作一系列体素组成或者看作三维空间的包围部分。

曲面造型最通用的技术是通过多边形集合来描述曲面。代数曲面(用数学方程描述的曲面)常用的是二次曲面(圆、圆锥、柱、椭球)。参数曲面片有Coons曲面片和Bezier曲面片、B样条曲面片等。在流行的商业动画系统中，常用的表示曲线和曲面的方法有非均匀有理B样条(NURBS)曲线(面)或Bezier曲线(面)，它们都能很方便地表达和处理复杂的外型。

实体造型能完全、精确、有效地表示三维物体，并且十分符合人们在几何形体构造时的思维方式。实体造型的表示方法有边界表示(B-rep)、构造实体几何(CSG)、推移(sweep)、八叉树表示、单元分解等。B-rep和CSG两种方法用得最多，很多造型系统使用这两种方法。

人体造型是最困难及最富挑战的一个课题，主要原因有：计算机图形学中使用的几何和数学模型不很适合于人体形状；关节的运动难以造型，尤其肌肉的运动。为了得到真实感的人体动画，必须建立其模型。人体结构分为3级：骨架、肌肉、可变形的连续的皮肤。在关结点连接的骨头是刚体运动，关结点可用作肌肉和皮肤变形的控制。常用的人体造型方法有棍状模型、表面模型、体模型。

人体动画是计算机动画的一个重要分支。不仅是因为人类活动的真实模拟是动画研究的目标之一，而且人的造型和行为十分复杂，对人体动画研究的每次进展都必然会推动整个动画领域的进步。

(5) 动画绘制技术

动画绘制是动画制作的关键步骤，绘制技术的好坏直接影响着动画的效果。真实感图形绘制技术是计算机图形学研究的一个重要内容，经多年的努力，人们已经提出了许多光照模型和绘制算法，其中有代表性的常用的光照模型有Phong模型、Cook-Torrance模型、Whitted模型等。绘制技术有扫描线算法、Phong明暗处理算法、光线跟踪技术、辐射度技术等。动画绘制除了使用上述方法外，还可根据其目标是生成一系列连续画面图像的特点，利用相关性来加速绘制过程。

3. 计算机动画的应用

动画应用主要分为面向影视制作的应用和面向模拟的应用。面向影视制作的应用不强调画面的真实性，只追求观赏性和趣味性，其中角色的运动可以有些虚幻，但绘制技术要求较高，能模拟出各种真实感效果。面向模拟的应用着眼于各种真实问题的仿真研究，它追求数据的正确性和结果的可信性以及能使各种以前仅能得到大批数据的科学试验可视化，这类动画对绘制效果没有前者的要求高。

下面是目前计算机动画主要的应用领域。

(1) 影视制作。这是计算机动画最活跃的应用领域，计算机动画技术在这方面已获得的成功给影视制作带来一场革命，预示着更新型作品的问世和巨额的票房价值。

(2) 广告制作。计算机制作的广告无孔不入地出现在各种传媒中，它们用各种特技镜头和夸张的表现，起到了独特的宣传效果。

(3) 教育领域中的辅助教学。能够免去大量教学模型和图表的制作，便于采用交互式启发式教学方式，使得教学过程更加直观生动，增加了趣味性，科学示教及集教育和娱乐于一体的教育软件改革了教学方法。

(4) 科研领域。用于科学计算可视化及复杂系统工程中的动态模拟。

(5) 工业领域。主要包括产品设计过程、产品的各种检测、工业过程的实时监控和仿真等方面，节省了产品的研制费用，避免了一些危险实验。

(6) 视觉模拟。包括军事训练、作战模拟、驾驶员训练模拟和一些培训工作。能够再现训练过程中的山脉、河流、云团、雾情等自然景象，使训练人员能够对不同情况作出判断并调整动作，节约了大量的培训经费。

(7) 娱乐工业。在各种高档大型游戏软件流行的当代社会，计算机动画与虚拟环境技术相结合将产生各种险象环生奇妙无比的游戏产品。

5.2.3 三维动画制作软件 3DStudio

1. 系统简介

3DStudio是美国Autodesk公司所推出的在PC机上运行的实体设计及动画制作软件,提供给专业绘图人员建立高质量图像或者制作动画所需功能。利用3DStudio可很快地建立球体、圆锥体、圆柱体等基本造型或者一个面一个面地构造出物体的立体图形,也可以用平面拉伸成立体的方式来产生更复杂的对象。

3DStudio提供用户组合各种色彩的设置、各种透明度的控制、表面纹理以及各种反射的特性,以帮助产生任何可以想象出来的材质。用户可以将这些材质应用在所建立的对象上或者对象的某些表面上。在完成三维设计后,用户可以设置摄像镜头、光源、聚光灯、阴影、背景和其他镜头效果,以使所设计的对象看起来更栩栩如生。3DStudio还提供用户移动、放大、压缩、旋转,甚至改变对象形状的控制。用户可以移动光源、摄像机及聚光灯和摄像镜头的目标,以产生如同电影一般的效果。

3DStudio由5个模块组成,如图5.4所示。

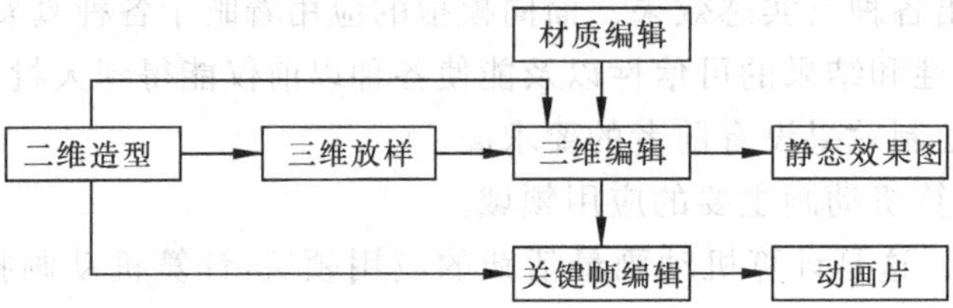

图5.4 3DStudio各模块之间关系

2. 动画制作过程

使用3DStudio制作动画的过程是:首先用二维造型(2D shaper)绘制各种平面几何图形,然后在三维放样(3D lofter)中将平面几何沿着给定路径放样成三维立体形体,并转入三维编辑(3D editor),再在三维编辑器中,对物体所在的场景进行各种设置和调整,包括设置场景中的光源和摄像机。材质编辑(material editor)的作用是制作物体所需的各种表面材质和纹理质感。在关键帧编辑(keyframer)中,可以对三维编辑器中制作的三维场景设置关键帧,以定义各种物体的运动轨迹。真正的动画效果还需要绘制过程才能体现。下面进一步说明上述过程。

(1) 动画创意

动画是科学与艺术相结合的产物,又称为计算机艺术,好的动画作品需要完美的艺术构思和创造性设计,这就是动画的创意。动画创意不是一件简单的工作,它至少需要下列3个方面的知识:一是设计者必须具备一定的艺术修养和创造能力;二是设计者必须知道计算机能否实现它,实现的复杂程度如何;三是设计者必须具有大量的计算机动画制作经验。

(2) 二维造型

在这个模块可以创作各种二维的线条和图形，这种平面造型可由三维放样模块沿着一条路径扩展成一个三维空间的对象，然后这些对象可由三维编辑器编辑。例如，要建立一个三维的圆柱体，首先制作一个二维的圆形，并指定它为造型，然后在三维放样中沿着直线的路径拉长为圆柱体。同时二维造型可用来设计某个对象运动的路径交给关键帧编辑器，从而形成立体对象的动画。在进行三维放样前，必须保证二维图样是闭合且无重叠交叉的，其合法性可用 shape/check 来检查。

(3) 三维放样

三维放样工作的步骤如下：①读入二维造型所建立的造型；②赋予读入造型一条在二维空间里的放样路径；③将二维的造型沿着路径增加一个厚度放样成一个三维的对象。所产生的对象会自动由三维编辑器处理成三维的网状对象。造型和路径共同组成一个所谓的模型。在三维编辑里用户可以直接编辑这个对象，在对象表面上赋予材质或指定光源，将对象着色。

(4) 三维编辑

用户使用这个模块制造、排列、着色一个三维空间的场景。场景是用户使用创造力排列一个或多个三维网状对象的地方，用户可以想象三维编辑就是舞台，自己是导演，可以将物体放置在任何地方，也可以建立及调整灯光作特殊效果，并使用材质编辑创造的材质以增加真实感。三维编辑和三维放样模块都提供6种观察方式(front，back，top，bottom，left，right)来观察正在建立的三维对象，亦提供用户自定义的观察方式从任一角度来观察三维对象；此外，它还提供了摄像机观察方式，用户可以通过此方式来进行对象材质的赋予及着色等动作。

(5) 关键帧

关键帧编辑是利用三维编辑的场景中获得的物体、摄像机、灯光来产生动画，也可以建立或删除摄像机和灯光。当用户在三维编辑中建立一个场景，安排好对象、灯光及摄像机后，这个场景即成为动画的第一个画面。在关键帧编辑器中，可以移到任一帧画面中重新排行组件，如此就建立了一个"关键帧"，然后关键帧编辑器就会产生两个关键帧之间的中间画面。换言之，使用关键帧编辑器来制作动画的过程为：先定义整个动画是包含哪几个关键帧，然后指定这些帧中每个元素位置与状态，该编辑器会计算出画面之间移动的过程以及状态的变化，以自动产生关键帧间的画面，使动画过程平滑和缓。

(6) 材质编辑

材质编辑器主要给用户提供不同方式的贴图功能，所谓贴图是指可以赋予对象表面以图像效果。用户可以建立以下种类的贴图：①纹理贴图，用来决定对象的表面色，其效果就像将图像直接画到对象表面一样；②透明度贴图，用来设置对象表面的透明程度，贴面里颜色越深的地方透明程度越高,越浅则越不透明;③反射贴图,用来制造出图像从对象表面反射出来的效果。这些都可通过材质编辑器调整物体材质的属性参数来实现。

Autodesk公司后来又推出了3DStudio MAX。除保留了3DStudio的全部功能之外,3DStudio MAX主要有下述特点:与Windows NT的界面风格完全一致,具有其界面的全部优点;可以制作出广播级质量的景物和动画的所有工具一体化的集成环境;细腻的画面和出色的渲染功能;实现任意对象的动画变化效果;面向对象的特性;提供了沿时间轴的视图对时间的控制;改进的SNAP(捕捉)功能;关节运动的动画设计有了极大的改进;提供了大量功能丰富的调整器;具有数据历史、工作记录与跟踪功能;高度的可扩展性。

5.3 多媒体编著工具

5.3.1 多媒体编著工具的功能和分类

多媒体编著工具(或称创作工具)是一种高级的软件程序或命令集合。这些命令可以支持各种各样的硬件设备与文件格式,将图形、文字、动画、视频等视听对象组合在一起,更进一步提供各种对象显示的顺序及一个导航的结构。这种导航结构通常是用某一种特殊的计算机语言来构成,以简化程序设计过程。编著工具旨在提供给设计者一个自动产生计算机程序的综合环境,使设计者可以将不同的内容与各种功能结合在一起,形成一个结构完整的节目。故多媒体编著工具通常应包括制作、编辑、输入输出各种形式的数据以及将各种数据组合成为一个连续性序列的基本工作环境。

多媒体编著工具依照节目组织与安排数据的方式大致上可分成下列5类。

(1) 以卡或页为基础的编著工具。在这种工具中,文件与数据是用书的页或一叠卡片来组织的。这种系统最适合制作一系列类似的文件、一堆卡片式的数据或百科全书之类的节目。如Macintosh上的HyperCard是以堆栈(stack)和卡(card)来设计的;PC Windows上的ToolBook便是用书(book)及页(page)来组织的。

(2) 以图符为基础,基于事件的编著工具。在这种工具中,数据是以对象或事件的顺序来组织的,并且以流程图为主干,将各种图表、声音、控制按钮等一个个安排在流程图中,形成完整的系统。如Authorware就包含显示图符、删除图符、等待图符等10余种图符;Icon Author有内含50个图符的图符库,以堆成一个个块(block)来完成制作节目。这类编著工具一般是先将各种多媒体数据制作交给其他软件来做,它只做集成及组织的工作。

(3) 以时间为基础的编著工具。在这种工具中数据或事件是以一个时间顺序来组织的。这种顺序的排列是以帧为单位,如action!中有时间轴(timeline),MMDirector中有分镜表(score)。这些好像电影中的一张张连在一起的底片一样,可以依顺序来放映节目。

(4) 以传统程序语言为基础的编著工具。这类多媒体软件源于传统语言如C和BASIC等,为了让用户可以由以往传统的程序升级到可以加入多媒体元素的环境,故这类软件在程序结构中提供一些可以直接调用的工具,如绘图工具、按钮工具及显示的舞台等。这样,程序员可较为轻松地来设计多媒体程序,将来似乎每一种计算机语言均加入这些功能才能得到软件开发人员的青睐。目前属于此类的有Visual BASIC和Visual C++。

(5) 其他专用的编著工具。国内开发的以中文为基础的编著工具,如一些综合排版系统。国外推出的工具软件,如Gold Disk公司的Animation Works Interactive,以动画制作为主。Vividus公司所发行的Cinemation则以影视制作为主。

5.3.2 以卡或页为基础的多媒体编著工具

大多数以卡或页为基础的编著工具都提供一种可以将对象连接于卡或页上面的工作环境。一页或一张卡便是数据结构中的一个结点,它类似于教科书中的一页或数据袋里的一张卡片。这种页或卡片上的数据比教科书上的一页或数据袋里的一张卡片的数据更具多样化,而且这些数据大多是用图符来表达。在卡或页上的图符很容易理解和使用。这类系统以面向对象的方式来处理媒体元素,这些元素用属性来定义,用脚本来规范。而文件则以消息来贯通各层次之间的对象。下面以Asymetrix公司开发的ToolBook为例介绍这类软件。

1. ToolBook简介

ToolBook是一个高水平的面向对象开发环境,它提供了一种面向对象的程序设计语言OPENSCRIPT,利用这种语言可以把相关的信息链接在一起,完成各种任务,如可以进行数字计算、播放图像、动画声音等。其总体特色是按书的结构组织应用程序,具有较强的超文本和超级链接能力。从使用观点来看,ToolBook分为读者和作者两个层次。在读者层次用户可以执行该书,阅览其内容。在作者层次上,设计者可以使用命令来编写新书;使用工具箱、调色板;修改对象及程序各个页次的对象等。

ToolBook采用标准或增强模式的Windows用户接口,也采用Windows约定的下拉菜单、图符驱动、放弃和剪贴板功能、综合帮助功能,设置操作约定。ToolBook支持大量流行的文件格式,方便数据交换。

2. 设计编程制作一体化环境

ToolBook具有把图形、文字、数字视频图像、声音及动画集成为一个交互式节目的能力。它提供了高级脚本编著语言OPENSCRIPT,配置了许多命令去播放各种类型的媒体,管理各种数据以便改变目标的性质。擅长于制作把其他Windows应用软件集成在一起的多媒体节目(OLE支持),还可以在媒体单元之间建立链接关系。

ToolBook的书形隐喻符很容易使人理解,因此它缩短了用户开发节目之前学习编著工具的时间。

3. 节目设计思想

ToolBook按书的结构组织应用程序。这里的书指包含信息或完成某项任务的页面的集合，使用书的过程中也可用自己的信息充实其中，这种具有活性的非线性书不同于通常意义的书，它可称为电子书或超文本书。

ToolBook电子书的每一屏被描述为一页，每页内可有多级的对象，它们被进一步分为背景和前景，其中背景的设置是满足用户要将生成的一系列页共享一些通用元素的要求，如一幅图像或像NEXT、QUIT这样的命令按钮。

开发电子书的过程是：在屏幕上画出各种各样的对象，然后生成潜在的"脚本"，它在一给定对象以某种方式被选中或触发时，引发一个或多个结果。这些脚本事实上是用OPENSCRIPT语言写的小段程序。

4. 编程特点

ToolBook提供通过MCI函数调用对Windows多媒体性能的访问功能。节目的脚本是用OPENSCRIPT编写的一系列语句，语句描述执行一个或多个动作，如显示更多的文本，开始一段动画或者转到另一页或另一本书。

脚本特点综述如下。

(1) 脚本是一系列OPENSCRIPT语句或指令，它们告诉对象要做些什么。

(2) 脚本可分为一些处理单元，它们描述特定文件出现时，如读者触发按钮或按某个键，将会发生的事件。

(3) 脚本可以控制对象也可以控制信息。

(4) 页面上对象如字段、按钮以及图形的脚本往往对该页面或者同一本书中的一个页面发生影响。

(5) 书、页面以及背景和页面上的对象一样也可以有脚本。

5.3.3 基于图符和事件的多媒体编著工具

基于图符的编著工具提供可视化的程序设计环境。在设计之初必须先用其他软件来制作各种媒体元素，然后在此系统中建立一个程序流程图，在流程图当中可以包括起始事件、分支、处理和结束等各种图符，设计者可依流程图将适当的对象从所谓的图符库中用鼠标按下拉至工作区内。这些图符可以包括菜单条的选项、图形、图像、声音和运算等。这个流程图也是事先安排的次序，同时也表示整个节目的逻辑蓝图。这类编著工具最典型的是Macromedia公司推出的Authorware。

Authorware的最早版本于1991年10月推出，它是一个交互式多媒体节目编著工具，提供了很强的交互式控制和动画制作功能，它使用图符设计流程图，无须编程，非常方便非专业人员使用。Authorware的编著工具可以用流程图来当作导航图，设计者只要将图符用鼠标按下拉至流程图的某个位置上，便可以使每一个环节相互连接。其中的变量可以互相传输参数，在变量图符上定义，在其他环节中改变变量内涵的值。Authorware提供了200个以上的系统变量及功能来决定属性、数据抓取、对象处理和显示等工作，甚至控制程序流程的分支、跳画面和循环等效果。

下面以Authorware 6.0为例介绍其特点，它使用了15个图符组成的界面，如图5.5所示。

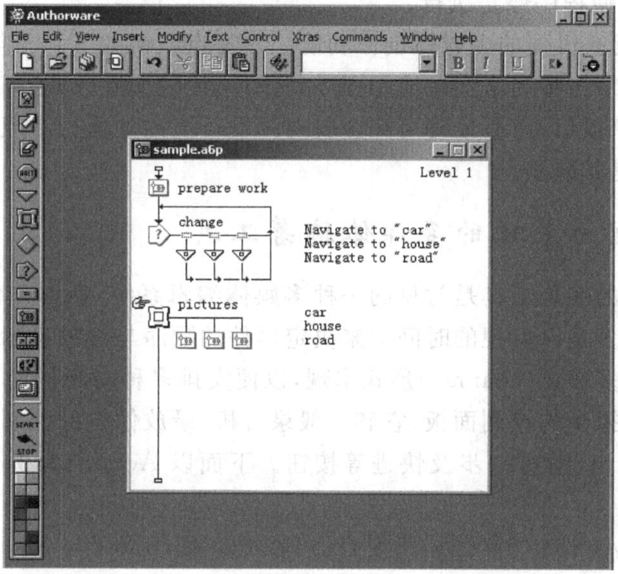

图5.5 Authorware 6.0的图符

这些图符(见屏幕窗口的左侧)按照从上至下的顺序说明如下。

① 显示图符：是将文字、图像显示于屏幕上；

② 运动图符：用于移动显示对象以生成动画效果；

③ 擦除图符：用于擦除当前显示的任何对象，包括文字、图形、图像等；

④ 等待图符：使程序处于暂停状态，直到用户按任意键、单击鼠标或等待指定的一段时间后继续执行；

⑤ 定向图符：它与框架图符配合使用，用于设计一个跳转链接动作；

⑥ 框架图符：用于设计一个跳转结构的框架环境；

⑦ 判定图符：用于设置一种逻辑判定分支结构；

⑧ 交互图符：交互图符和各类响应图符共同构成一种交互结构，每个响应图符对应一个用户交互方式；

⑨ 计算图符：利用该图符可执行算术运算、特殊控制函数和执行指定的代码运算；

⑩ 组合图符：利用它将一组设计图符组合成一个简单的组合图符，使程序流程结构

更加清晰；

⑪ 动画图符：使PICS、FLI及FLC等动画文件调入程序中；

⑫ 声音图符：将声音信息集成到程序中；

⑬ 视频图符：在多媒体应用程序中播放视频；

⑭ 开始图符：使程序开始执行；

⑮ 停止图符：使程序停止执行。

Authorware具有很强的多媒体创作功能。其特点归纳如下：面向对象的创作，利用对各种图符的逻辑结构布局来实现应用程序制作；灵活的交互方式；高效的多媒体集成环境；标准的应用程序接口；产品最终可完全脱离开发环境独立运行。但它的对象仍有赖其他软件来准备，这是其缺陷。

5.3.4 以时间为基础的多媒体编著工具

以时间为基础的编著工具是常见的一种多媒体编辑系统，所制作的节目主要是电影与卡通片。它们大多是以可视的时间轴来决定事件的顺序与对象显示上演的时段。这种时间关系可以以许多频道(channel)形式出现，以便安排多种对象同时表现。在这类系统中都会有一个控制播出的控制面板，它和一般录音机、录放像机的控制板很像，含有倒带、倒退一步、停止、演出、前进一步及快进等按钮。下面以Action!为例介绍这类软件的特点和功能。

Action!是由Macromedia公司所发行，可在PC Windows与Macintosh下执行的多媒体编辑编著工具。它是一套支持多媒体声效与动画文件的绘图软件。在这个软件中，图形文字等数据很容易制作或输入，简易的用户界面可让用户很容易理解与操作设计。该系统可以包括多种媒体的格式，如统计表或数字动画等。

Action!是一种结合了动作、声音、文字、图形、动画及Quick Time的多媒体显示环境，使用时间轴来组织其元素。其播出结果由许多场景所组成，每一个场景即成一个幻灯片(slide)。在播出的同时，可以加上声音和动作；亦可在一个场景的对象中加些变化或使其出现与消失。

Action!系统使用时间轴及控制面板来组织一个场景。时间轴本身是一个以时间为增值单位的度量尺，设计者可以拖拉多媒体对象到时间轴当中；Action!含有一个类似于录像机盘的控制面板，让设计者可以在一个场景中向前、向后移动或跳至其他场景中。一个场景之内可以显示文字、图形及声音等对象。Action!提供了内置的文本及画图工具，设计者也可以从其他文件或来源输入图文和声音。例如，使用Mac Recorder可以直接将声音输入计算机当中，并引入Action!里播出。在幻灯片上可以包含许多对象，每个对象都可以用程序来控制其动作，而对象的动画制作方式是定义一个基础的路径，并指引其目的，使该对象沿着它运行即可。

在 Action!里有一个内容表(content list),可以显示出一个节目的全部场景以及每一个场景当中的全部对象,这个内容表使设计者可以综览整个节目并协助其在场景内编辑每一个对象。另外有一个场景排序器(scene sorter)可以显示出节目中某一场景的全貌、场景名称及其连接的模板,也可显示出每一个场景最后的状态及场景之间的声响等。这些功能均能有效地协助设计者控制对象完成作品。

5.3.5 以传统程序语言为基础的编著工具

一般来说,精通编程的程序员对于多媒体编辑创作系统的限制及依赖工具箱产生对象的方式较不容易接受,故要他们完全放弃其熟知的语言编著工具而改用多媒体创作系统,实非易事。因此,一方面保留传统语言的特性,另一方面改进其程序设计环境成为可视化的操作系统。这样,程序员既可以用传统的语言来编写程序又可方便地使用媒体开发工具箱,使这些工具箱内的编码可以直接地被采用成为重用的编码,这样的编著工具会有广泛的应用前景。

1. Visual BASIC

Visual BASIC 是 Microsoft 公司所推出的在 PC Windows 环境下开发的程序语言,也是多媒体编著软件。Visual BASIC 的程序语言和一般的 BASIC 语言非常相似,故曾学过 BASIC 语言的读者将会很容易进一步成为 Visual BASIC 软件的设计者。

Visual BASIC 提供各式的图形界面,让设计者按下拉至其基本窗口当中。这个基本的窗口又被称为表格(forms),它是制作节目的主要画面。在表格中可以安排各种图形化的媒体对象,如命令按钮、正文字段、图形、声音和图像,甚至安排菜单条、文件打开窗口和对话框等对象。这些对象可以通过各种图符工具产生,这些图符工具又称为控制。

Visual BASIC 是基于事件的语言,程序的行为附着于对象,等到对象被调用或被用户引发时才被执行。Visual BASIC 提供给鼠标与键盘双重的输入管道。同时它也可以摄取窗口下的剪辑板、动态数据交换(DDE)及对象连接与嵌入(OLE)等设备,并且通过 MCI 使音响、影片、动画等均可融入其中。它还可以将数据库的文件引进来使用,而不破坏原来数据库的文件数据,使数据库利用多种媒体来展示。在完成某一个多媒体产品后,可以将它制作成为一个可直接执行的 EXE 文件而成为单独的一个应用程序。

2. Visual C ++

Visual C ++ 是 Microsoft 公司所推出的在 PC Windows 下执行的多媒体程序设计软件,它与 Visual BASIC 很相似,只是它的语言结构是由 C ++ 扩展出来的。所以对熟悉 C ++ 程序语言的人,只要再稍微学习 Visual C ++ 中新加入的可视化工具及其功能,就可以使用 Visual C ++ 了。

Visual C ++ 的工具包括 Visual Workbench,AppStudio,AppWizard,ClassWizard 等模块。其中,Visual Workbench 提供了主要编辑程序、调试及产生一个应用节目的工作

环境;AppStudio为产生及编辑所有资源,如对话框、菜单条、图符、位图等的工具;AppWizard则是将形成一个应用节目所需的文件及数据组织在一起的工具;ClassWizard是产生Class设置的功能,以及定义消息及变量的工具。在Visual C++中利用ClassWizard来建立类非常容易,只要在已设置好的基本类中选用其中的一种,则窗口上会随着该种类提供消息及成员功能的小窗口。设计者可以通过这些小窗口赋予该类新的功能、消息或变量值等。

设计Visual C++应用程序的方法是先利用Visual Workbench和AppStudio来产生或编辑新的资源,接着利用ClassWizard来产生类,最后将这些资源在AppWizard中组织起来通过Build来完成构造一套新的应用程序或多媒体的节目。

利用Visual C++设计多媒体程序的例子见5.4节。

5.4 Windows多媒体程序设计

5.4.1 媒体控制接口

Windows媒体控制接口(MCI)在控制音频、视频等设备方面,提供了与设备无关的API接口。用户的应用程序可以使用MCI控制标准的多媒体设备,应该说不同的MCI设备其驱动控制方式不同,一些MCI设备驱动程序(影碟机和影片播放服务的驱动程序)可直接控制目标设备;一些MCI设备驱动程序(像MIDI函数和波形函数服务的驱动程序)可使用MMSYSTEM函数间接控制目标设备;还有一些MCI设备驱动程序,像MCI影片演播器这样的设备驱动程序,则提供了与其他Windows DLL的高层接口。

Windows应用程序通过设备的类型来区分设备,目前已定义的MCI设备类型如表5.1所示。

表5.1 MCI设备类型

设备类型	描述
cdaudio	激光唱机、CD-ROM
dat	数字化磁带音频播放机
digitalvideo	窗口中的数字视频(非基于GUI)
mmmovie	多媒体影片演播器
other	未定义的MCI设备
overlay	叠加设备(窗口中的模拟视频)
scanner	图像扫描仪
vcr	磁带录像机或播放机
videodisc	影碟机
waveaudio	播放数字化波形文件的音频设备

如果要通过 MCI 去控制设备，必须将相应的 MCI 驱动程序和设备的驱动程序、DLL（如果需要）装入。Windows 提供的主要设备驱动程序如表 5.2 所示。另外，Microsoft 还提供了其他一些设备驱动程序，如表 5.3 所示。

表 5.2　Windows 提供的 MCI 设备驱动程序

设备类型	设备驱动程序名	描　　述
cdaudio	MCICDA.DRV	一个播放光盘音频的 MCI 设备驱动程序
mmmovie	MCIMMP.DRV	一个播放多媒体影片文件的 MCI 设备驱动程序
sequencer	MCISEQ.DRV	一个播放 MIDI 音频文件的 MCI 设备驱动程序
videodisc	MCIPIONR.DRV	一个播放先锋 LD-V4200 影碟机文件的 MCI 设备驱动程序
waveaudio	MCIWAVE.DRV	一个播放和记录波形音频文件的 MCI 设备驱动程序

表 5.3　Microsoft 提供的其他 MCI 设备驱动程序

设备驱动程序名	描　　述
MCIAAP.DRV	一个播放 FLI，FLC 的三维动画文件的 MCI 设备驱动程序
MCIAVK.DRV	一个播放 DVI 的 AVK 动态视频文件的 MCI 设备驱动程序
MCIAVI.DRV	一个播放 AVI 动态视频文件的 MCI 设备驱动程序

MCI 驱动程序的安装可通过 Windows 中的控制面板来完成。在 Windows 中，SYSTEM.INI文件中的[mci]部分包括了一个已安装了的设备类型表。

Windows 采用两种 MCI 接口与 MCI 设备通信：一是使用命令消息接口函数，直接控制 MCI 设备；二是使用命令字符串接口函数，基于文本接口或命令脚本来控制 MCI 设备。不同之处在于它们的基本命令结构及其将消息发送到设备的原理不同。

命令消息接口使用消息控制 MCI 设备。标志的位向量以及数据结构的指针是带着消息发送的，这些标志和信息数据结构允许应用程序把信息发送到设备，并接收返回的数据。MCI 把设备消息和信息直接发送到设备。

命令字符串接口使用文本命令控制 MCI 设备。文本串中包含执行一个命令所需的所有信息。MCI 分析文本串，并把它翻译成能送到命令消息接口中的消息、标志和数据结构。由于这一过程的介入，使该接口的速度稍慢于命令消息接口。

5.4.2　命令消息接口

Windows 多媒体扩充软件为使用命令消息接口发送 MCI 命令提供下面 3 个函数。

MciSendCommand：发送一个命令消息到一个 MCI 设备。

MciGetDeviceID：当打开一个设备时，返回这个设备的ID号。

MciGetErrorString：返回对应于一个错误代码的字符串。

下面简要介绍它们的功能。

1. 发送命令消息

MciSendCommand函数的语法定义如下：

DWORD MciSendCommand(WORD DeviceID，WORD Message，DWORD Param1，DWORD Param2)

其中：DeviceID标识一个MCI设备；

Message标识要发出的消息，如MCI_OPEN，MCI_SOUND等；

Param1为消息指定标志；

Param2为指定一个指向消息数据结构的指针。

该函数调用如果成功，返回0；否则返回一个错误代码，将代码发送到MciGetErrorString可获得对这个错误的文本描述。

2. MCI命令消息的分类

MCI命令消息可以划分为以下几类：直接由MCI解释的命令；由所有的MCI设备所支持的命令；基本命令；扩展命令。表5.4列出直接由系统处理，不需要传送到MCI设备的命令消息，表5.5列出由所有MCI设备所支持的命令消息。表5.6列出基本命令消息，或称可选命令消息，这些命令都能被MCI设备所接收。

表5.4 直接由MCI解释的命令

消息	描述
MCI_SYSINFO	返回有关MCI设备的信息
MCI_BREAK	为一个指定的MCI设备设置一个中止键
MCI_SOUND	播放一段在WIN.INI文件中的[Sounds]部分所指定的系统声音

表5.5 所有的MCI设备支持的命令消息

消息	描述
MCI_CLOSE	关闭一个MCI设备
MCI_GETDEVCAPS	获得一个MCI设备的性能
MCI_INFO	从一个MCI设备中得到有关的信息
MCI_OPEN	初始化一个MCI设备
MCI_STATUS	从一个MCI设备返回有关的状态信息

表 5.6 基本命令消息

消息	描述
MCI_LOAD	从一个磁盘文件加载数据
MCI_PAUSE	暂停播放或记录
MCI_PLAY	开始传送输出数据
MCI_RECORD	开始传送输入数据
MCI_RESUME	重新开始播放或记录
MCI_SAVE	将数据存储到磁盘文件中
MCI_SEEK	向前或向后检索
MCI_SET	设置设备信息
MCI_STATUS	从一个 MCI 设备返回有关的状态信息
MCI_STOP	停止播放或记录

下面讨论扩展命令消息，对于不同的设备类型，MCI 使用一组不同的扩展命令控制此类设备特殊性能：

第一组是 MCI 元素文件操作扩展命令组，包括 MCI_COPY，MCI_CUT，MCI_DELETE，MCI_PASTE，一般具有编辑 MCI 数据能力的设备支持；

第二组是 MCI 设备操作及定位扩展命令组，包括 MCI_CUE，MCI_ESCAPE，MCI_SEEK，MCI_STEP；

第三组是窗口或视频设备的扩展命令组，包括 MCI_FREEZE，MCI_PUT，MCI_REALIZE，MCI_UNFREEZE，MCI_UPDATE，MCI_WHERE，MCI_WINDOW。

3. 打开一个设备

使用一个设备之前，必须使用MCI_OPEN 命令消息来初始化该设备，此命令是 MCI 命令消息中较复杂的命令。打开 MCI 设备的方法有以下几种。

(1) 用设备类型字符串指定待打开的 MCI 设备

安装一个 MCI 设备驱动程序时，Windows 将该设备的类型登记在 SYSTEM.INI 中的[MCI]部分，格式为：

[device type string]=[MCI device driver name][options]

如：cdaudio=mcicda.drv。

(2) 用 MCI 设备驱动程序名指定待打开的 MCI 设备

在 SYSTEM.INI[MCI]部分中登记的是设备类型字符串与 MCI 设备驱动程序的关系。若已知某一设备的驱动程序名，就可以通过直接指定待打开的设备驱动程序名指定待打开的设备，设置 MCI_OPEN_TYPE 标志。

例如，用设备驱动程序名打开一个波形音频设备：

```
WORD DeviceID;
MCI_OPEN_PARMS MciOpenParms;
MciOpenParms.lpstrDeviceType="mciwave.drv"; //指定设备
if(MciSendCommand(0,MCI_OPEN,MCI_OPEN_TYPE,(DWORD)(LPVOID)&
    MciOpenParms))
    …  //打开设备失败
else      //打开设备成功
    DeviceID=MciOpenParms.wDeviceID
```

(3) 用设备类型常数指定待打开的 MCI 设备

Windows MCI 接口为每种类型的 MCI 设备定义了一个设备类型常数,应用程序可以使用此常数指定待打开的设备。可以在MCI_OPEN_PARMS 的 LpstrDeviceType 域中指定此常数,并设置 MCI_OPEN_TYPE 和 MCI_OPEN_ID 指定待打开的设备,此时 LpstrDeviceType 为一个 DWORD 域,其低字部分用来指定设备常数,高字部分用以区分登记在 SYSTEM.INI[MCI]部分中此类设备的某个设备。用于区分不同类型的常数,如表 5.7 所示。

表 5.7 设备类型及常数

设备类型	常　数
animation	MCI_DEVTYPE_ANIMATION
cdaudio	MCI_DEVTYPE_CD_AUDIO
dat	MCI_DEVTYPE_DAT
digitalvideo	MCI_DEVTYPE_DIGITAL_VIDEO
other	MCI_DEVTYPE_OTHER
overlay	MCI_DEVTYPE_OVERLAY
scanner	MCI_DEVTYPE_SCANNER
vcr	MCI_DEVTYPE_VIDEOTAPE
sequencer	MCI_DEVTYPE_SEQUENCER
videodisc	MCI_DEVTYPE_VIDEODISC
waveaudio	MCI_DEVTYPE_WAVEFORM_AUDIO

(4) 仅用设备元素指定打开的复合设备

可以在 WIN.INI 的[MCI Extensions]部分中通过指定文件名后缀与文件类型关系的方法,指定待打开的设备,它仅对复合设备有效。

[MCI Extensions]中每个入口格式为:

file extension=device type

例如:[MCI Extensions]

wav＝waveaudio

mid＝sequencer

4. 关闭一个设备

MCI_CLOSE 命令消息取消对一个设备或者设备元素的访问，它类似于一个文件的关闭操作。当所有使用一个设备的任务均关闭了这个设备时，MCI 释放这个设备。为了有助于 MCI 管理设备，应用程序在它使用完这个设备之后，应该明确地关闭它所使用过的每一个设备或者设备元素。

5.4.3 命令字符串接口

Windows 多媒体扩充软件为使用命令字符串接口传送命令字符串提供了 3 个函数：

MciSendString 向一个 MCI 设备驱动程序发送一个命令字符串。这个函数同时也具有对于回调函数和返回字符串的参数。

MciGetErrorString 返回一个同错误代码相对应的错误字符串。

MciExecute 向一个 MCI 设备驱动程序发送一个命令字符串。

1. 用 MciSendString 函数发送命令字符串

MciSendString 函数的语法定义如下：

WORD FAR PASCAL MciSendString（LpstrCommand，LpstrRtnstring，WORD Rtnlength，hcallBack）

远指针 LpstrCommand 指向一个以 NULL 结尾的 MCI 控制命令的字符串。这个字符串的形式如：

Command device_name arguments

远指针 LpstrRtnstring 指向一个由应用程序提供的返回字符串缓冲区，Rtnlength 指定了该缓冲区的大小，若 LpstrRtnstring 为 NULL，则 MCI 不返回此结果字符串，否则结果字符串长度应足以容纳此返回结果字符串。

句柄 hcallBack 用来指定接收并处理 MCI 向应用程序发出的 MM_MCINOTIFY 消息的窗口句柄。

2. 使用 MciExecute 发送命令字符串

MciExcute 函数是 MciSendString 的简化形式，它不占用缓冲区来返回信息，如果出错则显示消息框。其语法定义如下：

BOOL MciExecute(Lpstr Command)

LpstrCommand 是一个指向以 NULL 结束的控制命令的字符串，字符格式与 MciSendString 相同。若函数调用成功，返回 TRUE；否则，返回 FALSE。

3. 使用 MciGetErrorString 函数

MciGetErrorString 函数返回一个 MCI 错误代码的文本描述字符串，其语法如下：

WORD MciGetErrorString(DWORD Error,LpstrBuffer,WORD Length)

Error是错误代码,是上一次MciSendCommand或MciSendString函数调用的返回值。LpstrBuffer指向一个缓冲区指针,用来接收系统返回的文本描述,Length指定LpstrBuffer的长度。若函数调用成功,返回TRUE;否则,表示查询的错误代码未知。

5.4.4 MCI接口编程实例

【例5.1】 下面是一个在Windows环境下利用MCI编程播放音频文件和视频文件的综合实例,编程环境是Visual C++6.0。

(1) 为表现音频和视频信息,定义两个新类CWAV和CAVI。

```
// WAV.H
class CWAV
{
  public:
        CWAV();
        virtual~CWAV();
        void Resume();
        void Pause();
        void Close();
        void Stop();
        void Play();
        BOOL Open(CString sFileName);
};

// AVI.H
class CAVI
{
public:
        CAVI();
        virtual~CAVI();
        void SeekBegin();
        void Resume();
        void Pause();
        void Close();
        void Stop();
        void Play();
        BOOL Open(CString sFileName,HWND hWnd);
  private:
```

```
    WORD m_wDeviceID;
};
```

(2) 对两个新类 CWAV 和 CAVI 的成员函数进行定义。

```
// WAV.CPP
#include "stdafx.h"
#include "MCIDemo.h"
#include "WAV.h"
#include "mmsystem.h"
#pragma comment(lib,"winmm.lib")

BOOL CWAV::Open(CString sFileName)
{
  char strCommand[128];
  wsprintf(strCommand,"open %s type waveaudio alias mysounds",(LPCSTR)sFileName);
  Close();
  DWORD dwErr = mciSendString(strCommand,NULL,0,NULL);
  if(dwErr == 0) return TRUE;
  else return FALSE;
}

void CWAV::Play()
{
  mciSendString("play mysounds from 0",NULL,0,NULL);
}

void CWAV::Stop()
{
  mciSendString("stop mysounds",NULL,0,NULL);
}

void CWAV::Close()
{
  mciSendString("close mysounds",NULL,0,NULL);
}

void CWAV::Pause()
{
  mciSendString("pause mysounds",NULL,0,NULL);
```

```
}

void CWAV::Resume()
{
   mciSendString("resume mysounds",NULL,0,NULL);
}

// AVI.CPP
#include "stdafx.h"
#include "MCIDemo.h"
#include "AVI.h"
#include "mmsystem.h"
#include "digitalv.h"
#pragma comment (lib,"winmm.lib")

CAVI::CAVI()
{
   m_wDeviceID=0;
}

BOOL CAVI::Open(CString sFileName,HWND hWnd)
{
   if(m_wDeviceID!=0) Close();
   MCI_DGV_OPEN_PARMS mciOpen;
   mciOpen.lpstrElementName=new char[128];
   strcpy(mciOpen.lpstrElementName,(LPCSTR)sFileName);
   mciOpen.dwStyle=WS_POPUP|WS_OVERLAPPEDWINDOW|WS_CHILD;
   mciOpen.hWndParent=hWnd;

   if(mciSendCommand(0,MCI_OPEN,(DWORD)(MCI_OPEN_ELEMENT|
        MCI_DGV_OPEN_PARENT|MCI_DGV_OPEN_WS),
             (DWORD)(LPSTR)&mciOpen)==0)
     {
        m_wDeviceID=mciOpen.wDeviceID;
        return TRUE;
     }
   return FALSE;
}
```

```
void CAVI::Play()
{
  if(m_wDeviceID)
  {
    SeekBegin();
    MCI_PLAY_PARMS mciPlay;
    mciSendCommand(m_wDeviceID,MCI_PLAY,0,
        (DWORD)(LPVOID)&mciPlay);
  }
}

void CAVI::Stop()
{
  if(m_wDeviceID)
  {   MCI_DGV_OPEN_PARMS mciOpen;
      mciSendCommand(m_wDeviceID,MCI_STOP,MCI_WAIT,
              (DWORD)(LPVOID)&mciOpen);
  }
}

void CAVI::Close()
{
  if(m_wDeviceID)
  {  mciSendCommand(m_wDeviceID,MCI_CLOSE,MCI_WAIT,0);
     m_wDeviceID=0;
  }
}

void CAVI::Pause()
{
  if(m_wDeviceID)
  {  MCI_PLAY_PARMS mciPlay;
     mciSendCommand(m_wDeviceID,MCI_PAUSE,MCI_WAIT,
            (DWORD)(LPMCI_PLAY_PARMS)&mciPlay);
  }
}

void CAVI::Resume()
{
```

```
    if(m_wDeviceID)
    {   MCI_PLAY_PARMS mciPlay;
        mciSendCommand(m_wDeviceID,MCI_RESUME,
                0,(DWORD)(LPMCI_PLAY_PARMS)&mciPlay);
    }
}

void CAVI::SeekBegin()
{
    if(m_wDeviceID)
    {   MCI_PLAY_PARMS mciPlay;
        mciSendCommand(m_wDeviceID,MCI_SEEK,MCI_SEEK_TO_START,
                (DWORD)(LPMCI_PLAY_PARMS)&mciPlay);
    }
}
```

(3) 在 MCIDemoDlg.H 加入:

```
#include "WAV.h"
#include "AVI.h"
```

在 MCIDemoDlg 的类定义中加入:

```
private:
    CAVI m_AVI;
    CWAV m_WAV;
    int m_nPlayType;
```

(4) 在 MCIDemoDlg.CPP 加入:

```
#define WAV_FILE  0
#define AVI_FILE  1
```

在 CMCIDemoDlg 的构造函数中加入:

```
m_nPlayType=-1;
```

(5) 进入资源编辑器,对 IDD_MCIDEMO_DIALOG 对话框进行编辑。

① 删除对话框中的静态文本及 Cancel,OK 按钮;

② 建立 Close 按钮,其 ID 为 IDOK,Caption 为 Close;

③ 建立 Open 按钮,其 ID 为 IDC_OPEN,Caption 为 Open;

④ 建立 Play 按钮,其 ID 为 IDC_PLAY,Caption 为 Play;

⑤ 建立 Pause 按钮,其 ID 为 IDC_PAUSE,Caption 为 Pause;

⑥ 建立 Resume 按钮，其 ID 为 IDC_RESUME，Caption 为 Resume；

⑦ 建立 Stop 按钮，其 ID 为 IDC_STOP，Caption 为 Stop。

(6) 进入类向导(Classwizard)，加入类 CMCIDemoDlg，定义各按钮点击的消息响应函数：OnOpen()，OnPause()，OnPlay()，OnResume()，OnStop()，OnOK()以及对IDCANCEL的消息响应函数 OnCancel()。

各函数的具体实现如下：

```
void CMCIDemoDlg::OnOpen()
{
    m_WAV.Close();
    m_AVI.Close();

    CString sFilter="Sound Files(*.wav)|*.wav|Video files(*.avi)|*.avi||";
    CFileDialogdlgOpen(TRUE,"*.wav",NULL,OFN_HIDEREADONLY|
        OFN_FILEMUSTEXIST,sFilter,NULL);
    if(dlgOpen.DoModal()==IDOK)
    { CString sFilename = dlgOpen.GetPathName();
      if(sFilename.Right(3)=="wav")
       {m_WAV.Open(sFilename);
        m_nPlayType=WAV_FILE;
       }
      else
      {m_AVI.Open(sFilename,this->m_hWnd);
       m_nPlayType=AVI_FILE;
      }
    }
}

void CMCIDemoDlg::OnPause()
{
    if(m_nPlayType==WAV_FILE) m_WAV.Pause();
    else if(m_nPlayType==AVI_FILE)  m_AVI.Pause();
}

void CMCIDemoDlg::OnPlay()
{
    if(m_nPlayType==WAV_FILE) m_WAV.Play();
    else if(m_nPlayType==AVI_FILE)  m_AVI.Play();
}
```

```
void CMCIDemoDlg::OnResume()
{
    if(m_nPlayType==WAV_FILE) m_WAV.Resume();
    else if(m_nPlayType==AVI_FILE) m_AVI.Resume();
}

void CMCIDemoDlg::OnStop()
{
    if(m_nPlayType==WAV_FILE) m_WAV.Stop();
    else if(m_nPlayType==AVI_FILE)  m_AVI.Stop();
}

void CMCIDemoDlg::OnOK()
{
    m_WAV.Close();
    m_AVI.Close();
    CDialog::OnOK();
}

void CMCIDemoDlg::OnCancel()
{
    m_WAV.Close();
    m_AVI.Close();
    CDialog::OnCancel();
}
```

(7) 对上述程序编译,运行即得所设计的播放界面,然后可进行播放操作。

5.4.5 DirectShow 技术

1. DirectX 大家族

DirectX 软件开发包是 Microsoft 公司推出的一套在 Windows 操作平台上开发高性能图形、声音、输入和网络游戏的编程接口。Microsoft 称 DirectX 具有硬件设备无关性,即使用 DirectX 可以用设备无关的方法提供设备相关的高性能。事实上,DirectX 已经成为一种标准,可为硬件开发提供策略,同时通过 DirectX 接口,软件开发人员可以尽情利用硬件性能,而无须关心硬件具体执行细节。

为什么称为 DirectX 呢? Direct 是直接的意思,X 代表多种东西。下面是 DirectX 9.0 家族所有成员。

DirectX Graphics：集成 DirectDraw 和 Direct3D 技术。DirectDraw 主要负责 2D 加速，实现对显卡和内存的直接操作；Direct3D 主要提供三维绘图硬件接口。

DirectInput：支持输入服务和输出设备。

DirectPlay：提供多人网络游戏的通信、组织功能。

DirectSetup：提供自动安装 DirectX 组件的 API 功能。

DirectMusic：MIDI 音乐合成和播放功能。

DirectSound：音频捕捉、回放、音效处理、硬件加速、直接设备访问功能。

DirectShow：为在 Windows 平台上处理各种格式的媒体文件的回放、音视频采集等高性能要求的多媒体应用提供了完整的解决方案。

DirectX Media Objects：DirectShow 过滤器简化模型，提供更方便的流数据处理方案。

2. DirectShow 系统

多媒体系统面临很多挑战，如多媒体流包含大量数据，必须快速传输；音频和视频必须同步，在同样的速率下进行播放；数据来源广泛，包括本地文件、计算机网络、电视广播和视频摄像机；数据格式多样，有 AVI，ASF，MPEG 和 DV；编程者不知道终端用户系统上存在的硬件设备类型。

DirectShow 旨在解决这些挑战，它的主要设计目标是简化 Windows 平台多媒体程序创建任务，通过解决数据传输的复杂性、屏蔽硬件差异和实现同步使应用软件独立。为了达到视频和音频流所需的吞吐量，DirectShow 使用 DirectDraw 和 DirectSound。DirectShow 使用时间戳采样来压缩多媒体数据以达到播放同步。为了处理不同来源、格式和硬件设备，DirectShow 使用标准组件的体系架构，因此应用程序混合和匹配了不同的软件组件，称为过滤器(filter)。DirectShow 在 Windows 驱动模型(WDM)支持捕捉和调谐设备的过滤器，包括用于捕捉卡的 Video for Windows (VfW)，以及音频和视频压缩的编解码管理接口。

DirectX 采用组件对象模型(COM)标准，是一套完全基于 COM 的应用系统。DirectShow 应用程序实际上是一种 COM 组件的客户程序；对于大多数程序，不必实现自己的 COM 对象，DirectShow 提供了所需的组件。如果通过写自己的组件扩展 DirectShow，如过滤器的开发，那么须以 COM 对象的形式实现。

图 5.6 中心即是 DirectShow 系统，虚线以下是硬件设备，虚线以上是大应用层。DirectShow 系统位于应用层中。它使用一种叫过滤器图(filter graph)的模型来管理整个数据流的处理过程；参与数据处理的各个功能模块称为过滤器；各个过滤器在过滤器图中按一定的顺序连接成一条“流水线”协同工作。

DirectShow 的基本模块是过滤器这种软件组件，过滤器通常实现一个对多媒体流的功能操作，如读文件、从视频捕捉设备上获取视频、解码特殊的流格式、将数据传给图形卡

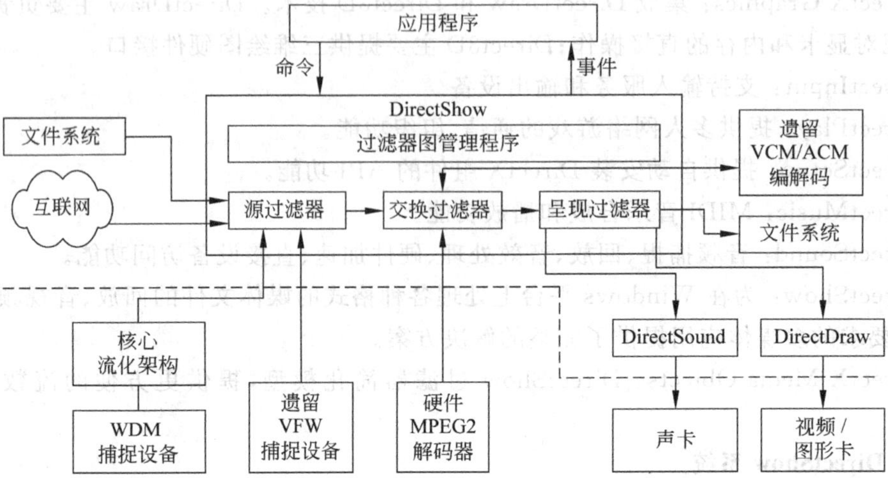

图 5.6　DirectShow 系统结构

或声卡等。通过过滤器图管理程序(filter graph manager)控制图中的数据流,它可以传递事件通知给应用程序,以便程序能对事件作出反应。一个过滤器图本身不是独立的软件组件,但它可以被 COM 对象管理,为所有的过滤器建立参考时钟,在过滤器和应用程序之间通信。过滤器图管理程序可以为文件的播放自动创建过滤器图。过滤器图是定向、非循环和非连接的。

过滤器图的构建方法有以下几种。

IFilterGraph::Add 过滤器:该参数提供一个过滤器对象,将其加入到过滤器图中。

IFilterGraph::ConnectDirect:该参数提供输出针口、输入针口和媒体类型,进行直接的连接。

IGraphBuilder::AddSource 过滤器:该参数提供源文件名,自动将一个源过滤器加载到过滤器图中。

IGraphBuilder::Connect:该参数提供输出针口和输入针口进行连接,如果连接失败,自动尝试在中间插入必要的格式转换过滤器。

IGraphBuilder::Render:该参数提供输出针口,自动加入必要的过滤器完成剩下部分过滤器图的构建(直到连接到呈现过滤器)。

IGraphBuilder::RenderFile:该参数提供源文件名,自动加入必要的过滤器完成这个文件的回放过滤器图构建。

DirectShow 提供了大量的过滤器用以支持最基本的应用。根据自己需要,也可以定制自己的过滤器。它最基本的应用如回放一个媒体文件。图 5.7 是一条典型的 AVI 文件回放链路。

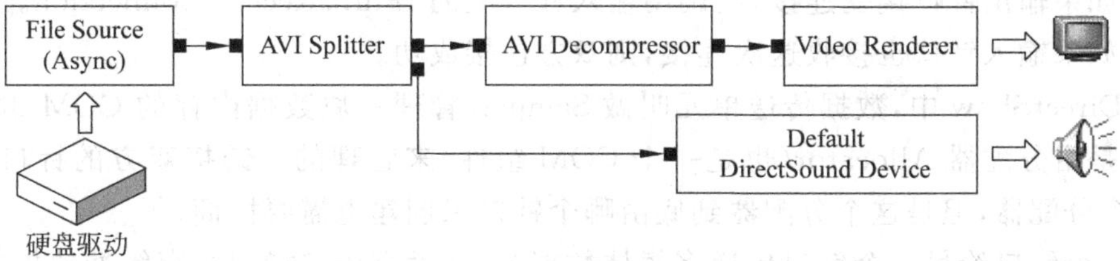

图 5.7　播放媒体文件

图 5.7 中，箭头的方向是数据的流向。File Source(Async)属于源过滤器，用于管理硬盘上指定的播放文件，并根据 AVI Splitter 的要求提供数据。AVI Splitter 和 AVI Decompressor 属于变换过滤器，AVI Splitter 负责向 File Source(Async)索取数据，并将取得数据的音频和视频进行分离，然后分别从各自的输出针口输出；AVI Decompressor 负责视频的解码。Video Renderer 和 Default DirectSound Device 属于呈现过滤器，Video Renderer 负责向视频窗口输出图像，Default DirectSound Device 负责同步播放声音。

过滤器图是过滤器的“容器”，而过滤器是过滤器图中的最小功能模块。DirectShow 将数字多媒体处理分为若干阶段，每个过滤器表现其中的一步或多步，通过这些过滤器的组合应用程序可以完成特殊的任务。

过滤器的种类有源过滤器、变换过滤器和呈现过滤器(接受多媒体数据，并呈现给用户)。源过滤器仅含有输出针口，没有输入针口，主要负责获取数据，数据源可以是磁盘文件、因特网或计算机里的采集卡数字摄像机等，然后将数据往下传输；变换过滤器既有输出针口又有输入针口，主要负责数据的格式转换，如数据流分离/合成、解码/编码等，然后继续往下传输；呈现过滤器仅有输入针口，没有输出针口，主要负责数据的最终去向——将数据送给显卡、声卡进行多媒体的演示，或者输出到文件进行存储。

过滤器必须加入过滤器图且接入工作链路中才能发挥作用，如果想绕过过滤器图而直接使用过滤器实现的模块功能，Microsoft 公司提供了另一种解决方案，将过滤器功能移植成 DirectX 媒体对象(DMO)。

过滤器的连接点被称为针口，每个针口是独特的 COM 对象，针口使用 COM 引用计数，拥有针口的过滤器控制它的生命周期，过滤器在执行过程中可以动态创建或取消针口。每个针口都有一个输入或输出的方向，必须与相反方向的针口进行连接，一般都是从输出针口到输入针口。在进行连接时，针口对多媒体类型、缓冲器大小和输送机制进行协商，无论哪个针口拒绝连接，则两个过滤器就不能交换数据。

整个连接过程的步骤如下：

① 过滤器图管理程序在输出针口上调用 IPin::Connect(带输入针口的指针作为参数)。

② 如果输出针口接受连接,则调用输入针口上的 IPin::ReceiveConnection。

③ 如果输入针口也接收这次连接,则双方连接成功。

在 DirectShow 中,数据传送单元叫做 Sample(管理一块数据内存的 COM 组件);而 Sample 是由分配器 Allocator(也是一个 COM 组件)来管理的。链接双方的针口必须使用同一个分配器,但是这个分配器到底由哪个针口来创建也需要协商。

当一个针口给另一个针口传递多媒体数据时,并没有传递指向主存缓冲的指针,而是传递指向管理主存的 COM 对象指针。

每个针口上都实现了 IPin 接口。但这个接口主要是用于针口连接的,真正用于数据传送的一般是输入针口上实现的 IMemInputPin 接口(调用其方法 IMemInputPin::Receive)。

连接着的双方针口拥有同一个 Allocator(即 Sample 分配器);Allocator 创建、管理一个或多个 Sample。数据传送时,上一级过滤器从输出针口的 Allocator 中(调用 IMemAllocator::GetBuff)得到一个空闲 Sample,然后得到 Sample 的数据内存地址,将数据放入其中。最后,再将这个 Sample 传送给下一级过滤器的输入针口。

3. 基于 DirectShow 的媒体处理

在媒体处理过程中数据传送主要有两种模式:推模式和拉模式。

推模式最典型的情况发生在实时源中。这种源能够自己产生数据,并且使用专门的线程将这些数据"推"下去。如图 5.8 所示,数据从 Capture 过滤器针口出来,调用 AVI Decompressor 的输入针口上的 IMemInputPin::Receive 函数,实现数据从 Capture 过滤器到 AVI Decompressor 的传送;然后,在 AVI Decompressor 内部,输入针口(在自己的 Receive 函数中)接收到数据,过滤器将这块数据进行格式转换,再将转换后的数据放到输出针口的 Sample 中,调用 Null Renderer 的输入针口上的 IMemInputPin::Receive 函数,从而实现数据从 AVI Decomprocessor 到 Null Renderer 的传送;Null Renderer(在输入针口的 Receive 函数中)接收到数据进行必要的处理后就返回。至此,数据传送的一个轮回也就完成了。

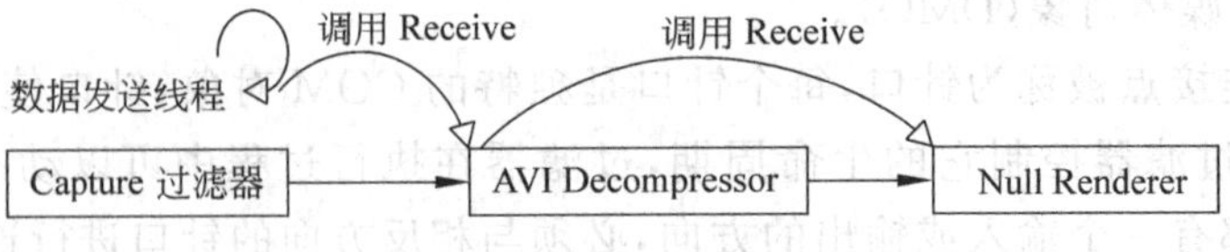

图 5.8　推模式示意图

拉模式最典型的情况发生在文件源中,如图 5.9 所示。这种源管理着数据,但它没有把数据"推"下去的能力,而要靠后面的过滤器来"拉"。源过滤器的输出针口上一定实现了一个 IAsyncReader 接口(当然此时输入针口上也就没有必要实现 IMemInput 针口了)。AVI Splitter 的输入针口上一般会有一个"拉"数据的线程,不断调用源过滤器的输出针口上的 IAsyncReader 接口方法来取得数据。在 AVI Splitter 内部,将从源过滤器中取得的数据进行分析、音视频分离,然后分别通过各个输出针口发送出去。注意,AVI Splitter 的输出针口往下的数据传送方式,与推模式相同,即通过调用下一级过滤器的输入针口上的 IMemInputPin::Receive 函数。

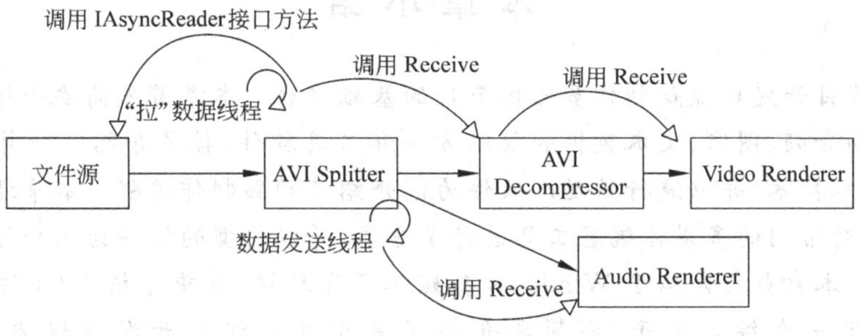

图 5.9　拉模式示意图

4. 过滤器的功能分析与设计

分析与设计一个过滤器的功能,主要从以下几个方面考虑。

(1) 功能单一化

过滤器应该是一个功能单一的模块。如果总的功能需求量过于庞大,则需要进行分解。功能单一的过滤器容易调试,总的开发任务也更容易分配。总的来说,过滤器的功能是分离还是集成,应该根据实际情况,坚持"适度"原则。也不能为了追求功能单一,将功能划分得过细。有些过滤器需要在输入针口上对数据进行一定量的缓存,一般情况下,没有必要将这个缓存功能独立出去而专门写一个过滤器。

(2) 选择一种过滤器模型

过滤器可以有推模式和拉模式两种工作模式。但大多数情况下,一个过滤器只支持一种工作模式。决定使用哪种工作模式,主要看它参与在过滤器图中工作的位置。即使在过滤器中实现了两种工作模式,在应用中,一个过滤器只能工作在一种工作模式下。根据过滤器要完成的功能,大致决定过滤器的类型:源过滤器、变换过滤器或呈现过滤器。

(3) 定义输入和输出

定义过滤器的输入和输出,包括输入针口的数量、输出针口的数量、各个针口上支持的媒体类型等。根据需要,这些针口和媒体类型可能是动态的。

(4) 接口定义

接口是过滤器与外部调用者之间大的"桥梁"。考虑定义接口方法,外部调用者可以得到的一些属性、状态等参数,控制过滤器行为。

(5) 其他需求

考虑多样化的具体应用,如在有些过滤器应用中输入和输出 Sample 不是一一对应,这时需要考虑在输入针口上对数据进行缓存,并且考虑如何给输出 Sample 打时间戳等;再如有些过滤器内部使用了另外的线程处理数据,就要考虑如何让这个线程与过滤器状态转换同步等问题。

本章小结

多媒体节目开发环境是制作多媒体节目的基础平台。本章首先简要介绍多媒体节目的开发过程和音频、图像、文本数据的获取方法和工具软件,接着介绍了计算机动画的概念、原理和基本技术,并以流行的动画软件为例介绍了动画制作过程。本章还讨论了多媒体编著工具,对常用的多媒体编著工具进行了分类,并以典型的软件为例介绍了它们各自的功能特点。本章最后介绍了 Windows 多媒体开发环境,着重介绍 MCI 的概念和使用方法并给出了一个综合例子,还简要介绍了基于软件组件开发多媒体应用程序的 DirectShow 技术。通过本章的学习将对读者开展多媒体应用软件开发有所帮助。

思考练习题

1. 简述开发一个多媒体节目的步骤。
2. 计算机动画和视频图像有何本质区别?
3. 试利用 Windows 环境制作一些表现个人形象的声音、图像和视频等媒体数据。
4. 简述制作计算机动画的一般步骤,试用 3DStudio 动画软件设计制作一个产品广告或节目片头。
5. 简述多媒体编著工具的分类及每类工具的特点。
6. 比较交互式节目创作方式与使用脚本编写节目方式。
7. 使用多媒体编著工具开发一个宣传本学校(或本单位)的一个多媒体节目。
8. 试用 Windows MCI 编程接口编制第 7 题中的多媒体节目。
9. 利用 DirectShow 实现一个视频点播系统。

第 6 章 多媒体内容管理

多媒体内容管理主要包括多媒体数据的组织编目、存储、检索、维护和保护等方面。到目前为止，数据管理技术已经经历了 3 次重大的变革。最早计算机系统的数据是用文件直接存储，由人工编程管理。在早期计算机应用主要是面向科学计算而且管理对象主要是计算数据的状况下，这种管理方式能够满足用户的基本要求。随着计算机广泛应用于信息处理的各个领域，如财务管理、办公自动化等，需要管理的数据量大，内容复杂，而且面临着数据共享、数据保密等要求，于是产生了数据库系统，其特点是具有数据独立性，即数据信息按规定格式统一存放在数据库中，用户对数据库的操纵通过数据库管理系统实现。多媒体技术的发展推动着数据管理技术产生又一次重大变革。在多媒体系统中所面临的数据不仅仅是字符、数据，而且还包含图形、图像、声音等多种媒体内容，这些数据的管理应体现出多媒体内容的特点和要求，传统的数据管理技术很难胜任，于是就需要建立多媒体数据库(MDB)，并通过多媒体数据库管理系统(MDBMS)进行管理。另外，基于内容的检索技术、多媒体内容安全与版权保护也是本章要讨论的重要方面。

6.1 多媒体数据管理环境

在多媒体应用系统中，一个关键问题就是对系统中的数据进行有效的管理。目前多媒体应用项目开发费用高，主要原因是获取、整理、转换、传输、存储和输出多媒体数据信息的硬件设备和软件产品费用都很高。对多媒体数据的有效管理能尽量减少开发费用。有效管理多媒体数据的另一重要意义是便于综合利用、数据共享，这也是降低成本、提高效益的重要途径。同时，有效管理多媒体数据对提高多媒体应用程序的执行效率和运行质量也具有十分重要的意义，因为多媒体系统信息量大，不对数据进行先进的管理和合理的组织，系统就无法正常工作。要对多媒体数据进行有效的管理，就需要建立一个多媒体数据管理环境，包括存储环境、传输环境和软件环境。

1. 多媒体数据的存储环境

对多媒体数据的存储环境总的要求是:容量大、质量好、存取速度快、价格合适。主要有4类存储介质。

(1) 可更换的硬盘。它既可做工作介质也可做档案介质。档案介质是指用来长期存储图像、音频、文本等数据的介质,工作时要把其中的数据读入内存或硬盘中;工作介质是指计算机程序在执行中所使用的数据介质。

(2) 磁带备份介质。磁带是一种可以多次使用的介质,它有足够的存储空间和检索能力,且物美价廉,其容量一般为1.2～3GB,平均存取时间小于1分钟。

(3) 光盘档案介质。光盘可分为3种,即CD-ROM,WORM和可读写光盘,具有存储量大、平均存取时间短等优点,是目前流行的存储介质。

(4) 磁盘阵列。提供了有效存储海量多媒体数据的介质,支持多用户并发读写,是大型多媒体数据库常采用的工作介质。

2. 多媒体数据的传输环境

多媒体数据往往需要在不同硬件结构和不兼容的操作系统之间进行传输。一般来说,有以下3种传输方法。

(1) 使用可更换的介质进行人工传输。使用软盘、磁带、光盘、可更换硬盘等工具,方法简便,但只适合小范围操作。

(2) 使用串行端口实行点对点传输。用一条电缆连接要传输数据的两台计算机,安装相应通信软件进行数据传输。该方法成本低,但难以实现多台计算机之间的数据传输。

(3) 使用网络系统,实现计算机之间的传输。这是一种理想的多媒体数据传输环境,网络上任一台计算机都可以与另一台计算机进行数据传输。但网络环境系统管理比较复杂,在设计中要考虑系统性能、安全保密等问题。

3. 多媒体数据管理的软件环境

多媒体应用项目开发的首要工作是创建多媒体资源库,这对各部分之间的协调和多媒体数据共享都是十分必要的。对多媒体数据资源的有效管理方法有以下几种。

(1) 文件管理系统。这是一种最自然、最简单的方法,只利用操作系统提供的文件管理系统,通过不同媒体建立不同属性文件,并对这些文件进行维护和管理。

(2) 建立特定的逻辑目录。这实际上仍是利用操作系统提供的文件管理系统,但把不同的源文件和数据资源文件分别存放在独立的目录中。如一个目录存放图像文件,一个目录存放音频文件,一个目录存放动画文件等。

(3) 传统的字符、数值数据库管理系统。这种方法是目前开发多媒体应用系统常用的方法,它实际上是把文件管理系统和传统的字符、数值数据库管理系统两者结合起来,如图6.1所示。对多媒体数据资源中的常规数据(char,int,float等)由传统数据库管理系统来管理,而对非常规的数据(音频、视频、图形等),则按操作系统提供的文件管理系统要求来建立和管理，并把数据文件的完全文件名作为一个字符串数据纳入传统的数据库系统进行管理。

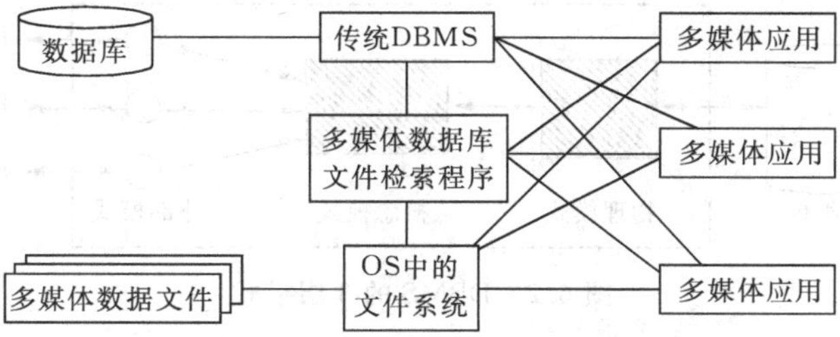

图 6.1 用传统的 DBMS 管理多媒体数据

例如，对某个部门的有关工作人员的信息进行管理，信息包括编号、名字、年龄、性别、工资、职称、学历、照片、声音等内容。把能够用字符数值表示的编号、名字、年龄、性别、工资、职称等用传统数据库管理系统建立数据库进行管理，而对照片和声音等不能用传统字符数值表示的信息以数据文件单独存放，并在数据库中以文件名形式存放。

(4) 多媒体数据库管理系统。在多媒体系统中存在着声音、文字、图形、视频等媒体信息，与传统的计算机应用系统中只存在字符、数值相比扩充很大，这就需要一种新的管理系统对多媒体数据库进行管理。这种 MDBMS 能像传统的数据库那样对多媒体数据进行有效的组织、管理和存取，而且还可以实现以下功能：多媒体数据库对象的定义；多媒体数据存取；多媒体数据库运行控制；多媒体数据组织、存储和管理；多媒体数据库的建立和维护；多媒体数据库在网络上的通信功能。

目前不少商品化系统（如 Oracle，Sybase，Informix 等）围绕上述 MDBMS 管理多媒体数据的要求进行扩充。具体做法是除常规数据类型外还可定义 binary，image，text 等数据类型；text 类型最大长度可达 2GB，打破了传统字符数据长度不超过 255B 的限定；image 数据类型的最大长度也可达 2GB，为图形图像数据的管理提供了支持。

(5) 超文本和超媒体。超文本和超媒体允许以事物的自然联系组织信息，实现多媒体信息之间的连接，从而构造出能真正表达客观世界的多媒体应用系统。超文本和超媒体的数据模型是一个复杂的非线性网络结构，结构中包含的三要素是结点、链、网络。结点是表达信息的单位；链将结点连接起来；网络是由结点和链构成的有向图。关于超文本和超媒体将在下一章专题讨论。

6.2 多媒体数据库管理系统

6.2.1 多媒体数据库管理系统特点

数据库是按一定的方式组织在一起的可以共享的相关数据的集合。数据库系统中一个重要的概念即为数据独立性。依据独立性原则，DBMS 一般按层次划分为 3 种模式：物理模式、概念模式和外部模式，如图 6.2 所示。

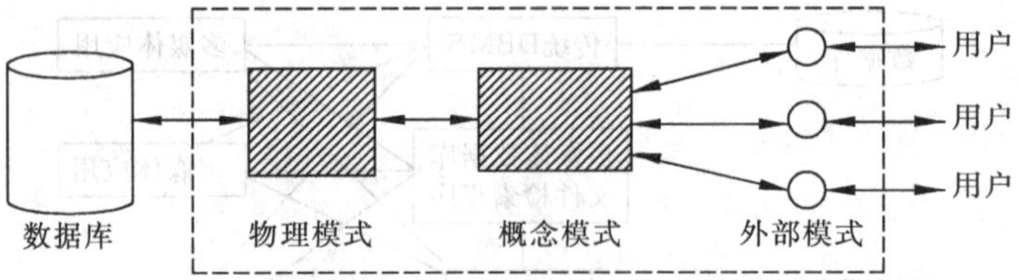

图 6.2 DBMS 的 3 层模式

物理模式又称内部模式，其主要功能是定义数据存储组织方法，如数据库文件的格式、索引文件组织方法、数据库在网络上的分布方法等，有时该模式还称为存储模式，它对用户是透明的。概念模式描述了数据库的逻辑结构而隐藏了数据库的物理存储细节，借助数据模型来描述，它定义抽象现实世界的方法。概念模式服务于一个数据库全部用户，数据库性能与数据模型密切相关，数据库模型先后经历了网状模型、关系模型和面向对象模型等阶段。外部模式又称为视图，它是概念模式对用户有用的那一部分。外部模式描述了一个特定用户组用户所关心的数据的结构，这些数据可以是数据库所存数据的一个子集，也可以是数据库所存数据经过加工整理后得到的数据。总之，3 种模式含义不同，层次不同，服务对象也不同。

目前，建立在关系模型基础上的关系数据库在商业数据库中占主导地位。关系模型主要针对的是整数、实数、定长字符等规范数据，关系数据库的设计者必须把真实世界抽象为规范数据。声音、图像、视频等信息引入计算机之后，可以表达的信息范围大大扩展，但带来的新问题是数据不规则，没有统一的取值范围，没有相同的数据量级，也没有相似的属性集。关系数据库和多媒体数据库两者对比见图 6.3。

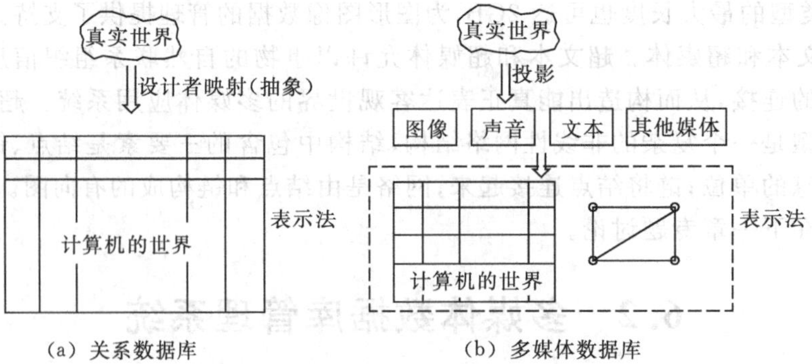

图 6.3 关系数据库与多媒体数据库

多媒体数据管理需要综合这些大小不一、类型各异的多媒体数据，它对数据库的影响体现在以下几个方面。

(1) 数据量大且媒体之间差异也大，从而影响数据库中的组织和存储方法。

(2) 媒体种类的增多增加了数据处理的难度。系统中不仅有声、文、图、像等不同种类的媒体，而且每种媒体还以不同的格式存在，如图像有16色图像和256色图像、GIF格式图像和BMP格式图像、黑白图像与彩色图像之分。动态视频也有AVI格式与MPEG格式之分。另外，多媒体数据还具有复合性、分散性、时序性的特点，这些都为数据处理提出了新的要求。

(3) 多媒体不仅改变了数据库的接口，使其声、文、图并茂，而且也改变了数据库的操作形式，其中最重要的是查询机制和查询方法。查询不再是只通过字符查询，而应是通过媒体的内容查询，难点是如何正确理解和处理许多媒体语义信息。查询的结果是综合多媒体信息的统一表现。

(4) 传统的事务一般都短小精悍，在多媒体数据库管理系统中也应尽可能采用短事务。但有时短事务不能满足需要，如从动态视频库中提取并播放一部数字化影片，往往需要长达几个小时的时间。为保证播放不致中断，MDBMS应增加这种处理长事务的能力。

(5) 多媒体数据库管理还有考虑版本控制的问题。在具体应用中往往涉及某个处理对象的不同版本的记录和处理，MDBMS应该提供很强的版本管理能力。

6.2.2 MDBMS的功能要求

根据多媒体数据管理的特点，MDBMS应包括如下基本功能。

(1) MDBMS必须能表示和处理各种媒体的数据，重点是不规则数据如图形、图像、声音等。

(2) MDBMS必须能反映和管理各种媒体数据的特性，或各种媒体数据之间的空间或时间的关联。

(3) MDBMS除必须满足物理数据独立性和逻辑数据独立性外，还应满足媒体数据独立性。物理数据独立性是指当物理数据组织(存储模式)改变时，不影响概念数据组织(逻辑模式)。逻辑数据独立性是指概念数据组织改变时，不影响用户程序使用的视图。媒体数据独立性是指在MDBMS的设计和实现时，要求系统能保持各种媒体的独立性和透明性，即用户的操作可最大限度地忽略各种媒体的差别，而不受具体媒体的影响和约束；同时要求它不受媒体变换的影响，实现复杂数据的统一管理。

(4) MDBMS的数据操作功能。除了与传统数据库系统相同的操作外，还提供许多新功能：提供比传统DBMS更强的适合非规则数据查询搜索功能；提供浏览功能；提供演绎和推理功能；对非规则数据，不同媒体提供不同操作，如图形数据编辑操作和声音数据剪辑操作等。

(5) MDBMS的网络功能。目前多媒体应用一般以网络为中心,应解决分布在网络上的多媒体数据库中数据的定义、存储、操作问题,并对数据一致性、安全性、并发性进行管理。

(6) MDBMS应具有开放功能,提供MDB的应用程序接口API,并提供独立于外设和格式的接口。

(7) MDBMS还应提供事务和版本管理功能。

6.2.3 MDBMS的组织结构

MDBMS的组织结构一般可分为3种,即集中型、主从型和协作型。

1. 集中型MDBMS的体系结构

集中型MDBMS是指由单独一个MDBMS来管理和建立不同媒体的数据库,并由这个MDBMS来管理对象空间及目的数据的集成,如图6.4所示。

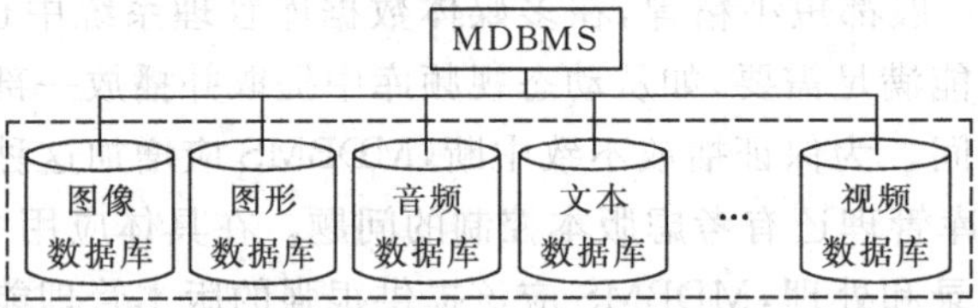

图6.4 集中型MDBMS的组织结构

2. 主从型MDBMS的体系结构

每个数据库都有自己的管理系统,称为从数据库管理系统,它们各自管理自己的数据库。这些从数据库管理系统又受一个称为主数据库管理系统的控制和管理,用户在主数据库管理系统上使用多媒体数据库中的数据,是通过主数据库管理系统提供的功能来实现的,目的数据的集成也由主数据库管理系统管理,如图6.5所示。

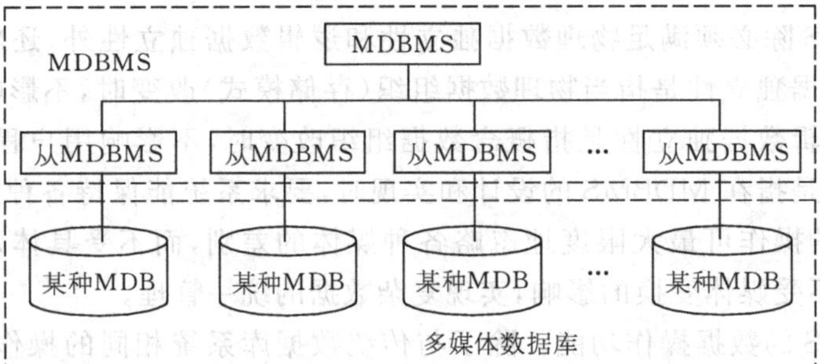

图6.5 主从型MDBMS的组织结构

3. 协作型 MDBMS 的体系结构

协作型 MDBMS 也由多个数据库管理系统来组成，每个数据库管理系统之间没有主从之分，只要求系统中每个数据库管理系统（称为成员 MDBMS）能协调地工作，但因每一个成员 MDBMS 彼此有差异，所以在通信中必须首先解决这个问题。为此，对每个成员要附加一个外部处理软件模块，由它提供通信、检索和修改界面。在这种结构的系统中，用户位于任一数据库管理系统位置，如图 6.6 所示。

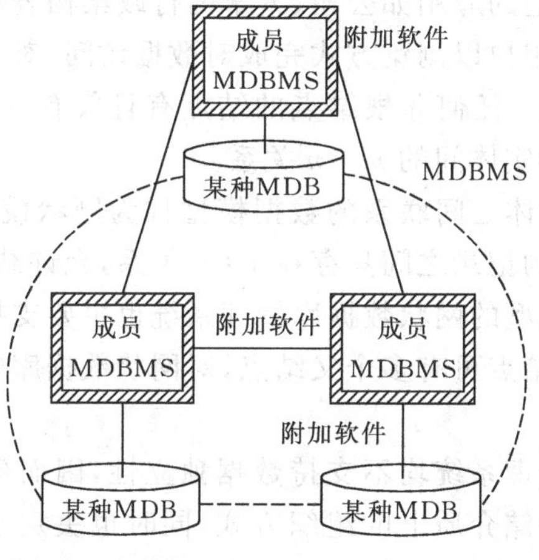

图 6.6 协作型 MDBMS 的组织结构

6.2.4 MDBMS 的数据模型

1. 数据模型的概念

数据模型是数据库管理系统中用于提供信息数据表示和操作手段的形式构架，数据模型通常由数据结构、数据操作和完整性约束 3 个部分组成，也称数据模型三要素。

数据结构是对数据库系统静态特性的描述，是所研究的对象类型的集合。这些对象是数据库的组成成分。对象一般分为两大类：一类是与数据类型、内容、性质有关的对象；另一类是与数据之间关联有关的对象。在数据库系统中，通常按数据结构的类型来命名数据类型，如层次模型、网状模型、关系模型和面向对象模型。

数据操作是对数据库系统动态特性的描述，如数据库中各种对象的实例、允许执行的操作集合（包括操作及操作规则）。数据库主要有两大类操作：检索和更新（包括插入、删除、替换、修改）。数据模型要定义这些操作的确切含义、操作符号、操作规则以及实现操作的语言。

数据的约束条件是实现数据库完整性规则的集合，所谓完整性规则是指给定的数据模型中数据以及它们之间的关联所具有的制约和依存规则，用以限定符合数据模型的数据库状态以及状态的变化,以保证数据库数据的正确、有效、相容和一致。数据模型应该提供定义数据完整性约束条件的机制,以反映数据必须遵守的特定的语义约束条件。

2. 常用的数据模型

早期的数据库系统采用层次模型,它利用树形结构来表示实体以及实体之间联系的模型。模型中结点为记录型,表示某种类型的实体,结点之间的连线表示它们之间的关系。没有任何父结点的结点称为根结点,只有父结点而无任何子结点的结点称为叶结点。层次模型构造简单,易于实现。典型的应用如公司、大学的行政架构表示。基于层次模型的数据库称为层次数据库,它支持用户以浏览方式完成对数据访问,对子结点记录的访问需经过父结点。层次模型的限制是:任何非根结点的结点有且仅有一个父结点;父子结点只能是 $1:n$ 关系,不能表示两类实体间的 $m:n$ 关系。

利用网状结构来表示实体与实体之间联系的数据模型称为网状模型,其结点为记录型,用于表示某类实体。父子结点的记录之间只存在 $1:n$ 关系,允许结点有多个父结点,比层次模型更为通用。基于网状模型的网状数据库管理系统也主要支持用户以浏览的方式完成对数据记录的访问,但由于结点可有多个父结点,对网状数据库中某结点的访问路径可以有多条。

层次数据库和网状数据库的管理系统均不支持数据独立性,因而数据库层次结构或网状结构反映了库存数据记录在存储介质上的组织方式,同时也决定了对数据记录的访问路径。这样,数据库结构的调整将使应用随之变化,这就限制了数据库系统及其应用的可扩展性、可重用性及可移植性。

关系模型克服了上述两种模型的缺陷,利用二维的表来表示实体与实体之间的关系,每张二维表又称为一个关系,如图6.7所示。二维表每一列代表实体以及实体之间关系的某种属性。属性名的集合如$\{C_1, C_2, \cdots, C_n\}$表示某种记录类型。二维表的每一列除了具有属性名外,还具有类型特征,该特征决定了属性的取值范围,称为域。这种表可直接描述两个实体类型间的 $m:n$ 关系。

C_1	C_2	…	C_n

图6.7 关系

关系模型可通过关系代数严格定义。一张二维表可定义为一组域的笛卡儿积的子积。域 $D_1, D_2, \cdots, D_n$ 的笛卡儿积定义为:

$$D_1 \times D_2 \times \cdots \times D_n = \{(C_1, C_2, \cdots, C_n) \mid C_i \in D_i, i=1,2,\cdots,n\}$$

关系 R 可表示为:

$R \subseteq D_1 \times D_2 \times \cdots \times D_n$,$n$ 为关系的度。

一个关系的结构可表示为:

$R: \{(C_1 : D_1, C_2 : D_2, \cdots, C_n : D_n)\}$

其中,$C_i (i=1,2,\cdots,n)$为属性名。

关系数据库管理系统(RDBMS)对数据的各种操作归结为各种集合运算。除了支持传统的集合运算之外,还定义了专门的关系运算,如投影、选择、连接等。它还利用一阶谓词逻辑来判断表中元组是否满足用户定义的条件。用户定义的条件由逻辑运算符∧(and)、∨(or)、¬(not)连接各个算术表达式组成。关系代数和一阶谓词演算构成了RDBMS支持的数据库接口语言——SQL的基础。

20世纪80年代以来,数据库技术发展成熟并得到广泛的应用,其中主流产品是关系数据库,如Oracle、Sybase、SQL Server等。这是因为关系数据库有以下优点。

(1) 关系模型的概念单一,结构简单,实际是一张二维表。

(2) 关系模型的集合处理能力强,用户对数据的检索操作实质上是从原来的一些表中提取到一张新表,关系模型中的操作是集合操作。

(3) 关系模型的数据独立性强,它向用户隐藏了数据的存取路径,提高了数据的独立性。

(4) 关系模型有坚实的理论基础,这就是关系代数。

(5) 关系模型有标准的语言。1986年10月,美国国家标准局(ANSI)颁布结构化查询语言(structured query language,SQL)的美国数据库语言标准,1987年6月,ISO把SQL定为数据库语言的国际标准。

SQL是关系数据库系统的接口。由于SQL使用方便,功能丰富,很快得以推广,几种主要的数据库产品都采用SQL作为共同的数据存取语言和标准接口。现在SQL语言已进行了多次修正,ISO于1989年4月颁布了SQL 89版本,它在SQL 86基础上增强了完整性特征,1992年ISO公布新SQL版本SQL 92或称SQL 2。新制定SQL 3标准将对SQL 2进行较大扩充,目的是增强数据库的可扩充性、可表示性、可重用性,扩充非过程的查询语言,增加面向对象的概念和功能,使关系和面向对象集成在一种语言中。

关系模型虽然简单有效,但不支持归纳/限定的抽象方法,而且要求每个关系都必须满足1NF限制,属性取值仅局限于几种基本的数据类型,不能很好地表示复杂对象关系。因此人们又提出了一些新的数据模型,如语义模型、复杂对象模型和面向对象模型等。其中,语义模型是定义实体、属性和实体间关系的概念数据模型,代表性的模型是ER模型;复杂对象模型是对关系模型的一种改进,它突破了1NF的限制,代表性的模型有NF^2模型。面向对象模型将在下节详细讨论。

3. 扩充的关系数据模型

传统的关系模型结构简单,是单一的二维表,数据类型和长度也被局限在一个较小的子集中,又不支持新的数据类型和数据结构,很难实现空间数据和时态数据,缺乏演绎和推理操作,因此表达数据特性的能力受到限制。在MDBMS中使用关系模型,必须对现有的关系模型进行扩充,使它不但能支持格式化数据,也能处理非格式化数据。模型扩充的主要技术策略有下面3种。

(1) 使关系数据库管理技术和操作系统中文件系统功能相结合,实现对非格式化数据的管理。其主要方法是,若关系中元组的某个属性是非格式化数据,则以存放非格式化数据的文件名代替。这种方式中DBMS不负责非格式化数据本身的存储分配,对非格式化数据的管理是松散的,它管理的只是非格式化数据的引用(文件名),对非格式化数据的并发控制和恢复只能通过操作系统、文件系统和应用程序来实现。这种方法效率较低,优点是方法简单、容易实现,可充分利用操作系统中文件系统的优点实现非格式化数据文件共享。

(2) 将关系元组中格式化数据和非格式化数据装在一起形成一个完整的元组,存放在数据页面或数据页面组中。由于非格式化数据的数据量一般很大,所以存放非格式化数据常常需要多个页面,这样读取一个完整的元组,就需要多次的页面I/O。这在只涉及元组中格式化数据而不涉及非格式化数据的操作时,无形中增加了不必要的页面I/O,影响了系统的响应速度,否则DBMS就必须能够确定元组中各列值在页面上的存储情况,这必将增加实现难度和系统开销,故一般小系统不采用这种策略,大型RDBMS往往采用。这种策略的优点是将格式化数据和非格式化数据统一处理,实现了管理的一致。

(3) 将元组中非格式化数据分成两部分,一部分是格式化数据本身,另一部分是对非格式化数据的引用。将元组中格式化数据和对非格式化数据的引用放在一起存储而非格式化数据本身则单独存储,这样一般元组的存储只涉及格式化部分,仅当有必要访问对应非格式化数据时才要求进行较多的页面I/O。一般情况下,对非格式化数据的访问必然要经过元组的格式化数据部分,其中某些处理如并发控制等,只需要考虑对格式化数据部分处理即可,这恰好是传统关系数据模型的处理,这就把某些有关非格式化数据处理简化为格式化数据处理问题了。采用这一策略的优点是资源分配使用较为合理,实现性能较好,对资源不太充裕的小系统更为适宜。

以上3种策略的关键是要扩充数据类型,解决非格式化数据的语义解释。

6.2.5 关系型多媒体数据库的应用

【例6.1】 某公司需要用Oracle 8.1.6管理雇员资料,雇员信息包括工号、年龄、性别、月工资、所在部门、该部门经理雇员的免冠照片等属性,可以表示成图6.8。

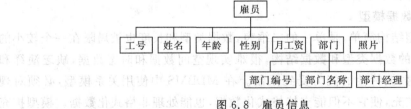

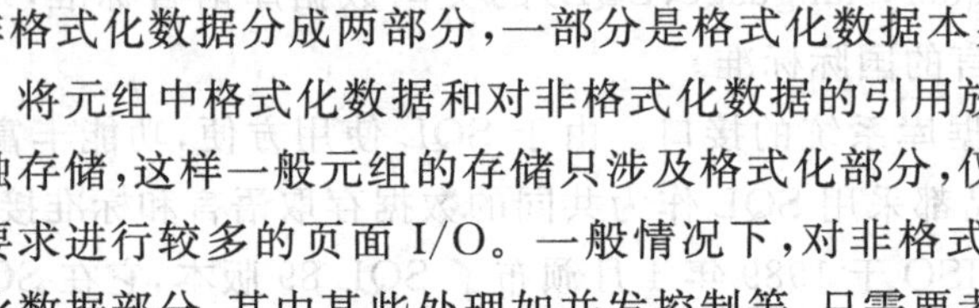

图6.8 雇员信息

对这样一个比较复杂结构的实体(雇员),关系数据库需要把它分解成最简单实用的关系(雇员和部门)来表示,关系实例如图6.9所示。实体的结构语义隐性地包含在两个关系的相同属性(部门编号)中,只有通过联结、投影等操作才能体现出结构语义。

关系{雇员}

工号	姓名	年龄	性别	月工资	部门编号	雇员照片
001	张三	28	男	1500	001	ZHANG
…	…	…	…	…	…	…

关系{部门}

部门编号	部门名称	部门经理
001	销售科	004
…	…	…

图6.9 关系实例

在此关系实例中,雇员照片属性的存储可以利用Oracle数据库提供的LOB属性类型实现。LOB (large object)顾名思义就是存储大对象的属性类型,当数据量过大不能直接存入数据库时,可以使用LOB属性类型。LOB属性实际存储的是指向实际数据的一个指针,实际数据内容可以存储在Oracle数据库系统中,也可以存储在文件系统中,指针和数据间的映射关系由DBMS维护。LOB字段非常适合存储如图像、声音、动画、大数据文本等多媒体信息。

LOB是用来存储像文本文件、各种格式的图片、音频文件等大数据量信息的字段(最大数据量可以达到4GB),按照数据的存储方式不同可以将其分为内部LOB(internal LOBs)和外部LOB(external LOBs)两种。内部LOB类型数据存储在数据库表空间中,DBMS提供针对LOB字段的插入、删除、提交、回滚等基本数据库操作。内部LOB还根据使用的场合不同分为3种:BLOB(binary LOBs),CLOB(character LOBs),NCLOB(national character LOBs)。BLOB用来存储图像、动画等无结构的二进制数据;CLOB存储符合数据库字符集要求的字符数据块;NCLOB适合于任何自然字符集的字符数据块。外部LOB(external LOBs)将数据存储在OS的文件系统中,DBMS不提供针对此类型的数据库操作。外部LOB不受使用的字符集等数据格式的限制,可以存储GIF,JPEG,TEXT,MPEG等多种格式的数据。

LOB属性是Oracle专门针对多媒体数据量大、数据格式多样的特点提出的,与原来的Oracle版本和大多数DBMS中的LONG和LONG RAW字段类型相比有以下优点。

(1) 数据容量大,LOB字段允许的数据容量是原来LONG RAW类型的一倍。

(2) LOB字段允许顺序访问和随机访问两种数据操作方式,用户可以像操作其他属性类型的字段一样操作LOB数据字段,而LONG或LONG RAW字段仅支持顺序访问的数据操作方式。

(3) 一个关系数据表中可以同时使用多个LOB字段存储多媒体信息,没有像LONG或LONG RAW那样只能在表中出现一次的限制,方便了多媒体数据的组织。

LOB属性类型的引入方便了基于关系数据库系统的多媒体数据的存储和管理,用户可以根据要存储的多媒体信息的格式、数据量、数据操作的性能等要求选择存储方式,DBMS为用户提供了一个适用于各种多媒体信息的通用的操作方式,屏蔽了不同数据类型之间的差异,解决了多媒体管理部分要求。

此外,FoxPro、Paradox等一批商品化扩充关系型多媒体数据库也引入了新的数据类型来描述多媒体数据。

Paradox是由Borland公司开发的,它的内核是Borland公司InterBase Engine。InterBase Engine是生成很多公司数据库产品内核的关键技术,它的最大优点是提供了访问多种数据格式的潜在能力。Paradox支持DBF文件,Borland公司增加访问InterBase,Oracle,Sybase以及其他一些数据库文件的能力。Paradox增加了4种数据类型用以管理多媒体数据,这4种数据类型是:动态注释(dynamic memo)、格式注释(formatted memo)、图形(graphic)和大二进制对象(Blob)。动态注释和格式注释用于存储文本数据,其中格式注释类型还可用于描述文本的字体尺寸和颜色等属性。图形属性可以存储具有标准文件格式(如BMP,GIF,TIF和PCX)的图形图像文件。Blob存储其他任何类型的二进制数据,如可用Blob存储音频和运动视频文件或图形。OLE类型是Blob的一种特殊格式,使用Windows的对象链接和嵌入技术,可使Paradox用作一个OLE主机。在OLE类型的属性中选择一个对象,会引发相关的应用,这有利于扩充Paradox处理其他媒体类型的能力。

FoxPro是Microsoft公司开发的产品,它是在DBase基础上发展起来的,可以访问DBaseⅢ和DBaseⅣ的表格。为了处理多媒体数据,FoxPro 2.5引入一个新的属性类型General。General类型可以容纳任何一种多媒体数据,包括文本、图形、图像或声音数据。在Windows中,FoxPro相当于一个OLE客户,通过在表中定义一个类型为General的字段,可以为链接或嵌入任何对象预留空间。FoxPro 2.5增加了一个新的APPEND GENERAL命令,用于把二进制对象存入表中的预留空间。

6.3 面向对象技术与MDBMS

6.3.1 面向对象的基本概念

(1) 对象:是问题领域中的事物的表示或描述,世界上任何事物都是对象。一般来说对象具有一个名字标识,并具有自身的状态和功能。

(2) 属性:组成对象的数据称为对象的属性。对象的属性可以是系统或用户定义的数据类型,也可以是一个抽象数据类型。对象的状态由其属性描述。

(3) 方法:定义在对象属性上的一组操作称为对象的方法,方法体现了对象的行为功能。

(4) 对象类:类描述的是具有相似性质(属性)的一组对象,这组对象具有一般行为(操作)、一般关系(对象之间的)和一般语义。

(5) 子类和父类:一个类可以分成若干子类,这个被分成若干子类的类称为父类。子类一方面共享了父类的属性和操作,从而反映了相应的抽象数据类型间的共同特点;另一方面包含了新的属性和操作,以反映抽象数据类型间的差异。

(6) 消息:在面向对象系统中,对象间的通信和请求对象完成某种处理工作是通过消息传递实现的,消息传递相当于一个间接的过程调用。

(7) 继承性:子类不仅可以继承父类对象的部分或全部属性和方法,还可以拥有自己的属性和方法。继承性具有双重作用,一是可以减少代码冗余;二是可以通过协调性来减少相互之间的接口。

(8) 多态性:不同的数据对象可以具有某种意义相同的行为,但却有不同的行为方式。如连续媒体都有播放行为,但声音和视频有不同的实现方式。

6.3.2 面向对象的数据库模型

如前所述,多媒体对象呈现异构性和复杂性的特点,MDBMS 要完成对多媒体数据的存储及管理,首先应当能够有效地表示多媒体对象,这需要解决媒体对象的表示以及媒体对象合成方式的表示问题。媒体对象的表示与多媒体对象的异构性密切相关,对应每一种媒体类型及其不同的编码格式都需要存在着一种数据类型的定义;媒体对象合成方式与多媒体对象的复杂性相关,复杂性要求 MDBMS 除了提供表示多媒体对象与多媒体对象之间的包含关系的方法外,还要具有表示多媒体对象之间多种约束关系的能力。

面向对象的数据库模型具备很强的抽象能力,能够较好地表示带有复杂性及异构性的数据对象,因而为 MDBMS 的构造提供了一个良好的条件。归纳起来,它在支持多媒体应用方面具有自己独特的优点。

(1) 面向对象模型支持"聚合"与"概括"的概念,从而更好地处理多媒体数据等复杂对象的结构语义。

(2) 面向对象模型支持抽象数据类型和用户定义的方法,便于数据库系统支持定义新的数据类型和操作。

(3) 面向对象系统的数据抽象、功能抽象与消息传递的特点使对象在系统中是独立的,具有良好的封闭性,封闭了多媒体数据之间的类型及其他方面的巨大差异,并且容易实现并行处理,也便于系统模式的扩充和修改。

(4) 面向对象系统的对象类、类层次和继承性的特点,不仅减少了冗余和由此引起的一系列问题,还非常有利于版本控制。

(5) 面向对象系统中实体是独立于值存在的,因而避免了关系数据库中讨论的各种异常。

(6) 面向对象系统的查询语言通常是沿着系统提供的内部固有联系进行的,避免了大量的查询优化工作。

总之,面向对象的数据模型允许现实世界的对象以更接近于用户思维的方式来描述,而且具有描述和处理聚集层次、概括层次的能力,能支持抽象数据类型和行为,可扩充性和可共享性好,适宜于表示和处理多媒体信息,也适宜于多媒体数据库中各种媒体数据的存取与不同操作的实现。

6.3.3 面向对象数据库系统的实现方法

面向对象数据库和扩展关系数据库系统不同,它倾向于以数据模型入手,重新考虑不同于传统 DBMS 的系统类型建立、整体结构、对象类层次的存储结构、存取方法和继承性的实现方法、用户定义的数据类型和方法的处理策略、必要的版本控制和友好的用户界面,建立一个全新的 DBMS。

1. 对象类型系统的建立

建立恰当的类型系统来支持多种数据类型的管理。一种较为典型的多媒体类型系统如图 6.10 所示。

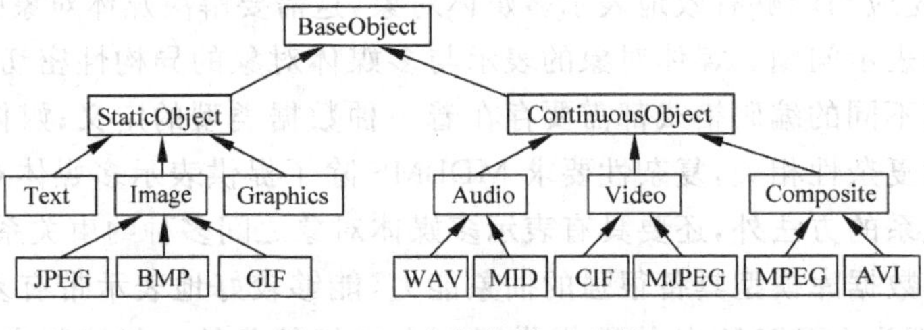

图 6.10 多媒体类型系统

其中,BaseObject 是对各种多媒体对象最为抽象的表示,它是该类型系统中基类,其定义的属性反映了所有媒体对象在状态特征上的相同之处,其方法代表了用户对所有媒体对象都能实施的操作。这些操作具体执行方式与媒体类型的特点相关,因而以虚函数的形式出现。StaticObject 和 ContinuousObject 是 BaseObject 生成的子类,分别表示静态媒体对象与连续媒体对象的共性,它们最大的区别在于后者具有一定的时间和空间表现特征,而前者只有空间表现特征。它们除了继承 BaseObject 的属性和方法外,还定义了与时间和空间相关的属性和操作。

Text,Image,Graphics 等都是 StaticObject 生成的子类,它们既继承了 StaticObject 空间表现的属性和操作,又刻画了文字、图像、图形等不同类型间的差异。即使是相同的类型,其编码格式还可能存在差异,如图像还可分为 JPEG,BMP,GIF 等图形格式。

Audio,Video,Composite 等是 ContinuousObject 生成的子类,与上述 Text 等类在一个层次上,它们描述不同类型的连续媒体对象的个性。尽管它们包含了时间和空间域特征的操作,却有不同的实现方式。这里 Composite 表示多条相关的音频流和视频流复合的连续码流。同样,由于同类连续媒体可能以不同数据格式存在,它们往往可以细分为一些子类,如 Composite 可分为 MPEG,AVI 等子类。

2. 面向对象数据库系统结构

根据系统模型的功能,设计适当的系统结构是面向对象的 DBMS 实现的重要环节。现有面向对象的 DBMS 功能各异,因而提出各种不同的系统结构。

例如,由 MCC 公司研制的 ORION 系统由下面 4 个子系统构成。

(1) 消息处理子系统。处理发送到系统中的所有消息。

(2) 对象子系统。提供高级的数据管理功能,包括查询优化、模式管理、长数据管理(包括正文检索)以及支持版本对象、复合对象和多媒体对象。

(3) 存储子系统。处理对存储在磁盘上的对象的存取要求,包括两个子系统——页缓冲区管理和磁盘段管理,分别负责内存页缓冲区管理和磁盘中页段管理。

(4) 事务管理子系统。采用锁和日志技术协调系统的并发控制与恢复机制。

ORION 系统结构见图 6.11。

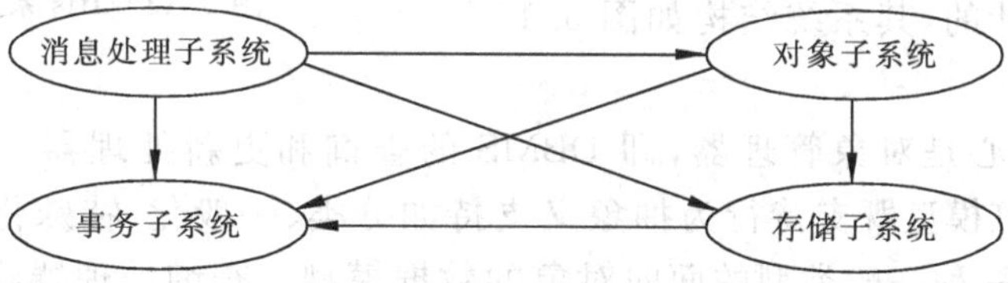

图 6.11 ORION 系统的功能单元

ORION-1SX 是一个客户机/服务器数据库系统,它有一个专用的服务器管理整个数据库系统,而应用系统运行的所有其他结点(客户)同这个服务器进行通信来存取数据库。图 6.12 是 ORION-1SX 结构的高层视图。对象子系统和消息子系统完全放置在客户机上。另一方面,通信子系统以及部分事务和存储子系统既放置于客户机又放置于服务器中,通信子系统负责打开、关闭和控制连接,接收和传递客户机和服务器之间的消息。

ORION-2 是一个基于网络的分布式数据库系统,它由一个以上的结点进行管理,使数据库的物理布局对用户来说是透明的。

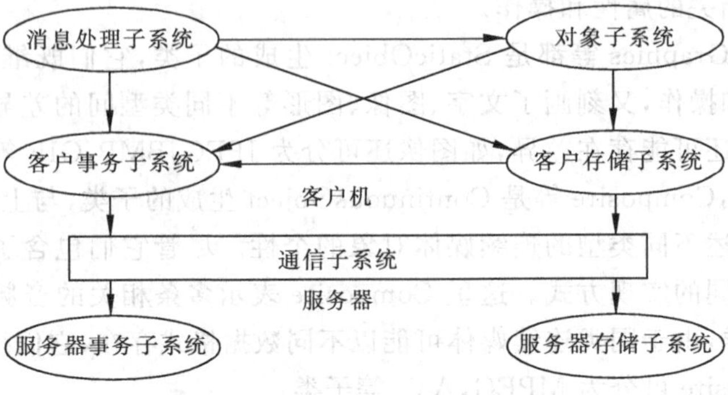

图 6.12　ORION 系统的功能单元

HP 实验室开发的面向对象系统 Iris,试图满足办公信息和基于知识的系统、工程需求和软硬件设计等潜在的数据库应用,这些是传统 RDBMS 所不支持的。除了一般的数据永久性、控制共享、后缓和恢复的需求之外,新需求的功能包括:丰富的数据建模结构、对推理的直接数据库支持、新的数据类型(图像、语音、矩阵等)、长事务处理以及数据的多版本。数据共享必须在对象级别上以并行共享和串行共享两者的意义上实现,允许一个给定的对象能够由用不同的面向对象的编程语言编写的应用来操作。Iris 正是面向上述需要进行设计的,其系统结构如图 6.13 所示。

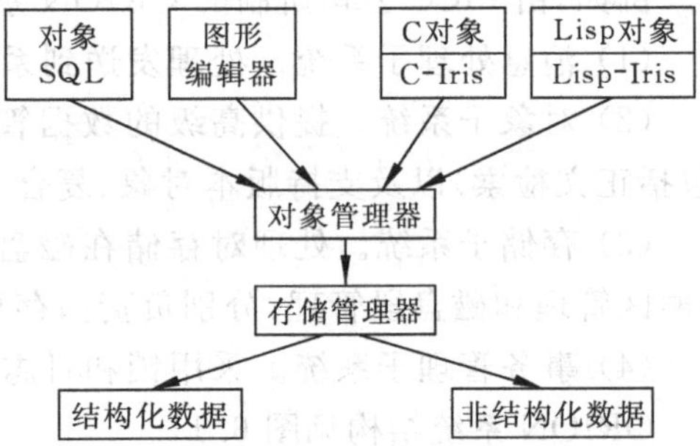

图 6.13　Iris 系统结构

Iris 系统的核心是对象管理器,即 DBMS 的查询和更新处理器。对象管理器实现 Iris 的数据模型,该模型既支持行为抽象又支持如分类、一般化/特殊化以及聚集等高层次的数据抽象,是一种一般类型的面向对象的数据模型。查询处理器将 Iris 的查询和函数翻译成一种扩展的关系代数格式,它是优化了的并且依照存储的数据库译码。Iris 的存储管理器是一个常规的关系存储子系统。Iris 数据库管理系统可以通过交互式和程序式两种接口存取,它的交互式接口有简单的对象管理器、对象 SQL 和图形编辑器;程序式接口包括直接将 OSQL 嵌套在宿主语言、将系统封装成编程语言的对象等。

3. 面向对象数据库系统的存储结构和存取方法

面向对象的 DBMS 中处理的是存储在磁盘上的多媒体数据组成的对象,因此,设计有效的对象存储结构和多媒体数据的存取方法就成为系统实现的重要问题。目前存储结构的实现方法可分为两大类:一类是基于现有关系系统存储结构的方法;另一类是重新设计更符合多媒体对象特点的存储结构方法。

(1) 基于关系系统的方法。在这种方法中每个对象类存放在一个关系中,任何对象一进入系统,DBMS自动分配给它一个全库唯一的系统标识符,这个系统标识符在对象的生命周期中是不能由系统也不能由用户改变的。对象间的联系是通过存放在对象元组中增加另一对象的系统标识符体现的。系统对相关对象类建立索引,当用户要求按"聚合"或"概括"联系查询时,系统就可以使用连接索引满足其所有查询要求。

使用系统标识符的优点是:对象所有属性中不必再由用户定义标识码,降低了更新操作的限制,使所有属性可依统一方式进行处理。另外,由于通常系统标识符比用户数据小得多,所以使用系统标识符后,一般连接索引可以做得很小,甚至可以放在内存,大大加快了查询速度。

(2) 更适合多媒体数据特点的存储结构和存取方法。虽然基于关系系统的方法可以利用许多关系系统成功的经验,但现有关系系统的存取方法并不完全适合多媒体数据的特点,因此人们提出了一些更适合多媒体数据特点的存储结构和存取的方法。

为了实现多媒体对象的快速存取,最简单的方法是将其按逻辑模型中定义的拓扑顺序存放。但使用这种方法,当对象较大时,可能需要物理上跨磁道存放,这时会大大降低查询速度,而且这种方法不能有效地支持子类的查询。比较适合多媒体数据特点的存储结构和存取方法有 EXODUS 系统的 B+树索引结构、适合多维空间对象的 R+树索引结构等。

面向对象模型比较复杂,缺乏坚实的理论基础。在实现技术方面,还需要在面向对象 MDBMS 中解决模拟非格式化数据的内容和表示、反映多媒体对象的时空关系、允许有类型不确定对象存在等问题。随着理论研究和实践探索的不断深入,面向对象 MDBMS 一定会更加完善,在未来的 MDBMS 中占据重要地位。

6.4 基于内容的检索技术

在数据库系统中,数据检索是一种频繁使用的任务。多媒体数据库数据量大,数据种类多,给数据检索带来了新的问题。由于多媒体数据库中包含大量的图像、声音、视频等非格式化数据,对它们的查询或检索比较复杂,往往需要根据媒体中表达的情节内容进行检索。基于内容的检索(CBR)就是针对多媒体信息检索使用的一种重要技术。

6.4.1 相关概念

1. 基于内容的检索技术的特点

基于内容的检索根据媒体对象的语义和上下文联系进行检索,有如下特点。

(1) 从媒体内容中提取信息线索,直接对媒体进行分析,抽取特征(如基于表达式)。

(2) 提取特征方法多种多样。如图像特征有形状、颜色、纹理、轮廓等。

(3) 人机交互。人能迅速分辨要查找的信息，但难以记住信息，人工大量查询费时、重复，而这正是计算机的长处，人机交互检索可大大提高多媒体数据检索的效率。

(4) 基于内容的检索采用一种近似的匹配技术。检索中，常采用逐步求精的方法，每一层的中间结果是一个集合，不断减少集合的范围，直到定位到查找的目标。而一般的数据库检索采用格式化信息精确匹配的方法。

2. 媒体特征

基于内容的检索中常用的几种媒体特征如下。

(1) 音频：常利用的音频特征包括基音、共振峰、线性预测倒谱系数(基于VQ的语音识别)、Mel倒谱系数(基于高斯混合模型的语音识别)等音频底层特征，以及声纹、关键词等高层特征。

(2) 静态图像：其底层特征包括颜色直方图、纹理、轮廓；高层特征包括人脸部特征、表情特征、物体(如零件)和景物特征。

(3) 视频：视频包含的信息最丰富最复杂，其底层特征包括镜头切换类型、特技效果、摄像机运动、物体运动轨迹、代表帧、全景图等；高层特征包括描述镜头内容的事件等。

(4) 文本：关键词常被选为文本对象的内容属性，另外还有一些与应用领域特点有密切关系的信息，如多媒体的相关信息包括声音、图像、CD-ROM。

(5) 图形：由一定空间关系的几何体构成。几何体的各种形状特征、周长、面积、位置、几何体间空间关系的类型等，常被选为图形内容属性。

提取媒体对象内容属性的方式一般有手工方式、自动方式和混合方式。

虽然音频、视频等多媒体信息内容难以用文字描述，但由于文本处理技术简单成熟，所以关键词属性描述是一种常采用的办法。手工方式是最常见的提取关键词属性的方法，它还可以提取图像的纹理、边缘特征、视频镜头所含的摄像动作等。手工方式简单方便，但需要录入人员掌握应用背景知识，工作量大，由于不同人员的提取尺度不同增加了不确定性。

对内容属性自动提取是一种理想的方式，是人们研究和应用的目标。自动提取过程涉及对媒体分析的具体技术，如图像理解、视频序列分析、语音识别技术等。

自动和人工混合的方式是兼顾效率和正确性的方法，目前常在实际应用系统中采用。

6.4.2 基于内容的检索系统实现方法

实现基于内容的检索系统主要有两种途径：一是基于传统的数据库检索方法，即采用人工方法将多媒体信息内容表达为属性(关键词)集合，再在传统的数据库管理系统框架内处理，这种方法对信息采用了高度抽象，留给用户的选择余地小，查询方式和范围有所限制；二是基于信号处理理论，即采用特征抽取和模式识别的方法来克服基于数据库方法的局限性，但全自动地抽取特征和识别时间开销太大，并且过分依赖领域知识，识别难度大。

上述两种途径在实用系中统常结合使用。如 IBM 的 QBIC(query by image content)。基于内容检索的图像、视频库特征,系统采用半自动方法抽取,用户通过提供例图、手绘素描、颜色或纹理模板、摄像机和物体运动情况来辅助检索。

下面介绍 CRB 系统的实现技术。

1. 基于内容检索系统的结构

从基于内容的检索的角度出发,系统由组织媒体输入的插入模块,对媒体进行特征提取的媒体处理模块,存储插入时获得的特征和相应媒体数据的数据库,和支持对媒体的查询模块等构成;这些模块与包含特定应用中需要的领域知识的知识模块交互。插入模块可以把新图像分段划分成一个个的区域图像,并确定区域图像所有的特征值。图 6.14 给出了 CRB 系统的结构。典型的基于内容检索系统如从图像数据库检索面部图像的交互式系统、从指纹数据库检索指纹的系统等。

图 6.15 给出了基于内容的检索方法示意图。

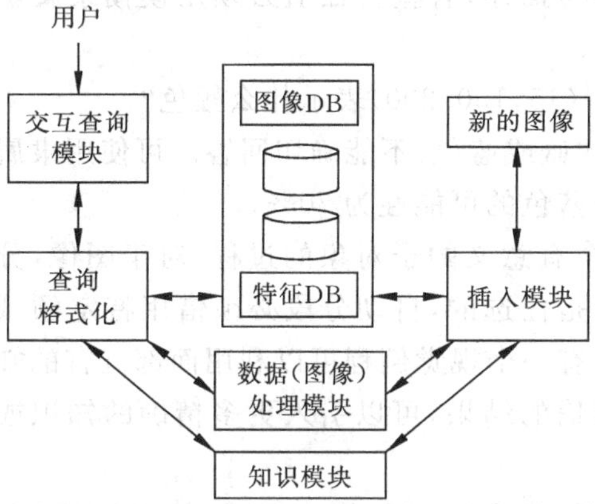

图 6.14 基于内容的检索系统结构

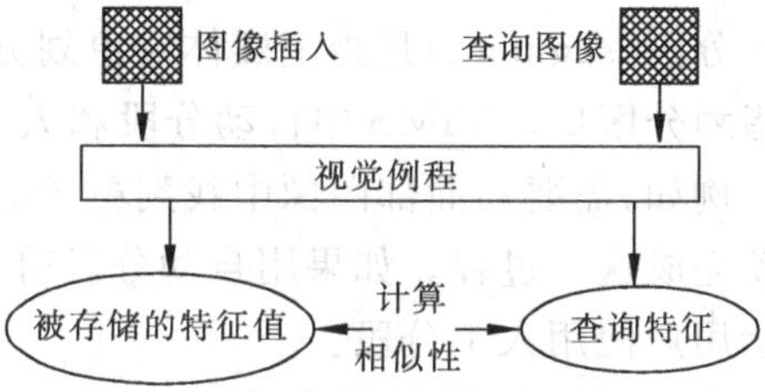

图 6.15 检索方法

2. 基于内容的检索过程

基于内容的检索过程是一个逐步求精的过程,如图 6.16 所示。它一般分为下面几步:①初始检索说明;②相似性匹配;③特征调整;④重新检索。该过程直到用户放弃检索或者得到满意结果为止。

3. 特征匹配

特征匹配是基于内容检索的关键。例如,在面向人面部图像识别的视觉信息管理系统 VIMS 中,特征值 f_i 分属 3 个特征集合:F_u,F_d,F_c。F_u 包含用户描述的特征值,这些值在用户插入时指定,如年龄、性别等。F_d 包含从图像数据直接导出的特征,插入时由用户自动计算出来。F_c 包含那些直到需要时才计算出的特征值。图像数据库存储新插入

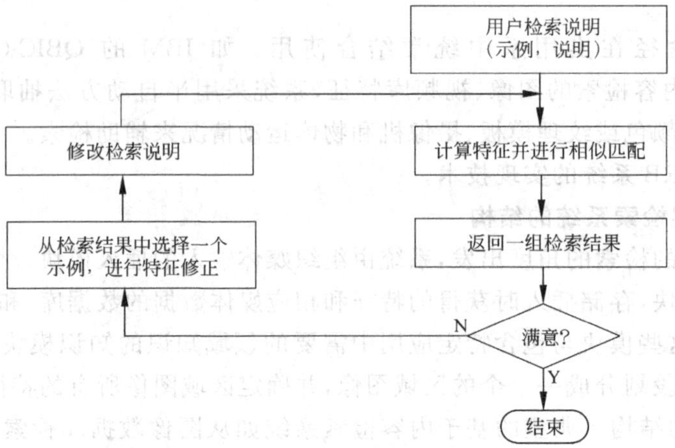

图 6.16　基于内容的检索过程

的图像及其相应的特征信息。有些特征值很容易描述，有些特征值必须用模糊隶属函数隶属描述。

【例 6.2】　用红绿蓝三色表示颜色，RGB=(15,150,200)表示什么颜色?

其颜色的定性描述是带蓝色的绿、带绿色的蓝或蓝色，不能确切回答。可使用隶属函数来描述特征，如 $f(x,蓝)=0.70$，表示 x 等于蓝色的可能性为70%。

分段(segment)是指把媒体对象划分为几个有意义的子对象的过程，对于图像，分段是指划分区域。VIMS中自动分段和人工分段是任选的，自动分段必须借用特定领域知识。例如，需要在面部图像中找到鼻子的位置，有一个视觉例程可以利用面部五官的知识自动完成这一过程。如果用自动分段得不到可信的结果，可以引入更多精确的知识或者提示用户使用人工分段。

由于可以使用视觉例程对图像分段，查询图像不再局限于用户定义的特征值。VIMS查询模块使用一种带有过滤机构的查询，用户先说明被查询对象的特征值，得到的是一组相似的对象，然后由用户从这组相似对象中选择一个对象作为参考对象，用户可以使用"更窄"、"更暗"等术语调整参考对象的各个特征，修正后的特征值用于查询模块，这样就得到更相似的对象组，或者就是要查询的对象。

6.4.3　图像内容分析与检索

1. 基于颜色直方图检索

若一副图像的颜色(灰度)有 N 级，具有每种颜色的像素数为 $h_1,h_2,\cdots,h_N$，这组像素统计值称为图像的颜色直方图。它反映了图像关于颜色的数量特征，但失去了颜色的位置特性。如两个图像颜色的像素数分布向量分别为 $H=(h_1,h_2,\cdots,h_N)$ 和 $F=(f_1,$

$f_2, \cdots, f_N$)，则它们相似性可用其欧氏距离 d 估计：

$$d = \sqrt{\sum (h_i - f_i)^2}$$

利用基于颜色直方图检索，其示例可以由如下方法给出。

(1) 指明颜色的构成。如查询“约35%红色，45%蓝色的图像”，实际上限定了红色和蓝色在直方图的比例，系统将查询转换为对颜色直方图的匹配模式。查询中获得的结果图像颜色分布是符合模式的图像，尽管查到的大多数不是所要的图像，但缩小了查询范围。

(2) 指明一幅图像，从而也得到它的颜色直方图，然后用该颜色直方图与数据库中的图像颜色直方图进行匹配，最后确定所要找的图像集合。

(3) 指明图像的一块子图，它可能是图像分割后的一块子区域，或利用对象轮廓法确定的一个对象。利用这个子图确定相应的颜色直方图，再从数据库中确定具有相似图像颜色特征的目标图像集合。

2. 基于轮廓的检索

基于轮廓的检索使用户通过勾勒图像的大致轮廓，从数据库中检索出轮廓相似的图像。其中，取图像的轮廓线是一个困难的事情，较好的方法是采用图像自动分割的方法结合识别目标的前景和背景模型来得到比较精确的轮廓。对轮廓进行检索的过程是交互完成的。首先，对图像的轮廓进行提取，并计算轮廓特征，存于特征库中。检索时，通过计算用户手绘轮廓的特征与特征库的轮廓特征的相似度来决定匹配程度。轮廓特征也可结合颜色特征检索。

3. 基于纹理的检索

纹理是通过色彩或明暗度的变化体现出来的图像表面细节，其特征包括粗糙性、方向性、对比度等。纹理的分析方法主要有统计法和结构法，统计法用于分析像木纹、沙地、草坪等细密而规则的对象，并根据像素间灰度的统计性质对纹理规定出特征，以及特征与参数的关系。结构法适于像布纹图案、砖墙表面等排列规则对象的纹理，可根据纹理基元及其排列规则描述纹理的结构和特征，以及特征与参数的关系。基于纹理的检索往往采用示例法，检索时首先将一些大致的图像纹理以小图像形式全部呈现给用户，一旦用户选中其中某个与查询要求最接近的纹理形式，则以查询表的形式让用户适当调整纹理特征，并逐步返回越来越精确的结果。

4. 视频检索

首先分析视频媒体的基本特征。视频数据是连续的图像序列。一个故事的视频序列主要由镜头(shot)组成，每个镜头的内容发生在一个场景中。一个场景可分散在多个镜头中。镜头的切换点视频序列中两个不同镜头的分隔和衔接，切换的方法主要有直接切换和渐变切换。在拍摄时根据剧情的需要，可采用多种镜头的运动方式对镜头进行处理，包括推拉(zooming)、摇移(panning)、跟踪(tracking)等镜头运动方式。

对视频进行分类的关键是检测出镜头的分隔点。镜头分割主要根据镜头图像的差别。直方图比较是一种简单的镜头分割方法。同一镜头中的两幅相邻图像特征相差不多,如果发生镜头转换,直方图的差值会很明显,这样就可基于一个设定的阈值来判断镜头是否切换。但对于渐变的图像切换来说,直方图的差值不很明显,可以采用双重比较法来解决这个问题。即采用两个阈值,第一个较低阈值来确定出潜在渐变切换的起始帧,确定这个帧后,将它与后续帧进行比较,得到的差值来取代帧间的差值,这个差值必须是单调的不断增加,直到这个单调过程为止。这时,这个差值与第二个较大的阈值比较,若超过这个阈值,就可认为这个不断比较差值单调增的视频序列对应的就是一个渐变切换点。其他的镜头切换点识别方法包括识别淡入淡出的明暗度识别法、识别空间操作的空间编辑识别算法等。

6.4.4 MPEG-7 标准

MPEG 专家组制定的 MPEG-1,MPEG-2,MPEG-4 解决了在多媒体环境下存储、传输和处理声音图像信息问题,但还没有能够解决多媒体信息检索问题的工具。MPEG 的成员们决定发展一个新的国际标准 MPEG-7,它的正式名称是"多媒体内容描述接口"(multimedia content description interface)。其目标就是产生一种描述多媒体内容的标准,并将该描述与所描述的内容相联系,以实现快速有效的检索。只有首先解决了多媒体内容的规范化描述后,才能更好地实现信息定位。该标准不包括对描述特征的自动提取。

MPEG-7 标准可以独立于其他 MPEG 标准使用,但 MPEG-4 中所定义的音频、视频对象的描述适用于 MPEG-7。MPEG-7 的适用范围广泛,既可以应用于存储,也可以用于流式应用,它还可以在实时或非实时的环境下应用。

1. MPEG-7 的相关概念

首先,介绍 MPEG-7 中的一些基本概念。

数据:MPEG-7 描述的多媒体信息,不考虑它们的存储、编码、显示、传输媒介或技术,它们包括图形、静态图像、视频、音乐、语音、文本和其他相关的媒体。

特征:指数据的特性。特征本身不能比较,而要用有意义的特征表示(描述子)和它的实例(描述值)。如图像的颜色、语音的声调、音频的旋律等。

描述子(descriptor,D):是特征的表示。它定义特征表示的句法和语义,可以赋予描述值。一个特征可能有多个描述子,如颜色特征可能的描述子有颜色直方图、频率分量的平均值、运动的场描述、标题文本等。

描述值:是描述子的实例。描述值与描述模式结合,形成描述。

描述模式(description scheme,DS):说明其成员之间的关系结构和语义。成员可以是描述子和描述模式。描述模式和描述子的区别是,描述子仅仅包含基本的数据类型,不引用其他描述子或描述模式。如对于影片，按时间结构化为场景和镜头，在场景级包括一些文本描述子，在镜头级包含颜色、运动和一些音频描述子。

描述：由一个描述模式和一组描述值组成。

编码的描述：是对已完成编码的描述，满足如压缩效率、差错恢复和随机存取的相关要求。

描述定义语言(description definition language，DDL)：一种允许产生新的描述模式和描述子的语言，允许扩展和修改现有的描述机制。

2. MPEG-7 的工作原理

MPEG-7 描述可以附在任何一种多媒体素材之后，具有此种附加信息的存储素材就可以被方便地索引和搜索了。MPEG-7 可以独立于其他 MPEG 标准使用，如符合 MPEG-7 标准的描述甚至可以附在非数字模拟影片之后。但是，MPEG-7 标准也利用了 MPEG-4 标准提供的用对象来描述声音图像数据的方法，因为 MPEG-4 标准提供了一种将声音图像内容作为在时间和空间上有一定联系的对象来编码的方法，这方法是多媒体内容分类的基础。同时，MPEG-7 描述又可以帮助改进以往 MPEG 标准编码的性能。所以各 MPEG 标准是既相互独立又相互联系的。

对不同类型、不同应用的多媒体内容的标准化描述可以在若干个不同的语义层上进行。以视频内容为例：低抽象的语义层可以是对场景中物体的形状、大小、纹理、色彩和位置的描述。而最高抽象的语义层则以高效编码的形式给出语义信息，例如："这是一个位于左侧的棕色狗和一个在右侧并下落着的蓝色球的场景"。也可以有中间层存在。不同的应用决定了相同的内容可以有不同的描述，对不同类型的信息描述也不相同。

DDL 是 MPEG-7 的核心。图 6.17 解释了描述定义语言、描述模式和描述子的关系。从功能的角度来看，DDL 提供了 DS/D 建立的机制，DS/D 则构成了多媒体描述生成的基础。

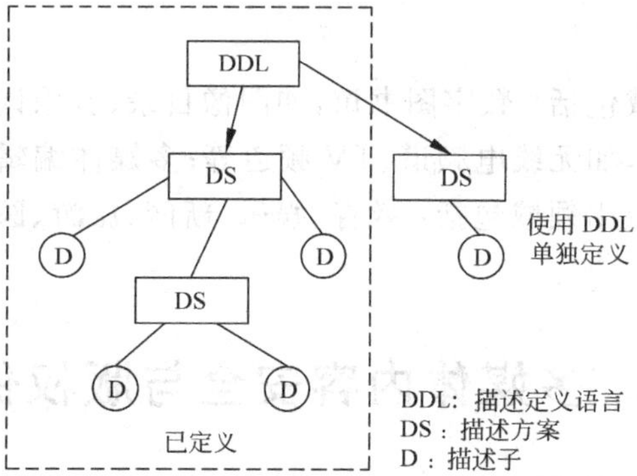

图 6.17　描述定义语言、描述模式和描述子的关系

图6.18中解释了MPEG-7在实际系统中的位置。圆角框表示处理工具，矩形框表示静态元素，黑框部分包含MPEG-7标准的规范元素：DDL提供建立描述模式的机制，然后将描述模式作为基础，产生一个描述。

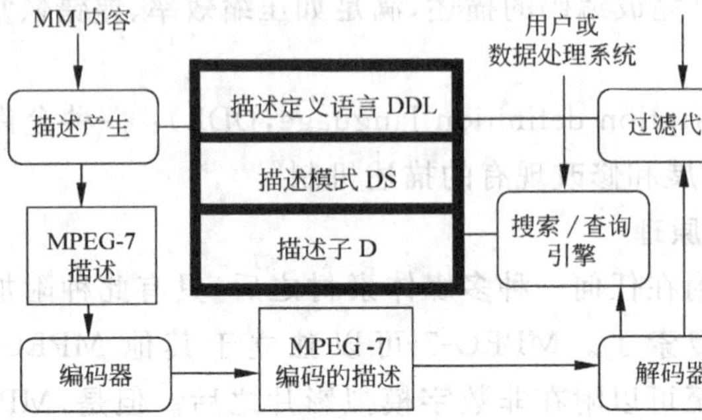

图6.18 MPEG-7应用的一种抽象表示

图6.19表示MPEG-7的处理链，这是高度抽象的方框图。这个处理链中包含3个部分，即特征提取、标准描述和搜索引擎。要充分地利用多媒体信息描述，特征的自动分析和提取对MPEG-7是至关重要的，抽象程度越高，自动提取越困难，而且不是都能自动提取的，因此开发自动的和交互式半自动提取的算法和工具很有用。但是，根据MPEG一贯坚持的"制定最少的、最有用的"原则，MPEG-7主要集中在对便于多媒体信息分类的表达方法进行标准化。特征提取算法、声音图像内容识别工具不属于MPEG-7标准的界定范围，而是留给大家去竞争，以便得到最好的算法和工具。同样搜索机制和音频或视频回放技术也不包括在MPEG-7标准中，而只确定描述与搜索机制之间的接口。

图6.19 MPEG-7的处理链

3. MPEG-7的应用

MPEG-7的应用领域包括：数字图书馆，如图像目录、音乐词典等；多媒体目录服务，如黄页；广播媒体的选择，如无线电频道、TV频道等；多媒体编辑，如个人电子新闻服务、多媒体创作等。潜在的应用领域包括：教育、娱乐、新闻、旅游、医疗、购物、地理信息系统等领域。

6.5 多媒体内容安全与版权保护

1. 数字内容安全的基本概念

随着宽带技术的发展，数字内容的提供方式正在由传统的服务器提供向互联网在线传播和移动网络传播的方向转变，网络门户、搜索引擎、无线宽带、移动交互等技术成为数字内容传播的核心技术。数字内容安全管理是必须考虑的新问题，它包括数字版权管理（DRM）、非法及有害内容过滤、网络支付安全等重要方面。

从信息安全的角度出发，数字内容安全主要应保证内容的隐私性、完整性和真实性。针对目前数字内容在开发制作、传递配送和消费使用中的主要问题，人们发现当前保障数字内容安全的关键问题是：

① 数字内容的盗版贩卖和非法使用的问题；

② 非法及有害内容破坏和污染社会环境问题；

③ 数字内容消费者的安全合理付费问题。

针对第一个问题，提出了数字版权管理技术，采用加密手段对数字内容进行保护，使其只能在授权的情况下被使用；针对第二个问题，提出了基于内容的过滤技术，采用文字识别、语音识别、图像识别、文本分类等模式识别的方法将非法或有害的内容进行过滤和封堵；针对第三个问题，正在大力研究微支付技术，基于公钥基础设施和第三方代理等平台来保证消费者资金的安全和合理地支付小额数字内容消费。

2. 数字版权管理技术

数字版权管理是要通过技术、法律、商业等各种有效手段保证数字内容在制作、传递和消费各个环节中不受到盗版、侵权和滥用，以保护版权所有者的知识产权，这里只讨论通过技术手段实现的DRM系统。

常见的DRM系统由3个部分组成：内容供应者（CP）、许可证发放器（LS）和内容使用者（CU），如图6.20所示。CP利用加密等技术对数字媒体文件进行保护，目前常用128位或156位的对称加密算法。密钥利用与LS共享的密钥种子和一个全局唯一的密钥标识生成。内容加密后，再添加作者、版本号、发行日期、密钥标识等头信息。打包后的数字文件可以存放在CP的网站服务器上，也可以制成光盘发行。

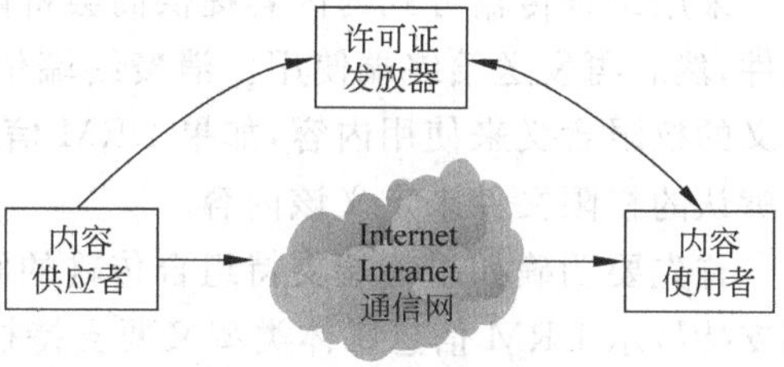

图6.20 DRM系统

CU在访问CP网站服务器或通过光盘播放打包的数字媒体文件时，首先在自己的许可证库中查找所需要的许可证（解密密钥），如果存在，便可播放；如果不存在，则必须向CP指定的LS申请播放该数字文件的许可证。

LS接到CU的许可证申请后，对用户的身份进行验证，如果是合法用户或通过付费等手续成为了合法用户，则向CU发放播放该数字文件的许可证。许可证可根据需要设置有效期和不同的收费标准等。

在DRM系统中，加密的作用也可以用数字水印或数字签名技术来替代。在近十年来,图像、视频、音频等多媒体的加密算法得到了深入研究。人们越来越多地将加密过程与压缩编码过程相结合,以同时获得较高的安全性和较高的压缩率。同时还进一步考虑多媒体网络、无线网络、移动网络的带宽和可靠性的特点,研究开发满足异构网络环境下可伸缩性和实时性要求的加密算法。

相对于互联网,DRM在移动通信网上发展的更加迅速。主要原因是:移动网络相对封闭,DRM系统易于建立,且不易受到攻击;移动网络用户数量巨大,受DRM保护的数字内容在这一平台上大量发布会降低数字内容的成本,有利于正版数字内容的推广和知识产权保护。2002年11月,开放移动联盟(OMA)发布了移动DRM国际规范——OMA DRM V1.0,为建立移动网络上的DRM系统提供了指南。2005年6月,OMA公布了OMA DRM V2.0,制定了基于PKI的安全信任模型,给出了移动DRM的功能体系结构、权利描述语言标准、DRM数字内容格式和权利获取协议。

OMA定义了3个DRM解决方案:转发锁定、组合传输和分别发送与超级分发。

(1) 转发锁定

采用转发锁定方式的内容提供商会将发送内容打包进DRM信息中,然后再发送给终端使用,终端不能转发已接收的DRM信息中的媒体文件,但是终端可以随意地播放、显示、执行和打印此媒体文件,并且不允许修改。终端必须支持包含一个媒体文件的DRM信息,如果是只支持转发锁定方案的终端,就不能接收含有权限文件的DRM信息,并且要将此情况通知用户。

(2) 组合传输

采用组合传输方式的内容提供商会将内容和随机产生的权限文件一起打包进DRM文件,然后再发送给终端使用。消费终端依据DRM信息和在信息中包含的权限文件所定义的权限含义来使用内容,如果DRM信息中没有包含权限文件,终端系统应该启用一组默认的权限文件来定义该内容。

首先要明确如果终端支持组合传输的解决方案,则一定支持转发锁定方案。终端既要支持显示DRM信息媒体类型又要支持权限媒体文件。终端要支持包含一个媒体内容文件和权限文件的DRM信息,在组合传输方案中媒体内容文件和权限文件被DRM信息结合在一起。因为这是一个文件外部的结合方式,所以终端要确保在DRM信息被接收后,将权限信息保存起来,若有必要还须将其废弃。

终端不能转发已接收的DRM信息中的媒体内容文件和权限文件。在进行内容消费时,终端必须执行“权限表达语言”中定义的权限。权限表达语言管理着内容的使用,如媒体文件是否只允许显示一次。但是,它不能支配终端本身的DRM内容管理,也就是说,终端必须能提供给用户保存、安装、卸载和删除DRM内容的能力。

(3) 分别发送与超级分发

在分别发送模式中,内容提供商需要将媒体内容文件的明码文本转变成DRM文本格式，这个转变的内容包括将要发送的内容转变成DRM保护的内容文件，如果接收方没有使用权限的内容密钥，则无法查看文件内容，即对于接收方来说，只下载内容而没有密钥是毫无意义的。因此，内容提供商可以使用不可靠的分散传输方法来传输DRM格式的内容文件，但是要使用一个比较安全的传输方法来传送带有内容密钥的版权文件。

超级分发模式建立在分别发送模式的基础上，它利用了分别发送的机动性，鼓励在不危及被版权保护的商业模式安全的前提下共享媒体内容文件。媒体内容文件允许以各种渠道在移动终端中互相传递，而权限文件则像分别发送模式那样从版权发行者那里得到。在元数据的DRM内容格式中定义了版权发行者的应用服务信息，移动终端通过浏览器与版权发行者取得联系，获准选择用户所需要的权限。

3. 数字水印技术

数字水印的基本原理是将某些标识数据嵌入到原始媒体内容中作为水印，使得水印在数据中不可感知和足够安全。

通用的数字水印算法一般包括水印的嵌入以及水印的提取或检测两个部分。水印信息可以是随机数字序列，也可以是数字标识、文本和图像。基于鲁棒性和安全性的考虑，常常需要对水印信息进行加密处理。数字水印的基本原理如图6.21所示。

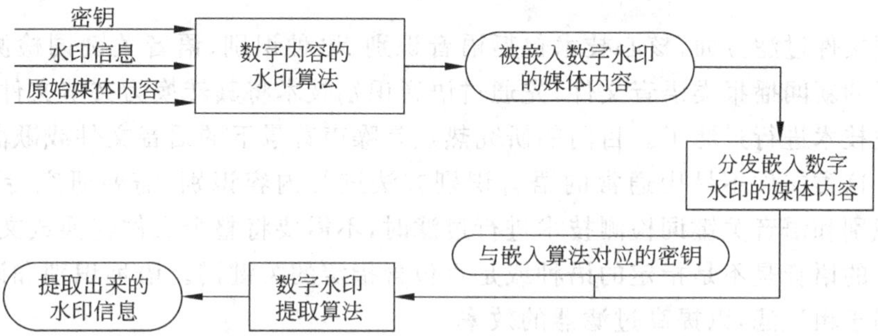

图6.21　数字水印原理

数字水印应具备如下特点。

(1) 不可感知性。指多媒体文件因嵌入水印而产生的变化必须无法被人的感觉器官(视觉、听觉)感知。对观察者的感觉系统来讲，水印图像与原始图像在视觉上一模一样，这是绝大多数水印算法所应达到的要求。

(2) 鲁棒性。鲁棒性是数字水印技术极为重要的一个特性。要求嵌入的数字水印在其载体经受各种操作和攻击后仍然不被破坏，除非严重损坏原始数字内容否则无法去除数字水印。这里所说的操作包括传输过程中的信道噪声、滤波、图像处理、增强、有损压缩、几何变换、D/A或A/D转换等；攻击包括篡改、伪造、去除水印等。在经过这些操作后，鲁棒的水印算法应仍能从水印图像中提取出嵌入的水印或证明水印的存在。

(3) 可证明性。水印应能为受到版权保护的信息产品的归属提供完全和可靠的证据。水印算法能够识别被嵌入到保护对象中的所有者的有关信息(如注册的用户号码、产品标志或有意义的文字等),并能在需要的时候将其提取出来。

4. 基于内容的过滤技术

基于内容的过滤是数字内容安全的重要方面,过滤的主要对象包括非法内容和有害内容,如非法广告、黄色信息、惑众谣言、网络病毒、黑客攻击等。早期基于内容的过滤技术主要采用串匹配的方法对文本文件和可执行文件进行过滤,防范的对象是有害文本信息和病毒。随着多媒体技术的发展,非法和有害的信息开始大量地利用图像、视频、音频等形式传播,使得简单的串匹配技术无法对内容进行有效识别。在这种情况下,人们开始将模式识别、自然语言处理、机器学习等智能技术引入内容过滤,推动了技术全面发展。

在图像和视频文件过滤方面,文字识别、人脸识别、人体识别、物体识别等图像识别技术是核心。通过这些技术,可对文件中包含的字牌、标语、广告等反映不同场景的文字,以及人脸、人体、物体等反映不同人物和事件的对象进行识别。获得这些关键信息后,便可以对图像和视频进行分类和过滤。例如,对黄色图片进行过滤,对毒品广告进行过滤等。在上述图像识别技术中,人脸识别和物体识别是当前的研究热点,近年来取得了显著的进展。

在音频文件过滤方面,核心技术包括语音识别、语种识别、语音关键词检测等。对于安静环境下的新闻播报类语音文件,先通过语音识别技术将其转换为文本文件,就可以利用文本过滤技术进行过滤了。目前的研究热点是噪声背景下的语音文件或歌曲音乐类文件的过滤。这类文件不易用通常的语音识别方法进行内容识别,需要研究专用的方法。利用语种识别和语音关键词检测技术进行过滤时,不需要将整个文件转换成文本,而只是识别文件中的语音是不是指定的语种或是否包含指定的关键词。语种识别和语音关键词检测常被用于粗过滤,以提高过滤器的效率。

5. 微支付技术

在线数字内容的消费常常金额很小,如下载一首歌曲、一段视频,需要微支付技术的支撑。所谓微支付就是对任意小的消费金额进行电子支付的技术。它要解决的主要问题除了保证消费者在电子银行中的资金和数据的安全、商家不被骗取、交易数据不被篡改之外,就是以最低的成本实现电子付费,以保证交易成本不超过消费金额。目前,常见的微支付方式包括网络在线支付、手机支付、电子支票支付、信用卡支付等。

微支付系统中的核心技术包括 PKI 技术和交易代理技术。通过 PKI 技术对交易中所涉及的各方的标识符、交易数据等进行加密,以防止伪造身份、盗取密钥、破解消息等攻击的得逞。通过交易代理技术,实现信用担保、身份认证和公平交易。交易代理通过可转移硬币等技术,最大限度地降低交易成本。

目前微支付技术研究的重点是协议和系统模型。微支付协议分为离线方式和在线方式两大类。典型的离线微支付协议，如MPTP、Payword和MiniPay，是以消费者的信用为基础，消费者在真正付款之前就可以完成交易。因此，对重复消费（同一凭据反复使用）和恶意消费（透支消费）缺乏有效的控制。典型的在线微支付协议是Millicent，它采用交易代理在线实时验证消费者账户信息的方式，可以有效地防止重复消费和恶意消费，但也因此降低了协议的运行效率。

微支付协议和模型的优劣，主要从安全性、公平性、交易成本、运行效率等方面进行评价。安全性主要指交易者的身份不被伪造和不被泄露，以保证交易者的资金安全和交易的隐私；公平性主要指在整个交易过程中，消费者、商家和交易代理受到平等的对待，消费者的信用得到正确的评估，商家不受到欺骗，交易代理得到合理的利益；交易成本要尽量降低，以满足微支付的要求；运行效率要尽量提高，协议的时间开销和空间开销要尽量小。

本章小结

本章主要讨论了多媒体内容管理相关的问题。内容管理的基础是数据库技术，多媒体数据引入数据库中，给数据库技术带来重要变革。本章首先讨论了多媒体数据库系统的特点、结构和实现技术，然后介绍了能够对多媒体内容进行有效管理的面向对象数据库的原理和实现系统，还介绍了基于内容的检索技术的概念、特点、实现方法以及MPEG-7标准。最后，介绍了数字内容安全和版权管理技术，包括数字内容安全的概念、数字版权管理技术、数字水印技术、媒体内容过滤技术和微支付技术等。具有版权保护的多媒体内容服务会促进多媒体应用的快速发展。本章中的数字内容管理技术还处于完善阶段，相信随着数字内容产业快速发展的推动，数字内容管理涉及的众多技术难题最终会得到解决。

思考练习题

1. 简述多媒体数据库系统的功能要求。
2. 以你熟悉的数据库系统为例，介绍它对多媒体数据管理的支持。
3. 面向对象的数据库系统有哪些特点？为什么说它能对多媒体数据进行有效管理？
4. 试比较关系数据模型和面向对象的数据模型。
5. 简述基于内容的检索过程，其关键的特征匹配问题主要采用哪些方法解决？
6. 在对视频的检索中，为什么要对镜头分割？主要的方法有哪些？
7. 试设计一个基于图像的检索系统，实现通过照片对人员的查询。
8. 简述MPEG-7的主要功能和它对多媒体内容的描述方法。
9. 简述DRM系统中对多媒体内容保护的流程。

第 7 章 超文本和 Web 系统

在当今的信息社会里，信息以爆炸形式增长，影响着人类的工作、学习、生活各个方面。面对浩如烟海的信息，关键是需要一种有效地利用信息的手段。事实上，各种事物都存在着千丝万缕的联系，这种联系有待于人类去认识与升华。例如，可能已经存在了一种治疗癌症的方法，这种方法细分为成百上千个部分，以点滴信息的形式分散在世界各地，有待于人们搜索、联系起来。由此可见信息存储与检索手段在信息社会非常重要。

现有的信息存储与检索机制大都是以文本方式和线性检索为手段，不足以充分利用信息，这就需要一种新的技术或工具，它可以建立并使用信息之间的链接结构，使得各种信息能够被有效地利用。本章所介绍的超文本技术即是这样一种新的多媒体数据管理技术，其中 Web 系统是运行于 Internet 的超文本系统。

7.1 超文本的概念和发展简史

7.1.1 超文本的概念

1. 文本

文本是人们最熟悉的信息表示方式。文章、程序、书、文件等都以文本出现，通常以字、句子、段落、节、章作为文本内容的逻辑单位，而以字节、行、页、册、卷为物理单位。文本的最显著特点是它在组织上是线性的和顺序的。这种线性结构体现在读文本时只能按固定的线性顺序一字一字、一行一行、一页一页地读下去。文本的这种线性结构如图 7.1 所示。

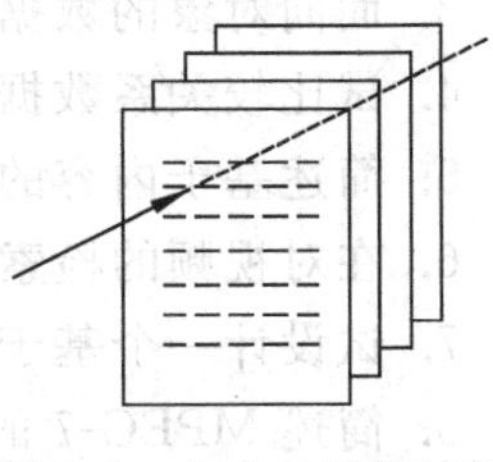

图 7.1 文本的线性结构

2. 人脑的记忆机制

人类的记忆是一种联想式的记忆，它构成了人类记忆的网状结构，对联想、记忆的探索形成了人类思维概念化的基础。人类记忆的互联网状结构和线性结构单一路径不同，可能有多种路径，不同联想检索必然导致不同的路径，如对“冬天”一词，某人可产生如下联想：“冬天→结冰→河→鱼→宴会→婚礼”。在另一时间，同样对“冬天”这个词可能会产生另一种联想：“冬天→冷→太阳→太空→飞船→宇航员→转播→电视→足球”。显然用文本是无法管理这种互联的网状信息结构的，必须采用一种更高级的信息管理技术来模拟人脑的这种信息存储与检索机制。

3. 超文本

超文本(hypertext)结构类似于人类这种联想记忆结构，它采用一种非线性的网状结构组织块状信息，没有固定的顺序，也不要求读者按某种顺序来读。超文本把文本按其内部固有的独立性和相关性划分成不同的基本信息块，称为结点(node)，如卷、文件、帧或更小信息单位。结点之间按它们的自然关联，用链连接成网，链的起始结点称为锚结点(anchor node)，终止结点称为目的结点。一个超文本结构示例见图 7.2。

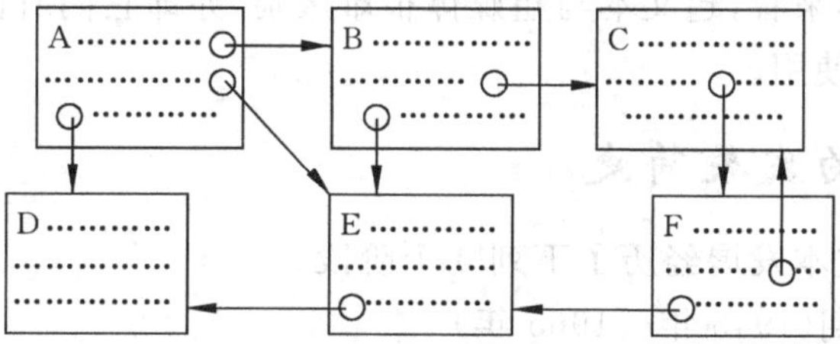

图 7.2　6 结点 9 条链超文本结构

下面给出超文本的一个简洁的定义：

超文本是由信息结点和表示信息结点间相关性的链构成的一个具有一定逻辑结构和语义的网络。在超文本这种信息管理技术中，结点为基本单位，它比字符高出一个层次。抽象地说，它可以是一个信息块；具体地说，它可以是某一字符文本集合，也可以是屏幕中某一大小的显示区。结点的大小由实际条件来决定。

4. 超文本系统

所谓超文本系统即是能对超文本进行管理和使用的系统。超文本与超文本系统的关系和数据库与数据库管理系统的关系类似。一个超文本系统一般具有以下特点。

(1) 在用户界面中包括对超文本的网络结构的一个显式表示，即向用户展示结点和链的形式。

(2) 给用户一个网络结构的动态总貌图，使用户在每一时刻都可以得到当前结点的邻接环境。

(3) 超文本系统一般使用双向链，这种链应支持跨越各种计算机网络，如局域网和因特网。

(4) 用户可以通过自己思想的联想及感知，根据需要动态地改变网络中的结点和链，以便对网络中的信息进行快速、直观、灵活的访问,如浏览、查询、标注等。这种联想和感知被准确地定义,并要求有良好的性能/价格比。

(5) 尽可能不依赖它的具体特性、命令或信息结构,而更多地强调它的用户界面的“视觉和感觉”。

5. 超媒体

由于计算机能力的限制,第一代超文本系统处理信息对象是文字和数值信息,如1968 年斯坦福研究所(SRI)研制的 NLS系统,它的结点只有正文信息而不具有图形等其他信息内容。近年来,随着图形、硬件、大容量存储等技术的发展产生了第二代超文本系统,其结点信息可将正文、图形、声音、动画、静止图像、活动图像结合在一起,因而更具魅力。第二代超文本系统与多媒体技术结合起来,为强调系统处理多媒体信息的能力而称为超媒体(hypermedia)系统,即“超媒体=多媒体+超文本”。

目前,从研究内容来看,超文本与超媒体很难区别,亦即它们所代表的含义几乎相同,所以往往不加区分地使用。

7.1.2 超文本的发展简史

到目前为止,超文本发展经历了下列 3 个阶段。

(1) 概念产生时期(1945 年—1965 年)

超文本概念从启蒙到诞生经历了 20 年的时间,标志性的事件是 Bush 提出 Memex 和 Nelson 创造“超文本”。超文本思想最早是由美国科学家 V. Bush(1890 年—1974 年)提出,他在 20 世纪 30 年代即提出了一种称作 Memex (memory extender,存储扩充器)的设想,预言了文本的一种非线性结构,1939 年写成文章“As We May Think”,于 1945 年在“大西洋月刊”发表。1965 年,Ted Nelson 创造了“hypertext”这个词,命名这种非线性网络文本为“超文本”,而且开始在计算机上实现这个想法,并且在他的 Xanadu 计划的长远目标中,试图使用超文本方法把世界上文献资料联机。

(2) 概念系统的研究时期(1967 年—1985 年)

这个阶段有影响的事件有:1967 年布朗大学 Andy van Dam 等研制出第一个可运行超文本系统 The Hypertext Editing System;1968 年 Doug Engelbart 在 FJCC(秋季联合计算机会议)上演示 NLS 系统(联机系统);1968 年布朗大学推出 FRESS(文件检索与编辑系统);1975 年卡内基-梅隆大学(CMU)推出 ZOG(现为 KMS,知识管理系统);1978 年 MIT 建筑机械组推出第一个超媒体视频盘片系统 Aspen Movie Map(白杨城影片地图)。

(3) 成熟与发展时期(1985 年至今)

从 1985 年以后,超文本在实用化方面取得了很大进展,开始广泛地应用到各种信息系统。例如,1985 年 Janet Walker 研制的 Symbolics Document Examiner (符号文献检测器);1985 年布朗大学推出 Intermedia 系统,在 Macintosh 上运行;1986 年 OWL(办公工作站有限公司)引入 Guide,这是第一个广泛应用的超文本;1987 年 Xerox 公司推出 Notecards,它有一个良好的浏览工具,含有一个层次系统和组织复杂的 NoteCard 网络,还提供了用于网络的组织、显示和管理的一组工具;1987 年美国苹果公司在 Macintosh 微机上推出了 HyperCard 软件,这是一个十分形象的集图文声为一体的超文本系统,HyperCard 的基本信息单元为卡片,相当于结点,它可由用户通过工具来制作,也可通过该软件提供的一个面向对象语言 Hypertalk 来编写脚本,脚本附于按钮,按钮出现在 HyperCard 堆的卡片里;1991 年美国 Asymetrix 公司推出 ToolBook 系统;1990 年位于日内瓦的欧洲量子物理实验室 CERN 的物理学家和工程师为了与其他协作机构探讨最新学术研究成果而建立的运行于 Internet 网络的 WWW(Web)系统开始流行,成为当前最重要的网络多媒体信息管理系统,全面影响着人类的生活与工作方式。

与此同时,超文本的学术理论研究也日益受到重视。1987 年 ACM 超文本专题讨论会(Hypertext'87 Workshop)在北卡罗来纳大学召开;1989 年第一次超文本公开会议在英国约克郡召开;1990 年第一届欧洲超文本会议(ECOH)在法国 Inria 召开。这些活动都成了系列性会议延续下来,也标志着超文本技术的成熟。同时,ISO 等国际组织也制定了超文本方面的标准,推动其商品化的快速发展,并得到越来越广泛的应用。

7.2 超文本系统的结构

7.2.1 超文本系统结构模型

1. HAM 模型

1988 年,Campbell 和 Goodman 提出超文本抽象机(hypertext abstract machine,HAM)模型。HAM 模型把超文本系统划分为 3 个层次:用户界面层、超文本抽象机层、数据库层。超文本抽象机模型如图 7.3 所示。

(1) 数据库层

数据库层提供存储、共享数据和网络访问功能,处于 3 层模型的最低层,用于处理所有信息存储中的传统问题。

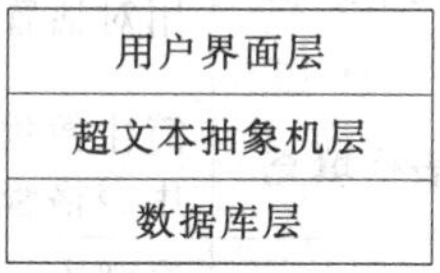

图 7.3 HAM 模型

数据库层要保证信息的存取操作对于高层的超文本抽象机来说是透明的,即无论高层访问的信息是存储在本地或异地,是存在于一台计算机中还是存储在多台计算机中,数据库层都能保证正确的存取。

数据库还要处理其他传统的数据库管理问题,如多用户并发访问信息的安全性、版本维护以及响应速度等问题。就数据库层而言,超文本的结点和链都没有特殊含义的数据对象,它们各自占用若干比特的存储空间,构成在同一时间只有一个用户可修改的单元。

(2) 超文本抽象机层

超文本抽象机层介于数据库层和用户界面层之间,这一层决定了超文本系统结点和链的基本特点,记录了结点之间链的关系,并保存了有关结点和链的结构信息。

虽然超文本系统还没有统一的标准,但不同的超文本系统之间必须具有进行相互传送和接收信息的能力,这就需要给定标准的信息转换格式。HAM层就是实现超文本输入输出格式标准化转换的最佳层次。因为数据库层存储格式过分依赖机器,用户界面层中各超文本系统风格差别很大,很难统一。

实际上,HAM层可理解为超文本概念模式,它提供了对数据库下层的透明性和对上层用户界面层的标准性。无论数据库层和用户界面层在不同系统中差异有多大,我们总可通过两个接口用户界面/超文本概念模式、超文本概念模式/数据库,使之在HAM层达到统一。

(3) 用户界面层

用户界面层又称为表现层,它构成超文本系统特殊性的重要表现,并直接影响超文本系统的成功。它具有简明、直观、生动、灵活、方便等特点。用户界面层涉及超文本抽象机层中信息的表现,包括:用户可以使用的命令,HAM层信息(结点和链)如何展示,是否要包括总体概貌图来表示信息的组织,以便及时告知用户当前所处的位置等等。

目前流行的界面风格主要有:①命令语言;②菜单选项;③表格填充;④可视操作;⑤自然语言。

对这几类的用户界面,表7.1简要列出了它们的优缺点,以进行适当比较。

表7.1 各种界面的比较

界面类型	优 点	缺 点
命令语言	灵活;支持用户创造性;便于建立用户定义的宏;对于熟练用户有较高的效率	较差的错误处理;要求好的训练和记忆
菜单选项	缩短训练;减少击键;适合有结构的决策;可用对话管理工具;容易处理错误	可能出现菜单层次过多及选项复杂情况;对熟练用户太慢;占用屏幕空间;要求快的显示速率
表格填充	简化数据输入;要求简单训练;便于辅导;可用表格管理工具	占用屏幕空间
可视操作	直观方式提供任务操作;易学习;易记忆;可避免错误;适合探索;适合设计者灵活创新	程序设计有一定难度;要求图形显示器及指点设备
自然语言	避免学习语法的负担	要求清晰的对话;击键增多;受限的应用范围;短的、限定的上下文

2. Dexter模型

1988年10月,在美国新罕布尔州的Dexter饭店召开的关于超媒体设计的研讨会上，主持人 J. Leggett 和 J. Walker 组织了一个研究超文本模型小组，致力于超文本标准化的研究，以后逐渐形成了一个超文本参考模型，简称为 Dexter 模型。这个模型的目标是为开发分布信息之间的交互操作和信息共享提供一种标准或参考规范。

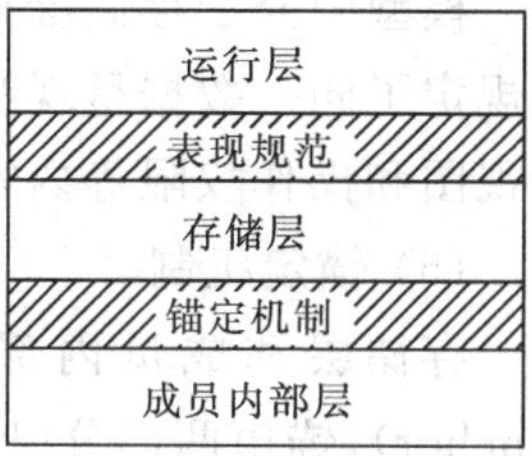

图 7.4 Dexter 参考模型

Dexter 模型也分为 3 层，即存储层、运行层和成员内部层，各层之间通过定义好的接口相互连接。与 HAM 模型相比，Dexter 参考模型除了术语不同并且更加明确了层次之间的接口之外，两个模型还是基本相似的。Dexter 模型如图 7.4 所示。

(1) 存储层

存储层描述成员(component)之间的网状关系，这是超文本的基础。存储层定义了由成员组成的数据模型。成员是对超文本系统基本单元的抽象描述，包括结点和链等。原子成员是最小成员单位，也即超文本中的结点，其内容可为不同媒体的信息。复合成员是由原子成员和链复合而成。复合成员和链还可构成具有嵌套层次的复合成员。链是用于表示元素与元素之间关系的一种实体，一般链由两个或多个成员“结点”构成。每个成员都有一个唯一的标识符，称为 UID。在存储层的描述中，超文本由一个有限个成员组成的集合和两个函数构成：

$$Hypertext = (E_1, E_2, \cdots, E_n, F_1, F_2)$$

其中，$E_1, E_2, \cdots, E_n$ 为有限个成员，F_1 和 F_2 是用于检索定位的函数，称为访问函数和分解函数。访问函数的功能是当用户指定某个成员的 UID 时，能够在超文本系统中定位找到该成员；分解函数的功能是当用户指定某个成员的 UID 而不能直接找到该成员时，需要将目标成员 UID 分解为由一个或多个中间 UID 组成的集合，以便根据中间 UID 集合的成员找到目标 UID 指定的成员。另外，在存储层中还定义了由多个函数组成的操作集合，用于实时地对超文本系统进行访问和修改。各个表中都含有相关成员的描述规范、成员标识和锚接口标识。

(2) 成员内部层

成员内部层描述超文本中各个成员的内容和结构，对应于各个媒体单个应用成员。从结构上，成员可由简单结构和复杂结构组成。简单结构就是每个成员内部仅由同一种数据媒体构成，而复杂结构的成员内部又由各个子成员构成。这种嵌套结构的成员定义为描述复杂的混合类型成员提供了灵活性。在 Dexter 模型中，成员内部层是开放的。

(3) 运行层

运行层描述支持用户和超文本交互作用的机制，它可直接访问和操作在存储层和成员内部层定义的网状数据模型。在运行层的对象包括管理与超文本交互作用的会话，其基本的概念是成员例示(instantiation)，即将元素播放给用户。运行层为用户提供友好的界面。

(4) 表现规范

模型中介于存储层和运行层之间的接口称为表现规范(presentation specification),它规定了同一数据呈现给用户的不同表现性质,确定了各个成员在不同用户访问时表现的视图和操作权限等内容。

(5) 锚定机制

存储层和成员内部层之间的接口称为锚定机制(anchoring),其基本成分是锚(anchor),锚由两部分组成:锚号(anchor id)和锚值(anchor value),锚号是每个锚的标识符,锚值用来指定元素内部的位置和子结构。它完成存储层到成员内部层、成员内部层到存储层的检索定位过程。从存储层来看锚值没意义,只有成员内部层的应用程序才能解释锚值。锚与链的差别在于链仅指向元素,而锚可指向成员内的具体内容。锚接口是Dexter模型的主要贡献之一。

7.2.2 超文本的主要成分

1. 结点

结点是超文本表达信息的一个基本单位,其大小可变,结点的内容可以是文本、图形、图像、音频、视频等,也可以是一段程序。结点的表示方法在不同的系统中也是不同的,如在HyperCard中结点表示为卡片,每张卡片由字段、按钮、图形等组成。

结点分为不同类型,不同类型的结点表示不同的信息。常见的基本类型如下。

(1) 媒体类结点:媒体类结点存放各种媒体信息,细分为文本结点、图形结点、图像结点、视频结点、声音结点和混合媒体结点。

(2) 动作与操作结点:定义了一些操作,典型的操作结点是按钮结点。

(3) 组织结点:组织型结点包括各种媒体结点的索引结点和目录结点。目录结点包含了各个媒体结点的索引指针,指向索引结点。索引结点由单个索引项组成,索引项指向目的结点、相关索引项或原媒体的目录结点。

(4) 推理结点:推理型结点用于辅助链的推理与计算,它包括对象结点和规则结点。对象结点由槽值、继承链和附加过程组成,它同Is-a链连接起来用于表现知识的结构。规则结点存放规则,指明符合规则的对象,判定规则是否被使用,以及规则解释说明等。

2. 链

链也是组成超文本的基本单位,形式上是从一个结点指向另一个结点的指针,本质上表示不同结点上存在着的信息的联系。链定义了超文本的结构并提供浏览和探索结点的能力。链和结点可以存储在一起,使链嵌于结点中,也可以分开单独存储。

链可以分为基本结构链、组织链和推理链几种类型。

(1) 基本结构链

基本结构链是具有固定明确的导航和检索信息链。这类链包括以下几种。

基本链：用来建立结点之间基本顺序，它们使结点信息在总体上呈现为某一层次结构，如同一本书的章、节、小节等。

交叉索引链：它将结点连接成交叉的网状结构。其链源可以是各种热标、单媒体对象及按钮，链宿为结点或任何内容。

结点内注释链：指向结点内部附加注释信息的链。

缩放链：这种链可以扩大当前结点。

全景链：这种链将返回超文本系统的高层视图，与缩放链相对应。

视图链：这种链的作用依赖于用户使用的目的，常常被用来实现可靠性和安全性。

(2) 组织链

组织链用于结点的组织。这类链包括以下几种。

索引链：这种链将用户从一个索引结点引向该结点的索引入口。

Is-a 链：类似于在语义网络中的 Is-a 链，它用于指明对象结点中的某类成员。

Has-a 链：它用于描述结点的性质。

执行链：将一种执行活动与按钮结点相连，提供超文本系统与高级程序设计接口，触发执行链引起执行一段代码。

(3) 推理链

这类链主要形式是蕴含链，用在推理树中事实的连接，它们通常等价于规则。

3. 宏结点

宏结点是链接在一起的结点群，更确切地说，一个宏结点就是超文本网络的一部分——即子网，如图 7.5 所示。宏结点的概念十分有用，当超文本网络十分巨大时，或分散在各个物理地点上时，仅用一个层次的超文本网络管理会很复杂，分层是简化网络拓扑结构最有效的方法。

有人提出了宏文本(macrotext)和微文本(microtext)概念，来表示不同层次的超文本。微文本又称小型超文本，它支持对结点信息的浏览；而宏文本又称大型超文本，支持对宏结点(文献)的查找与索引。它强调存在于许多文献之间的链，构造出文献相互间的关系，查询与检索将跨越文献进行。

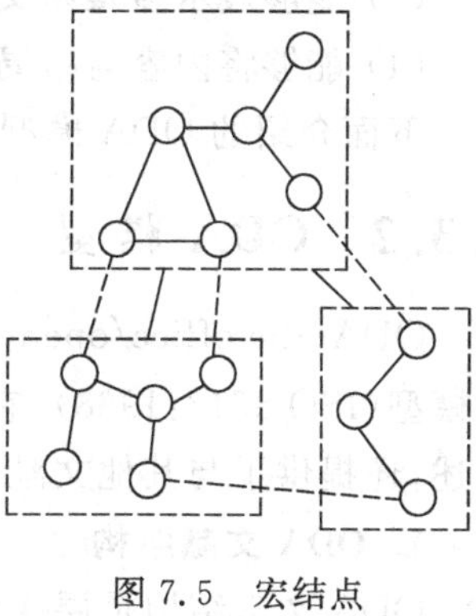

图 7.5　宏结点

宏结点的引入虽然简化了网络结构，却增加了管理与检索的层次。目前国际上已推出了一些宏文本模型系统。事实上宏文本和微文本之间的界限十分模糊，在应用中却令人一目了然。

7.3 超文本的文献模型

7.3.1 文献模型概述

文献是文章或文本的组合,它比一般文章和文本带有更多的存储、保留的意味,一旦定形后静态性较强。超文本的文献模型侧重于超文本的基本特征和一般的层次性结构的描述。文献结构可分为主结构和次结构。主结构是占优势的层次结构,它定义目标如何结合成更高层次的目标;次结构表达目标间的附加关系。超文本系统强调次结构,但没有很好地定义主结构,用户会产生混乱。

1. 文献的一般结构

文献的结构包括内容组织和版面安排两个方面。内容组织指作者在不考虑版面的情况下,如何组织和构造文献的信息内容;版面安排是相对于内容的表现形式来说的,即文献的各部分内容如何安排在每一页面(屏幕)上。

如把一本书当作文献来看,其内容组织主层次结构是:文献(内容)→章→节→小节→段落(内容实体)。内容实体可以是一段文字或是一个图表。相应的,也可以把版面安排层次化,以便和内容组织对应,可以分成:文献(版面)→页/整屏→框架/窗口→块/子窗口(内容实体)。

2. 文献模型的基本任务

多媒体文献模型与普通文献相比在内容实体的媒体属性方面更加多样化,尤其是时基媒体的引入,不仅要考虑文献的版面安排,还要考虑时间安排。因此,多媒体文献模型的基本任务如下。

(1) 能够表示多媒体文献的内容层次性。

(2) 能够表示多媒体文献的版面布局。

(3) 能够表示多媒体文献的时间布局。

(4) 能够将内容与布局对应起来。

下面介绍的 ODA 模型仅有版面布局,而国际标准 HyTime 还考虑了时间布局。

7.3.2 ODA 模型

ODA(the office/open document architecture)是 ISO 在 1988 年公布的一个标准化文献模型(ISO 8613:1988),它为辅助办公文献的表示和交互而设计。它提供了文献的静态描述,还提供了与其他文献格式的接口。

1. ODA 文献结构

ODA 文献结构是层次的和面向对象的。一个 ODA 文献由两对结构来描述:一般结构和具体结构;逻辑结构和布局结构。前者体现面向对象性质,后者体现内容与表现的关系。

(1) 逻辑结构和布局结构

文献的内容层次性用逻辑结构描述,它首先按文献内容划分成逻辑对象,这些对象对作者或读者意味着某些事情。一个逻辑对象可以是一个一般项,如书中的一节、标题、段落等;它也可以是特殊项,如电话号码、价格或者产品的清单。只有最低层的对象才有内容。

文献的版面安排用布局结构描述。它按内容划分为页集、页和页中方框区域,其中定义有嵌套区域的方框区域称为框架(frame),最低层的区域称为块。块是唯一有内容与之相联的区域。

下面以教科书的一章为例介绍这两种结构的对应关系。

【例 7.1】 教科书的一章从逻辑上可以分为节、小节、段、内容,从布局上分为页、框架、块(实体)。两种结构相互依赖、相互对应,在最下层的"内容实体"一层达到统一。两种结构的对应关系如图 7.6 所示。

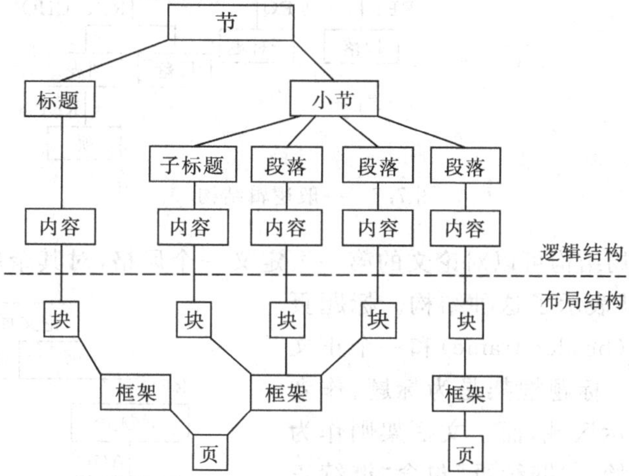

图 7.6 逻辑结构和布局结构的对应关系

(2) 一般结构和具体结构

每个文献都有具体的(specific)逻辑结构和布局结构,而具体结构的建立是由相应的一般(generic)结构控制的。一般结构是一系列关于对象的定义(对象分为逻辑对象集合和布局对象集合)。

每个非页结点的对象定义都有一个属性"从属产生器"(generator for subordinates),用来说明对象如何由其子对象构成。从属产生器属性有:

- 可选的(OPT):0 或 1 次事件;

- 要求的(REQ):仅1次事件;
- 重复(REP):1次或多次事件;
- 可选并且重复(OPT REP):0、1或多次事件;
- 一种顺序(SEQ):以固定顺序出现;
- 一种聚集(AGG):以任意次序出现;
- 一种选择(CHO):仅其中一个被选中。

【例7.2】 图7.7表示期刊中某篇论文的一般逻辑结构。它指出论文必有标题,跟着是必有的作者名,接着是一个可选的摘要和一个或多个章节。如果存在摘要,则它由一段或多段组成。每节由子标题开始,"REP CHO"结构指出子标题后跟一系列段落或列表,它们是以任意顺序出现的。列表包含一个或多个项。

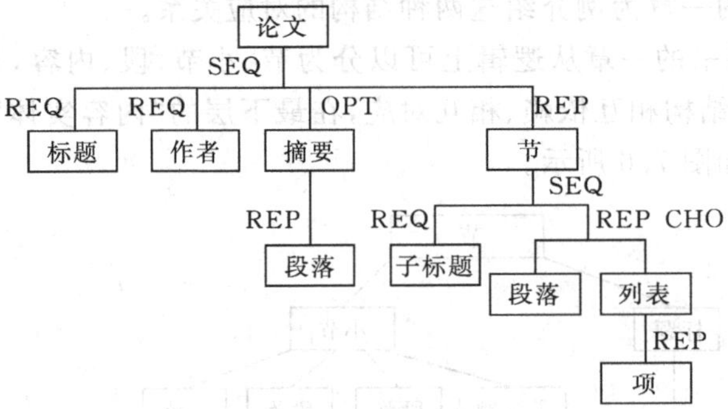

图7.7 一般逻辑结构

相应的一般布局结构可以对论文的第一页定义一个风格,对其余的页定义另一个不同的风格,图7.8就表示了这种结构。标题页包含一个标题框架(header frame)和一个正文框架(body frame)。标题框架是为标题、作者名和摘要设立的表示区域,而正文框架则作为文章第一部分的开始。"继续页"包含"继续正文框架"以保存章节的其余部分。块并不包含在一般布局结构中,但在布局过程中它被分派到页或框架中。

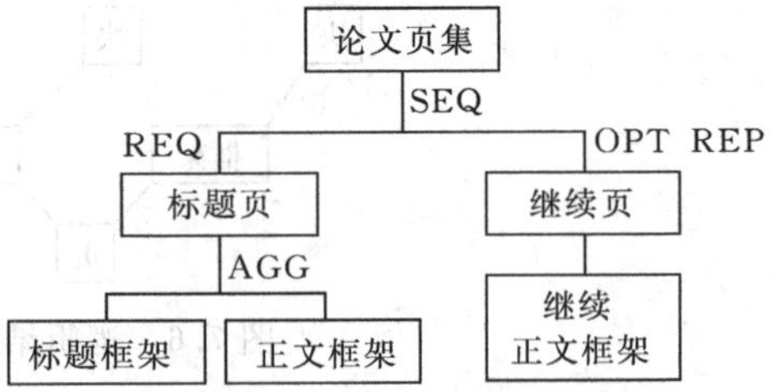

图7.8 一般布局结构

2. 布局过程

ODA的布局过程确切地决定文档中的每一项被放置的位置。它使用特定的逻辑结构、一般结构、内容体系以建立特定的布局结构。它工作在下面两个层次上。

(1) 内容布局处理内容部分,并将它们安排到块中。这个阶段依赖于涉及到的内容结构和称为表达风格的属性集。

(2) 文献布局将块安排到框架或页中。这个阶段依赖于称为布局风格的属性集。

内容布局处理字符集和项在块内的合理定位，更高一级的文献布局过程决定如何将块置入页或框架中。

布局对象类通常用来指定文档的主逻辑划分和特殊页或页集的对应关系。在一个布局对象类中，布局类别和允许类别属性能被用来把逻辑对象引导到不同的框架中。如果对一个页逻辑对象给定一个布局类别名，则它只能被放置在具有相同名字的框架中，此名为允许类别名之一。当特定布局结构被创建后，它将文献和页、框架、块联系起来，图 7.6 显示了在逻辑结构和布局结构的一一对应。

7.3.3 HyTime 模型

HyTime 全称为“hypermedia/time-based structuring language”(时基超媒体结构化语言)，它是一个标准的中性标记语言，用以表示超文本、多媒体、超媒体和时基文献的逻辑结构。HyTime 从 1986 年 6 月起由 ANSI 的一个工作组开发，后被 ISO 采纳，于 1992 年 5 月成为 ISO 国际标准，其标准号为 ISO/IEC 10744：1992。HyTime 基于 SGML (ISO/IEC 8879：1986，standard generalized markup language)，用 HyTime 表示的文献与 ISO SGML 完全一致，HyTime 扩展了 SGML，使 SGML 更具抽象性、中立性，且增加了许多关于多媒体应用方面的考虑。

1. SGML

SGML 用国际标准化的“标签”(tap)语法来标记一个数据合成体中各块信息的组成情况。如果“数据合成体”是一个文献，那么用 SGML 标记过的文献就是一个 SGML 文献。

(1) SGML 元素

元素是一个可标记的逻辑体，以“book”为例，视 Book 为一类元素，可以将它分为若干 Chapter，Chapter 还可分为 Title 和若干 Section。Chapter，Title 和 Section 也是元素。它们都是含有一定结构的逻辑体。一个元素的标记实例见图 7.9。

图 7.9　SGML 元素

【例 7.3】 图 7.10 给出了一个 Book 类元素的实例。

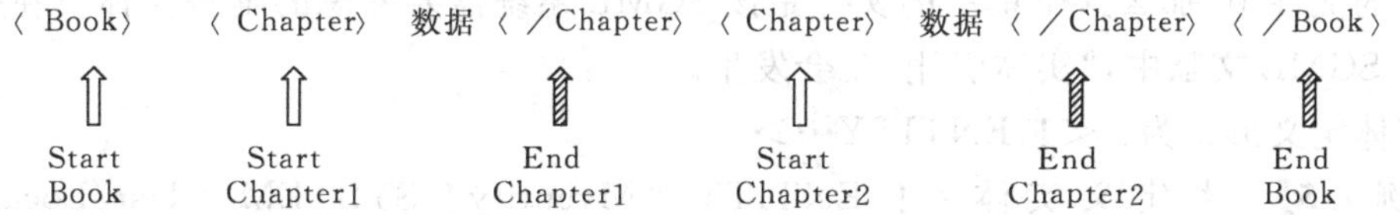

图 7.10　Book 类元素的实例

(2) SGML DTD

在 SGML 中,用 DTD(document type definition)来定义文献(元素)的类型,描述其内部的一般逻辑结构。这就是元素的一般定义,像上面的例 7.3 的"book"就有如下 DTDs。

【例 7.4】 "book"类元素的 DTD 定义。

```
<! ELEMENT Book--(chapter +)>
<! ELEMENT Chapter--(Title,Section+)>
<! ELEMENT Title|Section--CDATA>
```

其中,+表示一个或多个。

(3) SGML 属性

SGML 用"属性"的方法来表示对某一个元素的必要的非结构化的信息。属性由"属性名"和"属性值"组成。属性名及其值包含在起始标签里面,是标签的一部分而非数据的一部分,如下所示:

```
<Book author="JOGN">…(Chapters)…</Book>
```

相应的,DTD 变为:

```
<! ELEMENT Book--(Chapter +)>
<! ATTLIST Book author CDATA #REQUIRED>
```

(4) SGML 唯一标识符

有两种特殊的属性值:ID 和 IDREF。如果一个元素有一个 ID 类型的属性,那么其值必须是该元素的唯一名字。如果因为某种原因,另外一个元素 A 要引用一个有唯一名字的元素 B,那么 A 的属性 IDREF 的值就是 B 的唯一名字。基于 SGML 的超媒体系统就用这种机制来表示文献内部的超链。

(5) SGML 实体(entity)

如前所述,有两种 SGML 支持的结构:元素的层次结构以及隐藏于 ID 和 IDREF 机制中的有向图式的任意结构。第三种结构是实体结构。在 SGML 中,一个实体是任意数据资源,可以是文件、硬件子系统、存储缓冲区等。如果一个完整的 SGML 文献包含在一个单一的文件中,那么这个单一的文件是该 SGML 系统需要考虑的唯一实体。在一个较复杂的 SGML 文献中,"实体引用"就会发生。

实体定义形式为:<! ENTITY…>。

【例 7.5】 若定义实体<! ENTITY "Myentity" SYSTEM "Usr/Local/text/myentity">,即如果在文献中发现"&Myentity;"字样,就会启动 SGML 系统来引用该实体。

2. HyTime/SGML：元 DTD

SGML 是 HyTime 的基础。SGML 提供了作为逻辑"元素"和物理"实体"的语法表示以及将信息组织或层次结构的"文献"的语法。HyTime 利用称为"SGML 结构形式"的形式，提高了 SGML 的抽象性和中立性，可以用来更好地表示多媒体文献系统的特性。

(1) 元 DTD(meta DTD)

如果两个不同的用户分别开发的 DTD 互不相同，后来发现自己的信息需要与另一个交互，于是需要将他们的不同的 DTD 一致起来，相应地重新整理各自的信息。于是有必要提出更高层次上的抽象。HyTime 提出了比 SGML DTD 更抽象的元 DTD。

元 DTD 形式并不描述一个 DTD，但它在人们建立实际 DTD 时给予严格的格式指导。遵守元 DTD 的好处是软件重用性提高，而处理费用却相应减少。

元 DTD 由一系列组织和包装好了的"SGML 结构形式"构成。SGML DTD 中的一个＜！ELEMENT…定义对应文献的类元素，正如元 DTD 中的一个 SGML 结构形式对应 DTDs 中的一类＜！ELEMENT…定义。即如果称一个＜！ELEMENT…定义是一个元-元素的话，那么一个结构形式则是一个元-元-元素，因为 DTD 中的一个＜！ELEMENT…定义表示的是实际文献中一类元素的内部结构和属性必须遵守的规则，而元 DTD 中的一个结构形式表示的是实际 DTDs 中一类＜！ELEMENT…定义的内部结构和属性必须遵守的规则。所以，元 DTD 之于 DTD 正如 DTD 之于文献。元 DTD 是最抽象的结构，是最中立(独立)于具体应用的。HyTime 其实就是一个元 DTD 系统。

(2) HyTime 的基本逻辑结构

SGML 有 3 种结构：物理的实体结构、逻辑的元素结构和类似指针的 ID-IDREF 结构。HyTime 取其优点，加以提高。HyTime 支持以下 3 种基本的逻辑结构。

① SGML 层次性元素结构：这种结构可看做是一棵树，树的每个结点是一个元素。在 SGML 语法中，父元素包含其所有的孩子元素以及孩子元素的孩子元素，如此类推。

② HyTime 超链结构：这种结构可以在结点之间建立非层次性关系。超链结构类似于 SGML 的以 ID-IDREF 表示的任意有向图结构，但它又大有提高。如链尾不必是一个元素或实体；一个链可以有若干链尾，分别通向各自的语义目的地；可以表示复杂的遍历语义等。

③ HyTime 调度结构：HyTime 调度结构可以不重复某一个数据，而表示出若干与该数据相关联的"时间表"。这使人联想到数学里的坐标系，如最常见的三维空间(x,y,z)，该空间中任一点都对应着 3 个坐标轴上不同的值。HyTime 的有限坐标空间(finite coordinate spaces，FCS)便如是产生。FCS 坐标空间的各个坐标轴就是前面说的所谓"时间表"。"时间表"的含义并非一定就是指时间，它还可以是其他任何与数据相关联的约束或说明范畴。图 7.11 中的(a)，(b)，(c)简单显示了上面 3 种结构。

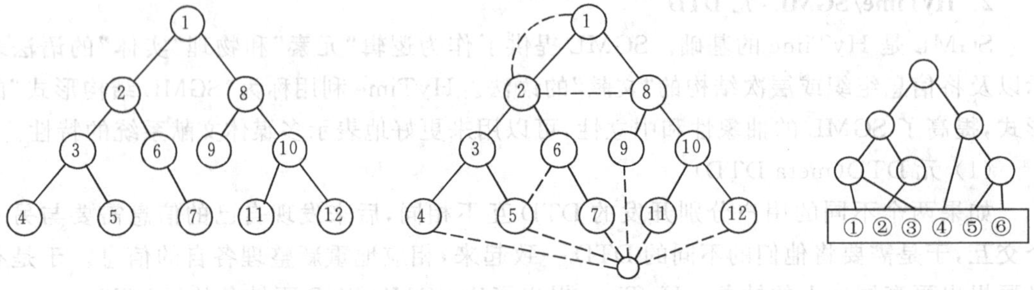

(a) SGML层次结构　　(b) HyTime超链结构　　(c) HyTime调度结构

图 7.11　HyTime 的 3 种结构

7.4　超文本标记语言与 Web 程序设计

运行于 Internet 上 WWW(world wide web)系统,简称 Web 系统,是目前最流行的运行于 Internet 上的超文本系统。下面介绍运行于 WWW 上的 HTML 和 XML 语言。

7.4.1　HTML 语言

SGML 语言虽然功能通用全面,但不够简洁,在网络上处理和传输效率低,而且不易被普通用户掌握。超文本标记语言 HTML 简化了 SGML 语言复杂的描述,实现了在广域网上多媒体信息表示、高效传输和动态检索。

1. 基本结构

HTML 语言编写的网页超文本信息按多级标题结构进行组织,其结构如下:

```
<HTML>
  <HEAD><TITLE>标题名</TITLE></HEAD>
  <BODY>
  <H1>一级标题名</H1>
   ……Web 页主体
   </BODY>
</HTML>
```

HTML 标记包含包容标记和空标记。空标记用于说明一次性指令,如换行标记为
。包容标记由一个开始标记和一个结束标记构成,结构如下:

<标记名>　数据　</标记名>

HTML 标记有些可以带有属性,如<IMG SRC="GLOBE. GIF">,其中 SRC 为属性,该属性告诉浏览器图像的文件名。

2. 超文本标记方法

(1) 字体

常用的字体标记如下：

黑体　<B>文本</B>　　斜体　<I>文本</I>

下划线　<U>文本</U>　　打字体　<TT>文本</TT>

(2) 字号与颜色

设定基准字号的标记方法为：

<BASEFONT SIZE=＃>　　＃=1～7

设定指定字号的标记方法为：

<FONT SIZE=＃>文本</FONT>

＃=1,2,3,4,5,6,7 表示指定的字体大小；

＃=+(−)2,3,4,5,6 表示字体大小的相对改变。

设定字体颜色可以通过如下两种方式：

<FONT COLOR="hex_rgb"> 文本 </FONT>

<FONT COLOR="color name"> 文本 </FONT>

【例 7.6】 <FONT COLOR="＃FF0000" SIZE=5>中国</FONT>

显示 5 号字体红色文字的“中国”。

(3) 段落格式

包括换行符号
,分段(换行加空行)符号<P>,分界尺符号<HR>等。

(4) 文本链接

可通过单击文本检索浏览另一超文本网页。

【例 7.7】 <A HREF="Art. html">Click Here for Art. </A>

通过单击文本“Click Here for Art. ”浏览由 Art. html 定义的另一超文本网页。

(5) 图像链接

可通过单击一幅图像从而跳到另一超文本网页。

【例 7.8】 <A HREF="Olddog. html"><IMG SRC="Dog1. gif"></A>

通过单击由 Dog1. gif 指定的图像浏览由 Olddog. html 定义的另一超文本网页。

(6) FTP 和 E-mail 链接

在 HTML 页面中可实现与 FTP 和 E-mail 系统的链接。

【例 7.9】 通过单击“GetFreeware”和“Mailtome”实现与 FTP 和 E-mail 系统的链接。

<A HREF="ftp://ftp. myDomain. com/Pub/freeware. txt">GetFreeware</A>

<A HREF="mailto:myName@myDomain.com">Mailtome.</A>

(7) 非图像浏览器图像替换

如浏览器不能浏览图像，HTML可用ALT指定其替代文字。

【例7.10】 如浏览器不能浏览图像Dog1.gif,用“[picture of a dog]”ALT替代。

<A HREF="Olddog.html"><IMG SRC="Dog1.gif " ALT="[picture of a dog]"></A>

3. 多媒体信息

(1) 图像显示

显示图像的标记方式为：

<IMG SRC="file:///d:/html/jet.gif " WIDTH=? HEIGHT=? VSPACE=? HSPACE=? >

其中,WIDTH,HEIGHT为图像的宽、高;VSPACE,HSPACE为垂直、水平空格数。

(2) 列表

有序	<OL>	无序	<UL>
	<LI>		<LI>
	<LI>		<LI>
	</OL>		</UL>

(3) 音频

HTML中可指定背景音乐,例如：

<BGSound SRC="Path/Filename.WAV" Loop=#> #为循环次数。

还可以利用链接启动声音。

【例7.11】 若当用户单击文本link text后,声音才能播放。

<A HREF="Path/Filename"> link text </A>

(4) 视频与动画

在HTML页面上播放视频与动画标记格式如下：

<IMG dynsrc="user.avi " START=fileopen (or mouseover)
WIDTH=? HEIGHT=? VSPACE=? HSPACE=? LOOP=? >
<IMG dynsrc="user.flc" START=fileopen (or mouseover)
WIDTH=? HEIGHT=? VSPACE=? HSPACE=? LOOP=? >

除了dynsrc属性,其他属性都可缺省。START=fileopen表示Web页一被装入便播放;START=mouseover表示鼠标从该区域滑过才播放。

(5) Web页中背景的实现

一种常用的方法是利用图像填充背景,格式为：

<BODY BACKGROUND="Path/Filename">

若图像文件在当前目录，则 Path/部分可省略，否则 Path 表示为：

file:/// ＋ 相对路径

另一种方法是用颜色填充背景，格式为：

<BODY BGCOLOR="＃RRGGBB">

RR,GG,BB 分别表示红、绿、蓝分量，用十六进制表示。除了用 RGB 表示颜色外，还可以用颜色的名字表示背景颜色，格式为：

<BODY BGCOLOR="颜色名">

【例 7.12】 利用图像和颜色填充背景的实例。

<BODY BACKGROUND="file:///d:/multi/jpg/bupt.jpg"> 利用图像 bupt.jpg 来填充背景；

<BODY BGCOLOR= "＃888888"> 表示背景颜色为灰色；

<BODY BGCOLOR ="red"> 表示背景颜色为红色。

欲了解 HTML 的详细情况，请查阅相关的编程指导书。

7.4.2 XML 语言

1. XML 语言概述

可扩展的标记语言 XML(extensible markup language)是 1998 年 2 月正式公布的网络超文本的元标记语言，是由 W3C 的 XML 工作小组所定义的。它和 HTML 一样，是 SGML 的一个子集。XML 保留了 SGML 80%的功能，并使复杂程度降低了 20%。XML 兼取 HTML 和 SGML 之长，既通用全面又简明清晰，并具有很强的可伸缩性和灵活性。XML 允许使用者自己来定义标记。XML 是自描述的，显示样式可以从数据文档中分离出来，放在样式单文件中。由于标记为要表现的数据赋予一定的含义，并且高度结构化，所以数据非常清晰，同时使得数据搜索引擎可以简单高效地运行。XML 还具有遵循严格的语法要求、便于不同系统之间信息的传输、有较好的保值性等优点。

由于 XML 能针对特定的应用定义自己的标记语言，XML 本身仅仅是表达数据的一种规范，与具体的应用行业制定不同的数据规范相结合才能体现其强大的生命力。XML 的应用分支越来越广泛，可以说根本地改变了网络世界的信息交流方式。其应用涉及科学计算(数学标记语言 MathML)、网络多媒体(同步多媒体集成语言 SMIL)、电子出版(开放电子书标准 Open E-book)、无线通信(无线应用规范 WAP)等领域，它还是电子商务(电子数据交换 XML/EDI 和微软的 Biztalk)的数据接口规范中的基础。

XML 主要有 3 个要素：文档定义(DTD/XML Schema)、XSL 和 Xlink。文档定义描

述了XML文件的逻辑结构,定义了XML文件中的元素、元素的属性以及元素的属性之间的关系,它可以帮助XML的分析程序校验XML文件标记的合法性;XSL是用于规定XML文档样式的语言,它能在客户端使Web浏览器改变文档的表现形式,从而不再需要与服务器进行交互通信;Xlink允许链接XML文件,它允许多个链接目标以及其他先进的特性,而且较HTML的链接机制有更强大的功能。

2. DTD与XML Schema

XML提供了数据定义机制,目前存在两种方式:DTD和Schema。XML语言必须有严格的规范。在特定的应用中,数据本身有语义、数据类型、数据关联的限制。微软的Schema成为现今的W3C定义的Schema的原型。但是W3C发展了一套不同于DTD方法来定义的XML数据类型,并给出自己的定义。

Schema相对于DTD的明显好处是XML Schema文档本身也是XML文档,而不是像DTD一样使用特殊格式。这大大方便了用户和开发者,因为他们可以使用相同的工具来处理XML Schema和其他XML信息,而不必专门为Schema使用特殊的工具。

Schema是一种描述信息结构的模型,它是借用数据库中的一种描述相关表格内容的机制,为一类文件建立了一个模式。这个模式规范了文件中标签和文本可能的组合形式。

【例7.13】 若定义一个合法的邮政地址,其XML文档如下所示:

```
＜邮政地址＞
    ＜邮政编码＞450000＜/邮政编码＞
    ＜省＞河南＜/省＞
    ＜市＞郑州＜/市＞
    ＜街＞黄河大街10号＜/街＞
    ＜姓名＞李明＜/姓名＞
＜/邮政地址＞
```

当要判断这个邮政地址是否正确时,实际上也是一个Schema的检查过程。一个邮政地址应该包括:邮政编码,省,市,街,姓名。在Schema中规范了两种限制:一种是内容模式限制,用来规定文件中element的顺序;另一种是数据类型限制,用来限制数据单元的合法性。

【例7.14】 邮政地址的Schema定义如下:

```
＜schema xmlns="urn:schema-bupt-edu-cn:xml-data"
        xmlns:dt="urn:schema-microsoft-com:datatypes"
    ＜ElementType name="邮政编码"  dt:type="number"/＞
    ＜ElementType name="省"  content="textOnly"/＞
    ＜ElementType name="市"  content="textOnly"/＞
    ＜ElementType name="街"  content="textOnly"/＞
```

```
<ElementType name="姓名" content="textOnly"/>
<ElementType name="邮政地址" content="eltOnly">
    <element type="邮政编码"/>
    <element type="省"/>
    <element type="市"/>
    <element type="街"/>
    <element type="姓名"/>
</ElementType>
</ schema >
```

3. XSL

XSL是通过XML进行定义的,遵从XML语法规范,是XML的一种具体应用。它由两大部分组成:第一部分描述了如何将一个XML文档进行转换,转换为可浏览或可输出的格式;第二部分则制定了格式对象。XSL语言可以将XML转化为HTML,可以过滤和选择XML,并能够格式化XML数据。

XSL可以将XML文档转换成能被浏览器识别的HTML文件,它通常是通过将每一个XML元素"翻译"为HTML元素来实现这种转换。XSL能向输出文件里添加新的元素,或者移动元素。XSL也能够重新排列或者索引数据,它可以检测并决定显示哪些元素。

XSL在网络中的应用可以分为两种模式。

(1) 服务器端转换模式

在服务器端可以使用动态方式和批量方式进行转换。动态方式指当服务器接到转换请求时再实时转换,这种方式无疑对服务器要求较高。批量方式是事先用XSL将一批XML文档转换为HTML文件,接到转换请求后直接调用转换好的HTML文件即可。

(2) 客户端转换模式

这种方式将XML和XSL文件都传送到客户端,需要浏览时由浏览器实时进行转换,前提是浏览器必须支持XML+XSL的工作方式。

4. Xlink

Xlink是说明如何在网络上做到标识、定址和链接的规范。它扩展了HTML链接的功能,可以支持更加复杂的链接。通过Xlink,不仅可以在XML文件之间建立链接,而且可以建立其他类型数据之间的链接。Xlink还为文件内部定位提供了全新的方式,允许链接的建立者利用文件结构指定文件内部资源片断。Xlink有一重要功能就是建立topicmaps,这是一种依据metadata连接到各种不同网络资源的方式。topicmaps允许不同的资料有外在的注释。因此,可以说topicmaps是有结构性的metadata,而依据各特性关联主题,可以链接到不同的网络资源。

Xlink定义了几种常用的链接形式: Simple,Extended,Group,Document。其中,

Simple的用法比较接近在HTML内的a标志的用法;Extended的用法包含arc和locator的元素,并允许各种种类的扩充链接;Group和Document的用法,是让群组链接到一些特别的文件。

7.4.3 动态网页生成技术

目前最常用的动态网页技术主要有ASP(active server pages),PHP(personal hypertext preprocessor),JSP(Java server pages)。它们都是应用于服务器端的技术,以便于快速开发基于Web的应用程序。

ASP内含于IIS (Microsoft Internet information server)当中,提供一个服务器端的脚本运行环境。Web服务器会自动将ASP的程序码解释为标准HTML格式的主页内容,在用户端的浏览器上显示出来。用户端使用可执行HTML码的浏览器,即可浏览。ASP无须编译即可解释执行。可以通过ActiveX服务器来扩充功能,ActiveX服务器组件可使用Visual BASIC,Java,C++,COBOL等语言来实现。它还可以通过插入方式,使用由第三方提供的其他脚本语言,如Perl语言。它的源程序不会下载到用户浏览器,可以保护源程序。下载到用户浏览器的是ASP执行结果的HTML码。ASP只能运行于微软的服务器产品上,其功能有限,必须通过ASP+COM的组合来扩充。在UNIX通过插件可以支持ASP,但是UNIX下的COM实现十分困难。

PHP是一种跨平台的服务器端的嵌入式脚本语言。它大量地借用C,Java,Perl语言的语法,并结合PHP自己的特性,使Web开发者能够快速地写出动态生成页面。PHP可以支持具有与许多数据库相连接的函数。但是PHP提供的数据库接口不统一。这是PHP的一大弱点。PHP3以后的版本可以在Windows,UNIX,Linux的Web服务器上正常运行,还支持IIS,Apache等通用Web服务器,用户在更换平台时,需要对代码做一些修改。

JSP是SUN公司推出的新一代Web站点开发语言,借助于Java强大的跨平台特性,它具备SUN所推行"一次编写处处运行(write once,run everywhere)"的特点。它完全克服了目前ASP,PHP的脚本级执行的缺点。JSP可以在Servlet和JavaBeans/EJB/CORBA/JNDI等的支持下,构建功能强大的网络应用平台。JSP的最大特点是将内容的生成和显示进行分离。使用JSP技术,Web页面开发人员可以使用HTML或者XML标记来设计和格式化最终页面。使用JSP标记或者JSP脚本来生成页面上的动态内容。生成内容的逻辑被封装在JSP标记和JavaBeans组件中,并且捆绑在JSP脚本中,所有脚本在服务器端运行。如果核心逻辑被封装在标记和Beans中,那么其他人,如Web管理人员和界面设计者,能够编辑和使用JSP页面,而不影响内容的生成。在服务器端,JSP引擎解释JSP标记和JSP脚本,生成所请求的内容,并且将结果以HTML或者XML页面形式发送给浏览器。JSP可以运行于几乎所有的平台。总体来说,JSP应该是未来发展的趋势。

7.4.4 JMF 简介

JMF(Java Media Framework)是 Java 应用程序和小程序中处理流媒体的 API,是一些多媒体功能包的组合,包括 Java Sound,Java 2D,Java 3D 等,目前通过 Java 开发多媒体软件主要使用 JMF 软件包。

JMF 2.1.1 是对应 Java2 平台标准版,它提供的媒体处理功能包括:媒体捕获、压缩、流转、回放,以及对各种主要媒体形式和编码的支持,如 MJPEG,H.263,MP3,RTP/RTSP,Flash 和 RMF 等。还支持 Quicktime,AVI 和 MPEG-1 等。JMF 2.1.1 是一个开放的媒体架构,可使开发人员灵活采用各种媒体回放、捕获组件,或采用自己定制的内插组件。将"编写一次,到处运行"能力扩展到了媒体各种应用领域,从而大大缩减了开发时间和降低了开发成本。

JMF 为 Java 中的多媒体编程提供了一种抽象机制,向开发者隐藏了实现的细节,开发者利用它提供的接口可以方便地实现强大的功能。

在高层 API 中有以下重要的类:

DataSource 用来表示各种视频源;

DataSink 从 DataSource 中读取数据,然后输出到新的目标,如保存进文件、发送到网络等;

Player 和 Processor 用来呈现媒体的 Beans,Player 从 DataSource 获得数据然后直接在输出设备上播放。Processor 除了具有 Player 的功能外,还可以对 DataSource 的数据进行处理生成新的 DataSource。

JMF 2.1.1 主要包括 11 个包(Package),分别为 javax.media,javax.media.bean.playerbean,javax.media.control,javax.media.datasink,javax.media.format,javax.media.protocol,javax.media.renderer,javax.media.rtp,javax.media.rtp.event,javax.media.rtp.rtcp,javax.media.util。每个包又有自己的接口和类。

JMF 开发框架主要的媒体处理功能有视频音频的采集、编码/解码、RTP 传输,下面列举一些功能说明对 JMF 开发包的使用。

```
AudioFormat audioFormat=new AudioFormat(encoding,rateSample,bitsPerSample,channel);
                                            //根据用户的设置构造音频编码方式
Vector deviceList = CaptureDeviceManager.GerDeviceList (new AudioFormat (AudioFormat.
LINEAR));                                   //获取音频采集设备列表
CaptureDeviceInfo di=null;
If (deviceList.size()>0)                    //找到了合适的音频设备
    di=(CaptureDeviceInfo)deviceList.firstElement();  //选第一种音频设备作为系统采集设备
```

```
else{                                        //找不到合适的音频采集设备,则返回
    System.err.println("Can't find a suitable audio capture device.");
    Return; }
MediaLocator mediaLoc=di.getLocator();       //由采集设备获取媒体定位
RTPTransmit rtpTransmit=new RTPTransmit(mediaLoc,strIPAddr,strPort,audioFormat);
                                             //构造RTP传输类的对象
String result=rtpTransmit.start();           //开始传输(同时也开始了采集)
If (result != null) {                        //如果开始传输不成功,则显示其不成功的原因
    System.err.println("Error:"+result);}
else { System.err.println("Start transmission......");}
}
```

1. 视频的采集及传输

视频的采集与音频的采集类似,如果用摄像头采集,也是通过CaptureDeviceManager截获。视频传输也可以通过JMF内在支持的方式,如RTP一般会用到javax.media.Manager,javax.media.Processor,javax.media.protocol.DataSource,javax.media.rtp.SessionManager这些类。

视频的采集、回放和传输过程如下:

① 创建实时数据流类,实时采集摄像头数据作为数据流;

② 创建DataSource类,控制实时数据流类实现实时数据源;

③ 构造一个播放器类,实现数据流的播放;

④ 创建RTP数据传输类。

2. 创建播放器

用JMF创建非实时的视频文件的播放过程如下:

```
Player player = null;
try {
    URL url=new URL(getDocumenBase(),视频文件名称);  // 为非实时的视频文件
      player=Manager.createPlayer(url);
   } catch(IOException e) {
    System.err.println("Can't create the player.");
    Return;
   }
 player.addControllerListener(监视器);
 //向播放器注册控制监视器,创建监视器必须使用接口
 public void controllerUpdate(ControllerEvent e){
    player.prefetch();            //让播放器对媒体进行预提取
```

```
    player.start();                //启动播放器
    player.stop();                 //停止播放器
    player.deallocate();           //停止播放器后必须释放内存中的资源
}
```

7.5 Web系统的关键技术

WWW 系统简称为 Web 系统，是目前最流行的运行于 Internet 上的超文本系统。本节简要介绍 Web 系统的关键实现技术。

7.5.1 Web 系统的结构

1. 基本结构

Web 系统是采用 HTTP(hypertext transfer protocol)协议的超文本系统，其基本结构是一个客户机/服务器模型，如图 7.12 所示。

用户通过客户端的浏览器发出访问请求，如输入 http://www.bupt.edu.cn，通过 Internet 进入网址为 www.bupt.edu.cn 服务器。服务器下载页面信息（HTML 格式）作为请求的响应。

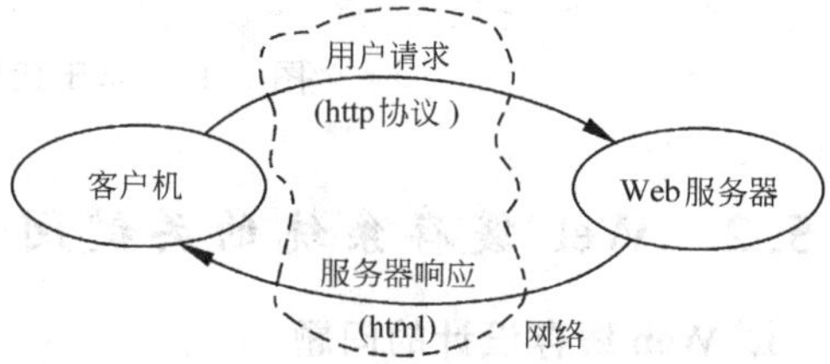

图 7.12 Web 系统基本结构

2. 扩展结构

自 20 世纪 90 年代开始，人们一直在研究如何改善 Web 系统性能。其中改进 Web 系统的结构是主要途径之一，下面简要介绍常用的方法。

(1) 网络服务器站点镜像

为了提高响应速度，减少网络负担，增强系统的强壮性，访问量大的重要站点常常采用服务器站点镜像的方法，将网站服务器分布部署在不同的地点，而每个服务器具有相同的服务内容，信息动态地实时同步更新。这种结构实现了服务器的负载分担，提高了系统的服务质量。其结构如图 7.13 所示。

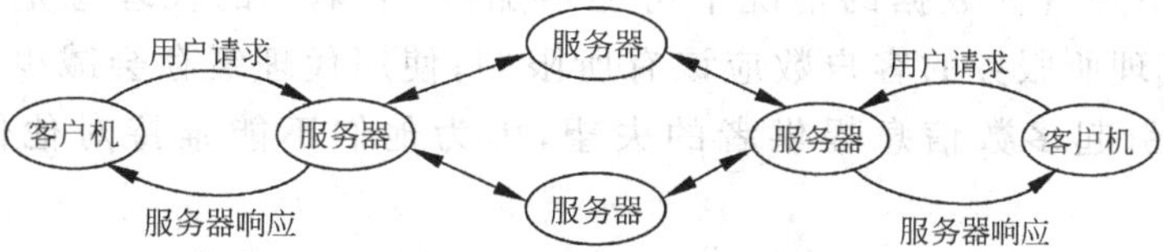

图 7.13 服务器站点镜像结构

(2) 代理服务器

在靠近客户端的合适位置缓存(caching)热点访问信息被认为是缓解Web服务瓶颈、减少Internet流量和改进Web系统可扩展性的一种有效方案。使用防火墙中的代理(proxy)服务器来缓存防火墙内用户访问的信息是自然可行的途径,因为同一个防火墙内用户通常很可能有相同的兴趣,他们很有可能访问相同的站点页面,并且每个用户可能在短时间内反复浏览,因此一个前面请求并缓存在代理中的文档可能在将来被单击。当然这类缓存代理服务器可以放置在客户机和服务器间的其他地方,而文档可缓存在客户机、服务器和代理中的任一位置。这种基于代理服务器的扩展结构如图7.14所示。

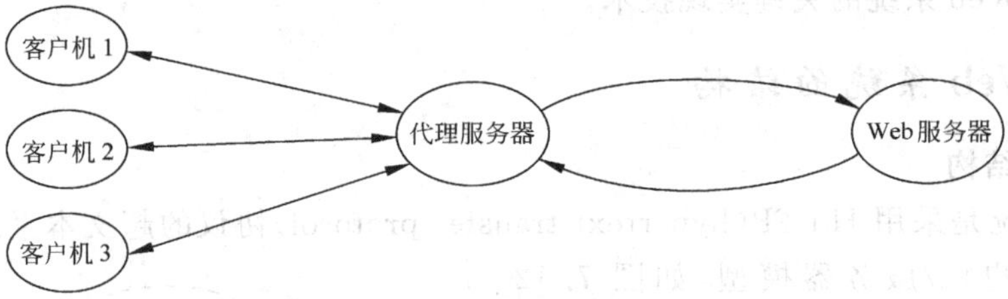

图7.14 基于代理服务器的扩展结构

7.5.2 Web缓存系统的关键问题

1. Web缓存设计的问题

Web服务质量性能参数包括准入延时、媒体播放质量等。Web缓存可以显著改善Web系统的服务性能,具体表现在:Web缓存减少了带宽消耗,因而降低了网络流量并缓解了网络阻塞;由于频繁访问的文档存放在距离客户端近的代理,Web缓存减少了用户访问延时;Web缓存通过分散数据在缓存代理中而减少了远程Web服务器的工作负荷;如果远程服务器或网络不能访问时,用户可以获得在代理中复制的信息,因此Web服务的强壮性加强;Web缓存的另一个好处是它提供了使人们能分析一个机构的Web服务使用模式的机会。另外,一组缓存的互相合作可以进一步改进缓存的有效性。

然而,值得注意的是,在Web服务中使用缓存系统可能会出现下述缺点:由于缺乏合适的缓存代理更新,用户也许查看的是陈旧的数据;由于额外的代理处理,访问延时在缓存中查不到目标数据的情况下可能增加;一个单一的代理总是系统服务的瓶颈,针对一个代理所服务的客户数应该有所限制;使用代理缓存会减少原远程服务器的单击率从而引起多数信息提供者的失望,因为他们不能维持对他们页面单击的管理。

因此,Web缓存系统设计应该解决下述问题:缓存系统的体系结构,代理的放置,缓存的内容,代理间的合作,数据共享,缓存的路由选择,预先抽取,缓存的放置与替换,缓存的一致性，控制信息的分布，动态数据的缓存等。通过上述问题的解决使Web缓存系统具有以下特点：快速访问，强壮性，透明性，可伸缩性，有效性，自适应性，稳定性，负载平衡，能处理异构性和简单性。

2. 缓存系统的体系结构

如何放置缓存代理来完成最优的性能，这是Web系统要考虑的一个重要问题。这与客户群体的大小和缓存系统的体系结构有关。

(1) 层次缓存结构

利用层次缓存结构，缓存可以多级网络放置。为简单起见，假设采用4级缓存：最底级，部门级，地区级和国家级。在最底级仅有客户机/浏览器缓存，当一个请求不被客户端缓存满足时，请求被转到部门级。当请求文档没有在部门级缓存找到，请求再转发到地区级，或依次将不能满足的请求转发到国家级缓存代理。当请求文档没有在任何级缓存找到，国家级缓存直接与原Web服务器联系。当文档找到后，无论在缓存或原服务器，它将按层次回送到请求的客户端，并在沿途每个中间缓存中留下一个备份。

层次缓存结构有高的带宽使用效率，尤其是一些合作的缓存服务器没有高速连通性时。在这种结构中，热点Web页面可以被有效地针对要求分散到缓存中。但是，还应该考虑层次缓存结构相关的问题，例如：建立这样分层结构、缓存服务器需要被放置到网络中的关键访问点，这需要在系统中缓存服务器之间进行大量的协调；每级层次可能引入另外的延时；高层缓存可能变成瓶颈并具有长的排队时延；相同文档的多个备份存放在不同层次的缓存中。

(2) 分布式缓存结构

最近，有人提出分布式缓存结构，其中只有底层缓存的存在。在有些分布式Web缓存系统中，除了使用部门级缓存外，没有其他中间层次的缓存。为了决定从哪个部门级缓存中查找一个没有在当前缓存找到的数据，所有部门级缓存都保存有其他部门级缓存的内容的元数据信息。为了使元数据信息更有效和可伸缩，应该使用一个分层的分布机制。然而，这个层次结构仅用来分布文档位置的目录信息，而不是实际数据备份。利用分布式缓存大多数流量在底层网络层，在中间网络层次减少了阻塞也不需要另外磁盘空间。另外，分布式缓存支持更好的负载共享和容错性能。但是，大规模的分布式缓存的部署也许会遭遇诸如较长的连接时间、较高的带宽消耗、缓存管理等问题。

(3) 混合的缓存结构

在混合的缓存机制中，利用分布式缓存技术缓存可以与同一级的缓存也可以与较高一级的缓存合作。例如，在Harvest项目中设计的ICP(Internet Cache Protocol)是一个典型例子。文档从父缓存/邻接缓存中具有最小全程访问时间的一个缓存中取出。有人建议限制相邻缓存的合作以避免从远距离的或者较慢的缓存中获取文档，而应该从原Web服务器以较低代价得到。

3. 缓存方式

目前常用的缓存方式有以下几种。

(1) 预装(preload)技术

服务器主动把一些热点文档下推(push)到代理服务器,以便用户能较快地访问缓存的最新文档。

(2) 动态置换

缓存过程中常采用的是客户拉(pull)的方法,即用户单击的文档自动进入缓存。缓存内容应该保持目前最热点的文档,由于缓存容量的限制,缓存内容就需要一个动态置换的过程。哪些文档应该置换出去要考虑单击率、文档大小、传输时间、过期时间等因素,这是缓存置换算法应该解决的问题。

(3) 部分缓存

为使缓存发挥最大的效率,可采用将热点文档的开始部分(prefix)而非全部进行缓存,这样既能达到提高 Web 服务质量的效果又能通过缓存较多的文档尽可能地提高缓存的利用率。

7.5.3 缓存置换策略

代理缓存的有效性主要在于具有高命中率的放置/置换算法。目前,缓存放置还没有很好的研究,但人们已经提出一些缓存置换算法,它们可以划分为3类。

1. 传统的置换策略及其直接扩展

这类算法包括以下几种。

(1) LRU(least recently used)算法:为使一个最新访问的对象进入缓存,一些最久请求的缓存对象被置换出去,即首先替换出上次访问请求以后时间最长的没被请求的缓存对象。

(2) LFU(least frequently used)算法:当新对象进入时,最不频繁访问或者具有最小访问频率的对象先被置换出去。

(3) FIFO(first in first out)算法:按照进入缓存的时间顺序置换出先进入的对象,同一天进入的对象可按尺寸(size)排序,较大者先被置换。

2. 基于键的置换策略

这类算法基于主键、二级键、三级键等来置换对象。主要算法有以下几种。

(1) Size 算法:基于对象的尺寸,每次置换出最大的对象。

(2) LRU-MIN 算法:该算法偏爱较小的对象。如果缓存中存在尺寸至少为 S 的对象,LRU-MIN 从这些对象中置换出最先用过的对象;如果没有尺寸至少为 S 的对象,那么 LRU-MIN 对尺寸至少为 S/2 的对象按 LRU 顺序置换。也就是具有最大的 log(size) 的对象和具有相同 log(size)的所有对象中最先用过的对象被首先置换出去。

(3) LRU-阈值算法：相同于 LRU，但大于某个阈值尺寸的对象从不进入缓存。

(4) Hyper-G 算法：是 LFU 算法的细化，将访问频率(次数)作为主键，最后一次访问的时间作为二级键，对象尺寸作为三级键，排序来置换缓存对象。

(5) LLF(lowest latency first)算法：该算法通过首先置换出具有最低下载延时的文档来最小化平均延时。

3. 基于费用的置换策略

考虑诸如上次访问时间间隔、对象进入缓存时间、传输时间费用、对象失效时间等因素，使用一个费用函数来找出应该置换出去的对象，该类算法的目标是最优的置换策略。主要的方法有以下几种。

(1) GD-Size(greedy dual-size)算法：该算法对每个对象联系具体费用，并且置换出具有最低费用/尺寸比来置换对象。

(2) LNC-R(least normalized cost replacement)：该算法使用一个考虑访问频率、传输时间费用和对象尺寸的有理函数来确定置换对象。

(3) Bolot/Hoschka 算法：该算法使用一个考虑传输时间费用、对象尺寸和上次访问时间的带权的有理函数来确定置换对象。

(4) SLRU(size-adjusted LRU)：该算法按费用与对象尺寸的比率来对对象排序，选择具有最佳费用尺寸比率的对象。

(5) Hybrid 算法：该算法对每个对象联系一个利用函数，置换出对减少总的延迟具有最低利用值的对象。

基于费用的置换策略由于考虑角度不同，选择参数不同，方法多种多样。下面仅以 SLRU 算法为例来介绍其具体过程。

【例 7.15】 SLRU 算法。

C. Aggarwal 等人提出的 SLRU 算法使用下列符号：

N——对象个数；

S_i——对象 i 的尺寸；

$C(k)$——第 k 次迭代后，缓存中的对象集合；

i_k——第 k 次迭代时访问的对象；

ΔT_{ik}——自上次对象 i 被访问以来缓存访问次数，$1/\Delta T_{ik}$ 称为对象 i 的动态频率；

R——缓存中为容纳对象 i_k 必须提供的空间尺寸。

所考虑的问题形式化为求解：

$$\min \sum_{i \in C(k)} y_i / \Delta T_{ik}$$

使得 $\sum_{i \in C(k)} S_i y_i \geqslant R$ 且 $y_i \in \{0,1\}$。

该问题实际上是著名的背包问题，也是一个 NP 问题。一个有效的背包问题的启发式求解方法是使用贪心算法，具体算法步骤如下：

① 对所有对象按费用尺寸比率进行排序；

② 选择具有最好的费用尺寸比率的对象，直到不能再放入背包。

本例中费用尺寸比率为 $1/(S_i\Delta T_{ik})$。所以重新按照 $S_i\Delta T_{ik}$ 不减的顺序重排对象，使得：

$$S_1\Delta T_{1k} \leqslant S_2\Delta T_{2k} \leqslant \cdots \leqslant S_{|C(k)|}\Delta T_{|C(k)|k}$$

然后，逐个选择最高序号的对象并从缓存中去掉它们，直到为进入缓存的对象创建了有效的空间。

本章小结

超文本是一种有效的多媒体信息管理手段。本章简要介绍超文本和超文本系统的概念和发展历史，并介绍了超文本系统的结构。然后，对超文本文献模型进行了讨论，它是开发超文本标记语言的基础。本章以目前最流行的超文本系统——Web系统中的HTML和XML语言为例，介绍了实用的超文本标准语言及其应用方法，最后讨论了Web系统实现的关键技术。

思考练习题

1. 比较超文本系统和多媒体数据库对多媒体信息管理的异同。
2. 有人说超文本是计算机信息管理技术发展的必然产物，谈谈你的看法。
3. 制定超文本系统结构模型有何意义？
4. 如何理解超文本的文献模型？
5. 用HTML语言设计制作一个单位或个人的主页。
6. 试利用XML定义一本书的结构。
7. Web缓存技术从哪些方面能改善系统服务质量？
8. 试设计一种基于费用的Web缓存置换算法。

第 8 章 多媒体系统的数据模型

用计算机解决现实世界的问题,必须将问题进行抽象并转换为计算机所能理解的数据模型,因此数据模型是所有计算机系统的理论基础。同样,多媒体系统的数据模型是指导多媒体系统设计与开发的理论基础,数据模型决定了系统的功能和特点。目前,多媒体技术有待于进一步发展和完善,对多媒体系统数据模型的研究还不够深入和系统化。本章就多媒体系统数据模型方面已有的研究成果做一简要介绍。

8.1 多媒体系统数据模型概述

8.1.1 基本概念

所谓数据模型就是在计算机数据世界中建立的计算机所能接受的对现实世界中所要研究对象的抽象描述。一般来说,数据模型对现实世界对象的抽象有两层含义:①提供一种计算机可接受的信息表示和处理方法;②能够指出数据的构造,即能够表示数据及其属性特征,同时能指出数据间的联系。将人们所处的现实世界表达成计算机所能理解的信息世界就是一个多媒体数据的集合,因此对多媒体数据模型的研究具有十分重要的理论价值和实用价值。

对于多媒体系统的数据模型来说,其主要任务就是:能够表示各种不同媒体的数据构造及其属性特征;同时,能够指出不同媒体数据之间的相互关系,包括相互之间的信息语义关系以及媒体特性之间的关系,主要有时间特性关系等。

多媒体数据时空关系的建模是多媒体系统的关键问题,也是多媒体系统的重要特色,这种时空关系的刻画主要由称为多媒体系统表现(presentation)的模型分层次来实现。多媒体系统表现模型的描述性定义如下:

- 多媒体表现是多媒体数据的合成再现;
- 多媒体合成主要包括空间和时间合成;

- 空间合成是同一表现空间域中共存的一系列媒体对象之间的空间特性、位置关系的描述；
- 时间合成是在某一时间域内并发(包括顺序和并行)表现的一系列媒体对象之间的时序关系的描述；
- 多媒体同步是指采用进程来协调时序关系的机制，即实现时间合成方法的描述。

8.1.2 多媒体系统数据模型的层次结构

多媒体系统数据模型既包含对系统信息内容的语义组织，也包含信息表现时的合成关系。为了能充分理解目前成功的多媒体系统模型，帮助人们从整体上建立一个多媒体系统框架，也为了有利于新的模型的研究，可把多媒体系统及其数据模型划分为3个层次来进行讨论。这种分层的方法如图8.1所示。

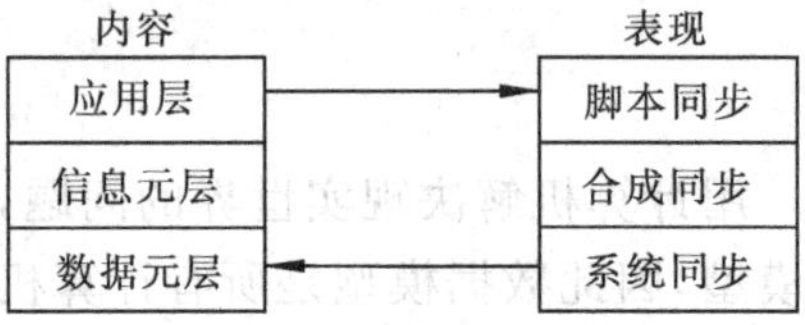

图8.1 多媒体系统数据模型的层次结构

以信息内容组织来看，划分为以下3个层次。

(1) 应用层：从应用的整体结构和组织考虑模型的构建。

(2) 信息元层：信息元是具有一定语义的组成应用的信息子块，通常由一个或多个单媒体数据元合成而得。

(3) 数据元层：经多媒体输入设备输入的数字化了的各种单媒体数据进一步格式化(包括数据压缩)。

从上面分层可以看出，多个数据元组成信息元，多个信息元组成应用中的信息集合。那么，数据元如何合成信息元及信息元如何组织成应用的集合，是多媒体系统数据模型的关键问题。已经提出的模型有超文本模型、文献模型和信息元模型等。

从表现角度来看，划分为以下3种层次。

(1) 系统对用户的表现如何安排(包括交互能力)？这是上层同步问题，主要通过脚本的描述来解决。

(2) 信息元内各元素的时空编排如何？这是中层同步问题，即时空合成问题。

(3) 计算机的具体实现对应于最底层的同步，由系统内部完成。

表现模型从“表现”入手，根据多媒体表现强烈的时空特性，往往以时间为线索来组织安排多媒体活动。时间同步一般指对多个对象间的时间关系的协调控制，因而以时间为线索来组织多媒体表现的模型就是时间同步模型。同步也是有层次的，一般分为用户级同步、复合对象内部的同步及系统同步。这些将在后面的章节中详细介绍。

8.2 超文本系统的形式化模型

第7章已经详细地介绍了超文本的有关概念模型，为了进一步深入理解超文本系统，本节介绍超文本系统的形式化建模。

8.2.1 超文本系统形式化模型概况

所谓形式化描述就是用数学概念或类数学概念来精确地定义和描述信息系统的基本特性(属性和结构等)的一种方法。其优点是：能更清晰、更透彻地理解问题；更容易将意图准确地传达给他人；为进一步深入设计和完善模型提供基础；对描述出来的结果可以用数学方法进行开发研究。

多媒体系统的形式化建模研究是多媒体系统进一步发展的基础。最早利用数学方法来形式化定义超文本系统结构的是美国南加利福尼亚大学的 P. K. Garg，他在 1988 年发表的博士论文中，用集合论和一阶逻辑来抽象超文本模型，模型的基本概念如结点和链被特征化，并用数学集合给以定义，他还构造了“聚集（aggregation）”和“归纳(generalization)”等抽象机制的定义。人们发现，当把数据库与超文本结合时，数学方法高度的精确性和抽象性具有十分重要的意义，尤其对超文本的信息查询起着很大的作用。

同时，形式化工具如 Petri 网、时序逻辑语言和 Z 语言被引进到超文本的研究之中，形式化语言既是正规性语言又是描述性语言，在软件的系统建模、概念设计中起着重要作用。

8.2.2 集合论和一阶逻辑

首先回顾相关的一些数学概念。

定义 8.1 一个序偶$\langle S,R\rangle$，这里，S是一个集合，R是从S到S的一种关系。如果$\langle S,R\rangle$满足下列条件，则称之为偏序集：

(1) R是不对称的；

(2) R是自反的；

(3) R是传递的。

定义 8.2 集合S的一个对象x是偏序R的最小元素，如果：

$$\forall s \in S(R(s,x) \Rightarrow (s = x))$$

定义 8.3 在偏序集$\langle S,R\rangle$中，集合S的元素X覆盖S的元素$Y(\neq X)$可记为$covers(X,Y,\langle S,R\rangle)$，满足：

$$R(Y,X) \land \forall Z \in S[(R(Y,Z) \land R(Z,X)) \Rightarrow (Z = X) \lor (Z = Y)]$$

定义 8.4 在偏序集$\langle S,R\rangle$中，S中对象的高度是一个从S到自然数集合的函数，其定义为：

(1) 如果 X 是 $\langle S,R\rangle$ 的最小元素，则 $height(X)=1$；

(2) 如果 $covers(X,Y,\langle S,R\rangle)$，则 $height(X)=height(Y)+1$。

基于集合论和一阶逻辑，Garg 按如下形式定义超文本及其有关概念。

定义 8.5 一个超文本 η 是这样一个集合，它包括：

(1) 域对象集 D_0 和信息对象集 I_0；且有

$$D_0 \cap I_0 = \varnothing, \quad D_0 \cup I_0 = O$$

其中 $\varnothing$ 为空集，O 是对象集。

(2) 谓词集合 π；

(3) 属性(性质)集合 A。

于是对超文本 η，$D_0[\eta]$ 表示 η 的域对象集，$I_0[\eta]$ 表示 η 的信息对象集，$A[\eta]$ 表示 η 中的属性集，$\pi[\eta]$ 表示 η 中的谓词集合。

定义 8.6 谓词集合 π 由以下 3 个子集组成：

(1) π_1：一元谓词，表示对象的特征；

(2) π_2：二元谓词，表示对象的关系；

(3) π_3：三元谓词，表示对象的某种属性的取值。

例如，当 X 为一集合时，一元谓词 $SET(X)$ 为真，否则为假。如果 $P(X_1,X_2)$ 为真，对象 X_1 和 X_2 间存在关系 P，否则 X_1 和 X_2 之间不存在关系 P。如果 $Property(X,Y,Z)$ 为真，则对象 X 的属性 Y 的值(性质)为 Z，否则不为 Z。

定义 8.7 D_0 是一个表示 η 的域对象的独有符号的集合，I_0 是表示信息对象(文本、图形、声音等)符号的集合，集合 $O=D_0\cup I_0$ 被称为对象集合。信息对象(I_0)与域对象(D_0)的关系可以通过函数 $INSTANCE_{OF}$ 和 $INSTANCES$ 来建立。$INSTANCE_{OF}(X)=Y$ 表示 X 是一个信息对象，它是域对象 Y 的一个实例。$INSTANCES(X)=\{X_1,X_2,\cdots\}$ 则等价于 $INSTANCE_{OF}(X_1)=X, INSTANCE_{OF}(X_2)=X,\cdots$。

定义 8.8 一个超文本 η 是一个强定义的超文本，当且仅当

$$\forall X(X \in I_0) \Rightarrow (\exists Y(INSTANCE_{OF}(X) = Y))$$

所有的信息对象都通过它们的域对象定义。这样，所有的信息结点都将从预先存在的域结点池中挑选；生成新结点之前必须先生成同样种类的域结点；信息结点从对应的域对象那里继承属性，除非有新的定义。

信息结点的信息内容由对象的 INFO 属性表示。INFO 是一个二元组 $\langle Position, Value\rangle$，其中 $\langle Position\rangle$ 指明在信息对象中 $\langle Value\rangle$ 的位置的实际数字。

【例 8.1】 考虑下列信息对象：

1. 一个正方形是

2. :几何的

3. 图，它是一个

4. :矩形

5.〈指向包含关于矩形信息的对象的指针〉

6. 其所有边都是相等的

7. 它用图形表示

8. □

如果信息对象用 SQUARE 表示，则(SQUARE，INFO，Square-info)为真。这里，Square-info 是如下表示的一个集合对象：

members($Square_{info}$)

=\{〈1，"一个正方形是"〉，〈2，:几何的〉，…，

〈5，(IS-A，RECTANGLE)〉，…，

〈8，(DEPICTED-AS，$Figure_{object}$)〉\}

其中，带":"的为关键词，IS-A，DEPICTED-AS 都是对象中的定义。链和图都嵌入到文本中，并且将用二元谓词 π_2 自动地形成一定的真值断言。例如，如果存在一个称为 RECTANGLE 的对象，那么这个定义就有以下关系 IS-A(SQUARE，RECTANGLE)。

定义 8.9 序列对象 O_q 是有限个对象的集合，且有：

(1) 谓词 $SEQUENCE$：$\forall X(SEQUENCE(X) \Longleftrightarrow (X \in O_q))$；

(2) 函数 $LENGTH$：$LENGTH(X)=X$ 中所含对象的个数；

(3) 函数 $LIST$：$LIST(X)=X$ 中对象的一个有序排列，用$\langle X_1, X_2, \cdots \rangle$表示；

(4) 谓词 in：当对象 X 是序列 Y 的一个元素时，$in(X,Y)$或($X\ in\ Y$)为真；如果 X 不是 Y 的一个元素，即 X 不在 Y 中，则 $in(X,Y)$为假。

定义 8.10 聚集对象 $O_{aggregate}$ 是一个序列对象，且需满足下述公理：

(1) 聚集对象具有唯一的成分。

$$\forall X,Y[AGGREGATE(X) \wedge AGGREGATE(Y) \wedge (LIST(X) = LIST(Y)) \Rightarrow (X = Y)]$$

(2) 若一个聚集对象是域对象，该对象的所有成分必是域对象。

$$\forall X(AGGREGATE(X) \wedge (X \in D_0) \Rightarrow \forall Y[(Y\ in\ LIST(X)) \Rightarrow (Y \in D_0)])$$

(3) 聚集对象的实例由其成分对象的实例构成。

$$\begin{aligned}&\forall X,Y[(AGGREGATE(X) \wedge (X \in INSTANCES(Y)))\\&\quad \Rightarrow (AGGREGATE(Y) \wedge (Y \in D_0) \wedge \forall Z[(Z\ in\ LIST(X))\\&\quad \Rightarrow [(Z\ in\ LIST(Y)) \vee \exists T[(T\ in\ LIST(Y))\\&\quad \wedge Z \in INSTANCES(T)]]])]\end{aligned}$$

定义 8.11 归纳定义为对象集合 O 中的一种关系 $GENERALIZATION$，若 $GENERALIZATION(X,Y)$，则称 X 是 Y 的归纳。归纳满足下述公理：

(1) 关系 $GENERALIZATION$ 是不对称的、非自反的和传递的。

(2) 如果 X 是一个信息对象,它是域对象 Y 的一个实例,则 Y 是 X 的归纳。

$$(INSTANCE_{OF}(X) = Y) \Rightarrow GENERALIZATION(Y,X)$$

(3) 如果 X 是 Y 的归纳,并且 Y 是一个域对象,则 X 必是域对象。

$$\forall X,Y[(GENERALIZATION(X,Y) \wedge Y \in D_0) \Rightarrow (X \in D_0)]$$

(4) 如果 Y 是 X 的归纳,并且 X 是一个信息对象,Y 是一个域对象,则 X 在 Y 的实例集中。

$$\forall X,Y[[GENERALIZATION(Y,X) \wedge (X \in I_0) \wedge (Y \in D_0)] \Rightarrow (X \in INSTANCES(Y))]$$

归纳的例子如下:

$$\begin{aligned} &GENERALIZATION(\text{document},\text{research-article}) \\ &\wedge GENERALIZATION(\text{document},\text{review-article}) \\ &\wedge GENERALIZATION(\text{document},\text{survey-article}) \\ &\wedge GENERALIZATION(\text{document},\text{comment-article}) \end{aligned}$$

引理 8.1 如果 X 是 Y 的归纳并且 Y_m 在 Y 的实例集中,则 Y_m 在 X 的实例集中。

引理 8.2 定义关系

$$GENERAL(X,Y) = [(X = Y) \vee GENERALIZATION(Y,X)]$$

序偶 $\langle O,GENERAL\rangle$ 是一个偏序集。

定义 8.12 一个对象 $X \in O$ 的归纳级定义为在偏序集 $\langle O,GENERAL\rangle$ 中对象的高度。

类似的,Garg 还给出了信息对象恢复、兼容性等的定义。基于以上概念和定义,他对超文本的对象、对象属性、链以及对象的一些操作都进行了定义和说明。

8.3 信息元模型

8.3.1 基本概念

前面所讲的超文本模型和文献模型,都是从"应用级"入手来研究上层组织。信息元模型考虑的是信息元构造模型,目的是提供一个标准,使"信息元"公共化、通用化,成为上层各类多媒体应用(或模型)都可"调用"的东西,这将大大方便多媒体数据与信息之间的交互和通信。

1. 多媒体信息元

以自上而下的观点来看,多媒体信息元是具有一定语义的、组成信息系统应用的信息子块。以自下而上的观点来看,多媒体信息元是一个或多个媒体数据元经过一定的添加与包装而合成的超数据元。

(1) 信息元的大小

信息元的大小即是各种多媒体应用的公共需求，即信息元必须满足的特性。多媒体信息元必须具有下面3个基本特性：

① 数据元本身的组织附加其表现属性——基本对象的内容与表现/单媒体对象的表现；

② 多个数据元的时空同步关系描述——复合对象的同步/多媒体的同步；

③ 成分之间的链接描述——基本的链接功能。

信息元的大小就是上述3项内容之和。

(2) 信息元的合成

信息元的合成主要指多个数据元之间的时空合成，即时空关系的描述。不同模型有不同的描述方法。

2. 媒体信息元与面向对象技术

多媒体数据模型与面向对象方法密切相关，在超文本模型和文献模型中均可以看到其受到面向对象方法的影响。事实上，面向对象的一些特点，如封装、继承、聚合等，恰好适合于为复杂多媒体数据和信息提供强有力的抽象机制。多媒体信息元模型更是利用了面向对象的方法。

8.3.2 MHEG 标准

1. 概述

MHEG 是由 ISO/IEC JTC1/SC29/WG12 专家组（Multimedia and Hypermedia Information Coding Expert Group，MHEG）制定的超文本信息元标准。SC29 有 3 个工作组从事多媒体系统交换格式的标准化，即 WG1(JPEG)，WG11(MPEG)和 WG12。

MHEG 标准的规定以多媒体通信为目的，为将来在不同领域开发多媒体和超媒体应用定义一个公共的基础，这个公共基础是独立而基本的信息单元的规范表示。MHEG 标准主要集中在以下几个方面：①交互性和多媒体同步；②实时表示；③实时交换；④对象格式变换。MHEG 分两个部分来逐步完成标准化工作：第一部分是概念/原理性定义，主要包括多媒体和超媒体(MH)对象编码原理和系统要求，提出多媒体对象类型以及 MH 复合对象的同步表示；第二部分主要是超媒体信息对象及 MHEG 链的表示。

MHEG 标准采用面向对象的方法来分析设计模型。

2. MH 对象的分类

按 MHEG 标准，MH 对象分为以下几类。

(1) 输出内容(output content)对象

输出内容对象是指被压缩的各种单媒体数据及其相关的解压和表现信息。数据压缩方法不一定是标准方法，也可自己定义。输出内容又分为以下子类：文本、图形、静态图像、音频、音频视频序列。

(2) 一般输入(generic input)对象

一般输入对象支持与用户的交互。因为MHEG并不致力于定义丰富的多媒体交互程序,也不想代替图形用户界面。MHEG是一般化的,并且独立于平台实现和构造。所以,MHEG在虚层次上描述输入对象,即一般输入对象。

MHEG把输入对象分为以下几种。

① 按钮(button),最简单的输入对象,它包括:

- 动作按钮(action button),相当于一个触发器,引发一个事件;
- 暂停-继续按钮(stay-on button),相当于一个触发器,附加一个布尔量;
- 切换按钮(switch button),是一个二态输入对象(开/关)。

② 菜单选择(menu selection),它产生一个整数值,即被选菜单项索引。

③ 多项选择(multiple selection),产生一个所有被选项的集合表示。

④ 字符串(character string),其结果是一个非结构化的字符串,由一个或几个字符组成。

⑤ 位置(location),结果是一对横坐标和纵坐标。

⑥ 数值(numerical value),结果是一个整数。

(3) 投射器(projector)对象

投射器对象是指与一个内容对象或一个合成对象相关联的表现行为的属性或关系定义。比如对内容对象定义尺寸、位置、速度、立体声/单声道、音量等;对合成对象定义其成员对象之间的时间、空间关系。

(4) 基本(basic)对象

基本对象是一个内容对象和一个投射器对象的联合,它是单媒体的、原子性的。如一个基本的音频对象可以通过一个音频内容(数据)和一个音频投射器(如音量、立体声/单声道等)来获得。

(5) 合成(composite)对象

合成对象就是由多个对象组合而成的对象,包括各成员对象本身,加上它们之间的空间和时间关系表示(递归定义)。

(6) 条件与动作

一般来说,一个合成对象的成员对象之间的时空关系定义在一个合成结构之中。更复杂的同步机制——条件性同步,则是通过"条件"与"动作"的定义来完成的。

3. MHEG的同步机制

MHEG的同步分为4个层次。

(1) 脚本同步。考虑到用户的各种交互处理可由将来的国际标准,如AVI脚本件

(scriptware)提供,MHEG标准不考虑脚本同步。

(2) 条件同步。表现为某个对象的当前状态可能触发另一个对象的动作,如“当音频结束时,问一个问题”。

(3) 空间-时间同步。一个对象相对于另一个对象的时间和空间位置。

(4) 系统同步。如声音与口型的一致。系统同步由MPEG等标准提供,不在MHEG标准考虑范围之内。

8.4 表现与同步模型

8.4.1 表现与同步的有关概念

表现是把各种媒体信息展示给用户的活动,是多媒体数据的合成再现。活动需要一定的空间和时间。多媒体表现因多种媒体并存而成为复杂活动,以时间顺序和空间关系来安排多种媒体的合成表现,即是多媒体同步问题。空间合成确定各种媒体在画面空间上的位置变换和安排,时间合成确定媒体对象表现的时间顺序。

1. 时空合成的概念描述

定义8.13 角色(role)是多媒体表现环境中的资源,它分为视角色和听角色。视角色对应一块显示区域(窗口),听角色对应扬声器或声卡(声音通道)。

定义8.14 场景是各种媒体对象占用角色活动的多媒体空间表现环境。

定义8.15 场景运算是对角色施加的操作,它分为一元运算和二元运算。常用的场景运算见表8.1。

表8.1 场景运算

场景运算	一元运算	二元运算
视角色	定位(Loc),变比(Scale),剪裁(Cut),旋转(Rotate)	邻接(Abut),覆盖(Overlay),镶嵌(Mosaic),交叠(Overlap)
听角色	增益(Gain)	混声(Mix)

定义8.16 场景表达式是由角色经场景运算而产生的结果。它可递归定义为:

(1) 角色本身是场景表达式;

(2) 若 Q 为场景表达式,则 Q 的一元运算结果为场景表达式;

(3) 若 Q_1 和 Q_2 为场景表达式,则 Q_1 和 Q_2 的二元运算结果为场景表达式;

(4) 若 Q 为场景表达式,则(Q)也是场景表达式;

(5) 场景运算优先级由高到低为()、一元运算、二元运算;

(6) 场景表达式经(1)～(5)确定的规则复合而成。

定义 8.17 情节表示多媒体表现环境中所发生的事件，即媒体对象占用角色的活动。情节可分为原子情节和复合情节，原子情节是由一个媒体对象连续完成的活动，复合情节是由原子情节或复合情节经情节运算构造而成。

定义 8.18 设 X_1，X_2 为多媒体表现中的两个情节，情节运算定义为：

(1) 并发运算 $X_1 \wedge X_2$，$X_1 \vee X_2$

X_1，X_2 同时开始执行，都完成时，$X_1 \wedge X_2$ 完成(称最后并行)；X_1 或 X_2 有一个完成时，$X_1 \vee X_2$ 完成(称首先并行)。

(2) 顺序运算 $X_1;X_2$

先执行情节 X_1，再执行情节 X_2，X_2 完成时，$X_1;X_2$ 完成。

(3) 循环运算 $X*m$

循环 $m(m>1)$次执行情节 X，X 每次执行有不同对象参与。

(4) 重复运算 $X+m$

重复 $m(m>1)$次执行情节 X，X 每次执行都有同一对象参与。

定义 8.19 情节表达式定义为：

(1) 情节本身是情节表达式；

(2) 若 X 为情节表达式，则 $X*m$，$X+m$ 也是情节表达式；

(3) 若 X_1 和 X_2 为情节表达式，则 $X_1 \wedge X_2$，$X_1 \vee X_2$ 和 $X_1;X_2$ 的运算结果也为情节表达式；

(4) 若 X 为情节表达式，则(X)也是情节表达式；

(5) 情节运算优先级为：()优先级高，其余运算优先级相同；

(6) 情节表达式所有形式可经(1)～(5)确定的规则复合而成。

定义 8.20 多媒体节目脚本是一个情节表达式。

2. 时间合成

媒体对象的时间关系是时空合成考虑的核心问题。在编写多媒体脚本时，往往以媒体对象时间关系作为主要线索来组织多媒体情节，空间关系依附于时间关系进行定义。因而时间关系是多媒体同步中考虑的主要关系。时间依赖主要用来描述实时系统需求，如描述一个情节必须在一个给定时限内完成。多媒体对象在时间上的并行、顺序、独立关系，在对象时间表现控制上分别对应于并发、串行、异步(任意)执行。Allen 证明两个对象之间的时间关系可用 before、meets、overlap、during、starts、finishes 和 equals 及其逆关系来表示，共有 13 种。设对象 A 和 B 分别在时间区间$[b_A, t_A]$和$[b_B, t_B]$中表现，则 A 与 B 间的时间关系的定义如表 8.2 所示。

表 8.2　时间关系定义

关　系	记　号	逆关系	定　义
A equals B	e(A,B)	e(B,A)	$b_A=b_B<t_A=t_B$
A before B	b(A,B)	$b^{-1}(B,A)$	$b_A<t_A<b_B<t_B$
A meets B	m(A,B)	$m^{-1}(B,A)$	$b_A<t_A=b_B<t_B$
A starts B	s(A,B)	$s^{-1}(B,A)$	$b_A=b_B<t_A<t_B$
A finishes B	f(A,B)	$f^{-1}(B,A)$	$b_B<b_A<t_A=t_B$
A during B	d(A,B)	$d^{-1}(B,A)$	$b_B<b_A<t_A<t_B$
A overlaps B	o(A,B)	$o^{-1}(B,A)$	$b_A<b_B<t_A<t_B$

一般有 3 种基本的同步表示方法。

(1) 层次化同步

多媒体表现被表示为含有多结点的树，父结点中包含子结点的时序关系（串行或并行）。图 8.2 给出一个例子，"meets"表示串行，"equals"表示并行。层次化结构易于计算机存储和处理，因而得到广泛的应用，但层次结构的局限性表现为每一个动作仅能在其起始点和终点同步。

(2) 基于时间轴的同步

基于时间轴的同步是通过把相互独立的对象附加到一个时间轴上来描述，丢掉一个对象不影响其他对象的同步。这种同步技术的关键是维持一个公共的时间轴，每个对象可将此公共时间映射到局部时间，并沿局部时间表现。图 8.3 给出了一个此类同步的例子。

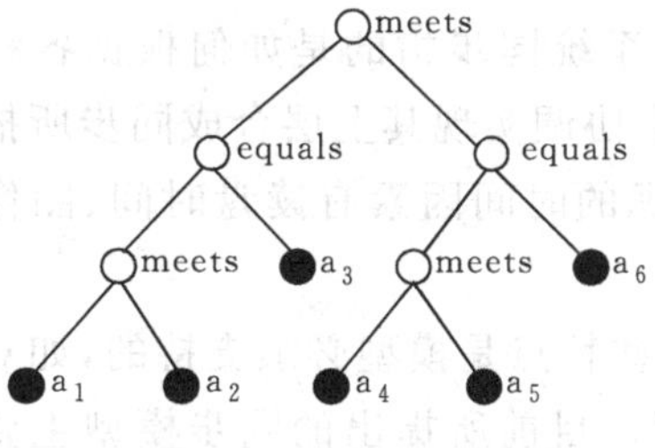

图 8.2　层次化同步

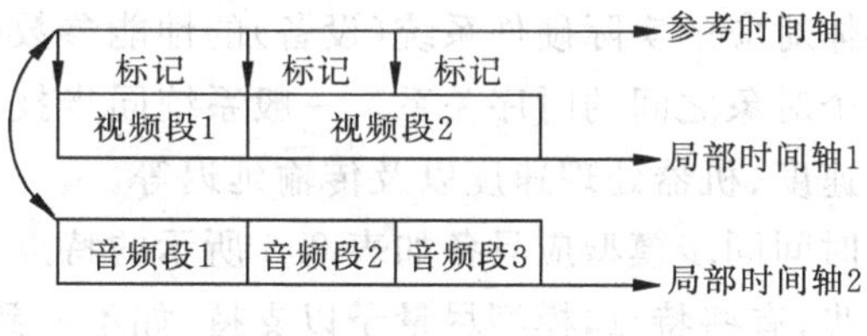

图 8.3　基于参考时间轴的同步

(3) 基于参考点的同步

基于参考点的同步没有明确的时间轴描述对象之间的时间关系。时态单媒体表现作为离散的子单元序列在常数时间段上进行表现，一个对象子单元的位置称为参考点，在对象之间的同步被定义为在不同对象子单元之间具有同一时间表现的连接。图 8.4 给出了一个此类同步示例。

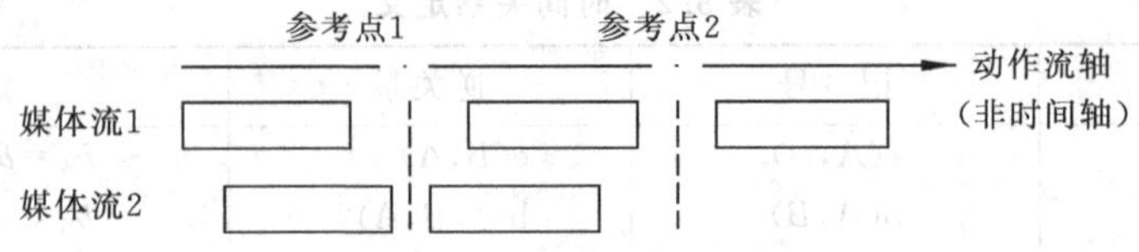

图 8.4 参考点同步示例

8.4.2 同步模型

1. 同步模型概述

从系统层次讲,同步可划分为以下 3 个层次。

(1) 用户级同步与脚本模型

用户级同步是最上层同步,又称表现级同步或交互同步。对于多媒体表现,各媒体以何种时间关系和空间关系显示在画面上,可以用类似于电影剧本的“脚本”方式来组织,这便是脚本模型。多媒体脚本和一般电影脚本相比还需要考虑用户交互性参与问题。

(2) 合成同步

合成同步是多媒体对象之间的同步。这里的合成是信息元的合成,不同媒体类型的数据元之间的合成,侧重于它们在合成表现时的时间关系的描述。多媒体对象的类型有静态和动态之分,但动态静态是相对某段时间轴而言,并且两种状态可以互相转化。对多个媒体对象的复合对象合成来说,既包括空间上的合成也包括时间上的合成。

(3) 系统同步

系统同步属底层同步,是媒体内部(或流内)同步。系统同步指的是如何根据各种输入媒体对应的实际硬件系统(设备)的性能参数(指标)来协调实现其上层合成同步所描述的各个对象之间的时序关系。一般系统同步技术中考虑的时间因素有读盘时间、图像帧显示速度、机器处理速度以及传输延迟等。

时间同步模型应具备如表 8.3 所示的特点,其中有些特点是模型必须支持的,如对象间同步;有些特点,模型尽量予以支持,如不一致性检测。目前所提出的同步模型主要有四大类:图模型,基于 Petri 网的模型,面向对象的模型和基于语言的模型。下面分别举例介绍。

表 8.3 时间同步模型的功能需求

表达能力	用户交互/不确定性	规约生成支持
对象间的同步 对象内的同步	不确定性管理 高级交互功能(倒带、快进、……)	规约可维护性 规约重用性 不一致性检测

2. 图模型

图模型是时序场景同步需求的一种常用模型，其基本思路是把时序场景表示为一个图 $G=(V,E)$，其结点 $n\in V$ 表示合成场景的对象/事件，边 $e\in E$ 表示时序场景构件之间的相互关系。下面以 Firefly 模型为例，介绍图模型对时序场景的表示方法，该模型中使用的记号如下：

- 方结点表示多媒体对象的开始和结束时间。
- 圆结点表示对象内的同步点，它们被放置于对应对象的开始和结束事件之间。
- 边表示事件之间的时间关系，每个边标记上它所连接的事件之间关系。例如标记为：同时(*sim. with*)或先于 10 秒(*before* 10s)。

Firefly 模型支持两种约束：

- 时间等式，它要求两个事件同时发生(如 *sim. with*)或一个事件超前于另一个事件确定的时间量 t(如 *before t*)。
- 时间不等式，它支持不确定性的表达。例如，一个事件超前于另一个事件至少某个确定时间 t(如 *before at least t*)，或至少某个确定时间 t 至多另一个确定时间 s (*before at least t and no more than s*)。

【例 8.2】 图 8.5 说明了一个简单时序场景的 Firefly 模型表示。

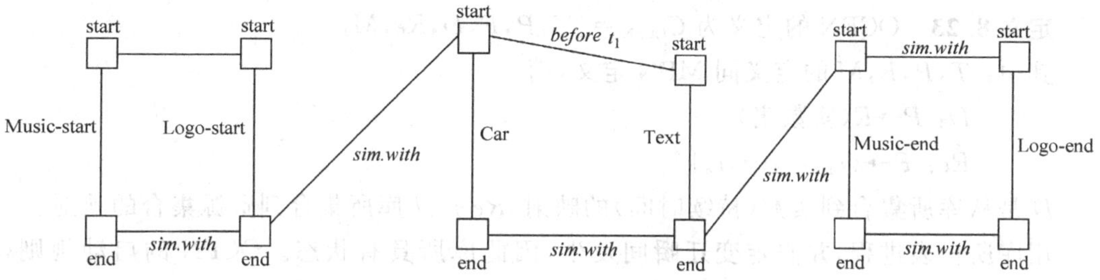

图 8.5 Firefly 模型场景描述举例

Firefly 模型还能支持异步事件的描述，这种事件指其发生时间和持续时段在生成描述时都不能预知的。另外，Firefly 模型还提供一种分析工具，它可从已知的描述生成一个演播调度。如检测到不一致性，将返回列出所有造成不一致性的事件的错误信息。

3. Petri 网模型

时间 Petri 网常用于描述和分析具有时间需求的系统，如实时系统，因而可用它来描述多媒体同步。其基本思路是将时序场景中多媒体对象的布局表示为 Petri 网中的库所，时间关系表示为变迁。下面以美国波士顿大学的 T. D. C. Little 和普渡大学的 A. Ghafoor 提出的对象合成 Petri 网(object composite Petri net，OCPN)模型为例，介绍基于 Petri 网的多媒体同步形式描述模型。

(1) OCPN 模型

OCPN 模型是在常规 Petri 网基础上增加了延时值和资源值等扩充而成的。

定义 8.21 Petri 网(PN)记为 $C_{PN}=\{T,P,F\}$。

其中：$T=\{t_1,t_2,\cdots,t_n\}$，表示变迁的集合，$n\geqslant 0$；

$P=\{P_1,P_2,\cdots,P_m\}$，表示库所集合，$m\geqslant 0$ 且 $P\cap T=\varnothing$；

$F\subset\{T\times P\}\cup\{P\times T\}$，代表库所与变迁之间有向弧的集合。

【例 8.3】 一个 PN 例子如图 8.6 所示。

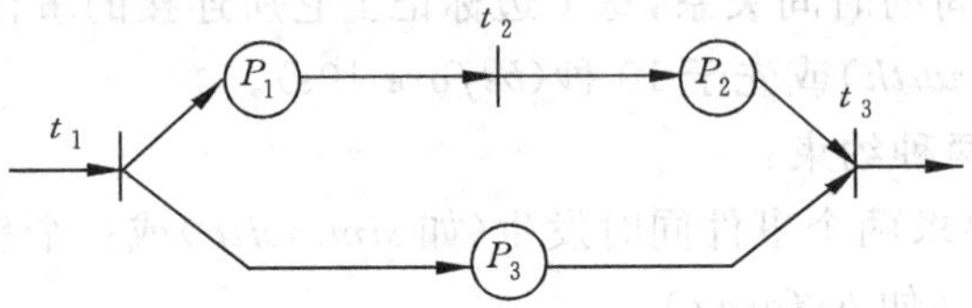

图 8.6 一个 PN 例子

定义 8.22 标记 Petri 网(marked Petri net，MPN)定义为 $C_{MPN}=\{T,P,F,M\}$。

其中：T,P,F 的定义同 PN 中的定义，而

M：$P\rightarrow I$，$I=\{0,1,2,\cdots\}$

定义 8.23 OCPN 的定义为 $C_{OCPN}=\{T,P,F,D,Re,M\}$。

其中：T,P,F,M 的定义同 MPN 定义，而

D：$P\rightarrow R$(实数集)

Re：$P\rightarrow\{r_1,r_2,\cdots,r_k\}$

D 是从库所集合到实数(持续时间)的映射，Re 是从库所集合到资源集合的映射。

用库所代表进程，并假定变迁瞬间发生，因此库所具有状态。OCPN 的启动规则概括如下：

① 变迁 t_i 立刻启动，当它的每个输入库所的令牌没有锁定时；

② 当启动时，t_i 从每个输入库所移走令牌，同时将令牌加入到每个输出库所上；

③ 当接受了令牌后，库所 P_j 在其工作时间 τ_j 内该令牌处于加锁状态，直至此段时间结束，令牌变成无锁定状态。

在 OCPN 中，为每一个库所分配了表现要求的资源以及输出表现数据所要求的时间，变迁表示各种对象的同步点。

【例 8.4】 例 8.2 的时序场景用 OCPN 模型表示，如图 8.7 所示。

(2) 基于 OCPN 模型的时间合成

两个对象的时间合成能够基于顺序和并行两种时间关系发生。给定两个对象则在时间上存在 13 种关系，用 OCPN 表示其中的 7 种，如图 8.8 所示。其他 6 种逆关系也容易

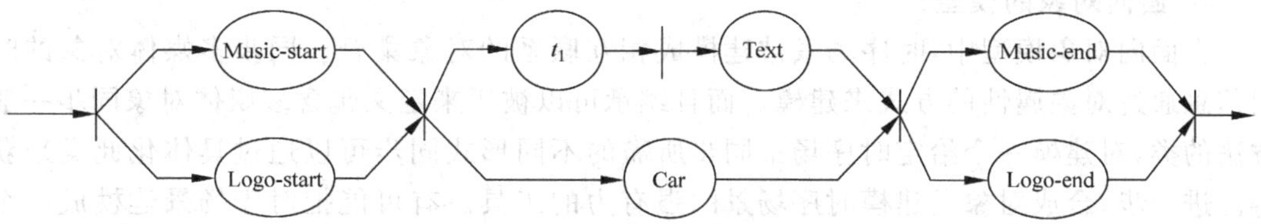

图 8.7　OCPN 模型示例

表示，这也说明了两种模型是等价的。

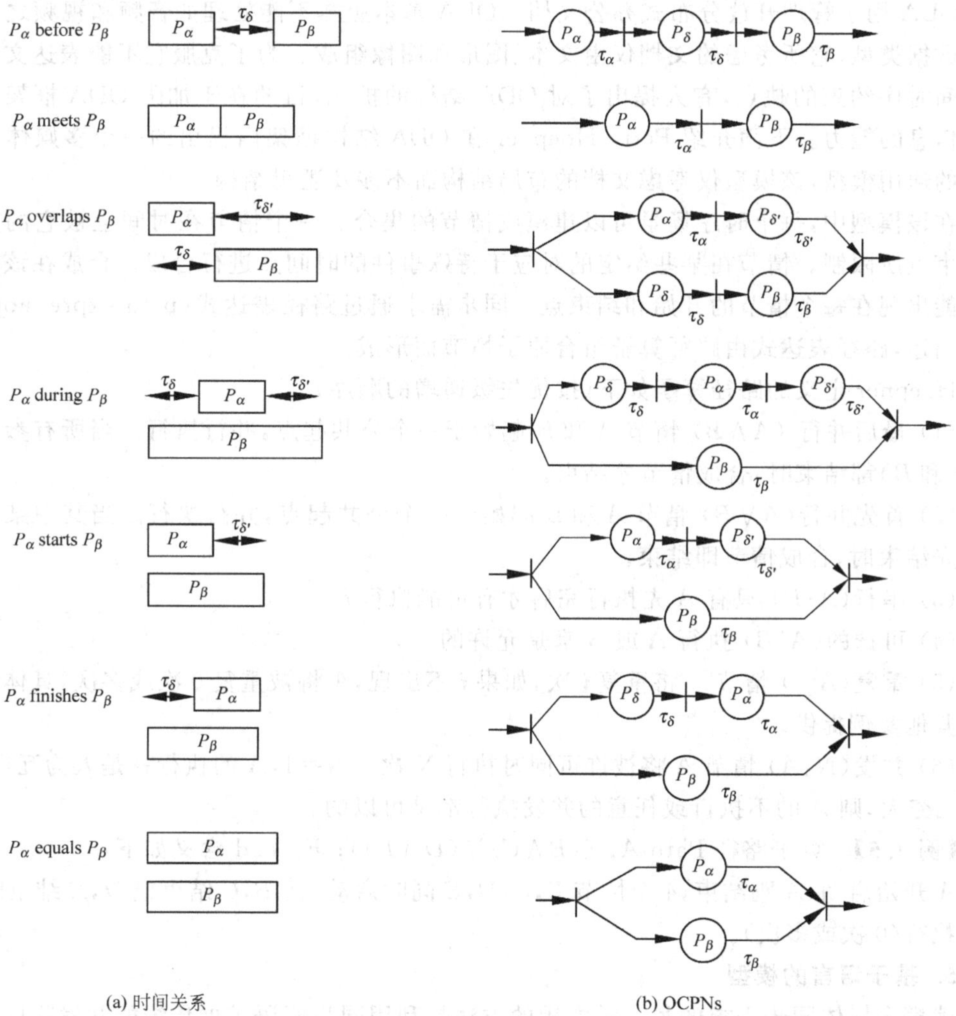

图 8.8　时间关系和对应的 OCPN

4. 面向对象的模型

在面向对象模型中,时序场景被建模成相互联系的对象集合。同步多媒体对象的时间信息通过对象属性的方式来建模。而且继承可以被用来定义包含多媒体对象同步一般方法的类,对建模一个给定时序场景同步所需的不同形式同步可以通过具体化此类来获得。进一步,合成对象是建模时序场景的强有力的工具。有可能把时序场景建模成一个合成对象,其中每个组元是合成场景的对象。建模以及合成场景的对象的属性和方法一般用来表达同步需求。下面以熟知的ODA扩充模型为例,介绍时序场景表示的面向对象模型。

ODA用于管理开放分布式办公文档。ODA基本版本不能处理如音频和视频之类的连续数据类型,它所考虑的文档仅由文本、图形和图像组成。为了克服它不能表达文档组元之间时序约束的缺点,有人提出了对ODA结构的扩充,目的在于加强ODA框架处理时间信息的能力。下面介绍Petra Hoepner在ODA结构框架内提出的一个多媒体对象同步的通用模型,该模型仅考虑文档的布局结构而不涉及逻辑结构。

在该模型中,每个时序场景可以建模成情节的集合。一个情节在时间上被它的开始和结束点所限制。情节在某些给定的对应于特殊事件的时间点进行合成。合成在该模型中仅能出现在每个情节的开始和结束点。同步需求通过路径表达式(path expression)来进行描述,路径表达式由路径算子组合原子情节而形成。

Hoepner定义的路径算子如下(按优先级递增的顺序)。

(1) 最后并行 $(A \wedge B)$ 情节 A 和 B 起始于一个公共起点,并行执行。当所有参与情节(A 和 B)都结束时,合成情节才结束。

(2) 首先并行$(A \vee B)$ 情节 A 和 B 起始于一个公共起点,并行执行。当其中某一情节首先结束时,合成情节即结束。

(3) 串行$(A;B)$ 只有 A 先执行完后才有可能执行 B。

(4) 可选的$(A|B)$ 执行 A 或 B 都是允许的。

(5) 重复(A^{i*}) 情节 A 将重复 i 次,如果 i 不出现,A 将被重复0次或多次,具体的数字由其他实例提供。

(6) 并发$(N:A)$ 情节 A 将被许可同时执行 N 次。$N=1$,A 的执行将是人为互斥的;$N=$无穷大,则 A 的不执行或任意的并发执行都是可以的。

【例8.5】 算子路径 Path A; $((B \wedge C) \vee (D \wedge E))$; F^* end 含义如下:

A 开始启动,A 刚结束,4个情节 B,C,D,E 同时启动,在 B,C 结束或 D,E 结束时,F 开始执行(0次或多次)。

5. 基于语言的模型

建模多媒体同步需求的另一种常用的方法是利用同步原语扩展传统的并发程序设计语言(如ADA,CSP),基于LOTOS,Hytime和TCSP等语言的模型是这类模型典型代表。下面以 TCSP 为例介绍此类模型。

TCSP 是 CSP(communicating sequential process)语言的时间扩充。TCSP 作为一种描述语言,它使用了下述记号:

STOP——终止;

SKIP——进程(不做任何事情)立即结束;

WAIT t——延迟时间 t 后结束;

$P|||Q$——异步并行;

$P\square Q$——由环境决定的外部选择;

$P\sqcap Q$——内部选择;

$a\rightarrow P$——事件 a 发生时控制传给 P;

$a\xrightarrow{t}P$——事件 a 发生后时间 t,控制传给 P;

$P\overset{t}{\triangleright}Q$ ——超时操作,如果时间 t 之前无与 P 的通信发生,把控制从 P 传到 Q;

$P;Q$——顺序合成;

等等。

TCSP 功能强大,足以描述 Allen 定义的 13 种关系。

【例 8.6】 用 TCSP 表示 equals 关系如下:

```
equals(x,y)=(x.ready→(y.ready→E1)▷(synch_error→SKIP))□
        (y.ready→(x.ready→E1)▷(synch_error→SKIP))
E1=x.present→y.present;
    (x.free→(y.free→SKIP)▷(synch_error→SKIP))□
    (y.free→(x.free→SKIP)▷(synch_error→SKIP))
```

【例 8.7】 用 TCSP 表示 finishes 关系。F=finishes(Text,Car)可描述为:

```
F=(Car.ready→Car.present→SKIP)|||(Text.ready→Text.present→SKIP);
    (Car.free→(Text.free→SKIP)▷(synch_error→SKIP))□
    (Text.free→(Car.free→SKIP)▷(synch_error→SKIP))
```

一旦描述规范生成,必须要检查其正确性。验证描述正确性分两步:首先有必要给出描述规范必须满足的性质;然后证明描述规范满足了定义的性质。利用 TCSP 描述的同步需求规范可用 TCSP 证明理论来检查其是否满足安全性、活性等性质。

8.4.3 多媒体表现的脚本语言

所谓脚本是指一个具有固定结构的框架,它像电影剧本一样,一场一场地表示一些特定的事件序列。脚本具有强烈的逻辑结构性和时序表现性,因而利用脚本概念来编排多媒体表现,通过脚本这种高级的类自然语言来描述用户对多媒体表现(包括交互能力)的安排,是一种实现用户和多媒体系统交互理想的途径。

脚本中要表达的同步关系也就是活动之间的时间关系,可通过前面所述的同步模型及其扩充模型来表示。前面将脚本定义为一个情节表达式,这样脚本中的同步关系主要由情节运算算子来体现。一般来说,(首先、最后)并行算子、顺序算子和循环算子是基本的同步运算算子,而实用系统中往往还要扩充一些算子以方便用户使用。

设计和实现脚本语言大致有两种方法:一是专门面向多媒体节目设计的一种新的语言;二是在通用程序设计语言基础上扩充的脚本语言。这两类语言可以文本编辑和可视设计两种方式使用。对于多媒体的脚本编程语言,无论从用户使用还是从系统功能的表达来说都有好处。一般的编程语言,如 C,C++ 或 Smalltalk 等,都没有定义时间语义,这就难以形式化地描述时间约束,实现实时同步比较困难。因此脚本编程语言必须用明确的时间语义定义。具体地说,脚本编程语言应具有下列描述能力。

(1) 与一些事件相关的延时及对延时的演算。

(2) 输入事件的并发,尤其是与交互活动和媒体间同步相关的输入事件。

(3) 与一些条件相关的输出事件的并发。

(4) 对象内部的并行处理。

(5) 重复或循环行为。

(6) 异常及相应的处理器。

在设计脚本语言时,常常采用面向对象方法建立脚本描述模型,其核心是场景对象的定义,场景中既包含场景的组成对象,又包含场景的情节序列,而且对象的行为也封装在其中。所以,一些脚本描述直接使用C++ 之类的面向对象语言。

下面是 S. R. L. Meira 和 A. E. L. Moura 基于表现对象间以及表现对象与时钟间的时间关系模型而开发的一种脚本语言。

(1) 语法描述

```
Script=[Declarations "sequential" Operations]
Declarations=Declaration|[Declaration "sequential" Declarations]
Declaration= [Identifier ":" MediaType "=" MediaDevice]|
             [Identifier ":" MediaType "atFile" FileName]|
             ["timer" Identifier "=" Numeral]
Operations= Operation |
            [Operations "sequential" Operations]|
            [Operations "parallel_first" Operations]|
            [Operations "parallel_last" Operations]|
Operation= ["show" Identifier
            "atPosition" Location
```

```
"withExtent" Dimensions
"usingMode" PresentationMode]|
["play" Identifier "between" Interval
"withSpeed" PresentationSpeed
"withDirection" PresentationDirection]|
["play" Identifier "between" Interval
"atPosition" Location
"withExtent" Dimensions
"usingMode" PresentationMode
"withSpeed" PresentationSpeed
"withDirection" PresentationDirection]|
["timeOut" Identifier]|
["waitEventOn" Identifier "atPosition" Location
"withExtent" Dimensions]
```

(2) 节目编程举例

【例 8.8】 下面的程序首先定义了一些文本、图像、声音、视频、按钮和时钟对象，然后将它们按逻辑顺序组织起来表现。

```
Text1：text atFile b:archive.txt.
Image1：image atFile c:image.img.
Audio1：audio atFile d:music.wav.
Video1：video=videodisc.
Button1：button atFile c:button1.ghp.
timer Timer1=10;Timer2=20;Timer3=10;Timer4=5;

    show Text1 atPosition 5@5 withExtent 15@15
        usingMode default
  parallel_last
    timeOut Timer1
parallel_last
    show Image1 atPosition 40@40 withExtent 15@15
        usingMode default
  parallel_last
    timeOut Timer2
parallel_first
      waitEventOn Button1 atPosition 70@70 withExtent 5@5
    sequential
        play Audio1 between(120,930) withSpeed default
        withDirection forward
```

```
            parallel_first
                timeOut Timer4
        parallel_first
            timeOut Timer3
    sequential
        paly Video1 between(503,1005) atPosition 55@30 withExtent 15@15
            usingMode default withSpeed default withDirection forward
```

本章小结

本章主要介绍了多媒体系统数据模型。首先分析多媒体系统数据模型的层次结构,简要介绍了基于集合论和一阶逻辑的超文本形式化描述方法,并对信息元模型进行了讨论,它是多媒体应用的公共基础。本章还讨论了表现与同步的有关概念和描述方法,介绍了在时间同步建模中有影响的4类模型,即图模型、基于Petri网的模型、面向对象的模型和基于语言的模型。最后,简要介绍了脚本语言。本章所述的内容属于多媒体计算的基础研究部分,目前还不够系统化,希望通过本章介绍对读者进一步研究或应用多媒体系统有所帮助。

思考练习题

1. 为什么要建立多媒体系统的数据模型?除了本章介绍的模型外,你还了解哪些多媒体数据模型?
2. 如何理解多媒体系统同步的层次性?
3. 简述MHEG标准的主要内容及制定意义。
4. 试举例说明OCPN模型的描述方法。
5. 试用Hoepner算子描述两个对象的13种关系。
6. 用面向对象模型和TCSP模型分别描述例8.2的时序场景。
7. 试举例比较图模型和基于语言的模型对多媒体同步描述的优缺点。

第 9 章 多媒体通信

多媒体通信是多媒体技术与通信技术的完美结合，它突破了计算机、通信、电子等传统领域的界限，把计算机的交互性、通信网络的分布性和多媒体信息的综合性融为一体，提供了全新的信息服务，从而对人类的生活工作方式产生了深远的影响。本章介绍多媒体通信的概念、系统、网络和分布式多媒体信息处理技术。

9.1 概　　述

1. 历史与现状

信息共享是人类的基本需要，人类在利用自然、改造自然的过程中不断改善信息获取与交换能力。现代通信技术以电报(1835 年)和电话(1876 年)出现为诞生的标志，在现代文明社会里占据重要的地位。电子技术的发展促进了电视、广播等大众传播网络的发展与完善，使人类的信息获取能力和质量得到空前的提高。

20 世纪通信技术飞速发展。20 世纪 40 年代计算机问世，80 年代计算机网络的发展，对通信技术产生了深远的影响。信息交换的速度更加迅速，共享程度更高。计算机技术和通信技术结合产生了一批种类不同、用途各异的通信网络形式和通信业务，如电话交换网、电信交换网、数据通信网、移动通信网、图像通信网、增值通信网、部门专用网等。

21 世纪人类社会已进入信息时代，人类由冷战期间的以空间竞争为主转入到以经济竞争为主，其核心是信息技术的竞争，包括信息的获取、占用、利用等能力。人们已不满足于普通的电话业务，不满足于只能传送正文的电子邮件服务，需要图形、静止图像和视频图像的传输和交换功能，其中最关键的就是视频图像的通信。多媒体通信的应用与普及必将给信息社会带来全新的变化。

2. 多媒体通信的特点

多媒体对通信的影响体现在以下几个方面。

(1) 多媒体数据量：其特点是多媒体的数据量大(尤其是图像、视频)，存储容量大，传输带宽要求高，虽然可以压缩，但高倍压缩往往以牺牲图像质量为代价。

(2) 多媒体实时性：多媒体中的声音、动画、视频等时基媒体对多媒体传输设备的要求很高。即使带宽充足，如果通信协议不合适，也会影响多媒体数据实时性。电路交换方式时延短，但占用专门信道，不易共享；而分组交换方式时延偏长，且不适于数据量变化较大的业务使用。

(3) 多媒体时空约束：多媒体中各媒体彼此相互关联，相互约束，这种约束既存在空间中，也存在时间上。而通信系统的传输又具有串行性，就必须采取延迟同步的方法进行再合成。这种合成包括时间合成、空间合成及时空合成。

(4) 多媒体交互性：多媒体系统的关键特点是交互性。这就要求多媒体通信网络提供双向的数据传输能力，这种双向传输通道从功能和带宽来讲是不对称的。

(5) 分布式处理和协同工作：目前的通信网络状况是多网共存，媒体各异，未来的通信网是多网合一，业务具有分布性、协同性。

3. 多媒体通信的实现途径及关键技术

从实现途径来看，现有的网络进行多媒体信息的传输都不是理想的解决方案。实现多媒体通信主要从3个方面入手。

(1) 话路＋视频→多媒体通信，即增加话路传输带宽，在话路传送视频信息。

(2) 网络＋视频→多媒体通信，利用计算机网，如Internet，进行多媒体信息传输。

(3) 有线电视＋交换功能→多媒体通信，使有线电视系统具有交换能力，实现多媒体通信。

多媒体通信的关键技术主要有以下几种。

(1) 声音、视频等媒体的传输技术。

(2) 数据压缩和解压缩技术。

(3) 解决多媒体实时同步问题。

(4) 解决协议和标准化问题。

9.2 典型多媒体通信系统

9.2.1 可视电话系统

理想的多媒体通信方式是人们可以在任何地点、任何时间通过网络进行多媒体信息交换。电话交换网的显著特点是呼叫一建立，处于不同地点的两个用户就通过交换机形成一个直接通路进行信息交换。在传统的电话线上只能传输模拟信号的声音，要实现传输数字化信息，则必须利用调制解调器转换。为了使电话网能传送视频信号，人们很早就开始可视电话的研究。由于传输线路性能的局限性,可视电话一直没能广泛应用。随着多媒体技术和通信网的发展,可视电话必然会越来越普及。

1. 可视电话的分类与组成

可视电话从概念上可这样区分:在模拟通信网上传输静态图像的电话称为可视电话;而可以在模拟通信网和数字网上传输动态或准动态图像的可视电话又称为电视电话。在不混淆的前提下,一般统称为可视电话。

可视电话在组成上一般分为以下4个部分。

(1) 语音处理部分。包括电话、语音编码器等。

(2) 图像输入部分。常用光导摄像管、CCD摄像机。

(3) 图像输出部分。常用电视机、监视器、液晶显示器。

(4) 图像信号处理部分。使用专用控制器。

前三部分现在都使用标准产品,而专用控制器是可视电话的核心,各种类型的可视电话性能不同,关键在于控制技术的不同。

2. 可视电话控制器

可视电话控制器的功能如图9.1所示。

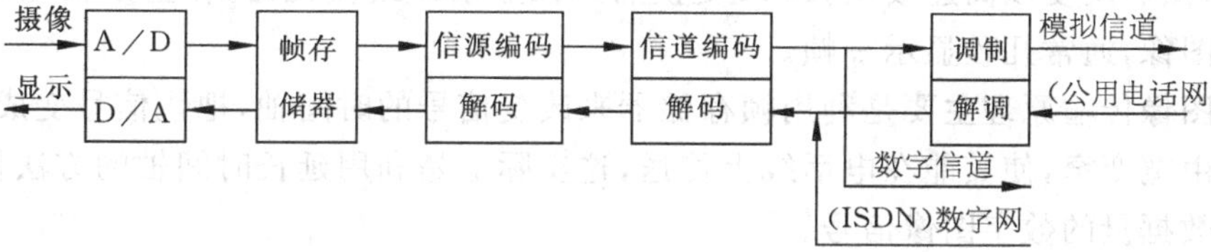

图9.1 可视电话控制器功能框图

(1) 图像信号A/D和D/A转换。A/D转换器将由摄像机获取的模拟信号变成数字信号,以便对图像进行数字化处理。D/A转换器是将经过处理后的数字图像信号转换成模拟信号,使接收到对方的图像在显示器上显示。

(2) 帧存储器。对于数字化处理的图像信息,按动态帧存储。帧存储器容量和类型的选择取决于所要处理的图像信息。通常对静止图像选用动态随机存储器(DRAM);对动态图像来说,宜选用大容量存储器。

(3) 信源编码/解码。信源编码就是图像信息压缩编码。由于可视电话的画面活动部分少,对图像质量要求也不高,因此可采用高效压缩编码技术,使压缩比达到几百倍以上,使动态图像可视电话得以实现。

(4) 信道编码/解码。信道编码的目的是在图像信息中插入一些识别码、纠错码等控制信号,这样提高了传输信号的抗干扰性,可以克服经过信源编码后的图像信号表现的抗干扰性差的缺点。信道编码后的数字图像信号就可直接送入数字信道中进行传输。

(5) 调制/解调。调制是指将信号变换为更适于在信道中传输的信号的过程,即数字信号调制模拟信号的过程。图像解调、信道解码、信源解码则是按接收端相应于发送端的逆过程。

(6) 传输信道。由于有模拟信道和数字信道两种不同的信道,因此可视电话技术的发展也有两个方向:一是利用现有廉价的公用电话网,进行简单可行的多媒体通信,技术重点放在可视电话本身的图像处理、调制方法上,以求性能价格比提高;二是利用ISDN进行动态图像传送,技术重点放在图像的压缩技术、实时通信和通信协议等。

3. 静止图像传输

电话网是目前最为普及的通信手段,利用电话网传送图像既便宜又方便,它是人们最早实现的多媒体通信方式。但电话网是按模拟声音信号而设计的,传送带宽只有300～3400Hz,传输图像有困难。从目前情况来看,只能传送静止图像。

静止图像传输的过程是:在发送端由摄像头或摄像机摄得的图像首先经A/D转换,把模拟信号变成数字信号以后,存入帧存储器,即把活动图像冻结,获取一帧画面,并高速写入数字存储器中的过程;接下去,该静止图像以低速读出,经信源编码和信道编码后送到电话线上传送;而在接收端,接收信号经解调、解码恢复成原来的数字信号后,再送入帧存储器,然后反复以高速读出,D/A变换后送往显示器或监视器,在显示器上显示出原来的静止图像,通常几秒显示一帧。

静止图像传输原理主要是利用帧存储器来改变信号的时间轴,把快信号变成慢信号,频带相应由宽变窄,使其能在电话线上传送,这实际上是利用延长时间轴的方法传输要求宽带的大数据量的数字图像信号。

传输时,会引起声音中断,因而要求高速传输图像信号。这可从两方面予以解决。

(1) 图像处理。一是利用图像压缩/解码技术;二是降低图像分辨率,即把图像质量控制在人们视觉的极限范围之内。

(2) 通信处理。在传送比特数一定的情况下,选用高速调制方式,常用的方法有振幅相位调制(AM-PM)、正交幅度调制(QAM)等。

4. 动态图像传输

ISDN的应用为动态图像的传输开辟了广阔的前景,可视电话正朝着动态图像的方向飞速发展。彩色动态图像(25～30帧/秒)意味着远比1帧静止图像丰富得多的信息。在保证图像质量的条件下,要求压缩比更高、运算速度更快,并且能实时计算。图像压缩编码/解码器,成为可视电话的关键器件。

早期编码/解码无标准,互不兼容,无法通信。为此,ITU制定了H.26X标准,如较早的H.261标准规定了视频编码传输速度、世界通用的图像中间格式、图像信源编码基本算法及图像帧结构等规范,这些在第3章已有详细的介绍。

9.2.2 视频会议系统

1. 发展概况

视频会议系统是一种在位于两个或多个地点的一群用户之间提供语音和运动彩色画面的双向实时传送的视听会话型电信会议业务。视频会议系统在军事、政府、商贸、医疗等部门有广泛的应用。

早期的视频会议系统，由于专用芯片等器件价格昂贵，同时又要占用很大的通信频带带宽，所以其推广受到很大的限制。1980年以后新的数字压缩技术允许在低于768kbps的数据速率下取得好的视频图像质量，1986年年底又进一步降到224kbps(如Picture Tel的C-2000，基于软件CODEC)。1988年Picture Tel的视频压缩技术有新的突破，它在112kbps数据速率下，取得很好的图像质量。同时，CCITT为视频会议系统制定了$P\times 64$kbps标准，解决了不同厂商产品的兼容性问题，为其普及打下良好的基础。

多媒体视频会议运行的网络类型是多样化的，包括LAN、WAN、ISDN、因特网和B-ISDN等，每种网络的带宽和传输协议是不同的，而视频会议系统不同种类的信号数据有不同的传输特性和要求。借助现有的传输体系，目前商品化的视频会议系统主要有以下几种。

(1) 高档会议室型。以美国Picture Tel，Vtel等公司为代表，使用DDN或专网，一般运行在300kbps～2Mbps速率下，提供高质量的多点控制会议服务，配有高档摄像、音响与显示设备，以保证高质量的多媒体效果。

(2) 桌面会议系统。以美国Intel公司的ProShare系列产品、以色列的Vcon Online系统等为代表。较高档的通常在DDN与ISDN环境中运行，在112～768kbps速率下，可提供每秒25～30帧CIF或QCIF图像；低档的通常在LAN/WAN环境中运行，在384kbps速率下，提供每秒15～20帧图像质量。

(3) 可视电话型。将美国Connectix公司的QuickCam数字摄像机配以Microsoft公司的NetMeeting或WhitePine公司的CuSeeme等软件，可构成直接面向千家万户的简便的多媒体视频会议系统。该类系统运行在Internet和普通公共电话网(PSTN)上，在28.8kbps或33.6kbps等速率下，一般可提供5～10帧QCIF格式的图像。

2. 视频会议系统的组成

1990年12月，ITU-T批准了在窄带ISDN上进行视听业务的标准H.320建议，它描述了整个系统，与之相关的一系列建议则定义构成系统各个部件。

以此建议为基础的多点视频会议系统结构如图9.2所示。

(1) 视频编、解码器和附属设备

视频部分有视频输入、输出设备。前者可以是摄像机，后者为电视机或监视器，这两部分均为视频模拟信号，其电视制式可为PAL或NTSC制。由摄像机摄取的视频信号

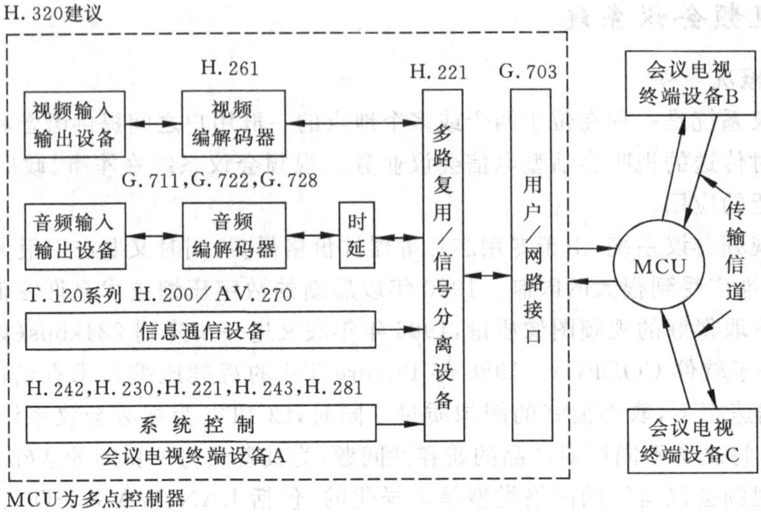

图9.2 多点视频会议系统

经编码器数字化、压缩处理后，成为数据码流，经数字信道传送到接收端，接收部分经解码为模拟视频信号，由监视器显示出发端的图像。

终端设备的核心部件是视频解码器，应符合ITU的H.261标准，它设置一种公共中间图像格式(CIF)，规定为352点×288行，每秒30帧，逐行扫描方式。CIF的使用在第3章已有介绍。

(2) 音频编、解码器及附属设备

音频部分同样有输入、输出设备，前者主要为话筒，后者主要是扬声器。除此，为消除串入话筒中的少量的对端语音信号，还配置了回声抑制器。音频编码部分主要有符合ITU标准G.711建议(窄带3.4kHz，速率48、58、64kbps，PCM音频编码)、G.722建议(宽带7kHz，速率48、56、64kbps，DPCM音频编码)、G.728建议(窄带3.4kHz，速率16kbps，LD-CELP音频编码)的音频编、解码器。由于视频编、解码器会引入一定的时延，因此在音频编、解码中必须对编码的音频信号增加适当的时延，以使解码器中的视频信号和音频信号同步。

(3) 信息通信设备

信息通信设备是指有关静态图像的传输设备。这涉及某些信息通信设备应符合ITU-T T.120系列标准的有关静态图像和加释规程、多点二值文件传输规程。此外，还包括传真机、书写电话等另一类信息通信设备。

(4) 多路复用/信号分离设备

本设备是能把视频、音频、数据等数字信号按照H.221建议(视听电信业务中64～

1920kbps 信道中的帧结构)规格组合成 64～1920kbps 数字码流,成为与用户/网路接口兼容的信号格式。

(5) 用户/网路接口

用户网路接口为用户端的终端设备与网络信道的连接点,该连接点称为“接口”,且为数字电路接口,对于接口的物理与电气特性应满足 ITU-T G. 703 建议,进入 PCM 信道的视频会议信号的时隙(TS)的配置应符合 ITU-T G. 704 建议的信道帧结构的要求。

(6) 多点控制设备(MCU)

MCU 是一个数字处理单元,也具有交换的功能,它的端口一般可以为 8 个、12 个,即可以接 8 个或 12 个会场的终端设备(2Mbps)。MCU 在数字域中实现音频、视频、数据、信令等数字信号的混合与切换,并确定将某一会场终端的视频、音频信号分配到那些会场。它符合 ITU-T H. 231 规范。H. 231 建议多点会议电视系统组网采用星形结构。

(7) 系统控制部分

该部分包括端到端的通信规程。两终端要互通,双方要有一个约定、协商,大家按照统一的“步骤”或规程去进行,一经完成握手协议的要求,便建立起正常的通信。因此通信协议应符合 H. 242 建议的要求;在多点通信时,有 MCU 时的通信规程应符合H. 243 建议的要求。

ITU 从 1990 年起制定了一系列多媒体技术标准,发布了 H 系列、G 系列、T 系列等规范,形成了多媒体视频会议系统标准体系,规范了图像、声音、数据的通信方式,解决了不同系统的互通问题。

除了前面已介绍的标准,H. 320 系统的其他相关协议包括:

H. 243——多个终端与 MCU 之间的通信规程;

H. 230——帧同步控制与指示信号;

H. 233——视听业务的加密系统;

H. 234——视听业务的密钥管理与认证;

H. 281——会议电视远端摄像机控制规程;

等等。

H. 320 系统在 N-ISDN 的 64kbps(B 信道)、384kbps(H0 信道)和 1536/1920kbps(H11/H12 信道)上提供视听业务。这是 ITU 最早批准的视频会议系统标准,因而被广泛应用。

3. 视频会议系统的其他标准

H. 323 制定的会议系统标准主要描述无服务质量保障的 LAN 多媒体通信终端、设备和服务。一个完整的基于 H. 323 的多媒体会议系统主要包括终端、网关、网守和多点控制单元等 4 个实体。它使用 H. 261 或 H. 263 作为视频编解码标准,音频用 G. 711、G. 722、G. 723 或 G. 728,用 H. 225 代替 H. 221 成帧功能,通信呼叫由 H. 245 定义。

H.323系统的层次结构如图9.3所示,其终端结构与H.320类似,只是所用协议有变。

H.323是基于IP网络的多媒体通信系统的建议,规范了在基于分组的网络上提供多媒体会话的组件、协议和程序。

<table>
<tr><td>音频</td><td>视频</td><td colspan="4">终端控制和管理</td><td>数据</td></tr>
<tr><td>G.711,G.722,
G.723.1,
G.728,G.729</td><td>H.261,
H.263</td><td rowspan="2">RTCP</td><td rowspan="2">H.225.0
RAS信道</td><td>H.225.0
信号呼
叫信道</td><td>H.245
控制信道</td><td>T.124</td></tr>
<tr><td colspan="2">RTP</td><td colspan="2">X.224</td><td>T.125</td></tr>
<tr><td colspan="4">UDP</td><td colspan="2">TCP</td><td rowspan="3">T.123</td></tr>
<tr><td colspan="6">网络层(IP)</td></tr>
<tr><td colspan="6">链路层(IEEE 802.3)</td></tr>
<tr><td colspan="7">物理层(IEEE 802.3)</td></tr>
</table>

图9.3 H.323系统的层次结构

H.324是运行在低速率传统电话线和无线通信信道上的视频会议框架标准。其视频标准采用H.263,音频标准用G.723.1.1。多路复用/分接协议H.223把音频视频和数据集中到一个流中,按逻辑通道传输,用H.245协议控制。网络访问用V.34调制解调器。H.324/M是无线网络上超低比特率可视通信的标准。

4. 视频会议系统的基本功能

在视频会议系统工作时,各个会议点的多媒体终端将反映各个会场的主要场景、人物及有关资料的图像、图片以及发言者的声音同时进行数字化压缩;根据视频会议的控制模式,经过数字通信系统,沿指定方向进行传输;同时在各个会议点的多媒体计算机上,通过数字通信系统实时接收解压缩多媒体会议信息,并在其监视器上实时显示出指定会议参加方的会议室场景、人物图像、图片和语音。

视频显示的转换控制可以有以下3种模式。

(1) 语音激活模式(voice activated)。或称自动模式,其特征是会议的视频源根据与会者的发言情况(如声音大小)来转换。换句话说,谁是"主发言人"(dominant speaker),视频会议系统就自动地将他的视频图像传播到各个会议点。

(2) 主席控制模式(chair control)。在这种模式下,与会的任意一方均可能作为会议的主席,可以控制会议的视频源指定为某个与会方。

(3) 讲课模式(lecture control)。此刻,所有分会场均可观看主会场的情况,而主会场则可以有选择地观看分会场的情况。

在对图像质量要求较低的场合,可利用音频线路传送低分辨率的黑白图像(如每秒10帧)。在要求较高的场合,将采用更先进的数据压缩技术,如在数字通信一次群上以每秒30帧的速率发送全彩色图像，质量接近TV级。介于两者之间的是64kbps整数倍通信线路，如在128～384kbps线路带宽上进行中等分辨率（如352×288）的彩色视频通信。

9.3 多媒体网络

9.3.1 计算机网络概述

计算机网络是计算机技术与通信技术结合的产物，它使信息传输和信息加工紧密联系在一起，成为信息社会重要的标志和基础。如果给计算机网络下一个定义，可以这样理解：通过通信线路将多台地理上分散的独立工作的计算机互联起来，以达到通信和共享资源的目的，这样一个松散耦合的系统就称为计算机网络。

如果按辖域分类，计算机网络可分为：局域网（LAN）、城域网（MAN）和广域网（WAN）。目前世界上最大的网络是因特网（Internet）。

随着人们对多媒体信息传输的需求，多媒体网络应运而生。所谓多媒体计算机网络，就是将多个地理上分散的具有处理多媒体功能的计算机和终端通过高速通信线路互连起来，能够进行多媒体信息通信和共享多媒体资源的网络。

一般地讲，多媒体通信按计算机网络的接口和功能来划分，也就是说计算机网络的特点（速度、带宽）和能提供的服务决定了对多媒体通信的支持。多媒体网络的发展可分为以下3个阶段。

(1) 1980年—1990年，局域网（10Mbps），以Ethernet，Novell，Token Ring为代表，传输线路以双绞线和同轴电缆为主，传送的信息媒体以正文、文件为主。广域网Internet传送正文，提供文件和E-mail服务。

(2) 1990年—2000年，高速局域网（100Mbps），窄带ISDN光纤网络，提供浏览、图形、声音、电子邮件和静止图像的传送。

(3) 2000年—2010年，B-ISDN与宽带IP网，高速光纤网络，提供视频音频传输和实时多媒体服务。

9.3.2 数据通信网络

1. 分组交换网

随着远程信息处理技术的蓬勃发展，产生了能为公众提供数据传输业务的公众数据网（PDN），并且得到广泛的应用。PDN中DTE（数据终端设备）与DTE之间的数据通信和电话语音通信的本质不同，需要有专门的交换方式。分组交换（packet switching）是可用于上述目标的重要的交换形式，PDN采用分组交换方式并采用X.25规程。PSN（分组交换网)是大型的计算机网络,它由数据交换结点和连接它们的各种不同信道组成,见图9.4。这些信道既可以是专用的网络线路,也可以是租用电信部门的各种不同的信道,数据传输速率在500kbps到2~3Mbps之间。

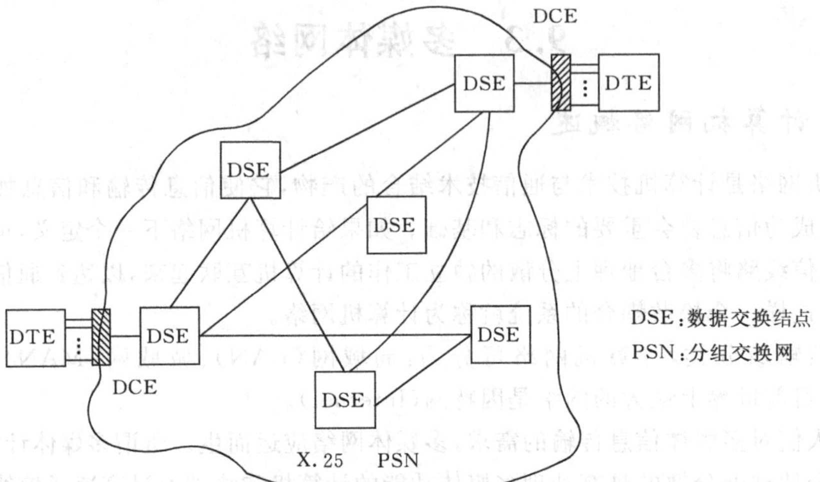

图9.4 分组交换及其PSN示意图

ITU对分组交换的定义归纳为下列几点。

(1) 所有报文必须划分为分组,每个分组的大小一般有一定的限制(如1000bits左右)。

(2) 分组必须附加目的地址、分组编号及校验码等控制信息,且有标准格式。

(3) 按存储-转发方式传递分组,由于分组长度较短,利用高速传输实时性较好。

(4) 各分组可以通过各自不同的传输途径先后到达目的地。

传统的X.25分组交换网非常适合于数据传输,但存在着传输速率低、网络时延大、吞吐量小以及通信费用高等缺点,很难满足多媒体通信的要求。新的分组交换技术,如帧中继(frame relay,FR)、ATM等提高了分组交换技术的性能。

帧中继是一种支持HDLC规程的宽带数据业务标准,它一方面继承了X.25的优点,如提供统计复用功能、永久虚电路、交换虚电路等;另一方面又改进了X.25的性能,具体表现在以下两个方面。

(1) 提高了网络传输速率,用户接入速率可在56kbps~1.54Mbps或者56kbps~1.54Mbps的范围内,上限速率实际可达50Mbps。

(2) 简化了大量的网络功能,网络不再提供流量控制、纠错和确认等功能,由用户终端根据需要自行解决。这样,就可减少网络时延,降低通信费用。帧中继业务兼有X.25

分组交换业务和电路交换业务的长处，在实现上又比 ATM 简单，是现阶段数据交换网升级的有效途径。

2. ISDN

ISDN 被称为新一代通信网。它是以电话网的数字化为基础而演变来的，并力图用 ISDN 来逐步代替现有电话网。

ISDN 的基本概念可以归纳如下。

(1) ISDN 是通信网。

(2) ISDN 是以电话网的数字化并形成综合数字网(IDN)为基础而发展起来的。

(3) ISDN 支持端到端的数字连接。

(4) ISDN 支持各种通信业务。

(5) ISDN 支持电话及非话业务。

(6) ISDN 提供标准的用户/网络访问。

(7) 用户通过一组有限个多用途用户/网络接口接入 ISDN。

ITU 把 ISDN 定义为：ISDN 是以提供端到端连接的电话网 IDN 为基础发展而成的通信网，用以支持包括电话及非话的多种业务。用户对通信网有一个由有限个标准多用途的用户/网络接口构成的出入口。

这些用户/网络接口包括以下两个部分。

(1) 基本速率接口(BRI)2B+D，即两个传输用户信息的 64kbps 的 B 通道，一个传输低速数据信息的 16kbps 的 D 通道，共计 144kbps，距离在 7km 之内。

(2) 基群速率接口(PRI)30B+D，主要面向设有 PBX(用户小交换机)或具有召开电视会议用的高速信道等需要很大业务量的用户。

2Mbps 速率的窄带 ISDN 可提供标准接口的电信网络，支持多种通信业务，但服务内容有限，带宽也不高，难以满足复杂多媒体通信的要求。

9.3.3 B-ISDN 及 ATM

1. B-ISDN

尽管 ISDN 这种网络结构具有巨大的经济意义和实用价值，但仍然存在其固有的局限性，较为突出的是其传输速率低。N-ISDN 只有处理 1.5～2.0Mbps 以内速率的业务能力，很难利用它进行图像通信、LAN 间通信。B-ISDN 克服了 ISDN 的局限性，具有以下特点。

(1) 在宽带用户-网络接口上至少能够提供 H1(135Mbps)以上的接口速率，并且能够在接口速率内高效地提供任意速率的业务，对业务变化适应性强。

(2) 能够提供各种连接形态。

(3) 信息传送的延时及其变化很小。

(4) 适合应用对固定和可变速率的要求。

ISDN和B-ISDN中各类应用对速率的要求见图9.5。

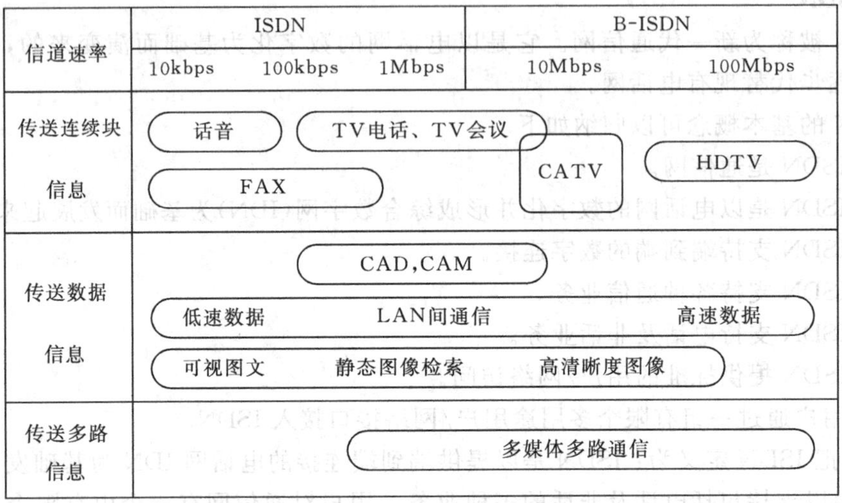

图9.5　各类应用及速率要求

B-ISDN的宽带业务通常指其信息传输速率超过一次群速率的业务,可利用H21(32.768 Mbps),H22(43～45Mbps),H4(132～138.24Mbps)等固定速率通路来传送以动态图像为主的编码信息,其中H21,H22适合传送现有的广播电视信号,H4用来传输HDTV信号。表9.1给出了B-ISDN的业务分类。

表9.1　B-ISDN业务的分类

业务类型		具体业务实例
交互型业务	会话型业务	高质量可视电话/会议
	消息型业务	视频信件
	检索型业务	宽带可视图文
分配型业务	不由用户控制的分配型业务	电视广播
	用户控制的分配型业务	视频图文广播

2. ATM交换技术

为了实现B-ISDN的功能,最重要的是交换技术。目前B-ISDN中的交换主要是高速分组交换、高速电路交换、异步传输模式(ATM)和光交换技术。其中,高速分组交换是利用分组交换的基本技术,简化X.25通信协议,采用面向连接的服务,在链路上无流控制和差错控制,集中了分组交换和同步时分交换的优点。高速电路交换主要是多速时分交换方式，允许按时间分配信道，其带宽可为基本速率的整数倍。由于其信道管理和控制十分复杂，尚不实用。光交换的主要设备是光交换机，将光技术引入传输回路和控制回路，实现数字信号的高速传输和交换，但目前还不够成熟。ATM 比高速分组交换和电路交换更加灵活，被 ITU 作为 B-ISDN 的基础。

在电路交换模式中收发两端之间建立了一条传输速率固定的信息通路。在通信过程中，不论是否发送信息，该通路均被某呼叫所独占，这种传输模式称为同步传输模式(STM)，在分组交换模式中，不对呼叫分配固定电路，仅当发送信息时才送出分组。

ATM 继承了电路交换方式中速率的独立性和高速分组交换方式对任意速率的适应性，针对两者缺点采用以下对策，以实现高速传送综合业务的信息能力。

(1) 以固定长度的信元(cell)发送信息，能适应任何速率。具体地讲，信元长为53 字节，其中 5 字节为信元头，其余 48 字节为数据。这个信元长度兼顾了效率和时延两方面需求。

(2) 在协议处理上用硬件对头部信息进行识别，采用光纤高速传输，不用误码控制和流量控制，大大降低了时延，使信息传送速度快、容量大。

(3) 尽量采用简单协议，灵活性强，用户可以应用从零到极限速率的任一有效码速，并可根据自己的需要灵活地配置网络接口所用的带宽，使带宽"按需分配"。

ATM 的优点：①用户信息进入网络具有高度的灵活性，由于不再有通路速率的限制，具有任何输出速率(含输出速率可变的)的终端都可以进网通信；②可以动态地分配和更有效地利用网络资源，由于单位时间内 STM 为用户传送的比特数是固定的，而信源输出的信息量实际上很不平稳，其中有很大的浪费，ATM 从根本上解决了这一问题。

ATM 技术的实现在于光纤的使用和 VLSI 技术的发展。由于光纤传输误码率很低(10^{-9})、传输容量大，通信网只需进行信息传输，而流控制和误码控制大部分都可留给终端。VLSI 则使协议可用硬件实现，能够经济地实现高速交换。

ATM 本质上是一种高速分组传输模式，与分组长度可变的 X.25 分组交换相比，一是它不采用通常存储/转发方式而使用硬件交换；二是 ATM 将分组交换协议简化，无误码流量控制。ATM 将各种媒体数据分解成固定长度的数据块，并配上地址、丢失优先级、校验码等信头信息构成信元。图 9.6 给出了将信息分解成信元并进行多路复用的过程。只要获得空信元，即可以插入信息发送出去。因信息插入位置无周期性，故称为异步传输模式。因需排队等待空信元到来才能发送，所以 ATM 是以信元为单位的存储交换方式。

从上面分析可以看出，ATM 靠标记来识别通路，故称为标记复用。在 ATM 交换中，ATM 呼叫接续不是按信元逐个地进行路由选择控制，而采用分组交换的虚呼叫概念，同一呼叫的所有信息都经相同的路由传递，所以 ATM 是一种面向连接的技术。

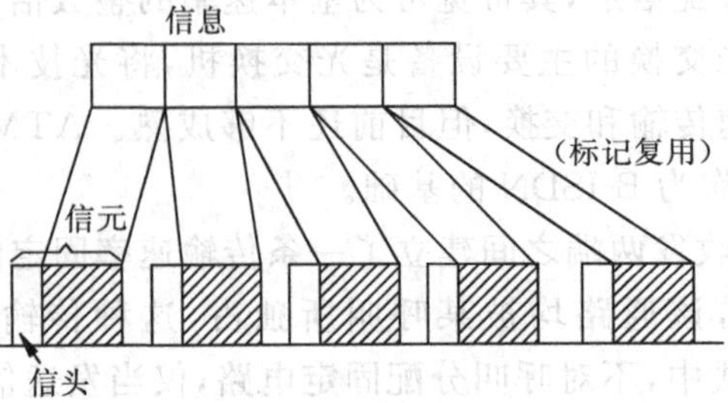

图 9.6　ATM信元

3. ATM视听业务标准

ATM是ITU-T建议的B-ISDN上的传输模式,因此制定ATM环境下的视听系统和终端的标准很有必要。该标准不仅应该保证ATM环境下不同系统的互通,而且具有连接在其他类型网络上的终端之间的互操作性,首先是具备与已广泛应用的H.320系统的互操作性。ITU-T为ATM环境规定了以下两种系统。

(1) H.321:它将H.320终端适配到B-ISDN环境中,也就是除了网络接口和呼叫控制外,其余部分还保持H.320终端所使用的协议。

(2) H.310:它定义了B-ISDN上的系统和终端,包括一个H.320/H.321互操作模式以及一个ATM本地模式即完全在ATM环境下的模式。H.310包括与320终端互通的部分,是H.321的一个超集。图9.7给出了H.310终端协议参考模型。

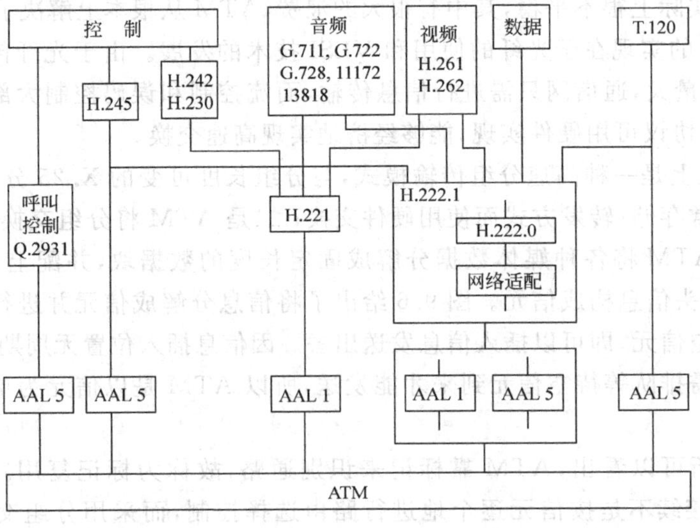

图 9.7　H.310终端协议参考模型

与 H. 320 终端相比，H. 310 终端允许更高质量的视频和音频编码方式。除了 H. 261 外，支持 H. 262 视频压缩标准。在音频信号方面，增加了 ISO 11172-3(MPEG-1音频)和 ISO 13818-3(MPEG-2 音频)。

B-ISDN 传输速率高，但考虑系统间的互操作性，H. 310 还是规定其传输速率为 64kbps 的整数倍。一般取 96×64kbps 或 144×64kbps，分别对应 H. 262 中等质量和高质量的 MP@ML。如果系统需要使用其他速率，需要通信建立时通过 H. 245 与接收者协商。H. 310 系统比 H. 320 的延时要小，其端到端的单程延时可以限定到 150ms。

H. 320/H. 321 互操作模式的协议栈除了呼叫控制和网络接口外，均与 H. 320 相同。在这种模式下，ATM 的适配层 AAL1 提供类似于 N-ISDN 的 CRB 服务，而 AAL1 的 SDT 模式则用来进行 H. 310 和 H. 320/H. 321 之间的互操作。H. 310 的网络适配层采用 AAL1 或 AA5。AA1 提供 CBR 和延时抖动较小的服务，具有时钟恢复，并可使用前向纠错码。AA5 在带宽利用上有更大的灵活性，但延时抖动较大，而且只有 CRC 检错而无纠错机制。

9.4 接入网

接入网是 ITU-T 根据通信网的发展演变趋势提出的概念。整个通信网可分为公用网和用户驻地网两大部分，其中用户驻地网属用户所有，一般的通信网指公用通信网部分。公用通信网又可划分为长途网、中继网和接入网 3 个部分。长途网和中继网合并称为核心网。接入网位于本地交换机和用户之间，主要实现用户接入到核心网的任务，接入网由业务结点接口和用户网络接口之间一系列传送设备组成。

面向多媒体通信的宽带有线接入网技术包括：非对称数字用户线(ADSL)技术、光纤和同轴电缆混合(HFC)技术、以太网接入技术、光纤接入技术和无线接入技术。

1. ADSL 技术

ADSL 是利用现有电话网络的双绞线资源，实现高速、高带宽的数据接入的一种技术。ADSL 是 DSL 的一种非对称版本，它采用频分复用技术和离散多音调制技术，在不影响正常电话使用的前提下，利用原有的电话双绞线进行高速数据传输。

ADSL 使用数字技术改造现有的模拟电话用户线以承载多媒体宽带业务。从理论上讲，ADSL 的功能应该属于七层模型的物理层。它主要实现信号的调制、提供接口类型等一系列底层的电气特性。因为用户在使用网络享用多媒体服务时，一般向服务器发出的上行信息很少，而从服务器下载的信息量很大，所以 ADSL 将上行和下行带宽做成非对称的。

ADSL 的接入模型主要由中心交换局端模块和远端模块组成，在用户线两端各安装一个 ADSL 调制解调器。ADSL 能够向终端用户提供多达 8Mbps 的下行传输速率和

1Mbps 的上行速率,比传统的 28.8kbps 模拟调制解调器和 128kbps ISDN 的接入速度大大提高。

ADSL 采用频分复用的方法划分出 3 个频段,最低的 0～4kHz 频段用来传送传统电话信号,中间的 20～50kHz 频段用来传送上行数字信息,较高的 140kHz～1.1MHz 频段用来传送下行数字信息。还可以使下行频段的低端与上行频段重叠,这样可以使下行频段更宽,但必须使用回波抵消技术。目前,全世界有数以亿计的铜制电话线用户,ADSL 无须改动现有铜缆网络设施就能提供宽带业务。由于技术成熟,ADSL 已开始大力普及。

2. HFC 技术

HFC(光纤和同轴电缆混合)网是在目前覆盖范围很大的有线电视网技术上开发的宽带接入网。HFC 网的主干线路采用光纤,从头端到各个光纤结点用模拟光纤连接构成星形网,光纤结点以下是同轴电缆组成的树形网。它所采用的电缆调制解调器(cable modem)技术是最成熟的宽带接入技术之一。

电缆调制解调器的通信和普通调制解调器一样,是数据信号在模拟信道上交互传输的过程,但也存在差异,普通调制解调器的传输介质在用户与访问服务器之间是独立的,即用户独享传输介质,而电缆调制解调器的传输介质是 HFC 网,将数据信号调制到某个传输带宽与有线电视信号共享介质;另外,电缆调制解调器的结构较普通调制解调器复杂,它由调制解调器、调谐器、加/解密模块、桥接器、网络接口卡和以太网集线器等组成。

电缆调制解调器技术一般是从 87MHz～860MHz 电视频道中分离出一条 6MHz 的信道用来传送下行数据。通常下行数据采用 64QAM(正交调幅)或 256QAM 调制方式。上行数据一般通过 5MHz～65MHz 之间的一段频谱进行传送,为了有效抑制上行噪音积累,一般选用 QPSK 调制。用户端的电缆调制解调器的基本功能就是将用户计算机输出的上行数字信号调制成 5～65MHz 射频信号进入 HFC 网的上行通道,同时还将下行的射频信号解调为数字信号送给用户计算机。

HFC 网络是一个宽带网络,具有实现用户宽带接入的基础。1998 年 3 月,ITU 组织接受了 DOCSIS(Data Over Cable Service Interface Specification)为国际标准,随后又发布了 DOCSIS1.1、2.0,确定了在 HFC 网络内进行高速数据通信的规范,为电缆调制解调器系统的发展提供了保证。通过这种系统,用户可以在有线电视网络内实现国际互联网访问、IP 电话、视频会议、视频点播、远程教育和网络游戏等功能。此外,电缆调制解调器也没有 ADSL 技术的严格距离限制。

3. FTTx 技术

光纤在干线通信中扮演着重要角色,在接入网中,光纤接入也将成为发展的重点。光纤接入网指的是接入网中的传输媒质为光纤的接入网。光纤接入网从技术上可分为两大类:有源光网络(active optical network, AON)和无源光网络(passive optical network, PON)。

SDH是有源光网络的主要实现方式之一。在接入网中利用SDH的主要优势在于它可以提供理想的网络性能和业务可靠性。当然，考虑到接入网对成本的高度敏感性和运行环境的恶劣性，适用于接入网的SDH设备必须是高度紧凑、低功耗和低成本的新型系统。

无源光网络是一种纯介质网络，避免了外部设备的电磁干扰和雷电影响，减少了线路和外部设备的故障率，提高了系统可靠性，同时节省了维护成本。其业务透明性较好，原则上可适用于任何制式和速率信号。

接入技术与其他接入技术相比，最大优势在于可用带宽大，且有巨大潜力可以开发。光纤接入网还有传输质量好、传输距离长、抗干扰能力强、网络可靠性高、节约管道资源等特点。当然，光纤接入网最大的问题是成本比较高，尤其是光结点离用户越近，每个用户分摊的接入设备成本就越高。另外，与无线接入相比，光纤接入网还需要管道资源。这也是很多新兴运营商看好光纤接入技术，但又不得不选择无线接入技术的原因。

根据光网络单元的位置，光纤接入方式可分为：FTTR（光纤到远端接点），FTTB（光纤到大楼），FTTC（光纤到路边），FTTZ（光纤到小区），FTTH（光纤到用户）。光网络单元具有光/电转换、用户信息分接和复接，以及向用户终端馈电和信令转换等功能。当用户终端为模拟终端时，光网络单元与用户终端之间还有数模和模数的转换器。

4. 以太网接入

以太网由Xerox，Intel和DEC公司于1978年提出。典型的结构为总线方式，现已有星形连接方式以适应已有的电话线的结构方式。以太网传输速率为10Mbps，最大站间距离为1500m，可通过中继器扩展网络覆盖范围。以太网的访问控制方法为CSMA/CD（IEEE 802.3 MAC协议），既可单点通信，又可单点对多点广播。其结构如图9.8所示。

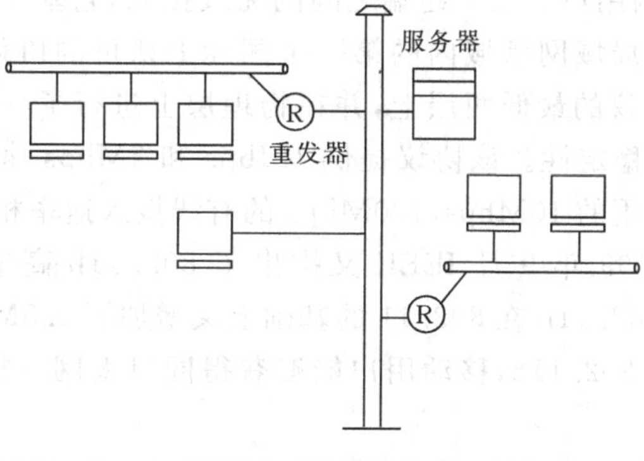

图9.8　以太网构成

10BASE-T以太网范围和速度有限，不能完全适应多媒体通信实时性要求和媒体种类变换的要求，但对静态媒体的传输效果还可以。100BASE-T是由快速以太网联盟开发的100Mbps高速以太网,组成的LAN较好地支持多媒体通信,IEEE已将100BASE-T确定为IEEE 802.3u标准。另外,千兆以太网联盟开发的1000Mbps以太网技术,已作为IEEE 802.3z和802.3ab标准,千兆以太网技术显著地提高了网络的可用带宽,可用在任何规模的局域网的通信中。但以太网没有提供QoS的支持,这对多媒体通信来说是一种缺陷。

从20世纪80年代开始,以太网就成为最普遍采用的网络技术,目前所有网络端口中以太网的端口占绝大多数。传统以太网技术不属于接入网范畴,而属于用户驻地网领域,然而其应用领域却正在向包括接入网在内的其他公用网领域扩展。

基于5类线的高速以太网接入无疑是一种较好的选择方式,它特别适合密集型的居住环境,非常适合中国国情。对企事业用户,以太网技术一直是最流行的方法,利用以太网作为接入方式性能价格比好、可扩展性强、容易安装开通而且可靠性高。在局域网中IP协议都是运行在以太网上,即IP包直接封装在以太网帧中,以太网协议是与IP配合最好的协议之一。

5. 无线网络接入

宽带无线接入技术是各种有线接入技术强有力的竞争对手,在高速因特网接入、双向数据通信、双向多媒体服务和视频广播等领域具有广泛的应用前景。相对于有线网络,宽带无线接入技术优势明显:如无线网络部署快,建设成本低廉;具有高度的灵活性,升级方便;维护和升级费用低;无线网络可以根据实际需求分阶段地投资。

无线接入主要分为无线局域网采用的IEEE 802.11协议、无线城域网采用的WiMax和无线广域网技术。

无线局域网是一种能支持速率高达11Mbps乃至54Mbps,采用微蜂窝的自我管理的局域网技术,用于局域网用户和用户终端之间的无线接入,它基于IEEE 802.11协议组。1997年IEEE发布无线局域网领域内的第一个国际上认可的协议802.11协议,802.11协议主要工作在ISO协议的最低两层上,并在物理层上进行了一些改动,加入了高速数字传输的特性和连接的稳定性。该协议提供1Mbps和2Mbps速率传输数据,距离能够达到100m,但与广泛使用的10Mbps、100Mbps的有线接入速率相比速度较慢,无法满足多媒体应用的需要。1999年9月IEEE又推出了802.11b高速协议(WiFi),用来对802.11协议进行补充,802.11b在802.11的基础上又增加了5.5Mbps和11Mbps两个新的网络吞吐速率。利用802.11b,移动用户能够获得同以太网一样的性能、网络吞吐率、可用性。

IEEE 802.11a是另一个IEEE 802.11的改进版,它工作在5GHz U频带,物理速率达54Mbps,传输层达25 Mbps。IEEE 802.11g是IEEE 802.11另一版本,它与IEEE 802.11b使用同样的频带和载波,数据传输速率提高到54Mbps。IEEE 802.11g设备可将速率降到IEEE 802.11b相同的速率,支持它们之间互相通信。

WiMax是一项基于IEEE 802.16标准的宽带无线接入城域网技术，其目标是提供一种在城域网一点对多点环境下，可有效地互操作的宽带无线接入手段。WiMax本身是由采用IEEE 802.16标准的设备和器件供应商成立的一个非赢利性生产团体，目的是向市场推广IEEE 802.16，目前已成为802.16标准的代名词，它是一种面向城域网的宽带无线接入技术，能提供面向互联网的高速无线连接。

WiMax技术具有以下优点：

- 传输距离远，WiMax的无线信号传输距离最远可达50千米；
- 接入速度高，WiMax采用OFDM(orthogonal frequency division multiplexing，正交频分复用)调制方式，每个频道的带宽为20MHz，通过室外固定天线稳定地收发无线电波，可实现74.81Mbps的最大传输速度；
- 提供广泛的多媒体通信服务，由于WiMax较之WiFi具有更好的可扩展性和安全性，从而能够实现电信级的多媒体通信服务，其中包括语音、数据和视频的传输；
- WiMax可以向用户提供具有QoS性能的业务，WiMax可提供CBR(固定带宽)、CIR(承诺带宽)、BE(尽力而为)3种等级的服务。CBR的优先级最高，BE的优先级更低。

根据是否支持移动特性，IEEE 802.16标准可以分为固定宽带无线接入空中接口标准以及移动宽带无线接入空中接口标准，其中802.16a、802.16d属于固定无线接入空中接口标准，而802.16e属于移动宽带无线接入空中接口标准。

几种无线网络相比，WiFi技术可以提供高达54Mbps的无线接入速度，但是它的传输距离十分有限，仅限于半径约为100m的范围。移动电话可以提供非常广阔的传输范围，但是它的接入速度却十分缓慢。WiMax刚好弥补了它们的不足。因此将来WiFi(无线局域网)、WiMax(无线城域网)、3G(无线广域网)三者结合将提供一个完美的无线网络。

9.5 多媒体通信网的服务质量

9.5.1 多媒体信息传输对网络性能的要求

1. 吞吐量

吞吐量是指网络传输二进制信息的速率，又称比特率或带宽。支持不同应用的网络应该满足不同吞吐量需求。持续的大数据量的传输是多媒体信息传输的一个特点。

从单个媒体而言，实时传输的活动图像是对网络吞吐量要求最高的媒体。具体来讲，高清晰度电视(HDTV)分辨率为1920×1080，60帧/秒，采用MPEG-2压缩，其数据率大约20～40Mbps；演播室质量的普通电视，分辨率采用CCIR601格式720×576，25帧/秒，采用MPEG-2压缩后数据率可达6～8Mbps;广播质量电视,相当于模拟电视接收机所显示出的图像质量,由于种种原因它的图像质量比演播室质量的普通电视稍差一些,它对应数据率可达3～6Mbps的MPEG-2数据流;录像质量电视,它的分辨率是广播质量电视的1/2,经MPEG-1压缩后,数据率约为1.4Mbps(其中伴音200kbps);会议质量电视,可以采用不同的分辨率,如采用H.261标准CIF格式,352×288,10帧/秒以上,数据率128kbps(含伴音)。

声音是另一种对吞吐量要求较高的媒体,它可以分为以下级别音质:话音,带宽限制在3.4kHz内,8kHz采样,8比特量化,有64kbps的数据率,经压缩后到32kbps、16kbps,甚至4kbps;高质量的话音,相当于调幅广播的质量,其带宽限制在50Hz～7kHz,经压缩后数据率在48～64kbps;CD质量的音乐,双声道的立体声,带宽限制在20kHz,经过44.1kHz采样、16比特量化后,每个声道的数据率为705.6kbps,经MPEG-1音频压缩,两个声道总数据率可降为192kbps或128kbps;5.1声道立体环绕声,其带宽为3～20kHz,经过48kHz采样、22比特量化,采用AC-3压缩后,总数据率为320kbps。

2. 传输延时

网络的传输延时(transmission delay)定义为从信源发出第一个比特到信宿接收到第一个比特之间的时间差,它包含信号在物理介质中的传播延时和数据在网中的处理延时。另一个常用的参数是端到端的延时,它通常指一组数据在信源终端上准备好数据发送的时刻,到信宿终端接收到这组数据的时刻之间的时间差。端到端的延时包括在发送端数据准备好而等待网络接收这组数据的时间,传输这组数据(从第一个比特到最后一个比特)的时间和网络的传输延时3个部分。

对于实时的会话应用,网络的单程传输延时应在100～500ms,一般为250ms;在查询等交互式的多媒体应用中,系统对用户指令的响应时间一般应小于1～2s。

3. 延时抖动

网络传输延时的变化称为网络的延时抖动(delay jitter)。度量延时抖动的方法有多种,其中一种是用在一段时间内最长和最短的传输延时之差来表示。产生延时抖动的因素包括:传输系统引起的抖动,如符号间的相互干扰、振荡器的相位噪声、金属导体中传播延时随温度变化等引起的物理抖动;对于共享传输介质的局域网(如以太网、令牌环或FDDI)的介质访问时间的变化;广域网中的流量控制的等待时间和存储转发机制中由于结点拥塞而产生的排队延时变化。

一般来讲,人耳对声音抖动比较敏感,人眼对视频抖动并不很敏感。实际应用的声音抖动参考指标:CD质量声音,网络延时抖动一般应小于100ms;电话质量声音,抖动应小于400ms;对于传输抖动有严格要求的应用(如虚拟现实),抖动应小于20～30ms。对于视频图像的延时抖动的要求:HDTV图像,网络延时抖动一般小于50ms;广播质量电视,网络延时抖动应小于100ms;会议质量电视,应小于400ms。

4. 错误率

在传输系统中产生的错误有以下度量方式。

(1) 误码率 BER(bit error rate)：从一点到另一点的传输过程中所残留的错误比特的频数。如光缆传输系统，BER 一般在 10^{-9}～10^{-12} 的范围。

(2) 包错误率 PER(packet error rate)：指同一个包两次接收、包丢失或包的次序颠倒而引起的包错误。

(3) 包丢失率 PLR(packet loss rate)：指包丢失而引起的包错误。

下面是获得好质量服务应该达到的错误率参考指标：对于压缩的 CD 质量音乐，BER 小于 10^{-4}；未压缩的 CD 质量音乐，BER 小于 10^{-3}；电话质量声音，BER 小于 10^{-2}。对压缩的 HDTV 图像，BER 小于 10^{-10}；压缩的广播质量电视，BER 小于 10^{-9}；压缩的会议质量电视，BER 小于 10^{-8}。

9.5.2 服务质量

服务质量 QoS(quality of service)是多媒体网络中的一个重要概念。传统的公用电话网没有 QoS 的概念，一路电话占有固定的带宽，服务质量得到恒定的保障。在 B-ISDN 提出后，由于要在同一个网络上支持不同业务，不同业务对网络又有不同的要求，QoS 的概念也随之出现。在 Internet 多媒体业务中，QoS 的概念得到进一步重视。

ITU 将 QoS 定义为决定用户对服务的满意程度的一组性能参数。这些参数主要采用以下两种描述方法。

(1) 确定性描述

其描述形式为：

QoS 参数$\leqslant Upper_bound$

QoS 参数$\geqslant Lower_bound$

(2) 统计性描述

其描述形式为：

$Prob[QoS$ 参数$\leqslant Upper_bound]\geqslant Prob_bound$

$Prob[QoS$ 参数$\geqslant Lower_bound]\geqslant Prob_bound$

前面介绍的吞吐量、传输延时、延时抖动和错误率都是常用的 QoS 参数。ISO 定义的描述多媒体通信系统性能的 QoS 参数还有：①通量，单位时间内在一连接上传送的最大字节数；②连接失败率，建立连接失败的概率；③传输失败率，传输失败的概率；④释放失败率，释放连接时失败的概率；⑤优先级，包括传输优先级和使用优先级；⑥成本，信息传输时所消耗的资源或资金；⑦访问权限等。

不同的多媒体应用对网络性能要求不同。在通信开始时，用户向网络提交的 QoS 参数实际上描述了应用对网络资源的需求。一旦网络接纳了用户呼叫，它就有责任在整个会话过程中保障用户提出的QoS要求,因此网络要为这个呼叫预留资源,并在通信过程中进行性能监控、动态调整资源的分配;当资源不能保障用户的QoS要求时,通知有关的用户,直至终止相关的通信等。上述功能构成了网络的QoS保障机制。

9.6 分布式多媒体系统

9.6.1 分布式多媒体系统概述

随着网络技术的高速发展,以网络为中心的计算机系统和应用越来越重要。因为大量的应用环境在地理上和功能上是分散的,多媒体系统的潜在优势还远未发挥出来,只有把多媒体系统的集成性、交互性与通信技术结合起来,研制各种分布式多媒体系统,才能发挥更大的作用。分布式处理使通信和计算机两个领域都发生深刻变化,并产生了一批新的应用领域,如实时会议系统、计算机协同工作系统、电子报纸共编和发行系统、家庭信息服务和娱乐等。

1. 分布式多媒体系统的基本特征

所谓分布式处理就是要将所有介入到分布处理过程中的对象、处理及通信都统一地控制起来,对合作活动进行有效地协调,使所有任务都能正常地完成。分布式多媒体系统有以下基本特征。

(1) 多媒体集成性

通常,信息的采集、存储、加工、传输都是通过不同的载体,单一媒体的采集、存储、传输都有自己的理论和技术,把上述多种媒体综合在一起,就称为多媒体一体化。所谓一体化就是指不同媒体、不同类型的信息采用同样的接口统一进行管理,这将大大提高多媒体系统的应用效率和水平。

(2) 资源分散性

MPC是基于光盘的单机系统,它的所有资源都是集中式的,所有插板都插在PC机上,系统都是单用户的。分布式多媒体系统的资源分散性是指系统中各种物理资源和逻辑资源在功能上和地理上都是分散的,它基于客户机/服务器模型,采用开放模式,系统中很多结点的顾客通过高速、宽带网络共享服务器上的资源。

(3) 运行实时性

通常,计算机系统中正文无实时要求,音频、视频是时基媒体,对计算机系统提出实时要求。为实现多媒体通信,要解决通信协议和远程调用RPC问题,解决有些时基媒体和非时基媒体如何同步调度组合等问题。

(4) 操作交互性

操作交互性是指在分布式系统中实时交互式发送、传播和接收各种多媒体信息,随时可以对多媒体信息进行加工、处理、修改、放大和重新组合。这和广播电视系统被动接收有本质不同。这种交互性,可以使客户实时地、任意地选择不同服务器的各种多媒体资源并进行组合。

(5) 系统透明性

分布式多媒体系统中要求透明,主要是因为系统中的资源是分散的,用户在全局范围内,使用相同的名字可以共享全局的所有资源。这种透明性又分为位置透明、名字透明、存取透明、并发透明、故障透明、迁移透明和性能透明,更高级的形式叫语义透明。

2. 分布式处理中的协同工作

由多媒体通信网连接起来的多个用户和系统中的各个部分必须要统一进行控制和协调,才能构成一个有机的整体,完成统一的工作。这种分布系统的建立与控制是建立在网络基础上的,与用户交互有关的分布式应用的控制与协调。对这种分布式系统从时间和空间概念上的分类如表 9.2 所示。

表 9.2 分布式处理的时空分类

时间 / 空间	同时	不同时
同地点	面对面交互	异步交互
不同地点	同步分布式交互	异步分布式交互

从分类来看,共有以下 4 种不同情况。

(1) 同时、同地点。这不是分布处理,属于像电化教室这样的应用。

(2) 不同时、同地点。可以看作是一种异步式的交互方式,可以是本机留言或电子布告,是同地点的交互,不属于分布处理。

(3) 不同时、不同地点。存在着用户有目的地寻找路径和有目的地的动作,属于分布式处理的范畴。它不需实时处理,只需存储转发,多媒体处理简单。典型的应用如电子邮件。

(4) 同时、不同地点。参与分布式处理的用户或系统分散在多个不同地方,又要求实时性操作,这不仅对通信带宽要求很高,而且对通信过程中的控制与协调也要求很高。在多媒体环境中,可能会有控制和协调多种通道中交互着不同媒体或媒体组合的信息的情况。

例如,在实时多媒体会议系统中,一个通道为双方或多方的视频图像,另一个通道为双方乃至多方的声音,还有一个通道为双方或多方处理的图表数据,这种传输、处理、控制、协调极为复杂。

在分布式系统中,应该根据合适的规则和应完成的功能来定义参与合作工作的各种角色。每一种角色根据系统赋予他的职能和处理的规则,完成整个合作任务中的一部分工作,并执行相应的控制。通过角色和规则,系统将协调整个处理过程。

9.6.2 分布式多媒体系统的实现模型

1. 开放分布处理参考模型

在分布式应用的概念模型中,一种称为"开放分布处理的参考模型"可以支持分布处理的建模。在这个模型中,多媒体系统为它的用户(应用)提供抽象的服务。这些服务是由用户代理(user agent,UA)提供的。用户通过用户代理UA对系统进行存取,系统的抽象服务由操作的逻辑组合来提供。同样,系统内也是由一组系统代理(system agent,SA)实现的,所有的系统代理具有相同的性能,并且以相互合作的方式提供服务。因此,一个SA可同时与若干个UA交互。这样用户代理在用户和系统之间建立了逻辑接口,并从系统的内部分布中抽象出来,见图9.9。

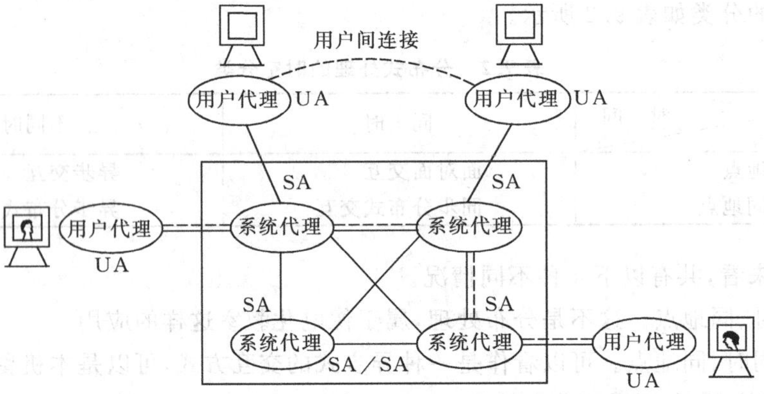

图9.9 从应用角度看系统的组成

在功能模块之间存在两种不同的协议:存取协议和系统协议。存取协议定义用户代理和系统代理之间的相互作用;系统协议定义两个系统代理之间的协议。用户代理可能要访问任何系统代理,以便通过存取协议对系统作存取;而系统代理则可以依次根据提供服务的系统协议访问其他系统代理。图9.10中实线是可能的协议,虚线是已经建立起的连接。

2. 分布式多媒体系统服务模型

在分布式系统中行之有效的基于客户机/服务器的模型已普遍使用。分布式多媒体计算机系统从总体上看,其服务模型应采用客户机/服务器模型,即把一个复杂的多媒体任务分成两个部分去完成,运行在一个完整的分布式环境中,也就是说,在前端客户机上运行应用程序,在后端服务器上提供各种各样的特定的服务,如多媒体通信、压缩编码和解码、文件服务等。

从用户观点看，客户机/服务器模型就是客户机首先提出服务请求(RPC)，系统根据资源分配来决定访问相应的服务器，服务器执行所需的功能，完成一个远程调用过程后，将结果返回客户机。客户机和服务器通过网络或分布式低层网络互连而实现这样一个完整的请求和服务过程。客户机/服务器实质是指分布式系统中两个进程之间的关系，更确切地说，客户机和服务器都是进程，两个进程要互相通信并建立合作关系。客户机进程首先发出请求，而服务器进程根据请求执行相应的作业与服务、完成一个调用过程后，将结果再通过 RPC 送回客户机。客户机进程和服务器进程都是相对概念，它们可在一台机器上并存，也可在异地的两台机器上运行。

9.6.3 分布式多媒体系统的层次结构

下面给出一种通用的可支持各种多媒体应用的系统层次结构模式，它支持在网络环境下各种多媒体资源的共享，支持实时的多媒体输入和输出，支持系统范围透明的存取，支持在网络环境下交互式的操作和对多媒体信息的获取、处理、存储、通信和传输等。分布式多媒体系统层次结构如图 9.10 所示。

图 9.10 分布式多媒体系统层次结构

(1) 多媒体接口层

系统与各种媒体通信输入输出的接口，处于最低层，它提供的功能和服务有：实现多媒体输入的 A/D 转换和输出的 D/A 转换，并对输入的数据打上时间标记。

(2) 多媒体传输层

根据要传输的多媒体的数据量大小而分别采用不同的传输策略。它提供的服务有：采用各种协议提供多媒体数据；可实现从远程发送来的数据与本地的数据具有相同的机制；并对高层提供支持。

(3) 流管理层

流是对于特定媒体相关的数据抽象。数据流根据合成或采样的不同分类：一是数字采样的连续媒体流；二是事件驱动的媒体流。该层提供的服务有：数据源通过下层传输层获取多媒体数据流；向目的和高层提交多媒体数据；对单一媒体进行压缩编码处理等；流输入的选择和分发。

(4) 多媒体表示层

该层在空间和时间上对多媒体流进行协调，不同媒体流并行地同步处理、混合，以形成一个新的媒体流。提供的服务有：流间和流内的同步；综合同步多媒体数据；对特定流进行处理。

(5) 应用层

应用层可根据不同应用配置相应软件。

本章小结

本章主要讨论了多媒体通信的概念、系统、网络和分布式多媒体系统。常见的多媒体通信系统有可视电话系统、电视会议系统等,本章介绍了它们的系统构成原理和功能特点。多媒体网络是多媒体通信系统的重要组成,也是实现多媒体通信的关键技术,本章简要讨论了目前的数据通信网、以ATM为基础的宽带ISDN网络、接入网以及多媒体通信网的服务质量。本章最后还讨论了基于多媒体通信网的分布式多媒体处理技术。这些内容是研制多媒体通信网络应用系统的基础。

思考练习题

1. 简述可视电话系统构成。
2. 简述多媒体会议系统的组成原理。
3. 在多媒体通信系统中标准化工作十分重要,为什么?
4. 试指出可视电话系统和多媒体会议系统的功能异同。
5. 什么是多媒体网络?如何理解多媒体网络的服务质量?
6. 何谓ISDN?谈谈它对多媒体通信业务的支持。
7. 简述ATM交换的原理及主要优点。
8. 试比较几种接入网技术的优缺点。
9. 什么是分布式多媒体系统?简述它的实现思想。

第10章 基于 Internet 的多媒体技术

Internet 是目前最大最流行的计算机网络,它逐渐成为人类信息社会的基本工具。运行于 Internet 网络的多媒体业务具有极为庞大的用户,Internet 本身规模巨大,结构复杂,所以研究基于 Internet 的多媒体系统实现技术具有极为重要的理论价值和应用价值。

10.1 概念与问题

10.1.1 Internet 简介

Internet(因特网)起源于 1969 年美国国防部高级研究计划署研制的 ARPANET (advanced research projects agency network)网络。1975 年 ARPANET 从一个实验性网络变成一个可运行的网络;1983 年 TCP/IP 成为 ARPANET 上标准的通信协议,并且在 UNIX 上实现 TCP/IP 协议;1985 年美国国家自然科学基金(NSF)采用 TCP/IP 协议组建了一个新的 Internet 骨干网,即 NSFNET,用来连接当时的 6 个超级计算中心和高等院校与科研机构;1987 年 NSFNET 实现,采用 T1 线路(1.54Mbps);1989 年 ARPANET 退役,NSFNET 对公众开放,成为 Internet 最重要的通信骨干网络;1991 年采用 T3 线路(45Mbps);1995 年 NSF 宣布与 MCI 合作建设高速数据通道计划,提供 155Mbps 的主干网络服务,取代原来的 NSFNET,Internet 开始大规模商业应用。到 2001 年 Internet 用高速通信网络将 150 多个国家 3000 多万台计算机连入 Internet,有几亿用户每天在使用 Internet 提供的服务。目前,Internet 主要业务仍然是以正文和静态图像方式发布信息、传递电子邮件以实现通信和资源共享,但是以 IP 电话、音乐点播、视频点播、实时视频广播等多媒体业务在 Internet 业务中的比重逐渐上升,并将成为其主要的业务。

Internet 是由许多子网连接在一起的网络,这些子网必须有一个共同的通信协议,即 TCP/IP 协议。组成 Internet 的子网之间在物理上的相互连接是通过网关设备实现的,如图 10.1 所示。网关设备与执行 TCP/IP 协议的其他设备和软件一起工作,它的基本任务是从互联网络或局域网络上接收按照协议规范封装的协议数据单元(protocol data unit,PDU)。

TCP/IP 是一个协议组,主要包括 TCP,UDP 和 IP,其制定的是传输层和网络层的标准,与网络介质和类型无关。

(1) TCP

TCP(Transmission Control Protocol)称为传输控制协议,其作用是保证命令或数据能够正确无误地到达目的地。TCP 是可靠的,它保持对发出的信息进行跟踪,并对那些没有到达目的地或者陷入无法识别状态的包进行重新传输。TCP 将需要传送的信息分成若干个小包(packet)发给目的端,最后在目的端再把它们按照原来的次序重新组合起来。

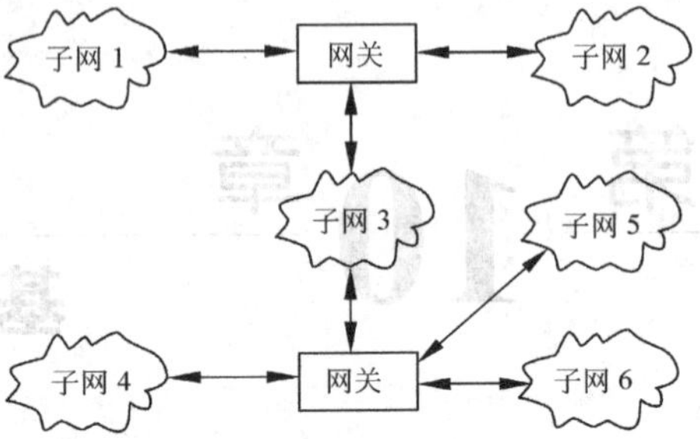

图 10.1 Internet 的结构

(2) UDP

UDP(User Datagram Protocol)称为用户数据报协议,它和 TCP 一样都是传输层协议。与 TCP 不同,它是不可靠的,不对发出的报文进行跟踪,也就不能保证每个 UDP 报文到达目的地址。但由于它减少了网络开销,因此效率很高。

(3) IP

IP(Internet Protocol)称为互联网协议,它位于 TCP 的下一层,负责完成互联网中包的路由选择,并跟踪这些包到达不同目的端的路径。IP 还要对一些可能出现的情形,如不同传输介质间的不一致性等进行处理。IP 从 TCP 接收包和包的目的端地址,而对包与包之间的关系不予理会。当 TCP 把其头信息加在每个包前面之后,它给 IP 提供一个目的端计算机的 IP 地址,并把此包交给 IP,由 IP 负责在网络上发送。IP 地址用来标识出网络和网内主机,它在 IPv4 中是一个 32 位的二进制整数,在 IPv6 中扩展到 128 位的二进制整数。由于该地址难于记忆和理解,通常采用域名来标识一个主机,域名由域名系统(domain name system,DNS)统一管理。

10.1.2 基于 Internet 的多媒体应用及问题

目前,运行于 Internet 上的典型多媒体应用主要包括以下几方面。

(1) 现场声音和视频广播

这类似于普通的无线电和电视广播,不同的是传输网络为 Internet。这种广播可能是单播,也可能是组播。目前市场上有许多这类产品,如 RealNetworks 公司的 Broadcasters。

(2) 声音点播(audio on demand)

在这类应用中,客户请求传送经过压缩并存放在服务器的声音文件,这些文件可包含任何声音内容。客户在任何时间任何地点从声音点播服务器读声音文件。使用这类软件时,用户启动播放器几秒钟后,就可以一边播放一边接收数据文件,而不是整个文件下载之后开始播放。许多产品也为用户提供交互功能。典型产品有 RealNetworks 公司的 RealPlayer 和 VocalTec 公司的 Internet Wave。

(3) 视频点播(video on demand)

这是一类典型的交互式多媒体服务系统。存放和播放视频文件比声音文件需要大得多的存储空间和传输带宽,所以视频点播系统一般运行在宽带网中。目前已有很多运行于 Internet 上的视频点播产品。

(4) IP 电话(IP telephony)

IP 电话是在 IP 网络上进行呼叫和通话,这种应用支持人们在 Internet 上进行通话。目前 IP 电话用于长途通信时,价格比 PSTN 电话的价格便宜,但质量比较差。然而,随着质量的改善,IP 电话逐渐开始占用较大的话音通信份额。

(5) 分组实时视频会议(group realtime video conferencing)

这类应用系统与 IP 电话类似,但可传输视频图像并允许多人参加。目前市场上已有许多此类产品。

从多媒体信息传输来讲,Internet 提供两种类型的服务:一是可靠的面向连接服务,使用 TCP 协议,对信息包时延要求不高;二是不可靠的无连接服务,使用 UDP 协议,不保证不丢包,也不保证时延满足需求。

Internet 现在对多媒体包的传送中,各包平等,无优先之分,是尽力传输机制,难以保证多媒体实时应用的需求。目前,成功的 IP 电话和实时视频会议产品比声音点播和视频点播产品少,因为它们对信息包的时延和抖动要求非常苛刻。

目前,多媒体网络应该解决下面问题:提高网络带宽;减少时延;减少抖动。

Internet 应该保证多媒体业务实时性要求。解决问题的思路一般从两个方面考虑。

(1) 扩大链路带宽。费用太大,而且容易被多媒体业务吃掉。

(2) 改进 Internet 协议。采用这种方法对网络系统做较大的变更,对多媒体应用保证端对端带宽,如对 IP 电话途中每个链路预留带宽。

下面几节将讨论改进 Internet 网络服务质量的途径,主要是 IETF(Internet Engineering Task Force)发布的解决方法。

10.2 IP 组播

10.2.1 基本概念

网络传输的方法根据传输目标的多少可以分为:单播(unicast),组播(multicast)和广播(broadcast)。

在Internet上要传输多媒体信息最常用的是单播技术,即每个信息包都使用一个唯一的IP地址,进行点对点的传输。如果需要把相同的内容传输给 N 个目标站点,就需要传输 N 次。这种方法既浪费了链路的带宽又加重了服务器的负担。

广播是网上一点到网上所有其他点传输信息。这种方法只需把相同的内容传输一次就可达到全网所有目标站点,减少了服务器的负担。但是,因为通常不是所有站点都需要广播的信息,所以广播会导致带宽资源的浪费。

组播或称多播是指网上一点到网上多个指定点(同一个工作组内成员)传输信息。它一次性地把相同的内容传输给一组目标站点,在Internet上称为IP组播。它是一种较好的节省带宽减少服务器负担的传输方法。

Internet中的IP地址分为5类:A类、B类、C类、D类和E类。其中,A类、B类和C类是基本的因特网地址,是用户使用的地址;D类(224.0.0.0～239.255.255.255)用于组播的地址;E类是保留地址。为支持组播功能,发送端和接收端及其之间的网络设施都必须具备多播功能。对本地的IP多播,主机结点所需要的环境是:TCP/IP协议栈中可以支持IP组播;软件支持Internet组管理协议(IGMP),这样就可以申请参加组播组和接收组播;要有IP组播应用软件。

10.2.2 组播路由选择算法

要满足组播的要求,需要在IP协议中增加支持组播路由选择的功能。组播路由选择的目标是建立一个组播树使组播包传送到目标站点。下面是常用的组播路由选择算法。

1. 泛洪法

泛洪法(flooding)是一种最简单的传输组播包到互连网络路由器的技术。在这个算法中,当路由器收到一个组播包时,它首先会检查是否是第一次收到此包,若是则把该包转发给所有相连结点;否则简单地丢弃该包。利用这种方式我们可保证所有互连的路由器至少会接到包的一个拷贝。该算法已经用在OSPF协议中。

尽管这个算法相当简单,但它存在明显的缺点。泛洪法生成大量的复制包浪费了网络带宽。而且,因为每个路由器需要记录它收到的包以判断一个具体的包是否是第一次看到,这样它就需要为每个最新看到的包在表中维持一个记录。所以,泛洪法在路由器存储资源利用方面效率不高。

2. 支撑树

一种比泛洪法更好的方法是支撑树(spanning tree)算法。这个算法已经被IEEE-820 MAC采用,它有效且容易实现。该算法利用求图的最优支撑树算法,选择一个互连链路的集合组成一个树结构(无环路的图),使任何两个路由器之间只有一条路径。因为树连接了互连网中的所有结点,所以被称为支撑树。当路由器收到一个组播包时,它将此包转发到除了该包到达的链路之外属于支撑树的所有链路,以保证多播包达到互联网的所有路由器。显然,一个路由器需要保持的信息仅是为每个网络接口指明链路是否属于支撑树的一个布尔变量。利用一个具有5个结点6个链路的网络来表明不同的树,为简单起见,这里不区分主机和路由器,并假定链路是对称的,它们的费用在链路上标出。如图10.2所示。

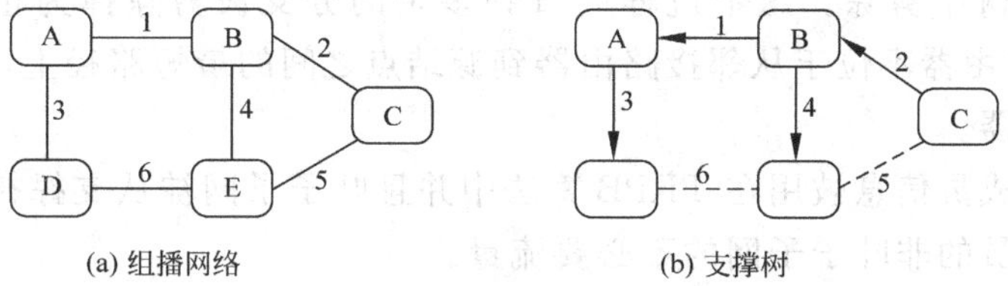

图10.2 组播支撑树

支撑树算法的缺点是:它把所有流量集中在一个小的链路集合,而且没有考虑组成员特点。

3. 反向路径广播

反向路径广播(reverse path broadcasting,RPB)算法是支撑树算法的改进,目前它已经用在Mbone(multicast backbone)中。该方法不是建立一个全网络的支撑树,而是为每个源结点构造一个隐含的支撑树。基于该算法,一旦路由器在链路L上收到来自源结点S的组播包时,路由器将检查L是否属于针对S的最短路径,如果是这种情况则该包被转发到所有除了L的链路上,否则该包被丢弃。从图10.2(a)中网络的两个源结点构造的组播树如图10.3所示。

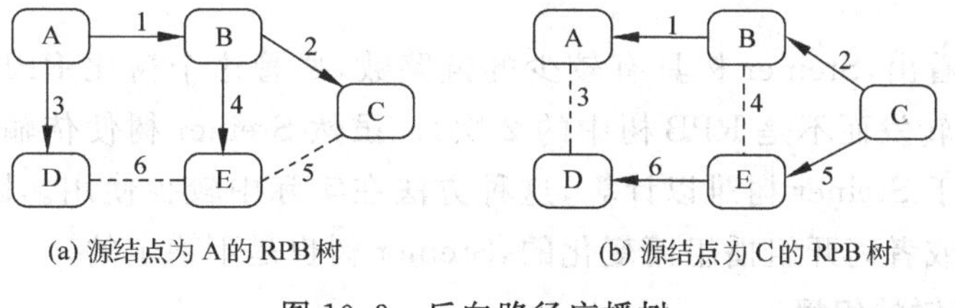

图10.3 反向路径广播树

RPB算法可以被容易地考虑下述因素改进:如果局部路由器不处于源结点和邻结点之间的最短路径上,组播包将会在相邻的路由器丢弃。因此,在这种情况不需要转发信息到相邻的路由器。

这个算法是有效的并且易于实现。而且,由于组播包通过从源结点到目标结点的最短路径转发,所以它是快速的。RPB算法不需要任何停止转发过程的机制。路由器不需要了解整个支撑树,并且组播包是通过不同支撑树传递,流量分布在多个树上,网络得到较好利用。RPB算法的主要缺点是:它构造分布树时不考虑组播组员的信息。

4. 修剪的反向路径广播

修剪的反向路径广播(truncated reverse path broadcasting,TRPB)算法克服了RPB算法的局限性。通过使用IGMP协议,路由器可以决定一个已知的组播组的成员是否在该路由器子网中。如果这个子网是一个叶子子网(不存在连到它的任何其他路由器),该路由器将从支撑树中剪除。这个过程一直到多余的分支被剪除掉为止。注意,类似于RPB,如果局部路由器不位于从邻接路由器到源结点之间的最短路径上,TRPB不会转发信息到邻接路由器。

尽管组播组成员信息被用在TRPB算法中并且叶子子网被从支撑树中删除,但它不能消除没有组成员的非叶子子网的不必要流量。

5. Steiner 树

在RPB和TRPB算法中,源结点和每个目的结点的最短路径被用来传输组播包,保证组播包尽可能快地传递。然而,它们没有最小化网络资源的使用。利用Steiner树可以为构造传输树最优地使用链路的数目。在图10.4中给出了假定C是源结点A和D是接收方的情况下构造的RPB树和Steiner树。

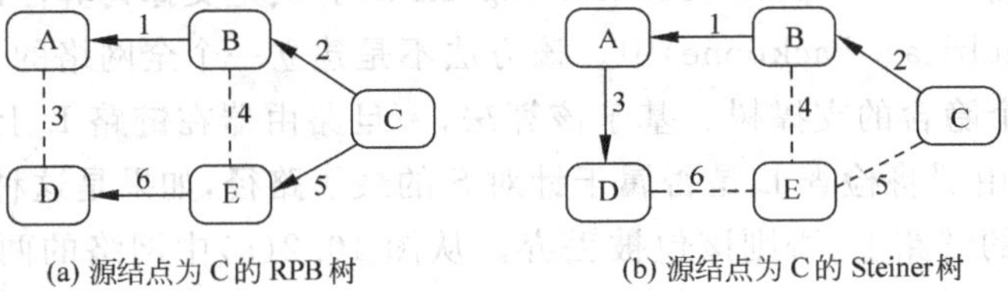

图 10.4　Steiner 树

可以明显地看出,Steiner树具有较少的链路数,尽管这个树比RPB树传播慢(因为包到达D需3次转发而不是RPB树中的2次)。虽然Steiner树使传输树中链路的使用最小化,但是,由于Steiner树难以计算,这种方法在实际中较少使用。因为Steiner树是随着结点的加入或者离开组播组而变化的,Steiner树也是不稳定的。

6. 基于核心树的组播

基于核心树(core-based tree,CBT)是较新的一个构造组播树的算法。与其他算法不一样,CBT为每个组建立一个单一的传输树。换句话说,用于转发一个特定组的组播信息的树是不考虑源结点的一个单一的传输树。一个路由器或一组路由器被选做传输树的核心。所有到指定组的信息被作为单播信息向核心路由器转发直到它们到达属于相应传输树的某个路由器。然后,信息包被转发到除了进入接口之外属于传输树的所有接口。这个过程如图10.5所示。

由于CBT为每个组播组仅构造一个传输树,与其他组播算法相比,组播路由器需要

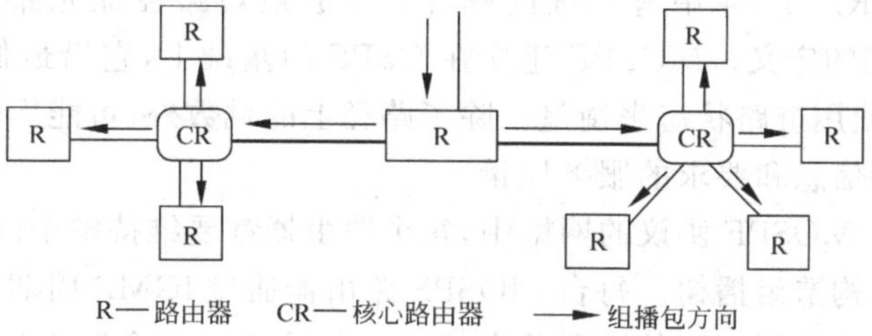

图 10.5 CBT 树

保持较少的信息。CBT 也节省网络带宽，因为它不需要任何组播包都在互联网上复制转发。然而，为每个组播组使用单个树可能导致流量集中和核心路由器的瓶颈。存在唯一的传输树也可能导致非优化的路由和由此带来的传输信息延时。

上述算法可以被用来开发组播路由选择协议。每个算法均有其优点和缺点，在某些情况下效率较高而在另外情况下效率不高。

10.2.3 组播路由选择协议

1. 距离矢量组播路由协议

距离矢量组播路由协议(Distance Vector Multicast Routing Protocol，DVMRP)最初是在 IETF RFC1075 中定义的，它已经被广泛地用在 MBone 网络上。其早期版本中基于 TRPB 算法构造传输树。后来被使用加强的 TRPB 算法(称为反向路径组播算法 RPM)来改进。

使用该协议，一旦构造了传输树，从一个指定源结点到其组播组发送组播信息的第一个包开始沿着互联的网络复制转发。然后，剪除消息用来删除到达组播组成员不经过的树枝。而且，当已删除树枝上的一个新的主机加入组播组中时，一种新的消息用来使传输树中以前剪掉的树枝重新接入。与逐跳(hop)转发剪除消息类似，重接消息将每次送回一跳直到它达到组播传输树中的一个结点。由于新的成员可以在任何时候加入到组播组，而且新成员可能在某个被剪除的分支加入，因此 DVMRP 就周期性地重新启动传播树的构造过程。

在子网上密集分布有组播组成员的情况下，DVMRP 工作很好。但是组播组成员稀疏分布在广域网上的情况下，周期性地组播行为会使网络的性能严重下降。使用 DVMRP 的另一个问题是组播路由状态信息的数量问题。因为所有路由器都必须为每个组播组存放状态信息，这些信息用来转发组播消息的指定接口信息，后者是剪除状态信息，而且这些信息必须存放在组播路由器中。

2. 组播开放最短路径优先路由协议

组播开放最短路径优先路由协议(Multicast Open Shortest Path First Routing,

MOSPF)在IETF RFC1584中有详细的解释。开放最短路径优先路由协议(OSPF)在RFC1583中有详细的定义。MOSPF建立在OSPF的基础上,它沿最低成本路径传递信息,而最低成本则使用链路状态来衡量。除了路径上的跳数外,可能影响成本的网络性能参数包括负载平衡信息和要求的服务质量。

在使用OSPF/MOSPF协议的网络中,每个路由器都要维持整个网络的布局图,其链路状态信息就用来构造组播树。每台MOSPF路由器通过IGMP周期性地收集组播组成员的信息。这个信息连同上述的链路状态信息一起传送到这个路由域中的其他路由器。根据从邻接路由器接收到的信息,路由器将修改它们内部的链路状态信息。由于每个路由器都了解整个网络布局,因此路由器就使用组播源为树根,使用组播组中的成员作为树叶来独立计算最低成本支撑树。由于所有路由器都周期性地共享链路状态信息,因此它们计算得到的组播树将完全相同。

MOSPF使用Dijkstra算法来计算最短路径树。对每个多播树都要单独计算。为了减少计算量,当路由器接收到数据包流中的第一个数据包时才做这种计算。一旦计算出组播树就把信息存储起来,为后来的数据包使用。

MOSPF的缺点是要周期性地在路由器之间传递链路状态信息,对组播来说这不很适合。

3. 协议独立的组播路由协议

协议独立组播(protocol independent multicast,PIM)路由协议是由IETF IDMR(Inter-domain multicast routing)工作组开发的。IDMR计划开发一系列组播路由协议,独立于任何特定的单播路由协议,并能提供可伸缩的Internet范围的组播路由选择。当然,PIM需要单播路由协议的存在。如果组成员是密集分布而且带宽不是问题的话,已经提出的方法工作得很好。然而,当组成员是稀疏分布而且带宽不是很宽余时,DVMRP和MOSPF效率不是很高。为了解决这个问题,PIM采用两种协议,即PIM-DM(dense mode)和PIM-SM(sparse mode)协议,它们分别在组成员密集分布和稀疏分布时更为有效。

(1) PIM-DM

PIM-DM非常类似于DVMRP,并且使用RPM算法来构造传输树。然而,这两种算法之间有明显的差别。尽管PIM-DM需要单播路由协议的存在来找到回到源结点的路由,PIM-DM是独立于由任何具体的单播路由协议实现的机制。这点与DVMRP和MOSPF不同。DVMRP使用类似RIP(Routing Information Protocol)交换信息去建立其单播路由表,而MOSPF依赖于OSPF链路状态数据库。

PIM-DM与DVMRP的另一个区别是,PIM-DM转发所有下载流接口的组播信息直到它收到剪除信息,而DVMRP转发组播流量到传输树上的子结点。所以,显然PIM-DM需要处理复制信息。然而,这种方法被选用来消除路由协议依赖性和避免由每个路由器子接口计算所导致的负担。类似于 DVMRP,重新接入信息用来将已经剪除的分支加入传输树。

(2) PIM-SM

PIM-SM 在 IETF RFC2117 有详细定义,它与现有的密集型协议有两个重要差别:在 PIM-SM 协议中路由器需要明确地通知要接收组播组的组播信息的愿望;而密集型协议假定所有路由器需要接收组播信息除非它们明确地发出剪除信息。另一个关键的差别是在 PIM-SM 协议中有核心(core)或会合点(rendezvous point)的概念。

PIM-SM 协议用来限制组播的流量只通向那些感兴趣接收的路由器。PIM-SM 围绕回合点的路由器来构造组播树。这个回合点所扮演的角色与 CBT 中的核心路由器的角色相同。用 CBT 路由协议构造的树总是组共享树,共享组播树容易构造,但是当有大量的组播流量时服务质量降低,并且由于经常不能在最短路径上通行,加大多媒体流的时延。而使用 PIM-SM 协议构造组播树时既可构造组共享树,也可构造最短路径树。

PIM-SM 协议最初构造一棵组共享树以支持组播,这是通过源结点和接收端都连接到会合点来建立的,就像用 CBT 协议围绕核心树构造共享树一样。这种组播树建立后,路由器可以向组播源发送一个 PIM 加入消息,目的是把接收端与组播源结点的连接改接到最短路径上。从源结点到接收端的最短路径一旦建立,通过会合点的无关分支就可以被剪除。这个过程可用图 10.6 说明。其中,组播树构造步骤为:①源结点在会合点 RP 登记;②接收端加入路由器 RP;③接收端接收来自源结点的数据,然后向源结点发送 PIM 加入消息,构造一条最短路径。

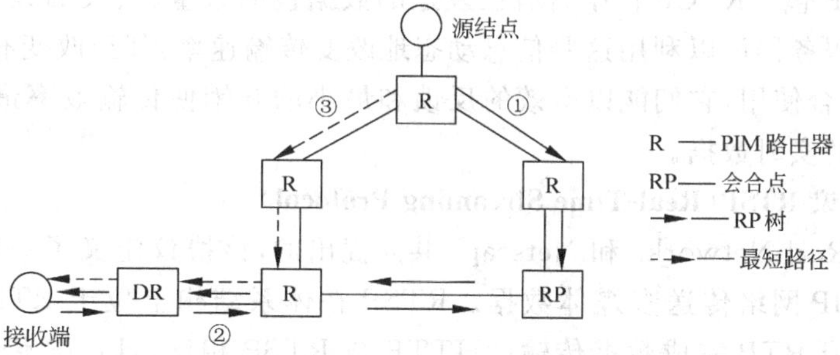

图 10.6　PIM-SM 组播树构造

10.3　流媒体技术

所谓流媒体是指采用流式传输的方式在网络上传输的媒体格式,如音频、视频或多媒体文件。流媒体在播放前并不下载整个文件,只将开始部分内容存入内存,在计算机中对数据包进行缓存并使媒体数据正确地输出。流媒体的数据流随时传送随时播放,只是在开始时有些延迟。显然,流媒体实现的关键技术就是流式传输,流式传输主要指将整个音频、视频等多媒体文件经过特定的压缩方式解析成一个个压缩包,由服务器向用户顺序或实时传送。

10.3.1 流式传输协议

流式传输的实现有特定的实时传输协议,其中包括 Internet 本身的多媒体传输协议,以及一些实时流式传输协议等,只有采用合适的协议才能更好地发挥流媒体的作用,保证传输质量。IETF 已经设计出几种支持流媒体传输的协议。主要包括以下协议。

1. 实时传输协议 RTP(Real-time Transport Protocol)

RTP 是用于 Internet 上针对多媒体数据流的一种传输协议。RTP 被定义为在一对一或者一对多的传输情况下工作,其目的是提供时间信息和实现流同步。RTP 通常使用 UDP 来传送数据,但 RTP 也可以在 TCP 或 ATM 等其他协议之上工作。当应用程序开始一个 RTP 会话时将使用两个端口:一个给 RTP;另一个给 RTCP。RTP 本身并不能为按顺序传送的数据包提供可靠的传送机制,也不提供流量控制或拥塞控制,它依靠 RTCP 提供这些服务。通常 RTP 算法并不作为一个独立的网络层来实现,而是作为应用程序代码的一部分。

2. 实时传输控制协议 RTCP(Real-time Transport Control Protocol)

RTCP 和 RTP 一起提供流量控制和拥塞控制服务。在 RTP 会话期间,各参与者周期性地传送 RTCP 包。RTCP 包中含有已发送的数据包的数量、丢失的数据包的数量等统计资料,因此,服务器可以利用这些信息动态地改变传输速率,甚至改变有效载荷类型。RTP 和 RTCP 配合使用,它们能以有效的反馈和最小的开销使传输效率最佳化,因而特别适合传送网上的实时数据。

3. 实时流协议 RTSP(Real-Time Streaming Protocol)

RTSP 是由 Real Networks 和 Netscape 共同提出的,该协议定义了一对多应用程序如何有效地通过 IP 网络传送多媒体数据。RTSP 在体系结构上位于 RTP 和 RTCP 之上,它使用 TCP 或 RTP 完成数据传输。HTTP 与 RTSP 相比,HTTP 传送 HTML,而 RTP 传送的是多媒体数据。HTTP 请求由客户机发出,服务器作出响应;使用 RTSP 时,客户机和服务器都可以发出请求,即 RTSP 可以是双向的。

10.3.2 流媒体的传输过程

流媒体的传输过程主要分下述几个步骤。

(1) 预处理

多媒体数据必须进行预处理才能适合流式传输,这是因为目前的网络带宽对多媒体巨大的数据流量来说还显得远远不够。预处理主要采用先进高效的压缩算法，将多媒体信息进行压缩。压缩后的编码数据可以进行多路传输，并且放在能够实现流的文件结构中，然后再在客户端进行解码。编码过程应该考虑不同编码速度的定制性能、包损失的容错性与网络的带宽波动，最低速度下的播放效果、编码/流式传送的成本、流的控制以及其他方面。

(2) 缓存

流式传输的实现需要缓存。这是因为 Internet 以包传输为基础进行断续的异步传输，对一个实时多媒体文件，在传输中它们要被分解为许多包，由于网络是动态变化的，各个包选择的路由可能不尽相同，故到达客户端的时间延迟也就不等，甚至先发的数据包还有可能后到。为此，使用缓存系统来弥补延迟和抖动的影响，并保证数据包的顺序正确，从而使媒体数据能连续输出，而不会因为网络暂时拥塞使播放出现停顿。通常高速缓存所需容量并不大，这是因为高速缓存使用环形链表结构来存储数据：通过丢弃已经播放的内容，流可以重新利用空出的高速缓存空间来缓存后续尚未播放的内容。

(3) 传输

用户选择某一流媒体服务后，Web 浏览器与 Web 服务器之间使用 HTTP/TCP 交换控制信息，以便把需要传输的实时数据从原始信息中检索出来；然后客户机上的 Web 浏览器启动客户程序，使用 HTTP 从 Web 服务器检索相关参数对客户程序初始化。这些参数可能包括目录信息、数据的编码类型和与检索相关的服务器地址。

客户程序及服务器运行实时流协议 RTSP，以交换传输所需的控制信息。与光盘播放机或 VCR 所提供的功能相似，RTSP 提供了操纵播放、快进、快倒、暂停和录制等命令的方法。服务器使用 RTP/UDP 协议将数据传输给客户程序，一旦数据抵达客户端，客户程序即可播放输出。

10.3.3 流媒体系统的主要解决方案

到目前为止，使用较多的主流网络流媒体传输系统有 RealNetworks 公司的 Real System、Microsoft 公司的 Windows Media Technology 和 Apple 公司的 QuickTime。

1. Real System

它由媒体内容制作工具 Real Producer、服务器端 Real Server、客户端软件 3 个部分组成。其流媒体文件包括 Real Audio（RA 格式）、Real Video（RM 格式）、Real Presentation 和 Real Flash 4 类文件，分别用于传送不同的文件。Real System 采用 SureStream 技术，自动地并持续地调整数据流的流量以适应实际应用中的各种不同网络带宽需求，客户端可以通过 Real Player 播放器实现音频、视频和三维动画的回放。

2. Windows Media Technology

它是 Microsoft 提出的信息流式播放方案，其主要目的是在 Internet 上实现包括音频、视频信息在内的多媒体流信息的传输。其核心是ASF文件,ASF是一种包含音频、视频、图像以及控制命令、脚本等多媒体信息在内数据格式,通过分成网络数据包在Internet上传输,实现流式多媒体内容发布。因此,在网络上传输的内容就称为ASF流。ASF支持任意的压缩/解压缩编码方式,并可以使用任何一种底层网络传输协议,具有很大的灵活性。Microsoft将ASF用作Windows版本中多媒体内容的标准文件格式。

Windows Media Technology由Media Tools,Media Server和Media Player工具构成。Media Tools是整个方案的重要组成部分,它提供了一系列的工具帮助用户生成ASF格式的多媒体流(包括实时生成的多媒体流),这些工具可以分为创建工具和编辑工具两种,创建工具主要用于生成ASF格式的多媒体流;编辑工具主要对ASF格式的多媒体流信息进行编辑与管理,包括后期制作编辑工具,以及对ASF流进行检查并改正错误的ASF Check。Media Server可以保证文件的保密性,不被下载,并使每个使用者都能以最佳的品质浏览网页,具有多种文件发布形式和监控管理功能。Media Player则提供强大的流信息的播放功能。

3. QuickTime

Apple公司于1991年开始发布QuickTime,它几乎支持所有主流的个人计算平台和各种格式的静态图像文件、视频和动画格式,具有内置Web浏览器插件技术,支持IETF流标准以及RTP,RTSP,SDP,FTP和HTTP等网络协议。

QuickTime包括服务器QuickTime Streaming Server、带编辑功能的播放器QuickTime Player、制作工具QuickTime 4 Pro、图像浏览器Picture Viewer以及使Internet浏览器能够播放QuickTime影片的QuickTime插件。QuickTime 4支持两种类型的流:实时流和快速启动流。使用实时流的QuickTime影片必须从支持QuickTime流的服务器上播放,是真正意义上的流媒体,使用实时传输协议RTP来传输数据。快速启动影片可以从任何Web服务器上播放,使用HTTP或FTP协议来传输数据。

10.4 IP网络QoS保障机制

10.4.1 QoS路由选择

对于多媒体业务,要求网络能够提供保证服务质量的传输,这就要求选择一条符合QoS需求的路由,即QoS路由选择(QoS routing),这实际上是一种基于约束的路由选择问题。多媒体业务主要关心的QoS参数包括:带宽、时延、错误率、缓存空间、费用等。

这里主要考虑比较复杂的组播QoS路由选择(单播QoS路由选择是其特例),其目标是找到一个满足QoS需求约束的组播树。根据一个树约束如何从对应的链路参数中推出的方法,组播树约束可划分为以下3类(设$m(l)$为链路l的约束度量)。

(1) 可加型的树约束

对任意路径 $P(u,v)=(u,i,j,...,k,v)$，如果满足下述条件就称树约束是可加型的：

$$m(u,v)=m(u,i)+m(i,j)+\cdots+m(k,v)$$

例如，端到端的时延为沿路径上每个链路的时延之和，它为可加型的树约束。

(2) 可乘型的树约束

如果满足下述条件就称树约束是可乘型的：

$$m(u,v)=m(u,i)\times m(i,j)\times\cdots\times m(k,v)$$

例如，端到端的包传输成功率即为沿路径上每个链路的成功率之积，它为可乘型的树约束。

(3) 凸约束

如果满足下述条件我们说树约束是凸约束：

$$m(u,v)=\min[m(u,i),m(i,j),\cdots,m(k,v)]$$

例如，可使用的端到端带宽即为沿路径上每个链路带宽的最小值，它的约束树是凸约束树。

针对单个约束的组播 QoS 路由选择可用图论的算法解决。常用的基本算法如下。

(1) 最短路径算法：最短路径算法最小化组播组中每条从源结点到接收结点的路径上链路权之和。如果使用单位权(权为 1)，则结果为具有最小跳数的树。两个著名的算法是 Dijkstra 算法和 Bellman-Ford 算法。组播树约束问题(如时延约束)可用此类算法解决。

(2) 最小支撑树算法：最小支撑树连接所有组成员并最小化组播树的权和。在最小支撑树算法中，树的构造可从任意结点开始，每一步都是有一个具有最小费用(权)的连接树外结点和树内结点的链加入其中，直到该树连接了所有组播组成员。该算法常用来解决树优化问题。

(3) Steiner 树：基于 Steiner 树的问题旨在解决最小化组播树总的费用问题，它是一个 NP 问题。如果组播组包含网络中所有结点，Steiner 树问题就简化为最小支撑树问题。非约束的 Steiner 树算法可被用来解决树优化问题。

多个约束组合来选择组播 QoS 路由是实际应用中经常面临的问题。理论证明，针对两个或两个以上独立的可加型或可乘型约束的结合来选择路由的问题是一个 NP 问题。例如，延时和延时抖动共同约束的组播树选择。在这些情况下，需要通过启发式算法寻找最优解或次优解。只有在单个可加型或可乘型约束与凸约束的结合情况下，选择路由的问题是多项式时间可解的，如带宽和时延共同约束的组播树选择。

10.4.2 资源预留协议

在 Internet 中,一种有效的 QoS 保障机制是为多媒体应用预留网络资源(主要指网络带宽),其核心是一个资源预留协议 RSVP,它定义在 IETF RFC2205 中。

RSVP 允许应用程序为它们的数据流保留带宽。主机根据数据流的特性使用这个协议向网络请求保留一个特定量的带宽,路由器也使用 RSVP 转发带宽请求。为执行 RSVP,在接收端、发送端和路由器中都必须要有执行 RSVP 的软件。RSVP 的两个主要特征是:①保留组播树的带宽,单播是一特殊情况;②接收端驱动,即接收端启动和维护资源的保留。

如图 10.7 所示,当应用需要 QoS 保证的服务时,发送端需要向接收端发送一个称之为路径的组播包以说明所要求的服务类型和业务流特点,沿途的路由器将路径消息逐段传递到接收端,接收端返回一个称之为预留的消息来请求资源,在此消息中给出接收端所要求的服务质量。网络在回传这一个消息时,沿途的每个路由器可以接收或拒绝预留消息的请求。如果拒绝,则返回一个错误信息给接收端,呼叫被终止;如果接收,则为该业务流分配带宽资源,并将该流的状态信息记录下来。接收端驱动的方式适合无连接的网络。另外在组播中,由各终端声明自己所要求的服务质量,比由发送端来向网络提出 QoS 要求更为合理一些。

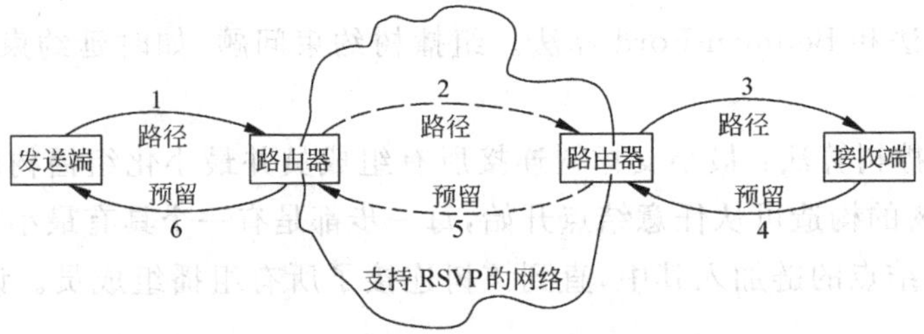

图 10.7 资源预留过程

10.4.3 区分服务

由于 RSVP 实现起来比较复杂,IETF 建议另一种 QoS 的保障机制即区分服务(differentiated service,DS)。DS 通过 IP 数据报中的服务类型域来区别服务类型,在 IPv4 中,位于报头中的该域可由用户设定。DS 中服务类型域称为 DS 域,根据 DS 域的不同类型,将数据报以不同的方式传递,这便是区分服务概念的由来,它实际上是一种相对优先级的服务。

DS 域中可以定义的服务有:低延时低抖动的最高服务(premium service),比尽力服务有更高可靠性的确保服务(assured service)和具有金、银、铜 3 种质量的奥林匹克服务

(Olympic service)。用户要想获得区分服务必须先与 ISP 协商取得服务水平协定(SLA),规定提供给用户的服务等级和每个等级所允许的流量。SLA 可以是静态也可以是动态的。静态 SLA 是用户和 ISP 协商好的,在一定期限有效的协定,用户在此期间可以随时享受区分服务;而动态 SLA 是用户需要区分服务时,通过信令协议(如 RSVP)建立起来的。当 SLA 建立之后,用户对数据报的 DS 域进行标示,边界路由器根据这种 SLA 对这些报文进行分类和处理。

如果链路上有的路由器不支持区分服务,它会忽视数据报中 DS 域的内容而给予尽力服务。由于支持区分服务的路由器对确保服务的包会给予应有的服务,因此从整体性能上,用户得到了比尽力服务更好的服务。

10.4.4 多协议标识交换

多协议标识交换(multi-protocol label switching,MPLS)是一种新的 QoS 保障机制,它是在标签交换(tag switching)技术上发展起来的一种包传递机制。MPLS 通过一个协议来建立标识交换路径(label-switched path,LSP)。一个 LSP 是一个从发送者到接收者的单向逻辑通道,具有相同服务等级的多个数据流可以汇聚在一起使用一个 LSP。LSP 的建立可以是控制驱动的,如由寻径更新信号所激发;也可以是数据驱动的,如由要传输某个数据流的请求所激发。当建立 LSP 的过程被激发起来之后,支持 MPLS 的标识交换路由器(label-switched router,LSR)之间利用协议对每个标识的语义进行协商,即协商对带有某种标识的包的处理方法,LSR 中就形成了一张以标识为索引的传送表说明每种包的处理方法。

用户数据包在支持 MPLS 的网络入口路由器中进行分类,并且加入相应的 MPLS 包头后进入 MPLS 子网。MPLS 网内部的路由器只需根据包中的标识查找传送表并进行处理,因此比一般 IP 寻径快得多。当数据包离开支持 MPLS 的子网时,在出口路由器中将其 MPLS 包头删除掉。这样,MPLS 子网很容易与其他支持 QoS 机制的子网相联。

10.5 SIP 协议

10.5.1 SIP 协议框架

SIP(Session Initial Protocol,会话初始化协议)是由 IETF 于 1999 年提出的一个基于 IP 网络的实时通信应用信令协议,是下一代网络中的核心协议之一,用来解决 IP 网上的信令控制。SIP 工作在应用层,可以用来建立、修改和终止有多方参与的多媒体会话的进程。SIP 是伴随着因特网的发展而兴起的,它广泛借鉴了其他各种已经存在的因特网协议,如超文本传输协议 HTTP 和简单邮件传输协议 SMTP。可以说,SIP 是基于因特网的两个最成功的服务 Web 和 E-mail 进行设计的,采用基于文本的编码格式,简单灵活,可扩展性强。SIP 固有的优势使其在面世后不久就得到了广泛的应用。现在,SIP 也已经被 3GPP 工作组定义为第三代移动通信系统的信令协议,以提供 IP 多媒体服务。

SIP 协议是端到端的、基于请求/响应事务模型的应用层控制协议。SIP 协议相当于一个组件,如图 10.8 所示。SIP 协议可以与 IETF 的其他协议一起构建一个完整的通信系统,这些协议如:

- 会话描述协议(SDP):描述终端设备的特点;
- 实时传输协议(RTP/RTCP):实时传输媒体数据;
- 资源预留设置协议(RSVP):提供服务质量;
- 轻型目录访问协议(LDAP):负责定位用户的确切地址;
- 远程身份验证拨入用户服务(RADIUS):进行身份验证。

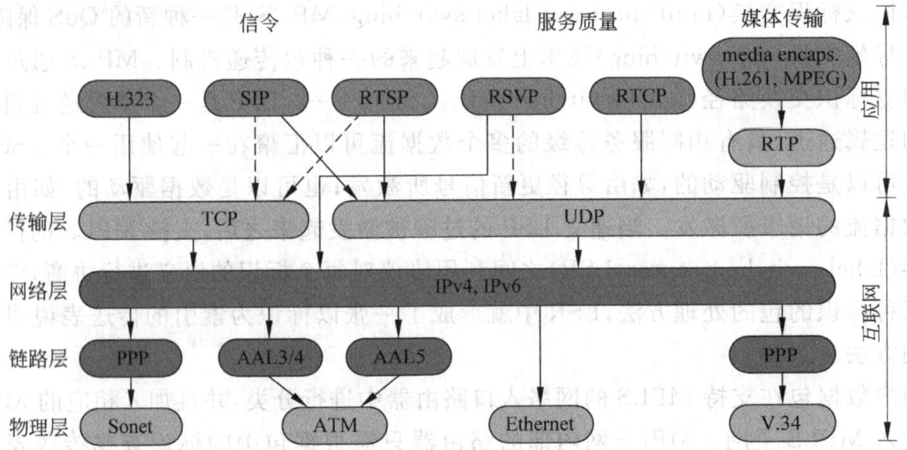

图 10.8 SIP 协议通信系统

SIP 协议本身由低向上可以分为 3 层:

第一层是语法/编码层,定义 SIP 的消息格式。

第二层是传输层,定义客户端发送请求、接收响应及服务端发送响应的方式。所有 SIP 实体都包含有传输层。

第三层是事务层。事务是 SIP 的基本构件,是由客户端事务层发送到服务器事务层的请求,以及由服务器返回的所有响应。主要进行应用层的重传、响应对请求的匹配以及应用层的生命周期控制。

用户代理和有状态代理服务器有事务层,而无状态代理服务器没有事务层。事务层有客户端事务和服务器事务,对事务的处理过程可以用有限状态机来描述。

位于事务层之上的是事务用户,有几种类型。当用户希望发送请求时,创建一个客户端事务实例，把目的地IP地址、端口、传输方法和请求消息传送给它。创建客户端事务的用户也可以取消该事务实例。当客户端取消一个事务，请求对应的服务器停止对其进一步处理，返回到事务创建之前的退出状态，并产生对该事务的错误响应。

10.5.2 SIP实体

按逻辑功能区分，SIP系统由4种元素组成：用户代理、SIP代理服务器、重定向服务器和SIP注册服务器。

SIP用户代理，又称SIP终端，是SIP系统中的最终用户，在RFC3261中将它定义为一个应用。根据它们在会话中扮演的角色的不同，可分为用户代理客户端(UAC)和用户代理服务器(UAS)两种。其中前者用于发起呼叫请求，后者用于响应呼叫请求。

SIP代理服务器，是一个中间元素，它既是一个客户机，又是一个服务器，具有解析名字的能力，能够代理前面的用户向下一跳服务器发出呼叫请求，然后服务器决定下一跳的地址。

重定向服务器是一个规划SIP呼叫路径的服务器，在获得了下一跳的地址后，立刻告诉前面的用户，让该用户直接向下一跳地址发出请求而自己则退出对这个呼叫的控制。

SIP注册服务器用来完成对UAS的登录，在SIP系统的网元中，所有UAS都要在某个登录服务器中登录，以便UAC通过服务器能找到它们。

在实现和配置的时候，可以把上述不同的逻辑实体集成在同一个应用程序中或者同一台机器上。

10.5.3 SIP协议工作原理

1. 地址机制

SIP地址采用类似URL的地址格式，用于唯一标识终端用户的标识符为SIP统一定位标识符(URI)。URI由两部分组成：用户名和主机名(用户名@主机名)，其通用格式是：

sip:user:password@host:port;uri-parameters? headers

地址中的用户信息包括user，password和@，均是可选的。但若@存在，则必须有user。

user中允许出现分号、等号。如sip:alice;day=tuesday@atlanta.com的user是alice;day=tuesday。

password一般不用，或者与user作为一个字符串出现，不指明。

port指示请求发送时使用的端口号。使用UDP，TCP或SCTP且为地址前缀为

“sip:”时默认采用的端口号为5060。使用TCP且地址前缀为“sips:”或使用TLS且地址前缀为“sip:”时默认采用的端口号为5061。

uri-parameters可以包含任意个参数,采用“参数名=参数值”的格式。常见的URI参数有设置SIP消息传输机制的参数transport、设置用户联系的服务器地址的参数maddr、区别是否为电话号码的参数user等。例如,transport=UDP表示采用UDP方式传输SIP信令。

2. 消息格式

SIP是一个基于文本的协议。SIP协议借鉴了HTTP协议的设计思想,基本采用ABNF(augmented backus-naur form)语法形式描述SIP消息及其包含的子域。

SIP消息包括从客户机向服务器发送的请求或服务器向客户机发送的响应,也就是说,SIP消息分为两大类:请求消息和响应消息。请求和响应消息均由一个起始行、一个或多个消息头字段、一个用来表示消息头部结束的空行以及一个可选的消息体组成。

(1) 起始行

起始行的消息格式定义如下:

请求消息起始行: 方法 请求-URI SIP-版本

响应消息起始行: SIP-版本 状态码 原因短语

常用的6种SIP方法如表10.1所示。

表10.1 SIP方法种类

方法	含义
REGISTER	客户端向注册服务器注册自己的地址
INVITE	邀请对等实体加入会话
ACK	证实用户已经收到了对INVITE请求的最终响应
BYE	客户向服务器表示它想要终止此次呼叫
OPTIONS	询问客户端能力
CANCEL	取消一个正在挂起的请求

除此之外,RFC中还定义了一些扩展的方法。

请求-URI:SIP URL,标识通信资源,可以是用户、邮箱、电话号码等。

SIP-版本:SIP/2.0。

原因短语:给SIP用户的、描述状态码的短语。

响应主要通过状态码来区别,状态码是由3位阿拉伯数字组成的整数码,它表示对请求的解释及处理结果。第一位指示响应类型,共有6大类响应消息,如表10.2所示。如果第一位为2,则意味着操作成功,这是正常情况下最常见的响应状态码。

表 10.2 SIP 状态码

状态码	含　义
1××	表示请求被接收,正继续处理请求
2××	行为被成功接收,理解并被接受
3××	重定向
4××	客户请求错误
5××	服务器出错
6××	全局出错

(2) 主要消息头

SIP 消息头字段通用格式为:

头字段名:字段值 *(;参数名=参数值)

几个常用的消息头列举如表 10.3 所示。

表 10.3 SIP 常用消息头

字段名	含　义
To	标志请求的逻辑接收者
From	指名请求的发起者(可能与对话的发起者不同,被叫发送的请求中为被叫地址)
Call-ID	标志一个邀请或注册,区分大小写
CSeq	用来指示对话中事务顺序,唯一标识事务、区别请求和请求重发
Contact	指用户代理希望获得请求的位置
Via	指名请求经过的路径及路由响应应通过的路径。包含有发送消息的传输协议,客户端主机名或网络地址及希望接收响应的端口号(若不缺省)

(3) 消息体

Content-type: 默认为 application/sdp。

Content-length: 用 1 字节表示的十进制数,标示消息体的长度。

消息体中包含媒体描述信息,其描述方式遵循 SDP 协议的规定。SDP 是与通信无关的协议,它被封装在 SIP 消息体中传输,主要任务就是生成要发送的 SIP 消息体,并分析收到的 SIP 消息体。

一个 SDP 描述由许多文本行组成,文本行的格式为<类型>=<值>,<类型>是一个字母,<值>是结构化的文本串,其格式和意义依类型而定。一般说来,一个 SDP 的数据包通常包括以下信息。

① 会话信息:

- 会话名和目的;
- 会话活动时间;
- 会话使用的带宽信息;
- 会话负责人的联系信息。

② 媒体信息:

- 媒体类型,如视频和音频;
- 传输协议,如 RTP/UDP/IP 和 H.320;
- 媒体格式,如 H.261 视频和 MPEG 视频;
- 组播地址和媒体传输端口(IP 组播会话);
- 用于联系地址的媒体和传输端口的远端地址(IP 单播会话)。

3. SIP 协议使用举例

下面以呼叫建立/拆除过程对 SIP 消息的使用来举例分析。

如图 10.9 所示,UAC 和 UAS 之间直接建立会话的过程是一个 3 次握手的过程。

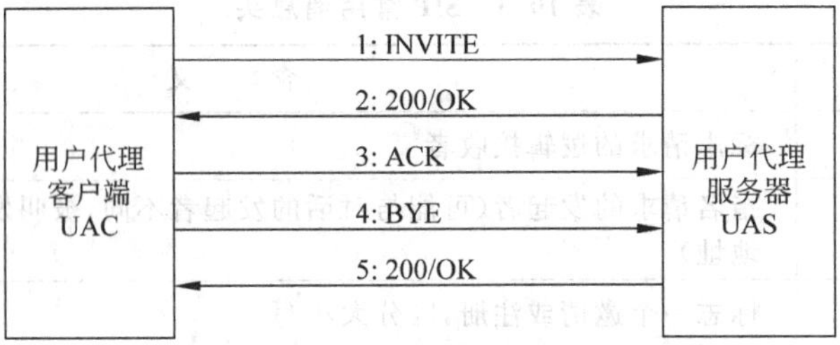

图 10.9 UAC 和 UAS 直接建立/终止会话流程

① 主叫向被叫发出 INVITE 请求消息。在请求消息中包含的媒体流描述是“主叫能够接收的媒体格式与参数”以及“主叫准备发送的媒体格式和参数”。

② 被叫发回状态码为 200 的响应消息,表示同意加入会话。在响应消息中包含的媒体流描述是“被叫能够接收的媒体格式与参数”,有时也可能包含“被叫准备发送的媒体格式与参数”。

③ 主叫向被叫发出 ACK,表示客户端已经收到了服务器对 INVITE 请求的最终响应。该 ACK 消息可能还包含有媒体流描述消息,被叫应按照该描述中的格式和参数发送或者接收媒体流;如果该 ACK 请求消息中不包含媒体流描述,则以最初的 INVITE 请求消息中的描述为准。

通话过程中,主叫或者被叫均可以选择结束会话,结束的过程都是:

④ 首先由挂机方向对方发出 BYE 请求。

⑤ 对方收到该消息后应立即停止向挂机方发送媒体流,然后发回状态码为 200 且消息体为空的响应,表示会话结束。

4. SIP 代理服务器

SIP 代理是一个逻辑概念，用来将 SIP 请求传给用户代埋服务器(UAS)，将 SIP 响应传给用户代理客户端(UAC)。如图 10.10 所示，一个请求在到达 UAS 之前会经过若干个代理，每个代理在传送请求之前都要决定路由和修改请求。

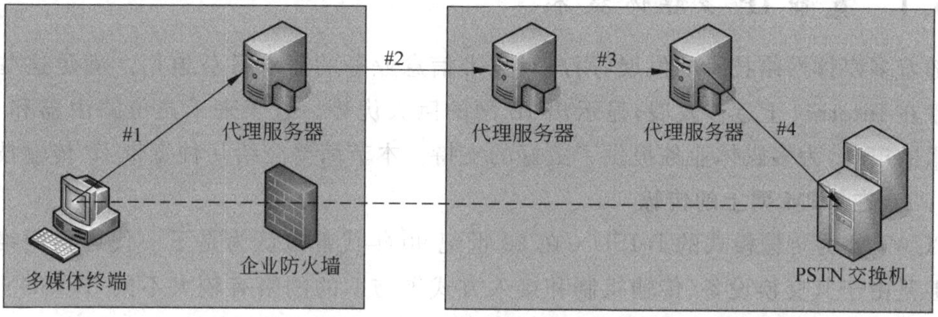

图 10.10 代理服务器链示例

当一个请求达到时，SIP 代理首先判断是否需要自己来回复这个请求。如果是，那么这个 SIP 代理就是一个用户代理服务器。SIP 代理可以是有状态的或无状态的。对于有状态代理而言，一个请求对应一个服务器事务。有状态代理需要记录它接收到的请求和传递出的请求的相关信息(主要是会话状态)。

对每个请求，有状态代理都要进行如下处理：

① 检查请求的有效性：包括语法、URI 格式、最大跳数、循环检测、代理请求、代理授权等。如果有一项未通过，代理将以用户代理服务器的身份返回一个错误码。

② 预处理路由信息：处理请求的 Request-URI。

③ 决定请求的目的地：由请求内容决定目标地址或通过定位服务取得。

④ 传递请求到目的地：只要目标集非空，可以以串行、并行或分组方式处理目标集。

⑤ 处理所有的响应：有状态代理采用成为响应上下文的机制来将收到的响应和发送出的请求对应起来。对每个响应，若未查找到匹配的客户端事务，就以无状态方式处理。

无状态代理是一个简单的消息传递者，不记录任何关于所传递消息的信息。它大部分处理过程与有状态代理相同，不同点在于：

① 无状态代理没有事务和响应上下文的概念。它自己不能重发消息，只能传递其他代理发来的重发消息。

② 无状态代理不能进行请求校验。

③ 无状态代理不能产生 100 Trying 或其他的临时响应。

当收到一个响应时，无状态代理必须检查最顶端的 Via 头字段中的 sent-by 值。如果这个值指示的是此代理，则它必须删除最顶端的 Via 头字段，然后按照下一个 Via 头字段所指的地址发送响应;否则,它必须丢弃此响应。

10.6 IP多媒体网络的相关问题

10.6.1 宽带IP多媒体技术

随着多媒体网络技术的发展,用户对宽带信息业务的需求日益迫切。满足这些需求的技术在Internet上逐步发展,显示出IP网的巨大优势。近年来千兆位路由器和IP交换技术的出现,为多媒体业务提供了更好的支持。本节简要介绍几种宽带IP传输技术。

1. IP在ATM网上的传输

以ATM为传输模式的B-ISDN在20世纪90年代曾被认为是下一代通信网络的基础。但是由于其交换设备、传输机制和接入方式等与旧的网络有较大不同,B-ISDN没得到大的发展。ATM作为一种交换和传输技术主要用在干线传输上。

IP在ATM网上的传输业务通常采用IETF RFC1483和RFC15772定义的IPOA(classical IP over ATM)规范,它将ATM网络看做是一种异构网络,为IP提供链路连接。

2. IP在SDH上的传输

在IPOA中,IP数据包被分割成短的数据段,然后封装进ATM信元。每个信元要加信元头,这就增加了开销(称信元税),有人估计大约增加25%左右。ATM的底层传输系统是SDH(synchronous digital hierarchy),为何不在SDH上直接传输IP来减少开销?IP over SDH正是这样一种技术,它的信元税仅为5%。

3. IP在波分复用光纤网络上的传输

传统的增加信道容量的方法:一是增铺新的光缆,二是提高原有光缆的时分复用速率。前一种方法价格昂贵,后一种方法规模的伸缩性差,如使用新的高速复接设备,原有的低速率的设备就作废了。密集波分复用(dense wave-division multiplexing,DWDM)是近年来出现的一种经济、灵活地扩展信道容量的技术。

波长在1200~1600nm范围之内的光波在单模光缆中的传输损耗都比较小,即可用于数据传输的光带宽有30THz。在同一光缆中利用该范围内的多个波长的光波分别进行时分复用传输的技术称为WDM。该技术可以将现有光纤网络的传输速率提高几十到上百倍。WDM提供了灵活的扩展信道容量的方法和多种协议的信号可以复用在同一光缆中传输的方法,一些现存的技术(如IPOA)仍能在WDM中继续工作,这使得骨干网的传输能以更平滑的方式升级。另外,使用WDM传输网在IP QoS保障和损坏部件的及时恢复方面也有优势。

10.6.2 移动流媒体应用

移动通信技术的发展目前进入了空前活跃的时期。第三代(3G)移动通信不仅能提供现有的各种移动电话业务,还能提供高速率的宽带多媒体业务,支持高质量的话音、分组数据业务以及实时的视频传输。3G 开创了移动通信与 Internet 网、多媒体融合的新时代,由此产生的移动多媒体和移动 IP 业务必将成为未来移动通信业务新的增长点。但在无线 Internet 上高效地传输多媒体业务面临着各种挑战,即必须解决低功耗的视频传输技术、提高带宽利用率的压缩技术、提供鲁棒的抗干扰技术等问题。即降低单个移动终端设备的平均功耗,同时保证多媒体的服务质量要求;要求 IP 信号具有强的纠错能力,以适应环境遮挡、信号干扰、信号衰弱等不良因素的影响,解决系统对不良环境的适应性。

由于 IP 技术成为未来网络的主流技术,这将促使现有的有线电视网、电信网、移动通信网等网络都应支持 IP 数据的传输,使多媒体数据在 TCP/IP 的基础上发送,并获得信息的互联互通。所以,移动通信网已经逐渐开始了向 IP 网络结构融合和转变的过程。

目前,在移动通信网中传输 IP 数据已经实现,在已经投入商用的 GPRS 和 CDMA 系统中,核心网络层采用 IP 技术,底层可使用多种传输技术,很方便地实现与高速发展的 IP 网无缝连接。在无线接入网方面,移动通信核心网逐渐向 IP 网络结构融合和转变,要求无线接入网也必须要加以相应的改进以支持 IP 数据的传输。IP 与无线空中接口协议、MPEG、ITU-T 话音数字编码等标准之间的兼容问题已经解决。IP 数据通过无线接入网传输到移动终端被证明是可以实现的。例如,目前移动用户通过 GPRS 手机已经可以进行收发 E-mail、浏览网页等,3G 终端可以接收视频直播和可视通信服务。

在移动终端方面,要能处理流媒体文件,移动终端必须满足两个条件:一是能收发和处理 IP 数据;二是具有一定大小的存储空间以存储媒体文件,并安装流媒体播放器。一直以来,移动终端存储容量不足阻碍了移动多媒体业务的发展,如果采用“先下载、再播放”的传统机制来处理,移动终端必须等到整个媒体文件完全下载之后才能播放,媒体文件有多大,要求移动终端的存储空间就应有多大。流媒体技术具有边下载边播放,以及播放了的流媒体数据随即被清除的特点。与传统机制相比,流媒体技术只需在用户终端创建一个适当的缓冲区,播放前先下载一段信息到缓冲区中作为缓存,就可以播放;客户端在处理和播放流媒体文件的整个过程中,只占用相当于缓冲区大小的存储空间,播放了的流媒体数据在客户端不再驻留。采用流媒体技术,只需对移动终端的存储容量进行适当扩展即可满足流媒体缓冲区对存储空间的要求。

从服务提供者来看,流媒体的应用将使移动数据通信与因特网更好地结合,优化网络的数据传输能力和多媒体能力,向用户提供更多高速、高质量的移动多媒体通信业务,从而能够吸引更多的客户,增加运营商收入。

从内容提供者来看,流媒体的应用使能够应用于移动通信领域的多媒体内容的范围极大扩展,内容提供者将和服务运营商一起合作,将以前能想到却不能做到的移动多媒体业务投入真正的商用。此外,流媒体文件不在客户端驻留,文件处理和播放完随即被清除的特点,为内容提供商提供了天然的版权保护。

对移动用户而言,流媒体能够实时播放音视频和多媒体内容,也可对其进行点播,具有交互性。这一特点与移动通信固有的移动性相结合,使移动用户能够随时随地获得或点播实时的多媒体信息,大大增强了移动多媒体业务的灵活性。此外,流媒体启动播放的延时非常短,使用户能够即时收看收听。而且流媒体应用于移动通信领域,使移动多媒体业务的种类和内容极大的丰富。所有这些都将更好地满足用户的需求。

流媒体技术在移动通信市场很有应用前景。目前,3GPP已经明确提出了对流媒体业务相关标准,在国内外推出的多种多媒体应用,取得了很大的成功。随着3G高速移动通信技术的成熟和商用,同时手机、PDA等移动通信设备的不断完善,移动通信网已不仅能够提供传统的话音业务,还能提供宽带视频业务,支持高质量的话音、分组数据业务以及实时视频传输。流媒体技术将在移动通信中获得广泛的应用,成为移动多媒体业务的主流技术。

本章小结

本章主要讨论了基于Internet的多媒体技术的概念、问题和基本解决方法。首先介绍Internet及其多媒体应用,讨论了在Internet中改善多媒体服务质量的基本途径。接着,介绍了IP组播技术,它是提高Internet传输效率的一种重要方法,对改善多媒体服务质量很有效。然后,介绍了流媒体技术,讨论了几种常用的IP网络的QoS保障机制,并介绍了基于IP网络的实时多媒体通信应用信令协议——SIP协议。最后,简要介绍了与IP多媒体网络相关的宽带IP、移动多媒体技术及其应用。本章内容是基于Internet多媒体系统的基础。

思考练习题

1. 比较TCP和UDP传输协议在信息传输时的差别,并且指出它们对多媒体信息传输的特点。

2. 试以一个组播网络为例,使用本章介绍的支撑树算法、RPB算法、TRPB算法等组播路由选择算法构造组播树,并且比较这些算法的特点。

3. 指出DVMRP、MOSPF、PIM-DM、PIM-SM等几种主要的组播路由选择协议的特点和适用范围。

4. 简述流媒体传输过程和所用协议。

5. 什么是 IP 多媒体服务质量？目前保障 IP QoS 主要采用哪些措施？

6. 设计实现一个求具有带宽和时延共同约束的组播树路由选择算法。

7. 何谓区分服务？它如何对多媒体业务进行支持？

8. 就移动流媒体应用发展的一个关键技术，讨论目前存在的问题和可能的对策。

9. 利用 SIP 协议实现一个视频文件下载的流程。

10. 试设计一个基于 Internet 的多媒体应用系统，要求阐述其应用背景、功能模型、系统结构、主要软硬件模块、系统实现协议及关键技术问题解决方法。（提示：可考虑 IP 电话、远程教学等实际应用）

第11章 典型的多媒体应用系统

应用的需求促进了多媒体技术的发展，而多媒体技术的发展又拓宽了它的应用。本章就多媒体计算机系统最活跃的两类应用——计算机支持的协同工作系统(CSCW)和数字音频视频服务系统进行讨论，重点介绍它们的概念、模型、方法和实现技术，以期通过这些典型系统的介绍与分析，对多媒体计算机的应用有更深入的了解。

11.1 计算机支持的协同工作系统

11.1.1 CSCW 概念

传统的计算机系统，无论是单机系统还是网络系统都是以支持单独用户操作为目的的。在信息共享和人与人之间合作越来越重要的今天，支持多个用户合作工作的 CSCW (computer supported cooperative work)系统具有非常重要的实用意义。

CSCW 最早由 Lrene Gerif 和 Paul Cashman 在 1986 年提出，用于描述他们正在组织的如何利用计算机支持交叉学科研究人员共同工作的课题。与 CSCW 密切相关的一个概念是群件(groupware)。群件是能体现 CSCW 思想的多用户软件，它意味着 CSCW 具有商业化产品。CSCW 和人机交互、办公自动化等领域的研究密切相关。CSCW 系统中不仅蕴含了多种分布式系统的应用，而且对已有的分布式系统在结构上提出更具体的特殊要求，为分布式系统的研究提出了新的课题。

Bannon 和 Schnidt 在 1989 年指出：CSCW 致力于研究协同工作的本质和特征，探讨如何利用各种计算机技术设计出支持协同工作的信息系统。Ellis 在 1991 年给出了一个 CSCW 的定义：CSCW 是支持有着共同目标或共同任务的群体性活动的计算机系统，并且该系统为共享的环境提供接口。

该定义指出了工作群体、共同目标和计算机技术的关系。实际上，CSCW 系统具有以下特点。

(1) 群体性。设计人员采用群体工作方式,设计群体有合理的组成。

(2) 交互性。群接口支持用户与系统的交互。

(3) 分布性。设计人员分布在不同地点。

(4) 协同性。有共同的工作目标即群体工作目标。

Johansen 在 1988 年将与 CSCW 相关的群件定义成为协作群体的使用而设计的特殊计算机系统。这些群体一般是为了完成某个项目而组成的工作小组,它具有明确的任务及严格的期限。群件包括软件、硬件、服务和群体工作过程支持等。

11.1.2 CSCW 基本系统分类

共同任务和共享环境是 CSCW 中最关键的两个概念。所谓共同任务就是合作者共同完成的任务。在传统的时间共享系统(如编译程序)中,多用户执行相对独立任务,无协作意识,处于共同任务的低级。而像共同编辑系统这类多人合作系统,在实时交互期内对某个数据实体进行共同编辑,协作意识强,处于共同任务的高级。所谓共享环境是合作者所处的某个可共享的环境,该环境将及时地将现场各种信息传送给所有参加者,使他们了解环境的各种情况,以便于合作,共享环境是从时间和空间角度来考虑的。电子邮件系统对环境信息要求低,很少提供环境信息,处于共享环境的低级;而实时会议系统要模拟传统的会议室,对于会议现场、人员、讨论的问题等都要有清楚而及时的提示,处于共享环境的高级。

因此,CSCW 系统可按以下几个特征进行分类。

(1) 交互形式。同步或是异步。

(2) 地理位置。远程或是同地。

(3) 群体规模。两人或是多人。

系统分类如图 11.1 所示。从下面 CSCW 的典型应用系统可看出 CSCW 目前活跃的领域。

(1) 电子邮件系统

电子邮件系统可能是最早的 CSCW 应用系统,其快速及丰富的表达能力继承了传统的有纸通信和电话通信的大部分优点,为用户提供了有效的异步通信手段。初期的电子邮件格式不一,只局限于小范围使用。1984 年,CCITT 推出 MHS(message handling system)的 X.400 系列建议,为建立新型的世界范围电子邮件通信体系打下良好的基础。

(2) 电子布告栏系统

电子布告栏系统(bulletin board system,BBS)是布告栏的计算机化,用户可在 BBS 上编写便条,其他用户可以阅读这些便条并留下自己的回话,许多 BBS 还支持文件的存储和检索,可当作信息服务器使用。新型的 BBS 系统能支持多个用户同时使用,而通常用户间并没有意识到彼此的存在。

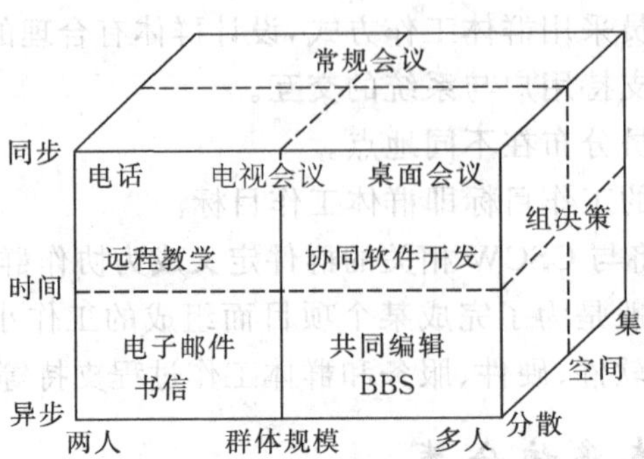

图 11.1 CSCW 系统分类

(3) 群决策支持系统和电子会议室系统

群决策支持系统(group decision support systems,GDSS)提供群体解决非结构化和半结构化问题的计算机辅助功能和设施,主要用来提高决策会议的效率和质量。会议室系统由处于同一地点的拥有特定设备的计算机系统构成,支持会议成员面对面的协作活动,会议室系统通常是实现群决策支持系统的具体形式。

(4) 多用户共同编辑系统

在多用户共同编辑系统中,编辑小组的成员可以共同编写一份文档,实时共同编辑系统还允许编辑小组同时编辑同一个对象。通常被编辑的对象被划分成若干个逻辑单元,如一章划分成若干节,多个用户对同一单元的并发操作是允许的,但写操作一次只能由一个用户完成。编辑系统内部完成加锁和同步功能,用户编辑某一对象就像在编辑私人对象一样。

(5) 计算机会议系统

实时计算机会议系统提供两个以上用户会话的业务,一般具有提供视频、音频的能力,并能够共享文本和图形等信息。计算机会议系统的性能除了本身的多媒体处理功能,关键还取决于运行网络的性能。最新推出的一些计算机桌面会议系统,利用计算机作为用户参加会议的接口,具有良好的性能价格比。在计算机上运行有能使用户之间顺利交互的软件,可提供多重视频窗口和动态的有关参加者和会议进展的最新信息。

11.1.3 CSCW 系统实现的理论与方法

1. 群体协作模型

群体协作模型是群体成员进行协作共同完成任务的模式,它涉及群体成员间如何开展协作,在协作时如何进行交互,如何进行操作的协调,如何使协作过程向前推进以及如何结束协作、完成协作任务等问题。已有的 CSCW 系统都以某种协作模型为基础。下面介绍几种有影响的协作模型。

(1) 对话模型

这种模型将人与人之间的各种复杂的协作建立在两人间的交互和动作的协调基础上，认为两人间协作是各类协作的基本元素。两人间协作又是通过特定的言语行为(如请求、许诺等)的执行来完成的。言语行为的表达依赖的是某种语言的词汇，但言语行为却是独立于这些特定语言词汇之外的非语法含义，它是两人间协作的根本。

Searle 对构成两人间协作的言语行为进行研究，1969 年建立了讲话-行为(Speech-Act)理论，该理论用以下 3 个特征来刻画言语行为：

① 非语法含义。它可通过定义言语行为的寓意来解释。如“请求”的寓意可定义为使听话人做某事的企图；“断言”的寓意是对某事件真实状态的表达。

② 适应方向。它指的是命题内容与命题所指世界的关系。某些非语法含义的方向是使内容适应世界，而另一些是使世界适应内容。断言属于前者，承诺和请求属于后者。

③ 诚恳状态。它是指说话者对其命题内容心理上的态度。比如在断言的情况下，说话人表达了他所说的是真实的这一信念；在请求他人做某事时，说话人表达了想让听讲人做某事的希望；而某人承诺了做某事，他表达了做某事的意愿。

根据上述 3 个特征，言语行为可分为断言、指令、承诺、表达和宣布等，而协作就是通过这些言语行为的执行来完成的。

基于对话模型的系统主要是消息系统，它们支持参与者通过彼此发送的异步的消息来进行协调与合作，如 DOMINO，COORDINATOR，COSMOS，AMIGO 等系统。

在讲话-行为理论基础上，Medina-Mora 等人将两人间的协作抽象为一个动作环，如图 11.2 所示，两人的身份分别为客户和执行者，这个动作环由 4 个阶段组成。

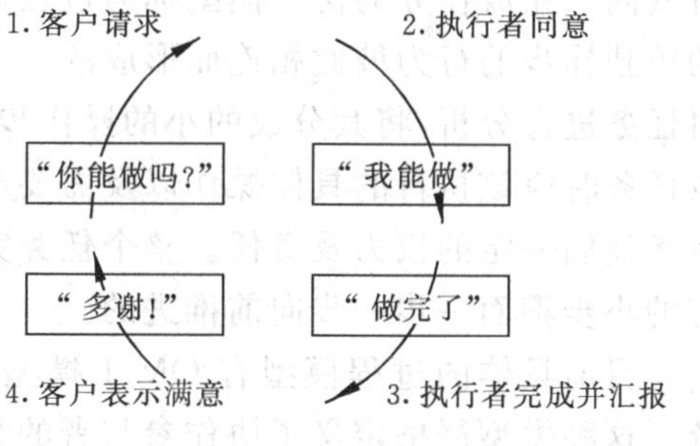

图 11.2 动作环

Medina-Mora 等人认为所有的协作都是由这样一些基本的动作组成。Action WorkFlow 系统即基于这种模型。

(2) 会议模型

会议是常见的多人间协作形式。会议是多人聚集在一起，各自发表意见，听取他人看法，交流协商达成共识。

会议有以下作用：

① 参与者通过交流思想，相互学习，吸取经验，促进知识、方法、策略的结合。

② 参与者经过讨论，纠正错误的看法，消除误解，使各观点融合，得到对某问题的一致认识。

③ 参与者对共同事物施以动作,协同完成同一任务。

从概念上讲,多个协作参与者通过共享讨论空间组织在一起,在这个共享空间中,他们可以相互交流,或者通过对共享信息的操作来发表自己的意见,与其他参与者进行讨论。其特点是:协作参与者一般不进行两两间的交互,而是通过共享的信息空间彼此沟通。见图11.3。

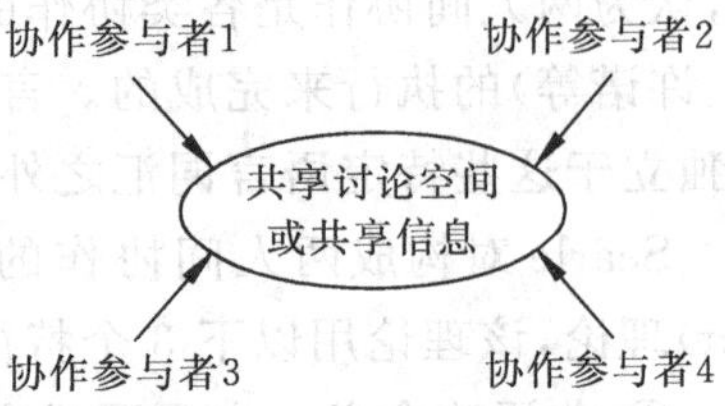

图11.3 会议模型协作

以这种模型为基础的CSCW系统包括计算机会议系统、白板系统、BBS等基于共享信息协同工作的系统。早期会议系统只是文本形式的异步系统,如Notepad,COM等。随着高速可靠通信网的实现,出现了实时同步会议系统,如RTCAL,Rapport,MERMAID等,这些系统可处理多媒体形式信息。

上述两种协作模型都是从完成协作任务时人们之间的交互关系这个角度来进行刻画的,下面两种模型从协作任务的管理及分工与合作的角度来刻画人们之间的协作。

(3) 过程模型

一个复杂的操作过程,往往被分成一个个不同的操作步骤,通过对这些步骤的分别处理使整个操作过程得以完成,如机械产品的生产与装配过程、企业办公业务、销售业务等,都可按这种方法处理。

这种将协作任务分成相互关联的多个小步骤,通过多个人分别单独地对小步骤的执行共同来完成任务的协作模型称为过程模型。在这种模型下协作任务的完成是由多个人的单独异步的行为彼此相连而形成的一个复杂过程。要通过这种模型进行协作,首先要对任务进行分析,将其分成的小的操作步骤形成一个工作流程,然后确定每个参与者在完成任务时应该执行的具体操作以及需要与其他人交换的信息,并制定协作者的行为规范,赋予他们一定的权力及责任。整个任务完成是通过各参与者单独地执行事先定义好的相应的小步骤而一步一步向前推进的。

目前具体的过程模型有OM-1模型、OTM模型等,以及基于这些模型的CSCW系统。这种模型严格定义了协作参与者的行为,属于高度结构化的协作,适合具有良好规范的设计或办公过程。其缺点是缺乏灵活性,应用有局限性。

(4) 活动模型

在实际应用中,很多协作任务无法事先确定其详细的执行过程。此外,每个人在完成任务时都有一定的自主性,人们之间的有效的协作往往是非结构化的协作。活动模型较好地刻画了人们之间普遍性协作活动。

活动模型与过程模型类似,其中多个人也是通过分工与合作来共同完成协作任务。然而它不是将协作任务分成由多个操作步骤组成的过程,而是将其分成一个个目标确定的子任务(活动),定义这些子任务间关系及子任务的完成者,然后通过各协作参与者分别对相应任务的执行，使整个协作任务得以完成。

活动模型主要着眼于在执行任务时参与活动的成员间交换什么信息，而并不规定子任务完成时所需执行的操作。它一般只给子任务的目标及相关信息(期限、执行者、资源与其他任务关系等)，执行者完成任务时可根据实际情况，按自己的方式操作，不受约束。

活动模型符合人们行为的情景性特点，具有很大的灵活性，如协作科研项目的完成，需要创造性协作活动。

活动模型主要处理对多个合作者完成复杂协作任务的分工，以及对子任务之间的关系和整个任务完成进度的管理，不涉及子任务具体完成方式。子任务往往由单个人在与其他人无任何联系的情况下完成，其本身无多人间同步协作。它仅描述了多人通过各自完成同一任务的不同部分而进行的异步操作，无法处理多人间同步的协作问题。

(5) 分层抽象模型

现实生活中，有些群体的协作行为包含以上多种协作模型的特点，如一门课的教学活动。教学是教师与学生共同完成的一项协作任务，这一协作任务首先要分成多个小的子任务，如各章的教学、实验及测验等，而完成这些子任务时，如一堂课教学又需教师讲、学生听及相互的讨论等。由此例可以看出：人们之间的协作还具有层次性。

Vin 等人将群体的协作行为抽象为“会议”、“活动”及“合作”3 个层次。

- 会议：是多个人通过各种途径进行时间上连续的一次性同步交互过程。如一堂课的教学、讨论会等，它刻画多人间的关系。
- 活动：是一组语义上相关的同时进行的会议的集合，有时一个会议的进行取决于其他会议的状况。
- 合作：是一个具有时间顺序的多个活动组成的序列。一门课的教学就是一个合作。

这个模型有效地划分协作的层次性，但无法处理由不同的人完成不同子任务的情况。为了描述协同任务中子任务情况，有人提出了活动-任务-合作这一抽象模型。

该模型最高层抽象为合作，它是多个人为完成独立的、长期的合作项目而执行的所有行为，具有完全独立性。合作只涉及有关合作项目的描述信息，表明该合作的目的、意义、完成人员、资源、计划及完成情况(状态)。

第二层抽象为任务。任务为合作的各个阶段所需完成的具有一定目标、语义完整的相对独立的长时间协同行为，它具有相对独立性。同一合作的不同任务间有着各种联系，任务本身目标是明确的。每个任务可分为任务体与任务上下文。任务体主要是对任务执行者、执行时间及执行状态的描述；任务上下文主要描述任务及任务的执行与其他事物之间的联系(所属项目、所需资源、任务间关系、子任务结构)。

最底层抽象为活动，活动为完成某项具体任务时，单个人或一组人执行的在时间上连贯的一次行为，它强调的是时间连贯性，也是同时性。

活动包括所有人类行为。

• 多人同步紧耦合的协作,如召开讨论会探讨某个问题。
• 个人单独异步地完成协作任务的一部分,个人完成任务时本身没有协作。
• 非正规的协作活动,如无事先安排的、平等的协作参与者之间的临时交流。
• 其他执行与计算机无关的行为。

在此模型中,从合作者到任务层表现为完成复杂协作任务时群体成员之间的分工与合作,而从任务层到活动层,表现为完成具体任务时人与人之间的交互及行为的协调。这三层抽象将独立的合作看成多个彼此相关的子任务网络,并且将各子任务看成多个活动组成的序列,此模型可以概括人与人之间的协作行为。具体的协作通过以上3层抽象表示后,其实际的执行过程就是自下而上,即活动、任务、合作。

2. CSCW系统实现方法

(1) 多Agent方法

多Agent方法来源于分布式人工智能的研究。分布式人工智能的研究一般分为分布式问题求解(DPS)和多Agent系统(MAS)两个方面。DPS的研究侧重于如何分解某个特定问题,并将其分配到一组拥有分布知识并相互连接的结点上分别处理;MAS侧重于研究由多个Agent组成的多Agent系统中各Agent行为的协调及它们之间的协同工作。

定义11.1 (弱定义)Agent是具有下列特性的计算机软硬件系统:

① 自治性——可以不受人或任何外界因素的干涉而独立存在,对自己的行为和状态有一定的控制权;

② 社会性——可以通过某种Agent通信语言ACL和其他Agent(包括人)进行信息交流;

③ 反应性——可以理解周围的环境,并对环境的变化做出实时的响应;

④ 能动性——可以主动地做出有目标的动作。

定义11.2 (强定义)Agent除了具备定义11.1中的所有特性外,还应具备一些人类才具有的特性,如知识、信念、义务、意向等精神上的观念以及情感、能力等更抽象的概念。

对MAS的研究主要分为两个方面:一是Agent的内部行为模型,如Agent的模板;二是Agent的外部模型,即Agent在协同、协商、竞争等活动中交互过程模型,以及通信方式、消息类型等。

CSCW系统作为MAS进行研究,对高层概念的探讨有指导意义;对具体CSCW系统,主要作用的是人,CSCW系统只是为完成协作任务提供服务,一般不必具有自主性和智能。

(2) 群接口方法

为支持群体的协作工作,CSCW系统必须允许多个用户同时或先后访问系统,提供方便的多用户接口，CSCW 系统的人机接口应能体现群体活动及多用户控制的特征，这种新型接口称为群接口，它能处理多用户控制的复杂性。

群接口研究的基础是用户界面管理系统(UIMS)，UIMS 模型如图 11.4 所示。在基于 UIMS 应用程序中，接收用户输入及显示应用程序输出的用户接口部分与应用程序的实际运算部分，也就是应用程序的语义部分，是完全分开的。群接口形式如图 11.5 所示。

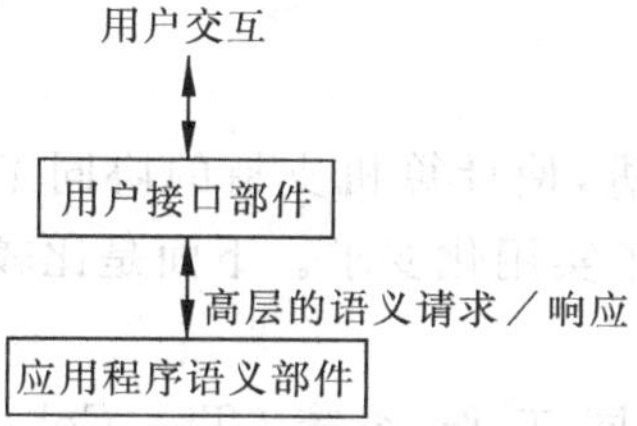

图 11.4 UIMS 模型

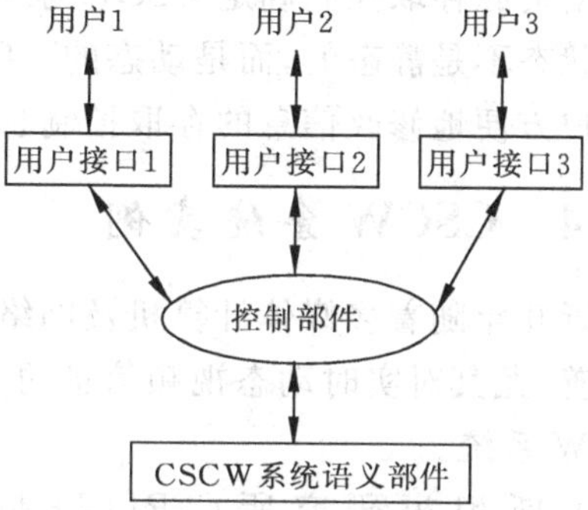

图 11.5 群接口形式

群接口的设计应满足下面要求。

① 多重显示的支持。共享信息在不同用户屏幕可见；共享信息在不同用户屏幕上处理；屏幕间用户交互地传播。

② 支持不同的视图。不同合作者可有不同的信息表现方式，应支持：共享信息实体的不同交互和表现的定义；信息改变时，表现的维护；通过与表现交互修改信息实体。

群接口可分 3 类。

① 支持表现级共享的接口，属于紧耦合型。每个合作者有相同的显示，WYSIWIS。

② 支持视图级共享的接口，属于中耦合型。每个合作者表现信息相同，但可有不同的显示方式。

③ 支持对象级共享的接口，属于松耦合型。每个合作者有不同的显示(内容和方式)。

(3) 协作机制与通告机制

协作机制是用户间约定的交互方式，可完成调度用户活动、分配共享资源等任务。协作机制设计和实现主要要考虑：允许用户根据实际应用的需要灵活地改变协作机制；能处理协作过程中意外事件的发生；能将系统的各层协作活动集成为一个整体等。如果说协作机制主要用于解决实时性活动中的同步问题，那么通告机制主要用于处理异步活动，好的通告机制可有效地使多用户间的协作活动顺利进行。通告在用户呈现时，一般都要求用户作相应的回应，可能情形下可弹出一些对话框引导用户输入。

(4) 通信网络及控制

组通信涉及多种传输要求,包括点到点、点到多点、多点到点、多点到多点等。对组通信的研究包括结构、管理、信息服务、通信协议、多媒体通信等方面。有效的通信网络对CSCW至关重要,CSCW对网络的特定要求包括:能支持集成多媒体数据传输;能支持多点通信等。另外,数据交换格式标准化也非常重要。

网络资源存取控制确定CSCW系统的用户存取系统或其他用户数据的方式。存取控制的状态不是静态的,而是动态的。CSCW应定义灵活有效的、快速的存取控制机制,允许用户方便地修改信息的存取控制状态。

11.1.4 CSCW系统实例

最近几年随着多媒体计算机及网络性能的不断改进,使计算机支持的协同工作环境更加完善,尤其对实时动态视频信息的支持方面,达到了实用化要求。下面是比较有影响的CSCW系统。

(1) 斯坦福研究所(SRI)研制的多媒体协同工作系统(The Collaborative Environment for Concurrent Engineering Design,CECED)。该项工作得到ARPA的资助,是DARPA计划开发工作中的一部分,它能够用多媒体技术有效地提供广义的设计材料,供视频会议参加者使用。在CECED中开发的网络支持的协同工作技术,能够使现有软件工具的多用户在最少妨碍现有软件工作的情况下进行协同工作处理。CECED采用分布式活动敏感(activity-sensing)发言权控制算法。该系统为声、文、图一体化提供了工作空间,能够在低带宽的通信网上使会议参加者重复使用每点数据库的数据。

(2) 普度大学研制的SHASTRA协同工作的多媒体科学设计系统。SHASTRA是一个分布式、协同工作的几何图形设计和科学管理控制环境。在SHASTRA系统中,研究开发了下一代的科学软件环境。在这里,多用户(协同工程设计组)可以通过分布式异构的网络环境,进行建立、共享、管理控制、分析、仿真模拟以及可视化复杂的三维图形设计。

(3) IBM欧洲网络中心、DEC公司等共同开发的BERKOM多媒体协同服务器。BERKOM是一个多用户会议系统,它允许用户通过他们的桌面多媒体计算机参加视频会议。会议主席管理控制会议,并为每个出席者分配角色。所有的与会者都可共享窗口系统的输出,仅仅允许所有的与会者为窗口系统提供输入数据,与会者提供数字化的视频、音频通信数据。

另外,最近几年国际国内开通了很多远程医疗系统和远程教学系统,它们大多是基于在宽带网上运行的视频会议系统的,这些系统在应用中已获得了显著的社会效益和经济效益。

11.2 数字音频视频服务系统

数字音频视频服务系统是多媒体应用的一个重要方面。数字音频视频理事会(DAVIC)是国际上致力于研究数字音频视频应用和服务标准的组织,其工作目标是通过数字音频视频应用和服务系统接口、协议和体系结构描述规范的正式标准来标识、选择、增加、开发和获取认可的规范,其发布的标准简称为DAVIC协议。DAVIC协议还在不断完善和扩充,自1994年发布DAVIC1.0后,1996年3月发布了DAVIC1.1,1998年又公布了DAVIC1.2标准。

11.2.1 DAVIC系统结构

DAVIC系统一般包括5个部分(或称实体),即内容提供者系统(CPS)、服务提供者系统(SPS)、服务消费者系统(SCS)以及连接它们的CPS-SPS传递系统和SPS-SCS传递系统。图11.6给出了这些部分关系的示意图。

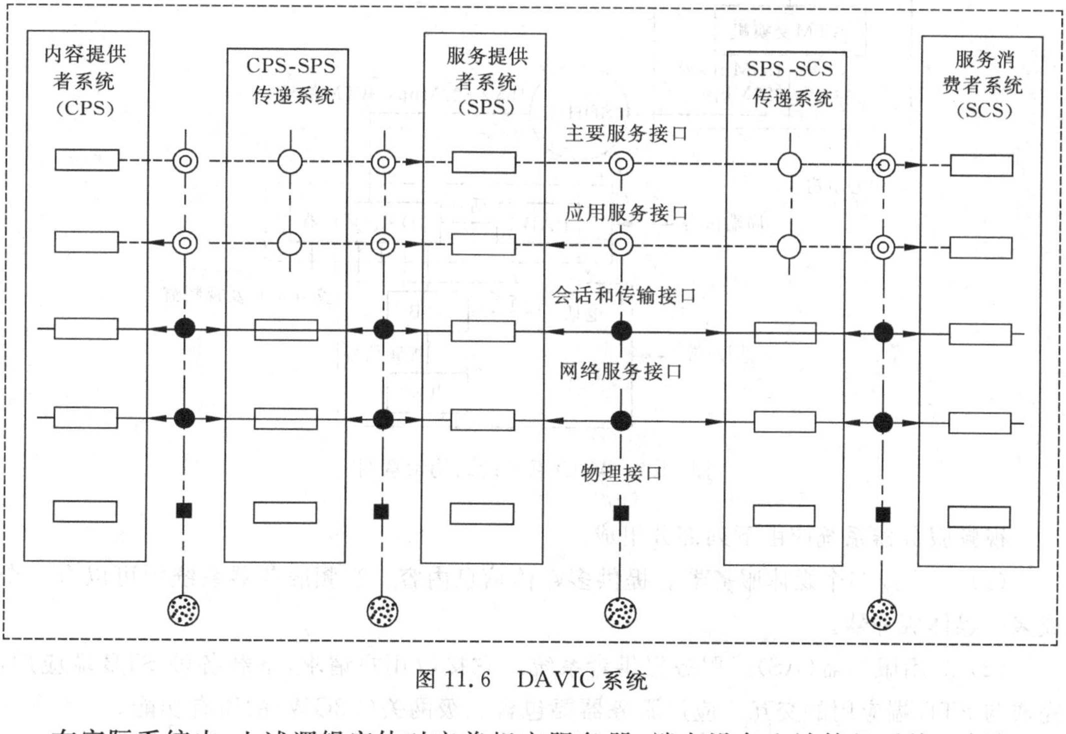

图11.6 DAVIC系统

在实际系统中,上述逻辑实体对应着相应服务器、端点设备和计算机系统。例如,一个视频点播(VOD)系统包括下面几部分物理设备。

(1) 视频服务器。VOD系统的中央控制、信息存储和服务单元。

(2) ATM交换机。连接多个视频服务器,实现用户与多个视频服务器之间数据和信息的交换。

(3) SDH传输网。宽带传输网络。

(4) ADSL复接器。宽带接入网设备,实现ATM信号的分复接及宽带多媒体信号与普通电话信号在普通电话线上的合路和分离。采用ADSL接入方式可以满足不同应用对下行数据流速率的不同要求,ADSL接口可采用ATM论坛25.6Mbps标准接口。

(5) 机顶盒(STB)。服务消费者系统。负责接收数据,进行解码和显示,并把用户的命令送往视频服务器。

一个VOD系统的结构见图11.7。

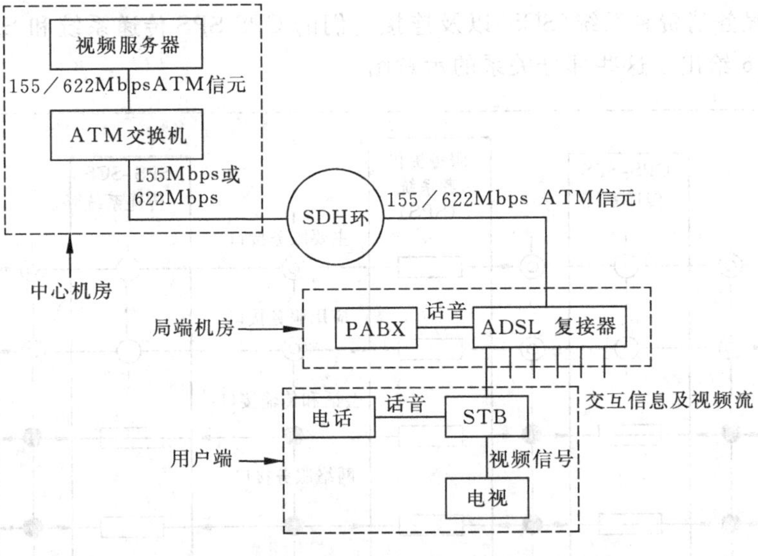

图11.7 VOD系统的结构示意图

视频服务器系统应由下列部分组成。

(1) 一个或多个媒体服务器。提供多媒体信息内容。视频服务器系统中可以有一个或多个媒体服务器。

(2) 应用服务器(AS)。服务提供者系统。它接收用户请求,下载各种STB端应用,完成与STB端应用的交互。应用服务器要包含二级网关(L2GW)的所有功能。

(3) 管理工作站。负责管理整个系统的运行监控,记录有关信息。

VOD系统的一级网关(L1GW)负责STB和应用服务器之间的会话管理。

11.2.2 数字音频视频服务系统的协议

DAVIC系统协议流程分两个阶段：U-N阶段和U-U阶段。U-N阶段主要完成S2流连接的建立；U-U阶段主要完成用户(服务消费者系统，如STB)和服务器(服务提供者系统，如AS)之间S2流的交互控制及S1流的建立。下面仍以VOD系统为例介绍协议流程。

1. U-N阶段

U-N阶段具体又分为UN配置和UN会话两个阶段，具体协议流程如下。

(1) STB得到预置的、到L1GW上的UN配置服务器实体的通路(IP和UDP服务的端口号)。

(2) 使用UDP协议与UN配置实体通信，利用UNConfigRequest消息。

(3) STB设置接收UNConfigConfirm的时钟，准备接收UNConfigConfirm消息。

L1GW UN实体接收到STB的UNConfigRequest消息，分析STB的硬件和软件版本，如果支持此种类型的STB，就发送UNConfigConfirm消息给STB。

(4) STB如果接收到了L1GW配置实体返回给STB的UNConfigConfirm消息，分析UNConfigConfirm消息中的各个域，然后进行与用户的交互，准备进行UN会话。

(5) 利用预置的、到L1GW上的UN配置服务器实体的通路向L1GW发送会话建立请求消息；设置时钟，准备接收会话建立确认消息。

(6) L1GW接收从STB来的请求建立会话消息，查看这个STB是否加入STB表，STB状态是不是“Enabled”。如果不在STB表中，应该拒绝其要求；若未被“Enabled”，也拒绝其要求。如果是合法的STB，则发送会话建立指示消息。

(7) AS接收到会话建立指示消息，从消息的UserData域中取出用户的名字和口令，在用户表中查询是否是合法用户，用户的状态是否“Enabled”，如果不在用户表中或未被“Enabled”，应该拒绝其要求。如果是合法用户，发送增加资源请求消息到L1GW，请求分配S2流资源。

(8) L1GW为此STB分配S2流和S1流资源，发送增加资源确认消息给AS。

(9) AS接收从L1GW来的增加资源确认消息，如果资源分配成功，向L1GW发送会话建立响应消息，其userData域中包括节目主菜单的URL地址或上次用户没有看完节目的URL地址和播放位置。

(10) L1GW接收到AS来的会话，建立响应消息，向STB发送会话建立确认消息。

2. U-U阶段

U-U阶段的具体协议流程如下。(如下从第(11)步开始)

(11) STB接收到会话建立确认消息，从中取出上次会话的信息，启动浏览器，通过

HTTP 协议向 AS 请求菜单。

(12) AS 返回 STB 请求的菜单,STB 在菜单中浏览各种节目的信息。

(13) 当用户从中选择一个节目后,按预览按钮就进入预览窗口,预览窗口只有"Play"键和"Stop"键,用户观看预览片段是免费的,但是如果用户在预览窗口停留超过规定时间没有动作,就弹出警告窗口,警告"用户如果不进行,就返回节目菜单",如果用户在一段时间内仍然没有响应,客户端就自动关闭警告窗口和预览窗口,返回到节目菜单。按确认按钮就进入播放窗口,用户在播放窗口停留超过一段设定时间,就弹出警告窗口,警告"用户如果不继续,就自动关闭",如果用户仍然没有响应,服务器就自动拆除连接。

(14) 当节目正常观看结束时,媒体服务器会给 AS 发节目结束消息。AS 自动拆除 S1 流,STB 自动关闭播放窗口,返回到节目菜单。

(15) 如果用户关闭浏览器,STB 就在 S3 链路上发出拆除会话消息,然后返回到选择 AS 的窗口。

(16) 如果用户此时选择退出,STB 端的交互就结束了。

3. 信息流

DAVIC 系统的信息流包括以下部分内容。

(1) S1 流。从内容提供者到服务消费者系统的内容信息,采用 MPEG 标准协议。

(2) S2 流。从服务提供者系统到服务消费者系统间控制信息流,采用 MPEG2 DSMCC 协议。

(3) S3 流。用于服务消费者系统、服务提供者系统和传输实体之间的双向控制信息流,交换会话信息,它在任何层上对传递系统不透明。

(4) S4 流。网络服务层支持呼叫/连接控制和资源控制功能的双向流,标准的 B-ISDN 呼叫/连接控制协议有 ITU-T Q. 2931,Q. 2130,Q. 2110。

(5) S5 流。与网络管理有关的信息流,它由一些维护和管理网络资源所需的功能组成。网络管理标准协议有 ITU-T X. 711 定义的 CMIP 和 RFC1157 定义的 SNMP。

11.2.3 数字音频视频服务系统的典型应用

1. 影片点播

(1) 系统描述

影片点播(movies on demand,MOD)系统属于 VOD 系统的主要形式,它是指能够提供不需获取所选材料拷贝而提供家用 VCR(仅作为播放机)功能的网络传输服务。用户具有使用下述功能的能力:选择/取消,开始,停止,暂停(存在或不存在冻结帧),快进,倒回,前后浏览(有图像),设置或重设存储标记,显示计数器,跳到不同场景。不是所有的功能都是 MOD 服务所必需的。

预播和浏览是典型的功能。传输到或展示给用户的数据也可能包括诸如用户账单之类的信息。

系统涉及的部分包括端点用户(家用的或商用的)及内容、服务和网络提供者。内容提供者和服务提供者可以是不同的。

(2) 基本功能

端点用户功能:

① 选择或预定内容。

② 交互观看内容。包括下述 VCR 类功能:播放,暂停,快进,快倒,前向浏览,后向浏览,跳到一个时间点或指定场景。

③ 为音频、视频或字幕选择语言。

④ 选择是否能看到子标题或关闭字幕,并能支持从不同语言选择。

⑤ 在观看节目之前或之中能够得到与内容播放相关的附加信息。

⑥ 在内容和网络限制利用的情况下,能预定节目。

⑦ 支持访问控制(屏蔽某些时间或某类用户对指定内容的访问)。

⑧ 设置个人偏好,如"我通常只看体育节目"。

⑨ 具有表现控制,如改变音量。

⑩ 查看与服务及用户和服务提供者之间关系相关的数据,如用法、账单和计费细节。

⑪ 执行节目预订相关的处理,如预订、取消预订、赋予付费许可权(信用卡、转账)。

⑫ 通过收视率选择影片。

⑬ 播放到标定的位置。

⑭ 选择文本表现格式(如从左到右、从顶到下)。

服务提供者功能:

① 给端点用户提供内容。

② 处理预订用户账单/计费信息。

③ 在端点用户和内容提供者间扮演经纪人。

④ 保持使用数据的轨道记录,如标记用户停止观看一部影片的位置,以便用户在较后的一个时间点能在精确的位置重新观看,或者给出已经被观看的影片的用户信息。

⑤ 允许多个经纪人及服务提供者。

⑥ 记录用户数据,如付费信息。

⑦ 用户可视的邮件系统。

内容提供者功能:

① 提供可使用的内容并公布可利用的内容。

② 传递内容给服务提供者。

③ 如果服务提供者仅作为一个经纪人的话,传递内容到端点用户。

④ 内容场景的索引机制。

⑤ 面向选择的内容分类。

网络提供者功能：

① 传输声音/视频/数据到用户。

② 传输控制信号到用户或从用户传出。

③ 通过生成连接占用记录支持计费。

特点：

① 点对点的应用。

② 宽带的下载通道相对低速的控制通道。

③ 从预订内容到开始观看的最大时间。

④ 从输入动作到屏幕上的可视反馈最大时间。

⑤ 从使用VCR命令到其执行的最大时间。

扩展：

用户能动态地选择服务质量,如不同的位速。

2. 远程购物

(1) 系统描述

远程购物(teleshopping)系统允许用户浏览视频货单或虚拟商店以购买产品和服务。用户可以选择项目以得到使用许多不同媒体表现的更多信息,这些媒体可能为视频、文本、具有声音的运动视频、音频或图形(静态的或动画)。用户选择一个产品后,他可以“预订”产品。一旦产品被预订,传递的方法则依靠服务提供者的实现与用户要求。

下列“执行程序(player)”包含在远程购物系统中:

① 端点用户使用应用程序并可能购买货物。

② 一个VASP提供这种服务。

③ 一个内容提供者可能提供应用程序使用期间传递的媒体内容。

④ 一个辅助的VASP可能提供应用程序的支持。

(2) 基本功能

端点用户功能：

① 在购物环境中移动。

② 选择感兴趣的项目。

③ 接收项目的图片。

④ 接收描述项目的文本。

⑤ 接收描述项目的声音。

⑥ 接收描述项目的动态视频(有声音或无声音)。

⑦ 接收描述项目的图形(静止或动画)。

⑧ 同真正的销售员交谈(仅语音或音频视频),了解应用程序的关联(将来的考虑)。

⑨ 控制媒体片段,包括重复、暂停和放弃(注:因为媒体片段“短”,所以不需要有快放/倒带功能,尽管它们可以被提供)。

⑩ 授权货物的交付与购买。

⑪ 查购和改变已有的购买定单,包括请求交换/返回授权。

⑫ 能制作一个硬拷贝。

⑬ 预定产品/服务。

⑭ 选择付货方式。

服务提供者功能:

① 提供购物环境。

② 请求送到用户的媒体片段。

③ 发送媒体片段到用户。

④ 处理用户的订单。

⑤ 保留一个获取项目的中间记录。

内容提供者功能:

① 为产品提供媒体片段。

② 提供关于价格、供货能力、交付时间、特殊条件等信息。

③ 面向电子化选货的材料分类。

④ 决定虚拟商店的布局。

⑤ 给虚拟部门分派产品。

网络提供者功能:

① 传输各种数据格式到用户,包括运动视频、静态图像、音频、文本和图形。

② 从内容提供者或服务提供者传输信息到服务器,为了能对产品信息快速更改。

③ 允许端点用户和附加的服务器间的连接能动态地加入/删除。

除了上述视频服务系统的应用外,还有一些常见的应用,如视频广播、准视频点播(near video on demand)、延时广播(delayed broadcast)、游戏(games)、远程工作(telework)、卡拉OK点播(Karaoke on demand)、因特网接入(Internet access)、新闻点播(news on demand)、电视表单(TV listings)、远程学习(distance learning)、视频电话(video telephony)、家庭银行(home banking)、远程医疗(telemedicine)、内容制作(content production)、事务服务(transaction services)、电视会议(video conferencing)、虚拟光盘(virtual CD-ROM)等。

本章小结

本章主要介绍两类重要的多媒体计算机应用系统:计算机支持的协同工作系统和数字音频视频服务系统。首先介绍了CSCW系统的概念、分类、协作模型、实现方法和代表性系统,然后以VOD系统为例介绍了视频服务系统的结构、DAVIC协议流程以及典型的服务。通过这些典型系统的介绍与分析,希望对读者开发多媒体计算机的应用系统方面有所帮助。

思考练习题

1. 何为CSCW?CSCW系统有什么特点?
2. 如何理解群体协作模型?比较本章介绍的几个协作模型的优缺点。
3. 你还了解哪些群体协作模型?以具体实现实例说明其特点。
4. DAVIC系统包括哪些实体?如何理解它们之间的关系?
5. 简述DAVIC协议流程。
6. 试按照描述影片点播和远程购物系统的方法描述其他类型的DAVIC系统。

第12章 多媒体新技术展望

前面各章对多媒体技术的现状做了较为详细的介绍，其中大部分内容属于已经成熟并标准化的技术。由于多媒体技术强大的应用前景，人们对它的研究也在不断深入，所研究的新成果必然会使多媒体系统功能更强，应用更广，更有益于人类社会。本章简要介绍与多媒体技术相关的几个研究热点。

12.1 MPEG-21标准化方案

1. 背景和目标

Internet网络技术的发展为人类的交流提供了崭新的方式，缩短了交流的距离。它与计算机和通信技术的结合使得许多新型多媒体技术迅速发展，家庭市场和商业市场重叠。而多媒体服务的多样性容易引起用户之间的混乱。信息交流技术的发展要求有一个统一的标准来规范这种行为，使用户能够得到更多的信息提供源，并扩大网络电子交易的机会。因此，MPEG组织于1999年10月在墨尔本会议上提出了MPEG-21(多媒体框架)的概念，并且试图用多媒体框架将各种服务综合在一起并进行标准化。MPEG-21的最终目标是协调不同层次间的多媒体技术标准，建立一个交互式的多媒体框架，此框架能够支持各种不同的应用领域，允许不同用户使用和传递不同类型的数据，并且实现对知识产权的管理和数字媒体内容的保护。

2. MPEG-21的范围和主题

根据2000年3月的MPEG会议报告，该组织最初的设计思想是希望MPEG-21能包含以下6个方面的内容：用户需求，内容之间的相互作用，内容的描述，内容的认证，知识产权管理和保护相关技术，终端和网络。随后的2000年6月会议中进一步定义了多媒体框架的范围，将工作放在10个主题：网络传输，服务质量和灵活性，内容质量，使用方便，媒体物理格式的相互协调能力，支持/订阅模式，内容的查询、滤波、定位、恢复和存储，消费内容的公布,消费者的使用权,消费者的隐私权。

MPEG-21多媒体框架基于数字化条目和用户两个基本概念,数字化条目是分配和事务交易的基本单位,用户是与数字化条目进行交互的主题。2001年1月在意大利召开的MPEG第55次会议中,决定把多媒体框架暂时浓缩到以下几个方面。

(1) 数字化条目声明(digital item declaration)。MPEG-21应建立统一而灵活的抽象和可操作的计划来声明数字化条目。

(2) 数字化条目标识和描述(digital item identification and description)。用于标识和描述多媒体应用中任何实体。

(3) 内容处理和使用(content handling and usage)。MPEG-21应能提供接口和协议,使内容传输和消费价值链的创建、制作、存储、使用成为可能。

(4) 知识产权管理和保护(intellectual property management and protection)。MPEG-21应建立面向多媒体的数字化知识产权管理框架,使用户能使用合法权益,内容得到持久和可靠的管理和保护。

(5) 终端和网络(terminals and networks)。为网络和终端的内容提供可交互和透明的存取能力。

(6) 内容表示(content representation)。MPEG-21应提供统一的内容描述技术来表达所有类型的内容。

(7) 事件报告(event reporting)。使用户能及时、准确地了解框架内所有可报告事件特性的语法和接口。

上述几个方面是MPEG-21多媒体框架所要规范的内容。图12.1从用户的视角解释了MPEG-21多媒体框架的组成。

MPEG专家组还建议如下。

(1) MPEG-21中对用户的定义取决于他们在交易过程中担当的角色,无论是信息的提供方还是信息的接受方,或是传递信息的第三方都是用户。他们都是电子商务的主体之一,地位平等,并可在不同的交易中担当不同的角色(即可同时担当信息的接受方、提供方和传递方)。

(2) MPEG-21中联系用户并使用户之间发生相互作用的称为内容。对内容的使用包括对内容施加的操作,如内容的建立、定位,内容的传送、收集、发布、提交,内容的消费等。

(3) 数字化条目声明部分分成3个部分:模型,它指述一套抽象术语和概念;表示法,每种数字化条目元素的句法和语义用XML来表示;结构,采用标准的XML结构。其详细情况已在MPEG-21标准中规定。

(4) 深入发展MPEG-21工作计划,包括研究多媒体框架组成部分之间需要哪些认证,是否遗漏掉了某些现有的认证技术等,增强MPEG-21的能力。

MPEG-21 价值链（用户角度）

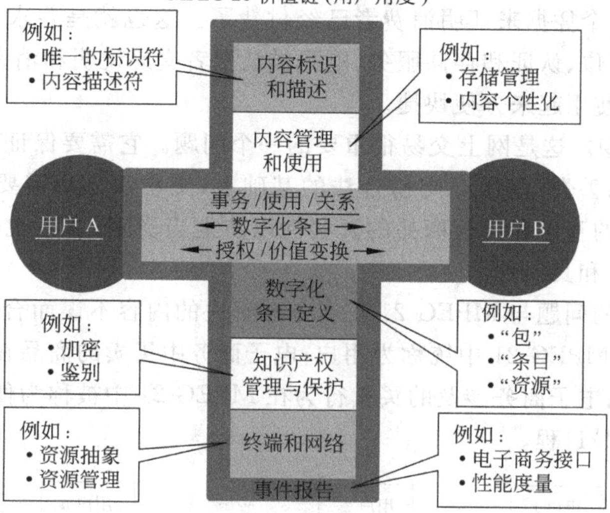

图 12.1　MPEG-21 多媒体框架

(5) 调研其他标准化组织(非 MPEG)在多媒体处理方面的相关措施，适当地与这些组织联系，为 MPEG-21 的进一步发展创造更多的机会。

3. MPEG-21 与电子商务

MPEG-21 和电子商务之间可以看做是基础与应用的关系。电子商务是 MPEG-21 的巨大应用领域。无论是从 MPEG-21 的初衷——建立一个综合性的标准以协调现有的多媒体技术标准，还是从 MPEG-21 所包含的内容来看，无一不在为电子商务做铺垫。MPEG-21 会议一致明确指出：MPEG-21 要和电子贸易紧密联系，建立数字多媒体内容交易的电子贸易环境。

从电子商务的角度来看，更容易理解 MPEG-21 所涉及的内容和 MPEG-21 标准应当解决的问题。

(1) 网络方面的问题。网络作为底层的传输媒体，它的性能直接关系到整个上层应用的效果。因此，在应用框架设计时，首先要保证高质量的传输网，即要综合考虑网络带宽、网络传输速度、网络的稳定性和可靠性、访问时间和传输的正确率等问题。

(2) 内容方面的要求。电子商务在消费的内容上要严格地进行管理。消费的内容必须具有权威性、健康性、真实性和完整性，所标明的内容的价格应该和内容本身的价值相匹配。用于交易的内容应该能够为用户提供详细的相关内容的介绍和查找，以便消费者决定是否购买。

(3) 相关服务。所提供的服务都是为了及时响应消费者的需求。消费者在网上购买商品时，应该能快速地检索到商品的地点、价格、提供方及其可靠性。同时消费者应该知道自己对消费内容所享有的权利,如所有权、使用权、拷贝权、编辑权和传递权。消费者购买商品后,应该有一个凭据来证明消费者已经付费了。这也就是要求该框架能提供信息发布、查询、滤波、定位、认证和存储服务,能提供消费者交易说明和消费认证的服务,并且尽可能地使消费者使用起来方便快捷。

(4) 安全性问题。这是网上交易很重要的一个问题。它需要保证网络传输过程中内容不被破坏、修改和丢失;在保证交易合法的基础上,交易双方都需要认证对方的身份。买方需要确认卖方的身份和出售商品的真实性以防上当受骗;卖方也需要认证买方的身份、买方付款的方式和真实性。

上述电子商务的问题与MPEG-21正在考虑解决的内容不谋而合。电子商务中的买方、卖方、中介方在MPEG-21中统称为用户;电子商务中买卖的商品在MPEG-21中属于数字化条目的部分;电子商务涉及的买卖行为在MPEG-21中被称为使用(use)。图12.2表示电子商务的交易过程。

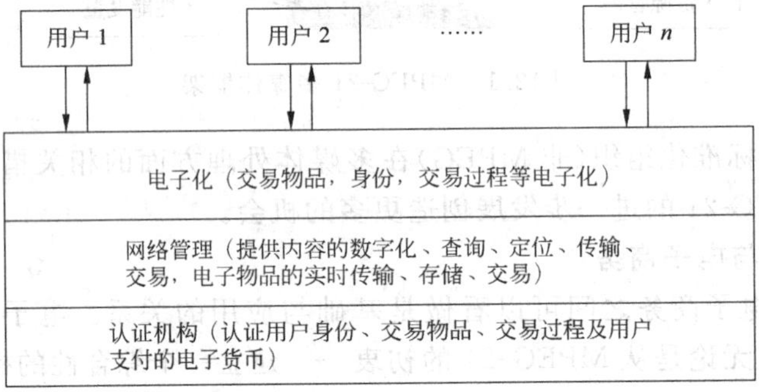

图12.2　电子商务交易

MPEG-21对电子商务存在的问题予以充分的考虑,做出相应的要求。对于网络方面的问题,MPEG-21决定由相关网络协议以及MPEG-2、MPEG-4中的成熟技术予以支持。对于内容方面的问题,MPEG-21已经对此做出明确的要求,并发布了建议的标准规范。如前面所述的内容描述、数字化条目声明和描述均属此范畴。由此引发的相关问题主要集中在两个方面:一是对查询问题的研究,专家们考虑用MPEG-7的特征描述来解决内容查询这一难题;另一方面是对版权保护起关键作用的信息隐藏技术的研究。普遍认为无论电子商务将采用何种形式,身份验证和版权保护必不可少。认证问题是多媒体框架的重要部分,可自成体系,成为MPEG-21的一个分支。因此,MPEG-21定义一个可互操作的知识产权管理和保护框架,并提供了权限数据字典和权限表示语言。

MPEG-21标准正在完善中,来自各方建议很多,对MPEG-21存在问题有逐步一致的认识。随着研究的深入,MPEG-21标准问题都会得到解决,在此基础上的电子商务也会得到越来越广泛的应用。

12.2 智能交互技术

在人机交互中，文字的输入方法对使用计算机的效率有重要影响。文字输入技术大致可分为3大类：键盘输入法、手写输入法和语音识别输入法。键盘输入法是最早使用的文字输入方法，而且目前仍然是主要使用的输入技术，本节主要讨论后两类输入技术的发展。

1. 光学字符识别(OCR)

OCR技术主要是研究计算机自动识别文字的技术。OCR系统涉及数字图像处理、模式识别、人工智能、认知心理学、体系结构等许多领域。一个OCR系统可分为以下3个部分。

(1) 预处理部分。首先把待识别的文本通过扫描设备输入系统，由硬件、软件完成数字图像处理，把待识别文本中的照片、图形与文字分离开来，并将分离出的文字分割成单个文字图形供识别部分使用。

(2) 识别部分。把分割出的文字图形规格化，提取文字的几何、统计特征，并把特征送入识别器，得到待识别文字的内码作为结果。

(3) 后处理部分。将识别结果以及预处理部分的某些因素进行综合考虑，生成具有一定格式的识别结果，对整个识别结果进行语言学方面的检查，纠正误识成分，从而产生OCR系统对该识别文本的最终结果。

字符识别系统工作原理如图12.3所示。

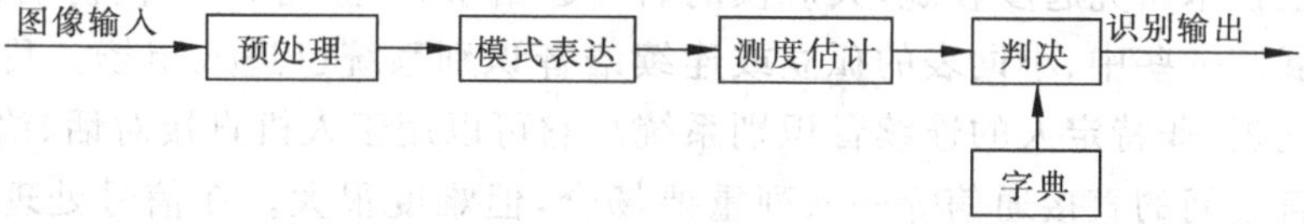

图12.3 字符识别系统工作原理

英文OCR技术研究工作起源于20世纪20年代，计算机出现后，英文自动识别发展很快，推出了大量商品化系统。相比而言，汉字OCR技术复杂一些，特别是手写汉字OCR技术。目前印刷体汉字OCR技术研究已经成熟，识别正确率能达到99%以上，国内几家主要研究单位推出各具特色的印刷体汉字OCR系统。而手写体汉字识别技术困难得多，但手写体汉字OCR系统对用户来说更受欢迎，国内如中科院自动化所手写体汉字识别研究处于国际领先地位，他们推出的系统识别正确率能达到70%～80%。

汉字OCR的基本方法有以下3类。

(1) 像素统计法。采用统计黑白像素几何分布特性方法识别。

(2) 结构分析法。提取字体笔画结构作为特征进行汉字识别。

(3) 智能识别法。模拟人脑的智能识别机理。

将模式识别、人工智能、神经网络等技术结合起来的智能识别法是目前研究的热点，已经使 OCR 技术获得突破性成果。

2. 语音交互技术

自计算机发明以来,人类一直有一个梦寐以求的愿望,即希望计算机能够理解人类语言,实现用声音控制计算机操作,实现人机的声音交互。这里的核心即为语音识别与合成技术,其原理如图 12.4 所示。

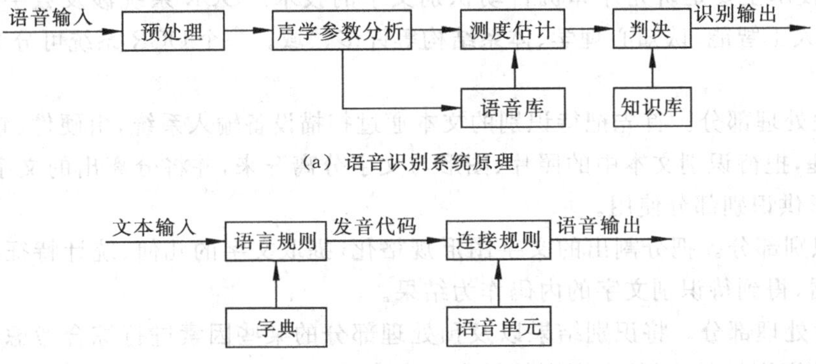

(b) 语音合成系统原理

图 12.4　语音识别与合成系统原理示意

语音识别技术研究起步较晚,大规模的研究起始于 20 世纪 70 年代初期,近年来已取得长足的进展。一些中、小词表的孤立或连续语音识别系统已进入市场。目前研究的重点是实现大词表、非特定人的连续音识别系统。它可以用于人机直接对话、语音打字机以及对两种语言之间的直接通信等一系列重要场合,但难度很大。在信号处理、计算机、语言学、语音学和人工神经网络等各界学者的通力合作下,这一难题已经取得了突破性成果。1997 年秋季,IBM 公司推出的中文语音识别系统——Viavoice 听写系统,就是实现这一目标的成功尝试。

Viavoice 充分运用了在语音识别、模糊处理和人工智能方面的最新成果,能够把不同人的连续语音流自动识别、转化为计算机文字信息。它是 IBM 公司继英、法、德、意和西班牙以及日语之后的又一语音识别产品。Viavoice 采用了连续语音识别技术,提高了汉字输入速度,人们在表达时词、字之间不需要停顿,只要在适当的节奏中清楚地说出每个字就可以了。在使用过程中,轻微的口音不影响正常输入,如果口音比较重将识别灵感度降低,在口音适应窗口进行简单的操作就可以了。据统计,一般人每分钟可平均输入 150 个汉字,最高识别率达 95%。

语音合成是人机交互的另一个重要环节，让机器将文本语言转换成具有人声特点、抑扬顿挫自然流利的口头语言，具有很高的实用价值，目前已有不少能合成汉语、英语等语言的系统问世。

12.3 虚拟现实技术

1. 虚拟现实的概念

虚拟现实(virtual reality，VR)或称虚拟环境(virtual environment，VE)是由计算机生成的、具有临场感觉的环境，它是一种全新的人机交互系统。虚拟现实能对介入者——人产生各种感官刺激，如视觉、听觉、触觉、嗅觉等，给人一种身临其境的感觉，同时人能以自然方式与虚拟环境进行交互操作，它强调作为介入者——人的亲身体验，要求虚拟环境是可信的，即虚拟环境与人对其理解相一致。

虚拟现实技术本质上说是一种高度逼真地模拟人在现实生活中视觉、听觉、动作等行为的交互技术。它用计算机加上先进的外围设备，模拟生活中的一切，模拟过去发生的事件或可能将要发生的事件，以利于人们的决策、了解或进行其他工作。利用先进的信息采集技术及迅速的传媒介质，把异地的每一个微小的变化传至它处，再利用模拟环境技术，把它再生出来，使人们即使置身异处，也能够很好地了解控制它。

虚拟现实的概念最早源于1965年Ivan Sutherland发表的"The Ultimate Display"论文，限于软硬件技术水平，长期没有实用化系统。1968年，Ivan Sutherland研制出头盔式显示器(HMD)、头部及手跟踪器，是用于虚拟现实技术的最早产品。飞行模拟器是VR技术的先驱者，鉴于VR在军事和航天等方面有着重大的应用价值，美国一些公司和国家高技术部门从20世纪50年代末就对VR开始研究，NASA在80年代中期研制成功第一套基于HMD及数据手套的VR系统，并应用于空间技术、科学数据可视化和远程操作等领域。80年代末以来随着计算机图形软硬件技术、数字信号处理技术、传感技术和跟踪定位技术与数据手套等三维交互设备的成熟，VR设备价格下降，使VR技术的普及成为可能。

2. 虚拟现实的模型与系统构成

VR参考模型如图12.5所示。

这个模型从系统的角度来说是显示/监测模型。显示指系统向用户提供各种感官刺激；监测指系统监视用户的各种动作，即感知并辨识用户的视点变化及头、手、肢体的动作。从用户角度来看是输入输出模型。用户接受系统提供的各种感官刺激(输入)；用户动作被系统检测(输出)。

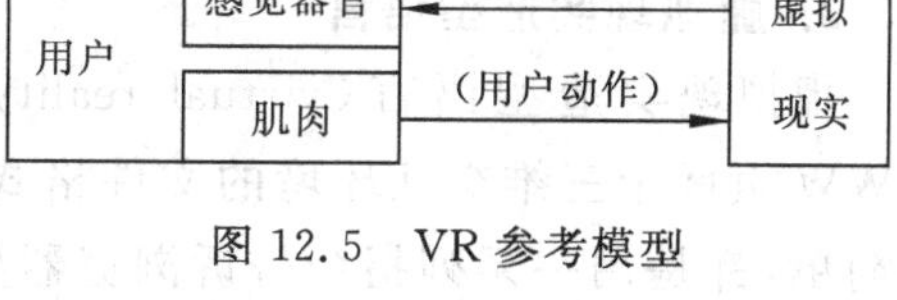

图12.5 VR参考模型

VR 提供的各种感官刺激见表 12.1。

表 12.1 VR 提供的各种感官刺激

感官刺激		说明	显示
视觉		感知可见光	图像生成系统,光学或显示屏
听觉		感知声波	计算机控制的声音合成器,耳机或喇叭
嗅觉		感知空气中化学成分	气味传递装置
味觉		感知液体中化学成分	尚未实现
触觉	触觉	皮肤感知的触摸、温度、压力、纹理等	触觉传感显示器,弱力或温度变化
触觉	动觉	肌肉、关节、腱感知的力	中到强的力反馈装置
触觉	身体感觉	感知肢体或身躯的位置和角度变化	数据衣服
触觉	前庭感觉	平衡感知,由内耳感知头部的线性加速度和角加速度	动平台

当前,VR 提供的感官刺激主要为视觉、听觉与部分触觉。同时,VR 中还提供了检测用户的各种动作的检测装置,详见表 12.2。

表 12.2 VR 检测用户的各种动作与检测装置

用户动作	检测装置
头部运动	头部跟踪装置
肢体或躯体运动	跟踪器,力反馈装置,空间球
指头动作	数据手套,按钮装置,操纵杆,键盘
眼球转动	眼球跟踪器
语言	语言识别装置
使力	带力传感器的力反馈装置

一个典型的虚拟现实系统由头盔式立体显示器、数据手套和计算机构成。这里,显示器是宽视场立体显示器,一般是头盔式的,能随用户移动,通常与头部跟踪器连在一起,显示计算机生成的虚拟场景。跟踪器跟踪用户动作和位置,通常与头盔式显示器和数据手套连在一起。计算机系统通常由超级图形工作站、巨型机或分布式计算机系统组成,计算 VR 当前的状态,绘制场景,处理各种输入输出。

3. 虚拟现实造型语言

虚拟现实造型语言(virtual reality modeling language, VRML)是一种用来描述 WWW 页面上三维交互环境的文件格式。VRML 的基本原理同 HTML 的基本原理一样简单,都是用一系列指令告诉浏览器如何显示一个文档,它们都是运行于 WWW 上的页面描述语言。不同的是，以HTML为核心的Web浏览器浏览的是二维世界，而以VRML为核心的Web浏览器浏览的是三维世界，用户可以借助鼠标进入这个三维世界内游览而不是像在二维世界里"一页一页"地显示。

体验三维世界需要能接收和再现VRML文件的浏览器。目前有两种类型，一种是插入型，把VRML浏览软件插入到HTML浏览器；另一种是单独的VRML浏览器。

4. 实现VR的关键技术

实现VR的关键技术主要有以下几种。

(1) 实时、限时三维动画技术。

(2) 临场感技术(包括宽视场立体显示技术、基于自然方式的人机交互技术等)。

(3) 快速、高精度三维跟踪技术。

(4) 辨识技术。

(5) 传感技术。

解决上述关键技术还存在不少困难，表现在VR必须满足很多相互矛盾的要求，如高质量的图形绘制与实时刷新的矛盾；计算速度与计算精度的矛盾；大容量数据存储与高速数据存取的矛盾；全彩色和高分辨率显示与绘制速度的矛盾，等等。另外，把VR各个部件集成起来以便能协调工作也需要很好地解决。

虚拟现实技术结合了人工智能、多媒体、计算机动画等多种技术，它的应用包括模拟训练、军事演习、航天仿真、娱乐、设计与规划、教育与培训、商业等领域，发展潜力不可估量。有人认为，虚拟现实技术是继人工智能之后计算机技术的又一次革命。

虚拟现实技术包括软件和硬件两部分的支持，从软件方面讲，应该具备以下功能。

(1) 复杂的逻辑控制的实现。

(2) 模拟实时的相互作用。

(3) 模拟人脑所有的智能行为。

(4) 模拟复杂的时空关系，涉及时间与空间的同步等问题。

(5) 感觉的表达，包括人的听觉、视觉、触觉、味觉和嗅觉的计算机表达。

(6) 实时的数据采集、压缩、分析、解压缩。

(7) 支持与虚拟环境交互的定位、操纵、导航等工具。

从硬件支持的角度来看，需解决的主要问题是计算机与它周边设备的组合关系，表现在以下几个方面。

(1) 数据存储设备要求，动画图像存储需要更大存储容量的设备。

(2) 图像显示设备，这种显示设备尚处于开发阶段，大体可分为平面的与立体的两大类，因为平面的显示设备不能很好地模拟现实环境，所以主要是针对立体显示设备而展开的，包括双筒全方位监视器(Boom Mounted)、工作室(CAVE)和头盔显示器。

(3) 数据采集与处理系统。

(4) 虚拟现实技术的操作设备。

虚拟现实技术要得以实现,目前还存在着一些重大的障碍。从硬件上讲,数据存储设备的速度、容量还十分不足,而显示设备的昂贵造价和它显示的清晰度等问题也没能很好地解决。从软件上讲,由于硬件的诸多局限性,使得软件开发费用十分惊人,而且软件所能实现的效果受到计算机时间和空间的影响很大。另外,人们对人脑和人类行为的认识还需进一步提高。

本章小结

本章对当前多媒体技术相关的热点问题进行了讨论。首先介绍了MPEG标准的新进展MPEG-21,它是未来多媒体应用的基础框架。本章还介绍了智能交互技术的基本原理以及目前的进展。最后讨论了虚拟现实技术的概念、实现模型和关键技术。上述问题的解决能对多媒体领域产生重大影响,因此我们希望能够尽快获得突破性成果,以推出功能更强大的多媒体系统,服务于人类。

思考练习题

1. 为什么说MPEG-21标准与电子商务密切相关?

2. 试总结MPEG标准的发展过程。你认为除了已经确定的标准化的内容外,还有哪些问题需要在MPEG-21标准或者新的MPEG标准化方案建议中研究?

3. 试从某个侧面说明智能交互设备是推动计算机技术发展的一个主要动因。

4. 何为虚拟现实技术?实现虚拟现实系统的关键技术有哪些?请举例说明VR可能对你的生活所产生的影响。

英文词汇索引

A

B

C

D

E

F

G

H

I

J

L

M

N

O

P

Q

R

S

W

X

Y

中文词汇索引

符 号

一画至四画

五　画

六　画

七　画

八　画

九　画

十　画

十 一 画

十 二 画

十三画以上

参考文献

[1] C Aggarwal, et al.. Caching on the World Wide Web, IEEE Transactions on Knowledge and Data Engineering, 1999,11(1):94-107

[2] J F Allen. Maintaining knowledge about temporal intervals. Communication of the ACM. 1983, 26(11): 832-843

[3] Elisa Bertino, Elena Ferrari. Temporal synchronization models for multimedia data. IEEE Transactions on Knowledge and Data Engineering, 1998,10(4):612-631

[4] R Braden, et al.. Resource reservation protocol (RSVP) -version 1 functional specification. RFC 2205, 1997

[5] 蔡安妮,孙景鳌.多媒体通信技术基础.北京:电子工业出版社,2000

[6] B Campbell,J Goodman. HAM: A general purpose hypertext abstract machine. Communication of the ACM, 1988,31(7)

[7] S Chen, K Nahrstedt. An overview of quality of service routing for next-generation high-speed networks: Problems and solutions. IEEE Network, pp. 64-79, Nov. /Dec. 2000

[8] 陈廷标,夏良正.数字图像处理.北京:人民邮电出版社,1990

[9] 陈廷标.多媒体通信.北京:北京邮电大学出版社,1997

[10] Digital Audio-Visual Council. DAVIC specifications 1.0-1.4, http://www.davic.org

[11] S Deering. Host extensions for IP multicasting, Internet Engineering Task Force (IETF). RFC 1112, August 1989

[12] 董士海.计算机用户界面及其工具.北京:科学出版社,1994

[13] C A Eills, S J Gibbs,G L Rein. Groupware: Some issues and experiences. Communication of the ACM, 1991,34(1)

[14] D L Gall. MPEG: A video compression standard for multimedia applications. Communication of the ACM, 1991,34(4)

[15] 高文.多媒体数据压缩技术.北京:电子工业出版社,1994

[16] P K Garg. Abstraction mechanisms in hypertext. Communication of the ACM,1988,31(7)

[17] Hoepner Petra. Synchronizing the presentation of multimedia objects. Computer Communications, 1992,15(9):557-564

[18] 胡晓峰等.多媒体系统原理与应用.北京:人民邮电出版社,1995

[19] 胡晓峰等.多媒体技术教程.北京:人民邮电出版社,2002

[20] ISO/IEC JTC1/SC29/WG11(MPEG). Overview of the MPEG-4 standard, March 2001

[21] 李娟,章毓晋.MPEG-21与电子商务.中国图像图形学报应用版,2001(7)

[22] 李明禄等.多媒体系统的时态关系.计算机学报, 1996,19(增刊):114-122

[23] 林福宗.VCD与DVD技术基础.北京:清华大学出版社,1998

[24] 林福宗.多媒体技术基础.北京:清华大学出版社,2000

[25] T Little, A Ghafoor. Synchronization and storage models for multimedia objects. IEEE JSAC, Apr. 1990, 8(3): 413-427

[26] 刘琦.数字图像压缩编码技术研究.中科院计算所博士论文,1994(11)

[27] G J Lu, H K Pung. Temporal synchronization support for distributed multimedia information systems. Computer Communications, 1994, 17(12)

[28] 鲁宏伟等. 多媒体计算机原理及应用. 北京:清华大学出版社,2006

[29] 陆其明. DirectShow 开发指南. 北京:清华大学出版社,2003

[30] 罗万伯等. 现代多媒体技术应用教程. 北京:高等教育出版社,2004

[31] 马华东,唐小平.多媒体脚本编著语言 MAL 设计与实现.软件学报, 1998, 9(12)

[32] Huadong Ma, Shenquan Liu. Multimedia data modeling based on temporal logic and XYZ system. Proc. CAD/Graphics'97. published in Journal of Computer Science & Technology. Science Press, 1999, 14(2): 188-193

[33] Huadong Ma, K G Shin. checking consistency in multimedia synchronization constraints. IEEE Transactions on Multimedia, 2004, 6(4): 565-574

[34] Huadong Ma, K G Shin, WB Wu. Best-effort Patching for multicast true VoD service. Int. Journal of Multimedia Tools and Application, Springer, 2005, 26: 101-122

[35] Huadong Ma, K G Shin. Multicast video-on-demand services. ACM Computer Communication Review, Vol. 32, No. 1, January 2002

[36] Huadong Ma, K G Shin. Hybrid broadcasting for multicast VoD services. Journal of Computer Science & Technology, 2002, 17(4): 397-410

[37] Huadong Ma, K G Shin. Performance analysis of the interactivity for multicast TVoD service. IEEE Inter. Conf. on Comp. Commun. & Networking. Arizona, Oct. 2001

[38] Huadong Ma, et al.. Automatic synthesis of the DC specifications of lip synchronization protocol. 8th IEEE Asia-Pacific Sofware Engineering Conference, Macau, Dec. 2001

[39] Huadong Ma, Qiwen Xu, Jifeng He. Formal specification of multimedia synchronization protocols in Duration Calculus. IEEE PCM2000, 124-129, Sydney, Dec. 2000

[40] 马华东,赵琛.基于时序逻辑的超文本描述.计算机辅助设计与图形学学报, 1999, 11(6)

[41] R Medina-Mora, T Winograd, et al.. The action workflow approach to workflow management technology. In Proc. CSCW'92, Toronto, Nov. 1992

[42] S R L Meira, A E L Moura. A scripting language for multimedia presentations. In Proc. IEEE Multimedia'94, 1994

[43] J Moy. Multicast routing extensions for OSPF. Communication of the ACM, Vol. 37, pp. 61-66, Aug. 1994

[44] J Moy. OSPF version 2. RFC 2328, Apr. 1998

[45] B Prabhakaran, S V Raghavan. Synchronization models for multimedia presentation with user participation. Proc. ACM Multimedia93, Anaheim, USA

[46] 齐东旭,马华东等.计算机动画原理与应用.北京:科学出版社,1998

[47] L H Sahasrabuddhe, B Mukherjee. Multicast routing algorithms and protocols: A tutorial. IEEE Network, pp. 90-102, Jan. /Feb. 2000

[48] J Searle. Speech Acts. Cambridge University Press, Cambridge, 1969

[49] 石教英. 虚拟环境及其应用. 虚拟环境研讨会,杭州,1994

[50] Steve Rimmer. 张建敏等译. Windows 环境下多媒体程序设计. 北京:学苑出版社,1994

[51] P Scotts, R Furuta. Petri-net based hypertext: Document structure with browsing semantics. ACM Transactions on the Information System, 1989,7(1)

[52] Henning Schulzrinne. SIP: Session Initiation Protocol. http:// www. cs. columbia. edu/sip

[53] 数字音视频编解码技术标准工作组. 数字音视频编解码技术标准 AVS. http:// www. avs. org. cn/

[54] Ralf Steinmetz, Klara Nahrstedt. Multimedia computing. Communications & applications. 北京: 清华大学出版社 · PRENTICE HALL, 1996

[55] Andrew S Tanenbaum. Computer Networks (Third Edition). 北京: 清华大学出版社 · PRENTICE HALL, 1996

[56] Thomas Wiegand, et al.. Overview of the H. 264/AVC Video Coding Standard. IEEE Trans. Circuits and Systems for Video Technology, July 2003

[57] H M Vin, M S Chen, et al.. Collaboration management in DiCE. The Computer Journal, 1993, 36(1)

[58] G K Wallace. The JPEG still picture compression standard. Communication of the ACM, 1991, 34(4)

[59] B Wang, J C Hou. Multicast routing and its QoS routing: problems, algorithms, and protocols. IEEE Network, pp. 22-36, Jan. /Feb. 2000

[60] Jia Wang. A survey of Web caching schemes for the internet. ACM Computer Communication Review,1999

[61] 王国意. 计算机支持的协同工作系统的体系结构研究. 清华大学博士论文,1997(5)

[62] 王行刚. 多媒体通信系统. 北京:人民邮电出版社,1996

[63] 杨学良. 多媒体计算机技术及其应用. 北京:电子工业出版社,1995

[64] Hiroshi Yasuda, H J F Ryan. DAVIC and interactive multimedia services. IEEE Communications Magazine, 1998. 9

[65] 杨新,邹捷,施鹏飞. 视频数字编码的标准. 中国图形图像学报, 1998,3(1)

[66] 杨行健等编. 面向对象技术与面向对象数据库. 西安:西北工业大学出版社,1996

[67] 叶敏. 程控数字交换与交换网. 北京:北京邮电大学出版社,1993

[68] 殷勇,蔡希尧. 协同设计和多 Agent. 计算机科学, 1997,24(3)

[69] 张霞. 演员模型:一种多媒体数据表达模型. 软件学报, 1996,7(8):471-480

[70] 赵琛,唐稚松,马华东. 基于 XYZ/RE 的多媒体同步器的自动构造方法. 软件学报, 2000,11(8)

[71] 钟玉琢等. 多媒体技术基础及应用. 北京:清华大学出版社,2006

读者意见反馈

亲爱的读者：

感谢您一直以来对清华版计算机教材的支持和爱护。为了今后为您提供更优秀的教材，请您抽出宝贵的时间来填写下面的意见反馈表，以便我们更好地对本教材做进一步改进。同时如果您在使用本教材的过程中遇到了什么问题，或者有什么好的建议，也请您来信告诉我们。

地址：北京市海淀区双清路学研大厦A座602室　计算机与信息分社营销室 收

邮编：100084　　电子邮件：jsjjc@tup.tsinghua.edu.cn

电话：010-62770175-4608/4409　　邮购电话：010-62786544

教材名称：多媒体技术原理及应用（第2版）

ISBN：978-7-302-17675-6

个人资料

姓名：＿＿＿＿＿＿ 年龄：＿＿＿ 所在院校/专业：＿＿＿＿＿＿

文化程度：＿＿＿＿ 通信地址：＿＿＿＿＿＿＿＿＿＿

联系电话：＿＿＿＿ 电子信箱：＿＿＿＿＿＿＿＿＿＿

您使用本书是作为： □指定教材 □选用教材 □辅导教材 □自学教材

您对本书封面设计的满意度：

□很满意 □满意 □一般 □不满意　改进建议＿＿＿＿＿＿＿＿

您对本书印刷质量的满意度：

□很满意 □满意 □一般 □不满意　改进建议＿＿＿＿＿＿＿＿

您对本书的总体满意度：

从语言质量角度看 □很满意 □满意 □一般 □不满意

从科技含量角度看 □很满意 □满意 □一般 □不满意

本书最令您满意的是：

□指导明确 □内容充实 □讲解详尽 □实例丰富

您认为本书在哪些地方应进行修改？（可附页）

＿＿＿＿＿＿＿＿＿＿＿＿＿＿＿＿＿＿＿＿＿＿＿＿

＿＿＿＿＿＿＿＿＿＿＿＿＿＿＿＿＿＿＿＿＿＿＿＿

您希望本书在哪些方面进行改进？（可附页）

＿＿＿＿＿＿＿＿＿＿＿＿＿＿＿＿＿＿＿＿＿＿＿＿

＿＿＿＿＿＿＿＿＿＿＿＿＿＿＿＿＿＿＿＿＿＿＿＿

电子教案支持

敬爱的教师：

为了配合本课程的教学需要，本教材有配套的电子教案（素材），有需求的教师可以与我们联系，我们将向使用本教材进行教学的教师免费赠送电子教案（素材），希望有助于教学活动的开展。相关信息请拨打电话 010-62776969 或发送电子邮件至 jsjjc@tup.tsinghua.edu.cn 咨询，也可以到清华大学出版社主页（http://www.tup.com.cn 或 http://www.tup.tsinghua.edu.cn）上查询。

普通高等教育“十一五”国家级规划教材
21 世纪大学本科计算机专业系列教材

近期出版书目

- 计算机导论(第 2 版)
- 程序设计导引及在线实践
- 程序设计基础
- 程序设计基础习题解析与实验指导
- 离散数学(第 2 版)
- 离散数学习题解答与学习指导(第 2 版)
- 数据结构与算法
- 计算机组成原理(第 2 版)
- 计算机组成原理教师用书
- 计算机组成原理学习指导与习题解析
- 计算机组成与体系结构
- 微型计算机系统与接口
- 计算机操作系统
- 计算机操作系统学习指导与习题解答
- 数据库系统原理
- 编译原理
- 软件工程
- 计算机图形学
- 计算机网络(第 2 版)
- 计算机网络教师用书(第 2 版)
- 计算机网络实验指导书(第 2 版)
- 计算机网络习题集与习题解析(第 2 版)
- 计算机网络软件编程指导书
- 人工智能
- 多媒体技术原理及应用(第 2 版)
- 算法设计与分析(第 2 版)
- 算法设计与分析习题解答(第 2 版)
- C ++ 程序设计
- 面向对象程序设计
- 计算机网络工程
- 计算机网络工程实验教程
- 信息安全原理及应用
- 形式语言与自动机理论（第 2 版）
- 形式语言与自动机理论教学参考书（第 2 版）